1000MW
超超临界机组调试技术丛书
化学

江苏方天电力技术有限公司　编

U0246719

中国电力出版社
CHINA ELECTRIC POWER PRESS

内 容 提 要

《1000MW超超临界机组调试技术丛书》是一套全面介绍我国目前发电机组调试和运行技术的著作，由江苏方天电力技术有限公司长期从事电源基建调试和技术服务的专家和技术人员，根据多台1000MW机组的调试经验汇集精心编撰而成。

《1000MW超超临界机组调试技术丛书 化学》分册，共分三篇十六章。主要介绍了超超临界机组的水汽特点和循环控制要求、超超临界机组的化学分系统系统及其调试技术、超超临界机组的化学清洗、超超临界机组的汽水品质监督要求及给水处理工况、超超临界机组的腐蚀、结垢、积盐的控制。

本书可供从事超（超）临界机组化学专业调试、运行、维修的工程技术人员及管理人员学习阅读，为同类型机组化学水处理设备及系统的调试、运行、维修提供借鉴及参考。

图书在版编目(CIP)数据

化学/江苏方天电力技术有限公司编. —北京：中国电力出版社，2016.10（2018.10 重印）

（1000MW 超超临界机组调试技术丛书）

ISBN 978-7-5123-9229-8

Ⅰ.①化⋯　Ⅱ.①江⋯　Ⅲ.①火电厂-电厂化学　Ⅳ.①TM621.8

中国版本图书馆 CIP 数据核字(2016)第 080784 号

中国电力出版社出版、发行

（北京市东城区北京站西街 19 号　100005　http://www.cepp.sgcc.com.cn）

北京建宏印刷有限公司印刷

各地新华书店经售

*

2016 年 10 月第一版　　2018 年 10 月北京第三次印刷

787 毫米×1092 毫米　16 开本　19.5 印张　473 千字

印数 3001—3500 册　定价 **80.00** 元

编 委 会

序

电力是现代化的基础和动力，是最重要的二次能源。电力的安全生产和供应事关我国现代化建设全局。近年来，大容量、高参数燃煤发电技术日益得到国家的重视。2014 年国务院发布《能源发展战略行动计划（2014～2020 年）》，明确将"高参数节能环保燃煤发电"作为 20 个能源重点创新方向之一。2016 年是"十三五"规划的开局之年，国家能源局发布了《2016 年能源工作指导意见》，在"推进能源科技创新"中明确了"超超临界机组二次再热、大容量超超临界循环流化床锅炉"的示范应用。2016 年发布的《十三五规划纲要》中，在"能源关键技术装备"里提出"700℃超超临界燃煤发电"等技术的研发应用。因此，在今后一段时间内发展超超临界发电技术将会是我国燃煤发电的主旋律。

近年来，高参数、大容量超超临界燃煤发电技术作为一项先进、高效、洁净的发电技术，在我国得到广泛推广与应用。2006 年 11 月，华能玉环发电厂 1000MW 超超临界燃煤发电机组的投产，标志着我国发展超超临界火力发电机组正式扬帆起航，2015 年 9 月，中国国电集团公司泰州电厂世界首台超超临界二次再热燃煤机组的顺利投产，标志着我国超超临界火力发电技术的发展进入了一个崭新的阶段。

发电机组的调试是全面检验主机及其配套系统的设备制造、设计、施工、调试和生产准备的重要环节，是保证机组能安全、可靠、经济、文明地投入生产，形成生产能力，发挥投资效益的关键性程序。在电力技术发展的长河中，我国培养了一批专业门类齐全、技术精湛、科技研发能力强、乐于奉献的调试专业人才队伍。他们努力钻研国内外电力工程调试前沿新技术，在长期调试工作中积累了丰富的调试经验，为我国电力技术发展作出了巨大贡献。

江苏方天电力技术有限公司在国内较早开展 1000MW 超超临界火电机组整体调试，迄今为止已顺利实施了 16 台 1000MW 机组的调试工作，并于 2015 年圆满完成了世界首台 1000MW 超超临界二次再热燃煤机组的调试，积累了较为丰富的技术经验，也得到了业界的一致好评。秉承解惑育人传承创新、共襄电力事业盛举的良好愿望，为了让火电行业技术人员和生产人员更快更好地了解和掌握超超临界火电机组的结构、系统、调试和运行等知识，江苏方天电力技术有限公司组织长期从事电源基建调试和技术服务的专家及技术人员编写了这套《1000MW 超超临界机组调试技术丛书》。本丛书包括《1000MW 超超临界机组调试技术丛书　锅炉》、《1000MW 超超临界机组调试技术丛书　汽轮机》、《1000MW 超超临界机组调试技术丛书　热控》、《1000MW 超超临界机组调试技术丛书　电气》、《1000MW

超超临界机组调试技术丛书　化学》、《1000MW 超超临界机组调试技术丛书　环保》六个分册，涵盖了 1000MW 超超临界机组主辅机、热控、电气、化学及环保等方方面面的调试知识。

　　本丛书兼顾 1000MW 超超临界火电机组的基础知识和工程实践，是一套实用的工程技术类图书。本丛书是从事 1000MW 超超临界火电机组工程设计、安装、调试、运行、维护的技术人员及生产人员使用的重要参考文献，是 1000MW 超超临界火电机组专业上岗培训、在岗培训、转岗培训、技术鉴定和技术教育等方面的理想培训教材，也可供高等院校相关专业师生阅读参考。

编者

2016 年 5 月

前　言

　　自 20 世纪 80 年代以来，我国电力工业得到了飞速的发展，发电机组的最大单机容量已经达到 1000MW，机组参数也由亚临界参数提高到超临界、超超临界。目前我国已经是世界上拥有超（超）临界机组最多的国家，600MW 及以上超（超）临界机组已经成为我国火力发电的主力机组，超（超）临界机组的安全、经济、稳定运行对国民经济的发展有着重要的意义。

　　（超）超临界机组调试过程中能否安全、经济、稳定运行，对机组投入商业运行后的状态起着至关重要的决定性作用，这就要求水处理设备和系统从调试开始就必须健康稳定运行。机组化学清洗和整套启动期间的汽水质量监督也是超（超）临界机组投运前的重要调试内容，执行完善的化学清洗工艺和严谨的水汽质量监督措施，对提高超（超）临界机组投运水平，防止受热面及汽轮机通流部分的结垢、积盐、腐蚀具有事半功倍的效果。

　　为了提高超（超）临界机组水处理设备的调试和运行技术水平，我们组织了一批长期从事电源基建调试和技术服务的专家及技术人员，立足工程建设实际，总结超（超）临界 1000MW 机组调试工程中的经验与案例，编写了《1000MW 超超临界机组调试技术丛书　化学》。本书对指导今后超（超）临界机组的化学调试、运行工作和提升现场调试、运行人员的综合素质和技术水平，具有很大的好处。

　　全书共分三篇十六章，其中第一、十二章由于海全编写，第二章由管诗骈、黄治军编写，第三、四、五章由徐仕先、帅云峰编写，第六、七、八章由丁卫华、高远编写；第九、十章由姜思洋编写；第十一、十三～十六章由刘红兴、丁建良编写，全书由刘红兴、于海全统稿。

　　本书在编写过程中，参阅了书中所列的参考文献以及相关电厂、制造厂、设计院和高等院校的技术资料、说明书、图纸等，得到这些单位的大力支持和帮助；中国电力出版社编辑不辞辛劳，多次指导编审工作，在此一并表示衷心感谢！

　　由于编者水平所限，时间仓促，谬误欠妥之处在所难免，敬请读者批评指正。

编者
2016 年 9 月

目　录

第一篇 绪 论

第一章 超超临界火电机组的水汽性质

第一节 火电厂水的作用

一、火电厂生产流程简介

火电厂是以煤炭为主要燃料生产电能的工厂，其生产过程就是把化学能转换为电能的过程。将经过加工磨制的煤粉送到炉膛中燃烧，放出热量用来加热锅炉中的给水，使其变成蒸汽，把燃料中的化学能变为热能。具有一定温度和压力的蒸汽冲动汽轮机转子，把热能转换为机械能，与汽轮机同轴的发电机把机械能再转换为电能。

火电厂能量转换流程如下：

化学能（煤粉中）→热能（燃烧产生）→机械能（汽轮机冲转）→电能（发电机）

典型超超临界直流机组热力系统流程：凝汽器→凝结水泵→精处理系统→轴封加热器→低压加系统→除氧器→给水泵→高压加热系统→省煤器→水冷壁→启动分离器→过热器→汽轮机高压缸→低温再热器→高温再热器→汽轮机中压缸→汽轮机低压缸→凝汽器。

直流机组热力系统简化流程如图 1-1 所示。

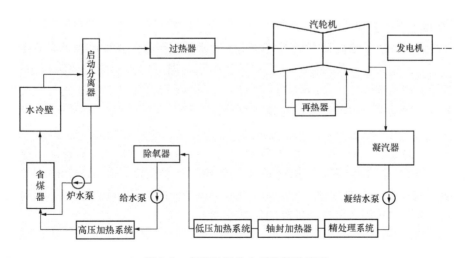

图 1-1 直流机组热力系统简化流程

二、火电厂水的作用

水作为一种热交换媒介，在火力发电过程中起着重要的能量转换作用。

水在锅炉受热面吸收热量，由液态变成气态，此时的水蒸气是具有高焓的介质，高速气流推动汽轮机转子旋转，汽轮机机械能通过发电机转换为电能，做功后的蒸汽在凝汽器凝结成液态的水。因此，水在热力发电中具有重要的吸收能量和释放能量并做功的作用，是热力发电必需的一种介质。

水既是传递能量的介质，又是一种化学反应的物质，水的品质直接影响与其直接接触金属材质的腐蚀、结垢和积盐情况，控制不好更有可能发生重大事故。

第二节 超临界水的性质和特性

一、超临界的概念和超超临界的划分

当温度和压力达到一定值时（374.3℃，22.05MPa），因高温而膨胀的水的密度和因高压而被压缩的水蒸气的密度正好相同时的状态，称作超临界点。此时，水的液体和气体没有区别，完全交融在一起，呈现一种新的高温高压状态下的流体。

温度和压力在超临界点以上的水为超临界水（Super Critical Water，SCW）。温度和压力在超临界点以下的水为亚临界水。进入超临界状态之后，水蒸气变成了热力学意义上的"气体"，在等压加热下，液体达到饱和温度后，直接变为蒸汽，不存在汽液两相区。进入超临界状态之后，蒸汽参数如何分档，目前还没有定论。多数国家把常规超临界参数的技术平台定在24.2MPa/566℃/566℃（3500psi/1050℉/1050℉）上，把高于此参数（不论是压力升高还是温度升高，或者两者都升高）的超临界参数定义为超超临界（Ultra-Super Critical，USC）参数。

二、超临界水的性质

超超临界水的性质与超临界水相近，但与普通水有很大差异，水的性质（如水的氢键、水的密度、介电常数、黏性、热容、离子积和许多物质在超临界水中的溶解性等）在超临界状态下具有特殊性。

（一）超临界水的氢键

水的一些宏观性质与水的微观性质密切相关。水的氢键是最重要的性质，水的许多特殊性质是由水的氢键的键合性质决定的。超临界状态下，温度的升高能快速降低氢键的总数，同时稍微降低氢键的线性度。Gorbuty 等利用 IR 光谱研究了高温水中氢键与温度之间的关系，并得出了氢键度 X（水的氢键占总量的百分比）与温度 T 之间的关系式

$$X = (-8.68 \times 10^{-4})T + 0.851$$

该式描述了温度在 280～800K 温度范围内氢键度（X）的行为，X 表征了氢键对温度的依赖性。在 298～773K 范围内，温度和 X 的关系大致呈线性。在 298K 时，水的 X 值约为 0.55，意味着液体水中的氢键约为冰的一半。在 673K 时，X 值约为 0.3，氢键大部分都断裂了。由于氢键的作用，水具有极高的导热性能。

（二）超临界水的密度

水的许多性质都与水的密度有关。水在常温状态下的密度是 $1g/cm^3$，水在超临界状态下的密度是 $0.3g/cm^3$。在通常情况下，当温度和压力变化不大时，水的密度变化不大，但

是在较高的温度下，尤其是在超临界状态下，当压力变化几千帕时，水的密度变化很大。例如，在 400℃ 时，水的压力从 0.22kPa 变化到 25kPa 时，水的密度可由 0.1g/cm³ 变化到 0.84g/cm³。在超临界的临界点附近，压力的微小变化可以导致密度的巨大变化。

（三）超临界水的离子积

在 25℃、0.1MPa 的条件下，水部分离解为 H_3O^+ 和 OH^-，其离子积为 $K_w = 10^{-14}$。通常水的离子积与密度密切相关，而与水的温度的直接关系不大。在温度和压力升高联合作用下，水的密度变大，导致水的离子积增大，即引起强的离解作用。例如，在 1000℃、密度为 1g/cm³ 的条件下，水的离子积 K_w 增大接近 10^{-6}；而在 1000℃ 以上、密度为 2g/cm³ 的条件下，水则为高导性离子流体，类似于熔融的盐。在超临界的温度和压力条件下，超临界水的离子积要比标准状态下水的离子积高出几个数量级。这种特性对高温超临界水的离解及其化学反应的影响非常重要。

（四）超临界水的扩散系数和黏度

溶质在超临界水中的扩散速度会影响化学反应的速度，其扩散系数可以通过水的自由扩散系数进行估算。高温、高压水的扩散系数除与水的黏度有关外，还与水的密度有关。例如，在实际应用中，如果已知溶质的粒径和水的黏度，在水的密度足够高的条件下，可以用 Stoke 关系式来估算二元扩散系数，且溶质扩算系数与水的黏度成反比。在密度为 0.6～0.9g/cm³ 的条件下，温度为 400～600℃ 的超临界区域间，黏度对温度和密度的依赖性减小，超临界水的黏度仅为常态水的 1/10。超临界水的低黏度使超临界水分子和溶质分子具有较高的分子迁移率，溶质分子很容易在超临界水中扩散，从而使超临界水成为一种很好的反应媒介。

（五）超临界水的介电常数和溶解度

静态介电常数控制着溶剂行为和盐的溶解度，是预测溶解性的重要的热力学性质之一，也是研究化学反应的重要参数。水在 25℃、0.1MPa 下的相对介电常数是 78.46，远高于大多数普通液体、有机物和氧等。介电常数与不同水分子间的电荷分布有关，也与本体积水的结构有关。在 600℃、24.6MPa 时，相对介电常数为 12（无极性），这时的超临界水类似于无极性的有机溶剂。根据相似相容原理，在临界温度以上，几乎全部有机物都能溶解，而无机物的溶解度则迅速降低，强电解质变成了弱电解质，相对介电常数降到 15 时，超临界水对电荷的屏蔽作用很低，水中溶解的溶质发生大规模的缔合作用。在 355～450℃ 温度区域内，有机物和无机物的溶解情况完全颠倒过来。

三、超超临界火电机组水的化学特性

水在超超临界状态下，无机盐的溶解度会降得很小，这一点需要引起高度重视。当机组在超超临界状态运行时，锅炉水中的无机盐类因溶解度的降低将更容易在水冷壁内表面沉积，从而引起水冷壁管的过热和腐蚀。因此，运行中的超超临界机组对水质的要求会更加严格。

水在超超临界状态下，可以与氧气、氮气等以任意比例混合，形成单一相。超临界水类似于非极性的有机溶剂，具有广泛的溶解能力，可以与油等物质混合，有机物和气体在水中具有较好的溶解性。这些有机物在有氧存在的超临界水中，更容易发生分解反应，反应产物主要是二氧化碳、氮气和小分子有机化合物，其产生的二氧化碳和低分子有机酸在水质控制不当时会发生酸性腐蚀。

因水在超临界状态下的电离度与标准状态不同，高温高压导致了水的电离度增大。例如，在 1000℃、密度为 1g/cm³ 的条件下，水的离子积 K_w 增大接近 10^{-6}；而在 1000℃ 以上、密度为 2g/cm³ 的条件下，水则为高导性离子流体，类似于熔融的盐，具有了几乎无坚不摧的强腐蚀性。因此，超超临界机组对材料的选用除了考虑耐高温高压以外，还要考虑耐腐蚀性能。为了防止水的腐蚀，应选用合理的水化学处理方式。

超超临界状态下的蒸汽具有极强的氧化能力，有的物质能发生自燃，在水中冒出火焰（如 CH_4、C_2H_6）。超超临界机组的蒸汽温度参数提高到 580～600℃，甚至提高到 650℃，对金属材料提出了更高的要求，除了耐高温和耐高压力指标外，还要充分考虑材料抗蒸汽氧化能力和抗氧化层剥落能力。高温蒸汽氧化是金属腐蚀的一种特殊形式，在超超临界的高温条件下，蒸汽对不锈钢表现为极强的氧化能力。在温度超过 570℃ 的条件下，不锈钢的氧化速度逐渐加快，为 600～620℃，金属的氧化速度有一个突变点。不锈钢在氧化过程中随着温度的升高，其氧化层会迅速增厚。当氧化层达到一定的厚度时，就会在运行条件变化时造成氧化皮脱落，容易造成管路堵塞、超温甚至爆管。

超超临界工况下的汽水理化特性决定了超超临界锅炉必须采用直流锅炉。直流锅炉因没有汽包，无法通过锅炉排污去除杂质，即所有可溶性给水污染物都会溶解在过热的输出蒸汽中，故它们应处于允许的汽轮机入口蒸汽纯度极限值的范围内。否则，无论是杂质沉积于锅炉热负荷很高的超临界锅炉的水冷壁管内，还是随蒸汽带入汽轮机沉积在超临界汽轮机叶片上，都将对机组的安全、经济运行产生很大的危害。为了确保超临界机组的安全运行，首先，必须确保锅炉有优良的给水水质，并调整超超临界机组至合适的水化学工况，降低超临界水对金属的腐蚀与结垢；其次，定期进行锅炉化学清洗以清除受热面的沉积物，从而提高机组经济运行水平。

第三节　超超临界机组的发展及水汽循环控制要求

一、超超临界机组的发展状况

多数国家、多数大发电公司及多数著名动力设备制造企业对下列超超临界参数的概念比较认同，即当机组的主蒸汽参数至少满足下列条件之一时，即认为机组属于超超临界锅炉：

（1）主蒸汽压力大于等于 27MPa。

（2）主蒸汽压力大于等于 24MPa，且蒸汽温度大于等于 580℃（主蒸汽温度大于等于 580℃，再热蒸汽温度大于等于 580℃）。

超超临界机组技术始于 20 世纪 50 年代，以美国和德国为主的发达国家开始了对此技术的研究。

美国于 1957 年在俄亥俄州 Philo 电厂 6 号机组投运了世界上首台 125MW 超临界试验机组，在 20 世纪 60～70 年代投运了一大批超临界机组，到 1986 年共有 166 台机组投入运行，总功率达 110GW，其中 800MW 以上的机组有 107 台，1300MW 机组至今已有 9 台投入运行，蒸汽参数大多为 24.1MPa/538℃/538℃。

德国是发展超超临界发电技术最早的国家之一，蒸汽参数一般为 25MPa/545℃/545℃，2003 年投产的 Niederaussen 电厂的机组功率为 965MW，参数为 26MPa/580℃/600℃，设计热效率为 44.5%。

苏联自 1963 年投运第一台 300MW 超临界机组以来，到 1985 年已有 187 台超临界机组投入运行，总功率 68GW，单机功率有 300、500、800、1200MW 四种，蒸汽参数为 23.5MPa/540℃/540℃。

日本在火电机组的研发中注重机组效率，选择了一条引进、仿制、创新的技术发展道路。1967 年日立公司引进美国 B&W/GE 技术，在姊崎电厂投产第一台超临界机组，参数为 66kW、24.1MPa/538℃/566℃。1971 年，日本利用自己技术生产的 60 万 kW 机组投产，参数为 24.6MPa/538℃/566℃。到 1984 年，日本共有 73 台超临界机组投入运行，其中 600MW 机组 31 台，700MW 机组 9 台，1000MW 机组 5 台，蒸汽参数一般为 24.1MPa/538℃/566℃，在新增的火电机组中，约 80% 为超临界机组。日本投运的超临界机组蒸汽温度逐步由 538℃/566℃ 提高到 538℃/593℃、566℃/593℃ 及 600℃/600℃，蒸汽压力则保持 24～25MPa，容量以 1000MW 居多。参数为 31MPa/566℃/566℃/566℃ 的两台 700MW 二次再热的超超临界燃液化天然气的机组于 1989 年和 1990 年在川越电厂投入运行，机组净效率达 44%。目前日本正在研究参数为 31.4MPa/593℃/593℃/593℃，34.3MPa/649℃/593℃/593℃ 及 30MPa/630℃/630℃ 的机组，净效率将达到 44%～45%。

从超超临界机组的发展现状看，机组在 40 万～100 万 kW 的容量范围内的技术已日趋成熟。已投运的大容量（大于 70 万 kW）机组进汽压力均不大于 27.5MPa。丹麦十分重视超超临界机组的发展，在提高机组蒸汽参数的同时，利用低温海水冷却，大幅提高机组效率。丹麦的超超临界机组追求技术上的最高效率，倾向于采用二次再热技术，机组多数为 40 万 kW 供热机组，由于采用低温海水冷却循环，其循环效率可达 47%。1998 年投运的机组参数为 400MW、28.5MPa/580℃/580℃/580℃，机组效率高达 47%；2002 年开发了 53 万 kW、30.5MPa/582℃/600℃ 一次再热机组，其机组效率高达 49%，成为目前世界上热效率最高的火电机组。

我国从 20 世纪 80 年代后期起开始重视发展超临界火电机组。上海石洞口二厂引进的 2 台 600MW、24.2MPa/538℃/566℃ 超临界变压运行机组于 1991 年和 1992 年投入运行。从俄罗斯引进的 2×320MW（南京热电厂）、2×300MW（营口电厂）、2×500MW（天津盘山电厂）、2×500MW（内蒙古伊敏电厂）、2×800MW（辽宁绥中电厂）的超临界机组已陆续投运。我国国产第一台 600MW 超临界机组于 2004 年 12 月在华能沁北电厂成功投运，锅炉供货方为东方锅炉厂，其技术支持方为日本 BHK 公司，锅炉为超临界参数变压直流本生型锅炉，采用一次再热、单炉膛、尾部双烟道结构。600MW 超临界机组与 600MW 亚临界机组相比，发电效率提高约 3%，发电煤耗降低 15g/(kW·h)，以目前的煤价计算，一台 600MW 超临界机组一年可节约 2268 万元。华能玉环电厂是国内第一个开始建设的国产百万千瓦超超临界燃煤机组项目，为 4×1000MW 超超临界机组，工程于 2004 年 6 月开工建设，第一台机组于 2006 年 10 月成功投入运行，它是国内单机容量最大、参数最高、技术最为先进的百万千瓦超超临界电站锅炉。该机组商业运行半年后的现场测试表明：锅炉效率为 93.88%，汽轮机热耗为 7295.8kJ/(kW·h)，额定负荷下机组的发电煤耗为 270.6g/(kW·h)，氮氧化物排放为 270mg/m³，供电煤耗为 283.2g/(kW·h)；机组热效率高达 45.4%，达到国际先进水平；二氧化硫排放浓度为 17.6mg/m³，优于发达国家排放控制指标，各项技术性能指标均达到了设计值。

二、超超临界机组的发展趋势

目前，世界各国都在大力发展高参数的超超临界机组。

1. 美国"760℃"计划

美国电力科学研究院为该项计划的技术牵头单位。计划的主要目标是在目前现有材料的基础上，通过技术改进，将超超临界机组的主蒸汽温度提高到 760℃ 的水平，从而大大提高超超临界机组的效率，使电厂的效率达到 52%～55%。计划的重点内容是确定哪些材料影响了燃煤机组的运行温度和效率；定义并实现能使锅炉运行于 760℃ 的合金材料的生产、加工和镀层工艺；参与 ASME 的认证过程并积累数据为 ASME 规程批准的合金材料做好基础工作；确定影响运行温度为 871℃ 的超超临界机组设计和运行的因素；与合金材料生产商、设备制造商和电力公司一起确定成本目标，并提高合金材料和生产工艺的商业化程度。

2. 欧洲"THERMIE"计划

欧洲各国约有 40 个单位参加了这个项目的工作，该项目从 1998 年开始，计划的重点内容是镍基合金材料的研究，700℃ 时蠕变强度大于 100MPa；700～750℃ 条件下进行新材料试验，包括强度、蠕变特性、脆性、抗氧化性能等；锅炉和汽轮机的设计、循环优化；经济分析和评价进行 40 万 kW 和 100 万 kW 两种机型的设计，参数为 700℃/720℃/720℃。此外，欧洲的"THERMIE"计划的主要目标是：使燃烧粉煤（PF）电厂的净效率由 47% 提高到 55%（对于低的海水冷却水温度）或 52% 左右（对于内陆地区和冷却塔），降低燃煤电站的造价。

3. 日本超超临界机组研发计划

日本在通商产业省的支持下进行了超超临界机组研发计划。第一阶段的第一步使铁素体钢达到 593℃，应用 9%～12%Cr 发展 31.4MPa/593℃/593℃/593℃ 机组，发电效率达 44.2%。第二步，奥氏体钢达到 649℃，应用奥氏体钢发展 34.3MPa/649℃/593℃/593℃ 机组，发电效率达 44.9%。第二阶段，新型铁素体钢达到 630℃，应用新型铁素体钢发展 30MPa/630℃/630℃ 一次再热机组，发电效率达 44.16%。目前，正开展 650℃ 级所需的铁素体耐热钢研究。

我国通常把蒸汽压力高于 27MPa 的机组称为超超临界机组，超超临界机组发展重点偏重于材料研发方面，其目标是将主蒸汽温度的 600～610℃ 平台，依次跃升到 650～660℃、700～710℃、750～760℃ 三个台阶，并把初压力提高到 35MPa 以上，使汽轮机效率大幅提高。

三、超超临界机组水汽循环化学控制要求

近些年来，随着国家节能减排和环境保护的要求日趋严格，超超临界机组逐步发展为国内热力发电主流机组，研究超超临界机组的化学技术问题，进一步提高超超临界机组的安全运行水平，是一项十分迫切且具有现实意义的工作。

水在热力设备各系统中的相变过程与机组的工作过程相对应，例如，给水进入锅炉加热后变成蒸汽，流经过热器进一步加热后变成过热蒸汽，在冲转汽轮机后带动发电机发电，做功后蒸汽进入凝汽器被冷却成凝结水，经过低压加热器、除氧器、给水泵、高压加热器又回到锅炉中，完成一个完整的循环。在此循环过程中，水的品质决定着与之密切接触的锅炉炉管的工作状况（如结垢、积盐、腐蚀）与服役寿命，因此，高质量的补给水与给水热化学工况优化调节是机组经济、安全运行的重要保证。

在超临界水中，无机盐的溶解度会降得很小。当机组在超临界状态运行时，锅炉炉水中的无机盐因溶解度的降低更容易在水冷壁管内沉积，从而引起水冷壁管过热及垢下腐蚀。另外，在超临界状态下，超临界水类似非极性的有机溶剂，有机物和气体在水中有较好的溶解性，有机物在有氧存在的超临界水中快速分解，反应产物是二氧化碳、氮气及小分子有机化合物，分解产生的二氧化碳及低分子有机酸在水质控制不当时会发生酸性腐蚀。

因此，超超临界机组对水汽循环的化学要求非常严格，超超临界机组的化学调试和运行重点应做好以下几方面工作：

（1）高质量地完成化学水处理设备各分系统的调试，确保化学水处理设备性能符合有关设计指标，为机组安全、稳定运行提供可靠的质量保证。

（2）新建机组的化学清洗范围要求系统、全面，尽量扩大酸洗范围，确保金属内表面洁净。

（3）新建超超临界直流机组清洗前、后的大流量水冲洗步骤不宜省略。

（4）机组在启动前必须进行充分的冷态和热态化学冲洗，严格监督冷态冲洗和热态冲洗质量，冲转前充分利用高、低压旁路进行蒸汽系统的清洗，确保冲转蒸汽合格。

（5）凝结水要求 100% 全流量经过凝结水精处理系统过滤除盐处理，减少各类杂质进入热力系统。控制凝结水混床离子的泄漏，减少系统盐类的腐蚀与沉积。

（6）机组的化学运行指标符合给水 OT 处理要求时，尽快投用给水加氧处理系统，以降低流动加速腐蚀（Flow Accelerated Corrosion，FAC）对给水系统的腐蚀和减缓腐蚀产物在热力系统中的迁移沉积。

（7）做好机组启动、停运、检修、停用保养等各阶段的化学监督工作，提高化学监督水平。

第二章

调 试 工 作

第一节 概　　述

一、调试工作的意义

机组启动调试是火电工程建设的最后一个阶段，是全面检验主机及其配套系统的设备制造、设计、施工、安装和生产准备的重要环节，是保证机组达到设计值，并能安全、经济、可靠、文明地投入商业运行，发挥投资效益的关键环节。

随着国内大容量机组的不断发展，尤其是近年来超超临界百万机组的持续扩容，大容量、大规模、高参数机组的工程建设对各参建单位要求越来越高，尤其对作为整个工程建设"收官"阶段的调试单位，在提高机组整体移交生产水平和提高机组建设的质量水平过程中，发挥至关重要的作用。超超临界百万机组的技术复杂性和规模程度对调试单位提出了越来越高的要求，如何在短工期、保证项目安全的前提下，高标准、严要求、保质保量地完成各项试运任务，使机组在规定的工期内圆满完成168h试运工作并顺利投入商业运行，对于整个机组的工程建设来说意义重大。

机组的试运一般分为分部试运（包括单机试运、分系统试运）和整套启动试运（包括空负荷试运、带负荷试运、满负荷试运）两个阶段。分系统试运和整套启动试运中的调试工作必须由具有相应调试能力资格的单位承担。在试运过程中及时发现问题并处理好，从而使系统内相关设备能够协同工作，达到系统设计要求，满足生产需要。避免因某个单体设备故障影响某个分系统或相关分系统的运行，继而影响到整个机组的安全生产，造成不可预计的经济损失。

根据国家能源局2009年发布的DL/T 5437—2009《火力发电建设工程启动试运及验收规程》规定，分系统调试是从厂用电系统带电后，单体调试完成、单机试运合格、设备和系统完全安装完毕、试运条件经检查确认具备后开始，直至机组进入整套启动前结束。分部试运包括单机试运和分系统试运两部分。单机试运是为检验该设备状态和性能是否满足其设计要求的单台辅机的试运行；分系统试运是指为检验设备和系统是否满足机组总体设计要求的联合试运行。

分系统调试的主要目的：逐个检查系统的设备、系统、测点、联锁保护逻辑、控制方式、安装等是否符合设计要求，以及设计是否满足实际运行要求，及时发现系统存在的缺陷、设备存在的故障等问题并协助解决，确保系统能够安全可靠地投入运行。

分系统调试的主要目标是：确保各个系统完整地、安全地参与调试运行，达到DL/T 5295—2013《火力发电建设工程机组调试质量验收及评价规程》的标准，最终满足机组运行要求。

分系统调试的主要原则：要确保系统的完整性和安全性，不具备试运条件的不能试运，试运时要确保试运设备和系统的测点和联锁保护全部投入，指示、动作正确；合理安排调试计划，尽可能地缩短锅炉酸洗、吹管和机组整套启动这三个主要工程进度之间的时间。

分系统调试方案的总原则：根据各个系统之间的相互制约关系来安排调试的先后顺序，一环扣一环，某些同时具备调试试运条件又相互不干扰的系统，可以同时进行。分系统调试试运大部分按照正常程序和方式、调试措施进行即可，但有些系统因安装程序和进度要求，以及调试先后顺序的缘故，分系统调试不得不采取一些临时措施进行。有些系统调试试运条件受到主机的影响，可在主机试运的同时开展这些系统的试运。

二、试运组织和流程

分部试运应在试运指挥部下设分部试运组的领导下进行，由施工单位负责（分部试运组长由主体施工单位出任的试运指挥部副总指挥兼任）、工程建设单位、调试单位、生产单位、设计单位等参加，某些重要辅机和特殊设备可根据合同要求制造厂人员参加。

分部试运调试工作可参照以下流程：熟悉现场设备和系统→制订试运计划、方案、质量验评计划→审批试运计划、方案、质量试运计划→报审单体调试或单机试运调试方案→单体调试/单机试运前静态检查（包括电气、仪控保护投入状态确认）→办理单体调试/单机试运申请单→单体调试/单机试运→验收签证→单体调试/单机试运与分系统试运交接验收→报审分系统试运调试方案→分系统试运前条件检查（包括电气、仪控保护投入状态确认）→办理分系统试运申请单→组织各方进行调试措施技术交底→分系统空载和带负荷试运→分系统验收签证→办理机组分系统试运质量验收表移交生产代保管（具备生产代保管条件）。

就单个系统而言，其调试顺序为：调试单位与生产单位一起检查该系统和设备的测点是否已全部在控制室 CRT 画面上正确显示→调试单位对该系统和设备的阀门及联锁保护和控制系统进行传试，并对生产单位人员进行交底，确保系统的试运前电气、热控保护已正确投入→监理单位、施工单位、调试单位、生产单位及建设单位共同检查该系统的试运条件是否具备→在试运开始前，调试单位组织对该系统进行试运前安全技术交底，并办理签证手续→按照分系统调试措施开始试运工作→试运结束后对该系统的试运情况进行验收，并办理试运签证及质量验收手续→由调试单位负责编制调试报告，如图 2-1 所示。

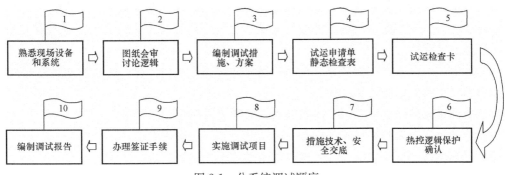

图 2-1 分系统调试顺序

第二节 分部试运工作准备

一、分部试运前的准备

在正式开始调试工作之前，调试单位应做好如下准备工作：

（1）组织调试项目部各专业人员，做好业主方的前期服务工作。

1）参加初步设计审查。

2）参加设计联络会。

3）参加发电厂的主、辅机的设备选型、招标工作。

4）对系统的完整性及合理性提出修改意见和建议。

5）参加业主组织的其他各种技术性会议。

（2）收集和熟悉图纸资料。

（3）组织审批专业调试方案、措施。

（4）对设计、安装和制造等方面存在的问题和缺陷提出改进建议。

（5）组织各方对各专业重大方案措施进行讨论、会签。

（6）组织现场安全学习、培训。

（7）负责调试单位与现场各方的技术联络。

二、分系统调试项目时现场应具备的条件

（一）现场环境

（1）试运区周围环境应不妨碍分部试运进行，场地基本平整，沟道盖板基本齐全，道路畅通。

（2）分部试运区域的脚手架、梯子、平台、栏杆、护板等符合安全试运的要求。

（3）排水畅通，排污系统可投入使用。

（4）配备必要的消防设施。

（5）试运区域照明充足。

（6）通信要畅通，必要时采取临时通信措施。

（7）试运区与施工区要有明显的标志和分界，危险区设围栏和警告标志。

（8）有必要的防冻措施、防暑降温和防雨措施。

（二）设备及系统

（1）分部试运的设备及系统（包括机务、电气、热控等）安装试验已经结束，各级验收已完成并已办理验收签证，试运文件包已确认；土建工作已结束，设备的二次灌浆已完成，混凝土已达设计强度。

（2）分部试运设备的保护装置已校验合格，并可投入使用；对因调试或试运需要临时解除或变更的保护装置已经确认。

（3）分部试运的设备及系统已命名挂牌，有明显的标志。

（4）分部试运所需测试仪器、仪表已配备并符合计量管理要求。

（5）分部试运设备及系统已与非试运行的系统可靠隔离或隔绝。

（6）试运人员到位，分部试运的计划、措施已经审批、交底。

（三）组织机构管理

（1）试运指挥部及其下属机构已成立，组织落实，人员到位，职责分工明确。

（2）各项试运管理制度和规定以及调试大纲已经审批并发布执行。

（3）相应的建筑和安装工程已完工，并已按电力行业有关电力建设施工质量验收规程验收签证，技术资料齐全。

（4）一般应具备设计要求的正式电源。

（5）单机试运和分系统试运计划、试运调试措施已经审批并正式下发。

（6）分部试运涉及的单体调试已完成，并验收合格，满足试运要求。

三、单体调试验收签证的办理

由于分部试运包括单机试运和分系统试运两部分，而单体试运由施工单位组织负责，因此在开展分系统试运工作之前，施工单位必须完成分部试转单体部分的试运工作。单体试运过程中，施工单位必须对试运项目进行静态检查，填写《新设备分部试运行前静态检查表》并做出评价；监理、施工单位质检部门和分部试运组各方代表对施工单位提出的《新设备分部试运行申请单》进行审议，包括对《静态检查表》和《电气、热工保护投入状态确认表》进行确认，并会签。

四、施工未完项目的处理

对施工单位提出的未完项目进行讨论，确认必须在分部试运前整改处理的项目已经处理完毕，剩余项目允许在分部试运后限期整改和处理，未经验收签证的设备系统不准进行分部试运。

完成上述工作准备后，调试单位进行组织开展分系统试运工作。

第三节 分部试运工作内容

分部试运是机组调试工作的重要阶段。分部试运是指从高压厂用母线受电到整套启动试运前的辅助机械及系统所进行的调试工作。分部试运一般应在整套启动前完成，分部试运分为单机、单体和分系统调试两个步骤进行，一般情况下，分系统试运在单机、单体调试后进行，但也存在着两个步骤互相衔接又互相交叉、同时进行的情况。

调试单位在分部试运过程中一般按照图 2-2 所示重要节点调试顺序开展分系统调试工作，待所有分系统项目调试完毕后，调试单位通过掌握试运情况和问题，组织进行主要设备及系统的检查，确认是否符合整套启动试运条件。

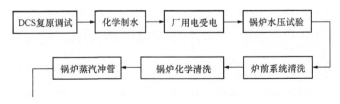

图 2-2 分系统重要节点调试顺序

一、调试单位任务

在分系统试运阶段，调试单位在试运过程中应发挥如下作用：

（1）作为分部试运组的副组长单位，负责分部试运中分系统调试的总体工作。

（2）组织各专业检查、了解分部试运情况，协助施工单位处理试运中出现的问题。

（3）组织各专业配合安装单位进行单体传动试验。

（4）组织各专业配合安装单位完成单机试转工作。

（5）组织各专业完成各辅机的联锁保护试验及有关试验。

（6）组织各专业进行系统投运前的技术交底工作。

（7）组织各专业参加系统投运前的条件检查工作。

（8）参加分部试运阶段有关的事故分析会议。

（9）组织各专业负责完成各系统的分系统调试工作。

（10）组织各专业编制分系统调试总结报告。

（11）组织各专业填写分系统调试验评表。

（12）组织各专业确认各辅机具备参加整套启动试运的条件。

二、化学专业调试工作范围

在分系统调试阶段，调试单位化学专业具体工作如下：

（1）指导参加化学专业范围内各系统的单机调试及验收工作，掌握试运情况和问题，协助施工单位处理试运中出现的问题，确认是否符合分部试运条件。

（2）组织化学专业范围内各系统的分部试运工作，掌握试运情况和问题，组织进行主要设备及系统的检查，确认是否符合整套启动试运条件。

（3）原水预处理系统调试。

（4）超滤（微滤）、反渗透系统调试。

（5）化学补给水除盐系统调试。

（6）凝结水精处理系统调试。

（7）制氢及供氢系统调试。

（8）机组加药系统调试。

（9）取样分析系统调试。

（10）制氯、循环水处理系统调试。

（11）废水处理系统调试。

（12）机组化学清洗。

（13）配合机组冲管和整套启动期间的化学监督工作。

三、调试工作程序

根据调试单位在分系统试运阶段的角色定位，结合国家能源局 2013 年发布的 DL/T 5294—2013《火力发电建设工程机组调试技术规范》规定，调试单位在分系统试运阶段宜按如下工作程序开展工作。

（一）测点、阀门开关传动试验

试运系统试转前，系统内相关测点、阀门开关、热工联锁由施工单位完成一次元件安装后配合调试单位热控人员进行传动试验后交调试单位机务人员。由调试单位机务人员组织施工单位、监理单位、建设单位及生产单位人员对系统内相关测点、阀门、开关、热工联锁信号等进行验收，并签证。表 2-1 和表 2-2 分别是阀门开关传动验收记录表和调节阀门传动验收记录表，过程中宜各参建单位签字确认，以便记录留存。

表 2-1　　　　　　　　　　　　　　　　阀门开关传动验收记录表

序号	阀门名称	设备编码	开时间	关时间	反馈指示	传动结果	备注
1		××××××	××	××	××	××	
2		×××××	××	××	××	××	
3	……	……	……	……	……	……	

施工单位：　　　　　　　　　　　　　　调试单位：　　　　　　　　　　　　　监理单位：

建设单位：　　　　　　　　　　　　　　生产单位：　　　　　　　　　　　　　年　月　日

表 2-2　　　　　　　　　　　　　　　　调节阀门传动验收记录表

序号	阀门挡板名称	设备编码	传动结果										备注
			指令(%)	反馈(%)	指令(%)	反馈(%)	指令(%)	反馈(%)	指令(%)	反馈(%)	指令(%)	反馈(%)	
1		××××	0	××	25	××	50	××	75	××	100	××	
2		…	…	…	…	…	…	…	…	…	…	…	
…		…	…	…	…	…	…	…	…	…	…	…	

施工单位：　　　　　　　　　　　　　　调试单位：　　　　　　　　　　　　　监理单位：

建设单位：　　　　　　　　　　　　　　生产单位：　　　　　　　　　　　　　年　月　日

（二）联锁、保护逻辑传动试验

试运系统内测点、阀门开关等传动试验结束后，调试单位热控人员需要在系统试运前对照热控预操作单对该系统联锁、保护逻辑进行传动试验，确保试验动作结果正常，传动试验应包括如下内容：

（1）各设备停止允许条件的检查试验。

（2）各设备启动程序的检查试验。

（3）各设备停止程序的检查试验。

（4）各设备跳闸条件的检查试验。

（5）各设备有关联锁条件的检查试验。

（6）转动机械的事故按钮试验。

传动试验结束后，由调试单位机务人员组织施工单位、监理单位、建设单位及生产单位人员对该系统联锁、保护逻辑进行传动。传动过程中调试单位热控人员予以配合，传动试验避免信号强制。传动结束后参加人员对传动结果进行签证。表 2-3 是联锁、保护逻辑传动验收记录表。

表 2-3　　　　　　　　　　　　　　联锁、保护逻辑传动验收记录表

工程名称：　××工程×号机组

专　　　业：化学　　　　　　　系统名称：凝结水精处理系统

序号	传动项目	传动结果	备注
1	凝结水母管温度高开旁路	××××	
2	……	……	……
……	……	……	……

施工单位：　　　　　　　　　　　　　　调试单位：　　　　　　　　　　　　　监理单位：

建设单位：　　　　　　　　　　　　　　生产单位：　　　　　　　　　　　　　年　月　日

（三）安全技术交底

分系统首次试运前，调试单位应针对该系统对参加试运的施工单位、监理单位、建设单位及生产单位专业负责人进行安全技术交底并做好记录。交底人必须是调试单位该项目专业负责人。

安全技术交底宜包含如下内容，具体内容以附件形式依附在交底签证之后：

（1）宣读《××××调试措施》

（2）讲解调试应具备的条件

（3）描述调试程序和验收标准

（4）明确调试组织机构及责任分工

（5）危险源分析和防范措施及环境和职业健康要求说明

（6）答疑问题。

调试措施技术及安全交底记录如表 2-4 所示。

表 2-4　　　　　　　　　　调试措施技术及安全交底记录表

调试项目	原水预处理系统试运			
主持人	张三	交底人　李四	交底日期	2014.01.01
交底内容	1. 宣读《××××调试措施》 2. 讲解调试应具备的条件 3. 描述调试程序和验收标准 4. 明确调试组织机构及责任分工 5. 危险源分析和防范措施及环境和职业健康要求说明 6. 答疑问题			
参加人员签到表				
姓名	单位		姓名	单位
张三	××××××		……	……
李四	××××××		……	……
××××	××××××		……	……
……	……		……	……

（四）试运前条件检查

调试单位应按分系统调试系统试运条件检查确认表组织施工单位、监理单位、建设单位、生产单位及设备制造厂商对试运条件进行检查确认并签证。表 2-5 为系统试运条件检查确认表，检查内容需详尽，需要包括试运系统内所有辅助系统。

表 2-5　　　　　　　　　　系统试运条件检查确认表

工程名称：××工程×号机组　　　　专业：化学　　　　系统名称：机组化学清洗

序号	检查内容	检查结果	备注
1	清洗箱内无杂物，并已签证封闭	√	
2	……	……	……
……	……	……	……
……	……	……	……
结论	经检查确认，该系统已具备系统试运条件，可以进行系统试运工作		
施工单位（签字）：		年　　月　　日	
调试单位（签字）：		年　　月　　日	
监理单位（签字）：		年　　月　　日	
建设单位（签字）：		年　　月　　日	
生产单位（签字）：		年　　月　　日	

（五）系统试运申请

系统试运申请一般应用于分系统调试阶段进行，每个分系统调试措施对应的调试子系统均应该有系统试运申请单。

系统试运申请单由表2-6所示分系统试运申请单内序号3试运申请人（一般为电建公司专业负责人）负责填写，由序号4试运负责人（调试单位专业组长）确认后，送转序号5人员会签，最后流转至序号8试运专业组同意。重要调试项目由试运专业组送试运指挥部批准，经序号9值长签名确认，试运负责人通过值长发令执行。

调试项目重要与一般，由调试现场试运专业组长权衡决定。

表 2-6　　　　　　　　　　　　分系统试运申请单

申请单位：＿＿＿×××××公司＿＿＿　　　　　　　　　　　编号：＿-001＿

序号	项　目	系统草图（范围、规格等数据）
1	试运系统名称： 凝结水精处理系统试运	
2	要求试运日期：　　　年　月　日	
3	试运申请人（电建）：　　年　月　日	
4	试运负责人：　　　年　月　日	
5	调试单位： 试运专业：　　　　（签名） 其他专业会签：　　（签名） 施工单位：　　　　（签名） 监理单位：　　　　（签名） 基建工程部：　　　（签名） 生产准备组：　　　（签名）	
6	分系统试运前条件检查表（附表）	
7	本次试运电气、仪控保护投入状态确认（附表）	
8	试运专业组组长批准： 试运指挥部批准（如需）：	
9	值长签名： 收到日期：　　年　月　日	

（六）系统试运及试运数据记录

调试单位负责组织、指导生产单位运行人员完成试运系统的状态检查、运行操作和调整，做好试运记录。试运记录表格由调试单位各专业根据自身及系统、设备情况自制。试运过程中，调试单位人员及时对运行人员就试运系统进行技术培训，并及时提示风险预控。

（七）试运后质量验收

分系统试运结束后，调试单位负责填写分系统调试质量验评表，监理单位组织施工单位、调试单位、建设单位、生产单位就该系统进行验收，并签证。表2-7为分系统单位工程调试质量验收表，表2-8为系统试运验收签证单。

表 2-7　　　　　　　　　　　　　　分系统单位工程调试质量验收表

表号：表 3.3.3-4

机组号		1 号机组	单项工程名称		化学专业
单位工程名称			原水预处理系统调试		
检验项目	性质	单位	质量标准	检查结果	备注
联锁保护	主控		全部投入，动作正确		
状态显示			正确		
热工仪表			安装齐全，校验准确		
反应沉淀池	主控		安装正确，运行正常		
水池管道　严密性			无泄漏		
水池管道　水冲洗			清洁，无杂物		
水池管道　阀门	主控		安装正确，运行正常		
加药系统自动控制	主控		工作正常		
混凝剂计量泵可投率	主控	%	100		
助凝剂计量泵可投率	主控	%	100		
排泥泵可投率	主控	%	100		
排水泵可投率	主控	%	100		

施工单位（签字）	年　　月　　日
调试单位（签字）	年　　月　　日
生产单位（签字）	年　　月　　日
监理单位（签字）	年　　月　　日
建设单位（签字）	年　　月　　日

表 2-8　　　　　　　　　　　　　　系统试运验收签证单

工程名称：××××××机组工程

编号：HX-001

专　　业：化学

单位工程：化学清洗

序号	验收内容	评价	备注
1		……	
2		……	
……	……	……	

评价：

该设备/系统已于　　年　　月　　日完成分系统试运，经按 DL/T 5295—2013《火力发电建设工程机组调试质量验收及评价规程》，该系统满足质量验收要求，已具备代管条件，同意进入整套启动阶段

主要遗留问题及处理意见：

施工单位（签字）	年　　月　　日
调试单位（签字）	年　　月　　日
监理单位（签字）	年　　月　　日
生产单位（签字）	年　　月　　日
建设单位（签字）	年　　月　　日

（八）系统代保管

分系统试运结束后，由施工单位按照现行行业标准 DL/T 5437—2009《火力发电建设工程启动试运及验收规程》规定办理设备和系统代保管手续，由生产单位负责该系统的启停工作。

第四节　调 试 工 作 管 理

为了更好、更快地完成大型机组调试工作，应该合理、有效地利用有限资源，努力提高调试工作的质量水平，确保机组安全、可靠，使电厂、电网等获得最大效益。因此，在调试过程中，调试管理环节至关重要。调试管理是对分部试运、机组整套启动试运调试工作的管理，包含质量、安全、进度控制、技术等。

一、调试质量管理

在调试过程中，质量管理始终坚持"质量第一，实行科学管理，不断改进服务，顾客满意"的方针，开展调试工作。

（一）质量管理目标

质量管理的目标如下：

（1）调试过程中调试质量事故为零。

（2）调试原因损坏设备事故为零。

（3）调试原因造成机组 MFT 为零。

（4）机组启动未签证项目为零。

（5）无调试原因影响机组进度。

（6）机组移交生产，调试未完项目为零。

（7）确保机组工程实现高水平达标投产。

（8）牢固树立基建工程精细化调试质量控制的观念。

（9）调试技术报告的文本内容全面、完整，分析精辟、扼要，结论正确、客观、公正，严格执行审核、批准制度，及时向业主提供技术报告。

（10）力争做到分部试运缺陷不带到整套试运，整套试运缺陷不带到 168h 试运，168h 试运后无缺陷移交。

（11）监视、测量、试验、检定的数据正确、真实，结论客观、公正。

（二）质量保证措施

在调试过程中，提高对调试在工程优化中的关键作用的认识，实行调总负责制，实施调试监理，认真执行 DL/T 5295—2013《火力发电建设工程机组调试质量验收及评价规程》、DL/T 5437—2009《火力发电建设工程启动试运及验收规程》、DL/T 5294—2013《火力发电建设工程机组调试技术规范》等规程，通过质量保证措施，实现调试质量的高标准管理，从而推动工程进度保质保量地顺利进行。

建立启动调试组织机构，如图 2-3 所示。通过调试使机组达到各项调试技术指标和稳定运行，并移交工程建设管理单位。

1. 启动调试准备

积极收集和熟悉工程技术资料、设备说明书和出厂保证书，对新设备、新技术进行调

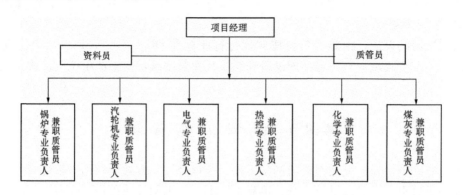

图 2-3　启动调试组织机构

研，做好充分的技术准备。对系统设计、设计联络会议纪要及施工图纸进行审查，发现问题及时提出修改建议。

根据系统特点，编制各系统调试措施，并进行会审，明确试运过程中的组织分工和调试计划，明确各项调试工作的组织、调试方法和应达到的质量标准，并在编制技术措施的同时编制安全保证措施。

2. 加强过程控制

（1）编制质量计划，分解质量目标。

（2）严把质量关，落实各项试运工作应具备的条件，真正做到不具备试运条件的不进行试运，对试运中发生的问题及时联系解决，保证各分系统在试运结束后都能满足运行要求，不留尾工。

（3）加强过程控制，做到整个调试工作不漏项、不缺项；做到每项工作都有措施，每项工作都有记录，每项工作都经过质量验收；做到前级工作对后级负责，每项工作都有责任人。

（4）加强外围系统的调试工作，对待外围系统和对待主系统一样重视。

（5）调试人员严格执行规程规范和调试措施的操作程序，规范作业行为，使每项工作都在程序控制范围内进行。

（6）各项调试措施执行前，由调试人员对参加试运人员进行技术交底，指导运行人员操作，认真监护，发现问题及时处理，确保设备系统运转正常。

（7）调试人员在机组热态调试中，认真做好调试过程中的质量记录，确保产品的可追溯性。认真分析各项试验数据，高质量、高标准地完成各项指标，顺利完成 168h 试运。

（8）对于调试中的不合格项目，及时分析原因并制定纠正措施。对潜在不合格的项目采取相应的预防措施，杜绝隐患。

（9）对各阶段的试验项目按 DL/T 5295—2013《火力发电建设工程机组调试质量验收及评价规程》进行验收。

（10）及时与业主沟通，了解业主的需求，更好地为业主服务。

（11）工程中及工程结束对业主进行回访，做到业主满意。

（12）注重资料档案管理，做到试验规范、数据真实且可靠、报告完整；对非主体调试单位也同样要求，做到高标准达标移交。

3. 检验和测试设备的控制

对于启动调试中所使用的计量器具、仪器仪表和测试设备，在启动调试前核对其精密度和准确度，必须符合调试检测的要求。

所使用的计量器具、仪器仪表和测试设备经地方政府授权的定点单位鉴定并持有鉴定证书，并在有效期内。

4. 启动调试质量记录

按照 DL/T 5295—2013《火力发电建设工程机组调试质量及评价规程》的要求，结合工程的实际情况，编制《质量验收表》。调试过程中认真完成调试记录和试运记录表，并编入竣工技术资料，移交建设单位。

5. 分部试运控制

在分部试运阶段调试中，进行分系统的交接验收。按照调试合同和有关规定，完成分部试运项目的措施编写工作与实施。对于重要分部试运项目（如锅炉化学清洗、空气动力场试验、吹管等），在项目完成后及时编写试运报告。

6. 调试协调会议制度

在机组调试期间，召开调试现场协调会议。参会单位有业主及其相关部门、施工、安装、设计、监理、调试、设备厂家等。会议应反映机组调试遇到的问题，明确需要沟通的事项，总结当天的调试工作，安排明天的调试计划，尽量落实解决问题的责任单位。分部试运阶段由分部试运组长主持，整套启动阶段由调试单位负责人主持，由综合组负责整理、发布会议纪要。

（1）分部试运会议。由分部试运组组长负责组织召开分部试运会议，应根据会议内容通知相关单位（部门）与会，通知上要有明确的会议地点，要制定具体的日会议、周会议和月会议的日期、时间以及各会议的主要议程，并制定相应的会议管理考核制度。

（2）调试专题会议制度。在机组调试期间，若遇到专业性很强和在调试协调会议上落实不了的问题，召开调试专题会议。属于设备或安装问题的由业主、安装单位主持，属于系统或调试问题的由业主或调试单位主持。会议应提出解决问题的方案，并报试运指挥部。会后由会议主持单位整理会议纪要。

7. 系统、设备故障、异常和重大事项及时报告管理制度

在机组调试其间，若遇到威胁设备、人身安全或影响机组调试重大进程的故障、异常情况和重大事项，应立即向试运指挥部报告。试运指挥部及调试当班指挥应立即做出反应，研究并拿出切实可行的对策。各参建单位应积极配合，防止情况恶化，杜绝不愉快的事情发生。若情况危急，则由当值值长按规程处理。

（三）过程控制文件管理

1. 分部试运文件包

分系统试运是指按系统对其动力、电气、热控等所有设备及其系统进行空载和带负荷的调整试运。分系统试运必须在单体调试、单机试运合格后才可进行。进行分系统试运目的是通过调试，考验整个分系统是否具备参加整套试运的条件，而分部试运文件包的产生就是实现该目的。

分部试运文件包根据现场工作的实际要求将产生一些必要的文档，这些文档作为重要的支撑性文件对整个调试工作起到质量监督、风险把控的作用。整个文件包体系应该贯彻于每

个试运子系统,要求内容齐全,结果正确。文件包包括下述内容:

(1) 试运计划、方案、措施、质量验评范围划分。

(2) 单体调试/单机试运与分系统试运交接验收表(由施工单位提供)。

(3) 阀门开关传动验收记录表(见表2-1)。

(4) 调节阀门传动验收记录表(见表2-2)。

(5) 联锁、保护逻辑传动验收记录表(见表2-3)。

(6) 调试措施技术及安全交底记录表(见表2-4)。

(7) 系统试运条件检查确认表(见表2-5)。

(8) 分系统试运申请单(见表2-6)。

(9) 试运数据记录表。

(10) 分系统单位工程调试质量验收表(见表2-7)。

(11) 机组试运各阶段各系统试运验收签证单(见表2-8)。

(12) 试运项目缺陷清单。

(13) 调试报告。

2. 试运结果签证

每项分部试运项目试运合格后应由施工单位组织施工、调试、监理、建设/生产等单位及时验收签证。合同规定由设备制造厂负责单体调试且施工单位负责安装的项目,由施工单位组织监理、建设、生产、调试等单位检查、验收;合同规定由设备制造厂负责安装并调试的项目,由工程部组织施工监理、建设、生产、调试等单位检查、验收。验收不合格的项目不能进入分系统和整套试运。

在分系统试运结束后,各项指标符合DL/T 5295—2013《火力发电建设工程机组调试质量验收及评价规程》和达标要求,由调试单位组织施工单位、调试单位、建设、监理单位的代表签署《火力发电建设工程机组调试质量验收及评价规程》的有关验收表(见表2-7),并对该系统进行系统试运后评价签证(见表2-8)。

3. 移交代保管签证

经分部试运合格的设备和系统,如由于生产或调试需要继续运转,则可交生产部门代行保管,由生产部门负责运行、操作、检查。但消除缺陷(简称消缺)、维护工作以及未完项目仍由施工单位负责。未经建设、生产、监理、调试和施工单位代表验收签字的设备系统,不得代保管,不准参加整套启动调试。设备及系统代保管时,由施工单位填写《设备及系统代保管签证卡》。

对于再次试转的设备及系统,由工作单位提出申请,并得到调试、生产部门确认,方可实施。

(四)缺陷管理

若在分系统试运过程中发现缺陷,则填写试运指挥部下发的现场缺陷单。分部试运组专门配置缺陷管理员(建设单位或监理单位负责),及时整理、汇总缺陷并将缺陷分类后发给各单位,并按计划督促处理。消缺工作完成后,责任单位应及时办理缺陷单终结手续,由监理单位牵头相关部门检查确认,由缺陷管理员登记注销。如现场消缺情况紧急,发现人填写消缺单后,可直接提交调试指挥人员落实责任单位消缺,同时将消缺单交缺陷管理员闭环管理。

如对消缺问题有异议，提交试运指挥部裁定。调试期间，每周由监理单位组织召开消缺会议，盘点消缺情况。

凡在本工程调试范围内的所有已代保管生产设备及所属各系统（包括进入整套启动）进行检修、消缺、维护、试验等工作，需办理工作票的消缺工作必须履行相应工作范围的工作票手续，具体参照启动调试期间工作票管理制度或生产工作票管理制度执行。

在分系统试运过程中涉及动火的消缺工作时，必须遵守动火工作票制度，具体参照启动调试期间工作票管理制度或生产管理工作票制度执行。

二、调试进度管理

严格按照业主批准的调试计划进度组织开展并完成各阶段调试工作，对调试全过程实施有计划、系统化、程序化的管理，在确保机组安全、优质的基础上，合理调配资源，精心组织，精心调试，力争提前完成工程各里程碑进度。

（一）进度控制指标

（1）按工程进度要求，编制好调试总进度计划、调试月计划、调试周计划，按期完成机组 168h 满负荷试运。

（2）按工程重大调试节点里程碑，组织好调试前准备工作，检查、核对现场施工质量，做到调试无未完项目，确保调试进度与工程进度。

（3）无调试原因影响工程进度。

（二）汇报制度

调试开始后，调试现场项目经理建立调试进度报告制度，向业主或监理、工程项目经理报告。报告分三类：日进度报告、周进度报告、月进度报告。

（1）日进度报告：根据项目中各工序对进度进行监控，主要用做调试每日例会协调调试。

（2）周进度报告：周进度报告反映三级进度中各项目的进展情况，主要用做调试每周例会协调调试。

（3）月进度报告：反映二级进度项目和重要节点的进展情况。

由于对每个项目的进度分别进行日控制、周控制、月控制，各项进度都能按计划准点进行。如受到外部原因，实际进度与计划进度发生偏差，无法补救，调试单位即时向业主或监理工程师、公司本部报告。

（三）工期保证

工期保证分三个阶段实施：第一阶段，编制进度计划和配置资源；第二阶段，调试过程中的监控；第三阶段，补救措施。

（1）第一阶段：编制进度计划和配置资源。

根据业主或监理工程师制定的一级进度计划，合理配置资源（人力、仪器设备），编制二级、三级调试进度计划，待业主核准后正式生效。

（2）第二阶段：调试过程中的监控。

各调试项目必须按三级进度规定的时间开工。

调试人员按三级进度、工作程序、资源配置表进行调试。

按三类报告制度控制调试进度，发现实际进度与计划进度发生偏差，及时下达指令给各专业组或相关单位，通过采取适当的措施，予以及时补救。

（3）第三阶段：补救措施。

由于外部原因，如出线滞后、设备交付调试的延误、设备质量问题的返修等，造成工期延误，通过增加工作人员和仪器设备，优化现场调试组织或提高劳动生产率进行补救，确保总体进度或关键控制点不延误。

由于不可抗力造成工期延误时，主动积极配合业主做好各方面的协调，合理调整三级进度，报业主批准后实施；并在新的进度计划前提下，发挥各方面的能动性，将损失控制在最小范围内，确保业主的利益。

三、调试安全、健康、环境管理

大型火电机组启动调试是工程建设的最后一个阶段，也是最关键的一个阶段，为了更好地做好调试管理工作，需要建立调试项目管理体系，从安全、环境及职业健康等对项目进行全方位管理。调试安全、健康、环境管理工作应按照"安全第一，预防为主，综合治理"的方针，制定工程的调试安全、健康及环境因素目标，实现调试安全管理制度化、人员行为规范化、安全设施标准化、物料堆放定置化等目标。

（一）调试安全、健康、环境目标

（1）因调试原因引起的重大设备损坏事故 0 起。

（2）因调试原因引起的重大人身伤亡事故 0 起。

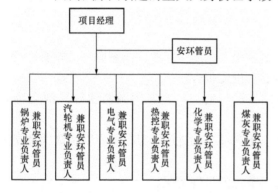

图 2-4 调试安全、健康、环境管理体系

（3）因调试原因引起的重大人身重伤事故 0 起。

（4）因调试原因引起的重大环境污染事故 0 起。

（5）因调试原因引起的人身轻伤事故 0 起。

（二）调试安全、健康、环境管理体系

调试安全、健康、环境管理体系如图 2-4 所示。

（三）调试安全、健康、环境管理及预防措施

（1）严格执行安全生产法，按职业安全卫生和环境管理体系要求开展各项工作。

（2）在调试大纲和调试措施中编制安全、环境预防措施。

（3）调试启动措施应具备的条件中，应有必须具备的安全、环境条件。

（4）定期召集安全、环境管理会议，解决各专业或项目部本身存在的各种问题。

（5）建立二级管理网络，项目经理为第一责任人，各专业负责人为管理责任人。

（四）调试安全管理及预防措施

（1）对调试工作中的安全状况进行分析，发现不符合要求时及时采取纠正措施，对潜在问题采取预防措施。

（2）项目部按 GB 26164.1—2010《电业安全工作规程》（第一部分：热力和机械）、DL 5009.1—2014《电力建设安全工作规定（火力发电厂部分）》、《国家电网公司电力生产事故调查规程》等规范进行定期和不定期的执行情况自查。

（3）在机组调试中严格执行《电力建设安全工作规定》、《防止电力生产重大事故的二十

五项重点要求》。

（4）参加试运行人员，在工作前应熟悉有关安全规程、运行规程及调试措施，试运行安全措施和试运停，送电联系制度等。

（5）参加试运行人员，在工作前应熟悉现场系统设备，认真检查试验设备，工具必须符合工作及安全要求。

（6）对与已运行设备有联系的系统进行调试，应办理工作票，同时采取隔离措施，必要的地方应设专人监护。

（7）在台风、汛期、梅雨季节，做好抗台防汛的预防调试技术措施。在台风、雷暴雨到来前对调试计划进行调整，避免危险区域的调试作业，同时督促责任方做好防止现场设备受潮受湿的工作。

（8）高空作业时，严格按照电力部颁发的安全规程执行。

（9）不得在栏杆、防护罩或运行设备的轴承上坐立或行走。

（10）不得在燃烧室防爆门、高温高压蒸汽管道、水管道的法兰和阀门、水位计等有可能受到烫伤危险的地点停留。如因工作需要停留，应设有防烫伤及防汽、水喷出伤人的措施。

（11）安全门的调整必须由两个以上的熟练工人在专业技术负责人的指挥下进行。安全门调整前应确认所有的安全门门座内水压试验用临时堵头均已取出，门座密封面完好无损。

（12）进行接触热体的操作应戴手套。

（13）带电或启动条件齐备后，应由指挥人员按技术要求指挥操作，操作应按 GB 12164.1—2010《电业安全工作规程》有关规定实行。

（14）操作酸、碱管路的仪表、阀门时，不得将面部正对法兰等连接件。

（15）运行中的表计如需要更换或修理而退出运行，仪表阀门和电源开关的操作均应遵照规定的顺序进行泄压、停电后，在一次门和电源开关处应挂"有人工作，严禁操作"标示牌。

（16）在远方操作调整试验时，操作人与就地监护人应在每次操作中相互联系，及时处理异常情况。

（17）搬运和使用化学药剂的人员应熟悉药剂的性质和操作方法，并掌握操作安全注意事项和各种防护措施。对于性质不明的药瓶，严禁用口尝或鼻嗅的方法进行鉴别。

（18）靠近通道的酸管道应有防护设施。

（19）进行加氯作业必须佩戴防毒面具，并应有人监护，室内通风应良好。

（20）在进行酸、碱工作的地点应备有清水、毛巾、药棉和急救时用的药液。

（21）化学清洗系统时的安全检查应符合下述要求：

1）与化学清洗无关的仪表及管道应隔绝。

2）临时安装的管道应与清洗系统图相符。

3）对影响安全的扶梯孔洞沟盖、脚手架要做妥善处理。

4）清洗系统所有管道焊接应可靠，所有阀门、法兰以及水泵的盘根均应严密，应设防溅装置，防备漏泄时酸液四溅。还应备有毛毡、胶皮垫、塑料布和卡子，以便漏酸时包扎。

5）玻璃转子流量计应有防护罩。

6）高温介质的管道必须保温。

7）清洗过程中应有检修人员值班，随时检修清洗设备的缺陷。

8）清洗过程中应有医护人员值班并备有相应的急救药品。

（五）调试健康管理及预防措施

（1）化学清洗前检查临时系统的安装质量，防止管道泄漏。

（2）化学清洗临时系统的酸泵、取样点、化验站和监视管附近需设水源，用胶皮软管连接，以备阀门或管道泄漏时冲洗用。

（3）化学制水、化学清洗产生的废液，应经综合处理后达标排放。

（4）锅炉吹管的临时管道排放口应加消声器，减少蒸汽排放时产生噪声。

（5）在调试中产生的废渣、废气、废液、污水、噪声项目，要在调试方案、措施中予以明确，通过各种可靠措施力求减少到最低限度，其排放的去向应有明确规定，禁止乱排放，严格遵守地方环保法规。

（6）化学清洗后的废液，应按排放方案要求正确处理。

（六）调试环境保护管理及预防措施

（1）树立文明调试的意识，做到"工完料净，场地清"。

（2）调试用的工具、器具应保护、保养好，确保器具的完好。

（3）调试用的试验与测量仪器、仪表应维护、保养，经检验合格，并在准用期内。

（4）不在调试现场禁止吸烟区内吸烟。文明、安全行为一贯化。

（5）调试人员统一着装，佩戴相应标志，各种行为符合相应的规定。

（6）严格执行调试技术纪律，不得随意修改设计图纸、制造厂技术要求、部颁规程规定，变更技术要求、规范等，须经有关方面确认批准后，方可进行。

（7）加强对设备成品的保护，在调试过程中，采取有效方法，不使成品受到损伤。

（8）化学专业用的固、液体药品，要有检验后的合格证，物品的堆放位置明确，标示明显，并确保安全距离，防止变质。

（9）办公室内的生活用品、文件等归放整齐、合理。做好防火、防雨、防盗措施，定期进行大扫除，保持室内整洁。

（七）调试风险控制管理

调试工程主要控制节点危险点：锅炉化学清洗、锅炉吹管、机组带负荷、机组带满负荷。

这些项目涉及面广，投入的设备、系统多，需要配合的单位多，其进度、质量、安全达到了优良标准，则整个机组的调试工作的进度、质量、安全就有了基本的保证。因此在大型机组调试过程中要特别重视这些节点的管理和控制。工程建设管理单位应要求调试单位在这些项目调试工作开始前编制出"节点调试工作及进度计划""节点开始前需完成的调试项目"等，以此作为施工现场管理及施工的工作要求，形成一个以调试为中心的工程建设管理的阶段。工程参建各方都能及时明确和完成各自所承担的合同任务，使整个机组调试的进度、质量、安全得到保证。

调试单位应对上述调试工程危险点进行充分分析，做好风险预控的技术和组织安全措施。

四、精细化调试管理

各阶段调试精细化管理的主要工作内容如下：

（一）调试准备阶段

（1）项目部人员满足建设方要求，可介入工程建设的各阶段，包括设计阶段、施工与设备招投标阶段、施工阶段。调试人员参加设计审查和施工图会审，协助确定性能试验测点布置；对系统布置、设备选型、工艺流程是否合理，提出意见和建议。

（2）编制出版调试大纲。调试大纲是对调试工作的总体策划，是调试精细化质量控制的策划准备，明确调试目标、工作原则、试运组织及各单位职责，明确调试流程和调试方法，并强调调试质量管理控制的精细化管理和确保工程质量的专项试验项目。

（3）进入调试阶段前，各调试单位应成立专门的调试组织机构，负责分工范围内的调试工作实施及文件包整理、移交等工作。尤其要对施工单位分系统调试阶段组织机构的成立及职责进行明确。

（4）调试前，在充分熟悉现场的前提下，和各方分析现场施工计划、设备供货计划的可行性，做好计划执行的风险评估及策略、措施制定，根据精细化调试质量控制的要求，确定各调试阶段需完成的调试工作及专项试验工作并确定合理的调试工期（168h 前完成全部常规调试项目、整套启动至 168h 满负荷试运完成时间不小于 30 天、专项试验的项目计划）。

（5）整理标准，制定质量控制流程，强调工作流程规范、工作标准的执行，其产生的详细、准确的文件应严格遵循文件包管理规定。

（6）调试单位进驻现场后，各专业组应结合以往的调试经验，进一步梳理每一个设备和系统，提出合理化建议，补充和完善系统设计。

（7）调试单位编制分系统及整套启动调试方案时，结合调试质量精细化控制的要求进行优化，确保机组调试项目做完整、做细致、做可靠、调整到位。

（8）在设备安装过程中，调试专业人员深入现场，熟悉系统和设备，对发现的问题及时以书面形式提交监理和项目公司，并提出解决问题的建议和意见。

（二）分系统调试阶段

（1）合理安排调试计划。

1）机组化学清洗前，应完成锅炉炉膛冷态空气动力场试验，且锅炉应具备预点火条件。

2）凝结水精处理系统应在机组吹管前具备投入条件。

3）从锅炉本体化学清洗结束到锅炉吹管，不得超过 20 天；从锅炉吹管结束到机组首次启动调试，不得超过 20 天。

（2）主要设备在首次试转时应确认监控仪表齐全、校验准确。由分散控制系统（DCS）控制的辅机，电动机单独试转必须在 DCS 操作，不得在开关室和电控柜操作。

（3）为提高热控仪表的准确性，项目公司应组织加强现场在装热控仪表（如压力变送器、流量变送器、就地压力表、压力、温度开关、温度测量一次元件等）的抽检工作，不满足校验精度的仪表要求安装单位重新校验。抽检仪表工作由监理、工程部、运行人员进行过程监督，并做好记录。

（4）调试单位积极参与单体调试工作，掌握单体调试情况。辅机试转后，安装单位应以文件包的形式，将 I/O 一次调整校对清单、一次元件调整校对记录清单、一次系统调校记录清单及单体/单机调试记录、设备单机静态检查验收签证、单机试转验收签证等移交调试单位或监理单位。

（5）分系统试运必须在单体调试和单机试运合格签证后进行，其中包括监测点齐全且校验合格，系统阀门校验合格且能在分散控制系统（DCS）操作（手动门除外）。

（6）在每个分系统调试前，调试单位应提出进入分系统调试的安全条件、设备条件、系统条件和技术条件，特别是化学清洗、锅炉吹管、整套启动的条件，并在调试前逐项进行确认。不具备条件的，不能进入分系统调试。

（7）调试单位热控、电气专业应对联锁保护逻辑、定值进行仔细调试和验证，并组织相关单位进行验收，并办理签证手续。尤其对保护逻辑调试时，应从一次元件做起，具备现场实动条件的应采用就地实动，不允许从分散控制系统（DCS），电气控制系统（ECS），网络控制系统（NCS）中进行强制模拟。

（8）调试单位严格按照已批准的调试方案或措施组织开展分系统调试，不得随意更改方案或措施所要求的试运工作。分系统调试的操作，除了必要的临时设施外，应使用正规设备和系统进行，设备、系统的操作应采用遥控和集控方式，设备保护、程序控制装置应投入运行。

（9）系统试运时，应加强系统阀门严密性检查，减少系统内漏，减少系统汽、气、水、油损失。

（10）加强分系统调试化学监督，采取有效措施严格控制汽、水、油品质，保证各系统及主、辅设备的安全运行。在机组调试期间，为保证汽水品质，及时投入汽水在线仪表，合理组织化验人员，缩短人工汽水取样化验周期，通过比对准确把握汽水品质。同时严把主辅设备油质关，设备试转前，必须油质合格，并查阅合格证书。

（11）根据各分系统试运的情况，及时对热工保护、联锁及其定值进行修订，并进行校核，确保机组运行后，各保护、联锁系统动作的可靠性。

（12）分系统试运后，调试单位应及时组织召开总结会，对分系统试运状况进行评估（含性能指标），针对发现的问题提出整改意见，并对系统进行进一步完善。未整改完毕不得进入下一步试运。

（13）调试单位应全面检查、分析和确认系统测点的准确性，并对影响测量准确性的测点提出安装位置变更、计算公式修正等意见，并落实整改。

（14）锅炉化学清洗期间，锅炉炉水循环泵参与时，可适当增大注水流量，并严格保证注水的连续投入；化学清洗结束时，必须在锅炉彻底疏放水后，对泵壳进行疏水、充水的反复操作，确保化学溶液彻底排除。

（15）进入整套启动前应对机组的重要保护点、重要辅机设备保护进行全面检查，确认测点可靠，确认保护定值设置正确，确认保护的硬回路、软回路分别动作正确，确认各重要保护及其冗余保护均能正确动作，确认测量回路故障、装置失电、失气等极端情况下保护能动作，机构执行到位。

（16）建立调试情况分析制度，每项调试工作完成后，应对所调试系统的设备、设计、安装等做出分析与评价，提出整改完善建议。

第二篇　超超临界机组的化学调试

第三章　原水预处理系统调试

火电厂补给水水源通常取自江、河、湖、海、地下水等天然水，为获得高品质机组补给水，必须对原水进行净化处理。原水的净化处理通常包括预处理、预脱盐和化学除盐三个部分，其目的：①去除水中的悬浮物，如沙子、黏土类无机物、动植物生存过程中或死亡后产生的腐败产物；②去除水中的胶体，如铁、铝和硅的无机化合物，以及动植物腐烂而生成的有机胶体等；③去除水中的溶解性盐类物质，如离子态的 Ca^{2+}、Mg^{2+}、Na^+、K^+、Fe^{2+}、Mn^{2+}、NH_4^+、Al^{3+}、Cu^{2+} 等阳离子和 HCO_3^-、Cl^-、SO_4^{2-}、F^-、NO_3^-、CO_3^{2-}、HS^- 等阴离子；④去除水中的溶解性气体，如 CO_2、O_2 等。

原水预处理的主要任务是去除水中的悬浮固体和胶体等杂物，处理方法主要有混凝、澄清、过滤等，又称为净水处理。

第一节　概　　述

原水预处理主要用于除去水中的悬浮物和胶体等杂质，为后阶段除去溶解物质创造良好的条件。在天然水中，直径小于 0.1mm 的杂质，尤其是胶体颗粒，不能依靠自然沉降法除去，需要通过混凝处理才能除去。在水处理设备中，若这些杂质不预先去除，则会引起管道堵塞，造成泵与测量装置及各种配件磨损，影响后阶段水处理工艺中离子交换设备的正常运行，影响锅炉动力设备的正常运行。例如，污染离子交换树脂使其交换容量降低，造成设备周期制水量降低或出水水质不合格；当铁、铝化合物的胶体进入锅炉时，会加速锅炉内部结垢；当有机物的胶体进入锅炉时，容易使炉水起泡从而引起蒸汽品质恶化。超超临界机组对水汽品质要求更高，为确保进入锅炉的补给水合格，必须首先除去水中的悬浮物、部分有机物和胶体。因此，对原水进行合理、适宜的预处理是获得纯净的机组补给水的重要前提。

一、混凝处理

混凝处理就是在水中加入一种药剂，破坏原水中胶体的稳定性，促使胶体和细小颗粒聚集成大颗粒的絮凝物，然后使其从水中彻底分离出来的过程。这种加入的药剂常称为混凝剂。混凝作用过程通常包括压缩双电层、吸附与电中和、网捕作用、吸附与架桥等，整个过程发生水解、聚合反应、脱稳、凝聚体形成长大现象等。

（一）混凝过程

1. 水解、聚合和吸附脱稳

混凝剂一旦加入水中后，立即发生水解和聚合反应，在水中形成不同形态的羟基络合物，正是这些水解产物的吸附架桥和电中和作用使得胶体脱稳。在低 pH 下，电中和作用占主导地位，吸附桥架为次。在天然水处理时，pH 一般在 6.5～7.5 的范围内，这时偏重于吸附桥架作用，电中和作用为次。在建立沉淀平衡之前，水解中间产物低正电荷、高聚合度多核羟基络合离子的吸附桥架作用已得到发挥。

2. 凝聚、絮凝

凝聚过程是混凝过程中一个相当重要的阶段，它包括使胶体脱稳和脱稳的胶体在布朗运动作用下聚集为微小的凝絮的过程。在凝聚过程中，脱稳胶体的移动速度十分重要，因为这一速度决定了它们之间的碰撞频率。在碰撞过程中，并不是每一次碰撞都能使脱稳胶体颗粒聚集，只有发生有效碰撞才能使颗粒聚集。有效碰撞是指碰撞频率与有效碰撞系数的乘积。有效碰撞在很大程度上取决于胶体颗粒的脱稳程度。如果胶粒处于完全脱稳状态，则每次碰撞都可以形成微小的絮凝体。微小的絮凝体在流体动力作用下再相互碰撞形成大絮凝体，这一过程称为凝聚、絮凝过程。

（二）混凝效果的影响因数

混凝过程包括混凝剂的水解、电离、吸附、絮凝、架桥和沉降等过程，因此影响混凝效果的因素也很多，主要包括水温、水的 pH、混凝剂的加药量、原水水质、接触介质和水力条件等。

1. 水温

水温对混凝效果影响明显，混凝剂不同，影响的程度也不一样。一般来说，水温高，水的黏度小，颗粒扩散速度快，有利于混凝反应和絮凝体沉降；水温低，水的黏度大，颗粒扩散速度小，黏附力降低，而且胶体颗粒溶剂化作用增强，形成絮凝体时间增加，沉降速度也慢，不利于混凝反应和絮凝体沉降。一般铝盐的适宜温度为 25～30℃，铁盐可适当放宽。低温水使用铝盐混凝比较困难，往往出水浊度偏高，矾花颗粒小，密度小，易上浮。为改变这种状况，可增加混凝剂的投加剂量，或投加高分子絮凝剂，或改为铁盐类混凝剂。

2. 水的 pH

混凝最佳 pH 范围与原水水质、去除对象和混凝剂类型等密切相关。投加金属盐类混凝剂时，其水解生成 H^+ 与水中碱度有缓冲作用，如碱度不够则需要投加石灰。

混凝反应的产物是氢氧化物，而铝的氢氧化物（或铁的氢氧化物）具有两性，在酸性条件下会以金属离子形式存在而不形成氢氧化物，而在高 pH 下又会形成含氧酸盐溶解，所以混凝需要一个恰当的 pH 范围。由于铁盐的两性比铝盐的弱，因此它的 pH 适应范围比铝盐宽得多，铁盐混凝的最优 pH 为 6.0～8.4，而铝盐混凝的最优 pH 范围为 6.0～7.5。

3. 混凝剂的加药量

混凝剂的加药量是影响混凝效果的重要因素，一般有以下关系：

（1）加药量不足，胶体尚未起到脱稳作用，残余浊度大。

（2）加药量适当，能起到良好的脱稳作用，产生快速凝聚，出水剩余浊度急剧下降。

（3）加药量过量，胶体颗粒吸附了过量的混凝剂，引起胶体颗粒电性变化，产生了再稳现象，剩余浊度重新增加；如果进一步提高加药量，则生成大量的氢氧化物沉淀，在吸附和网捕作用下，再次凝聚。

混凝剂量一般需要通过水样的混凝效果模拟试验来确定。

4. 原水水质

原水水质主要是指原水浊度和水中某些离子的含量。如原水浊度小，则只有在很高的加药量时，才能发生凝聚作用。这是因为胶体颗粒虽然脱稳，但碰撞机会太少，仍不能进行凝聚。当原水浊度太高时，混凝剂用量应相应增加。水中溶解离子对混凝效果也有一定影响。试验表明，阴离子（如 HCO_3^-、SO_4^{2-}、Cl^-）含量高对混凝有利，但水中有机物含量高，混凝效果不好。水中杂质浓度低，颗粒间碰撞概率下降，混凝效果差。提高原水水质混凝效果的措施有加高分子助凝剂，加黏土，投加混凝剂后直接过滤。

原水悬浮物含量过高时，为减少混凝剂的用量，通常投加高分子助凝剂。例如，黄河高浊度水常需投加有机高分子絮凝剂作为助凝剂。

5. 接触介质

混凝处理时，如果水中保持一定数量的泥渣层，则可提高混凝处理效果。这是因为泥渣作为接触介质，在这里起到吸附、催化以及结晶核的作用。澄清设备运行中大都有悬浮泥渣层，以增加混凝沉降效果。

6. 水力条件

水力条件也是混凝效果的重要影响因数之一，其控制参数通常是搅拌器的搅拌强度和搅拌时间。在混合凝聚阶段，要求混凝剂与被处理水迅速均匀混合，搅拌强度大，搅拌时间短；到了反应阶段，既要创造足够的碰撞机会和良好的吸附条件，使絮凝体有足够的成长机会，又需防止小絮凝体被打碎，因此搅拌强度要逐渐较小，反应时间要长。一般情况下，为确定最佳的工艺条件，可采用烧杯搅拌法进行混凝模拟试验，在单因素试验的基础上，采用正交设计等数理统计法进行多因素重复试验。

（三）混凝剂和助凝剂

水处理工艺中使用的混凝剂种类很多，可归纳为两大类：一类为无机盐类混凝剂，应用最广的是铝盐和铁盐；另一类为高分子混凝剂，又可分为无机和有机两类。无机类中聚合氯化铝目前使用比较广泛，有机类中聚丙烯酰胺使用较普遍。当使用混凝剂不能取得良好效果时，需投加助凝剂。

1. 混凝剂

理想的混凝剂应符合混凝效果好、使用方便、对人体无危害、货源充足、价格便宜等条件。下面介绍几种常用的混凝剂。

（1）硫酸铝类。硫酸铝类化合物包括硫酸铝（分粗制和精制）、硫酸铝钾、硫酸铝铵。这一类混凝剂使用历史悠久，混凝效果很好，目前还在大量使用。硫酸铝类混凝剂用于不同处理过程中，其最优的 pH 应有所不同。例如，当主要用于去除水中的有机物时，应使 pH 为 4.0～7.0；当主要去除水中悬浮物时，应使水的 pH 为 5.7～7.8；当处理浊度高、色度低的水时，应使水的 pH 为 6.0～7.8。

（2）聚合氯化铝。聚合氯化铝是一种无机高分子混凝剂，它不是一种单一分子的化合物，而是由同一类不同形态的多元羧基络合物组成。聚合氯化铝又称为碱式氯化铝或羟基氯化铝，性能优于硫酸铝，是由氯化铝溶液进行适量碱化而制成。实际上，它可以看成氯化铝水解形成氢氧化铝过程的中间产物。由于混凝过程是混凝剂水解形成氢氧化铝的过程，因此把它的中间产物当作混凝剂投加，就可以缩短混凝过程，混凝效果更好。与硫酸铝相比，用聚合氯化铝作为混凝剂有以下好处：

1) 加药量少。由于聚合氯化铝含三氧化二铝的成分高，因此可以节省加药量，降低制水成本，其用量一般只有硫酸铝的1/3。

2) 混凝效果好。聚合氯化铝形成絮状物的速度快，比硫酸铝致密而且大，易于沉降，从而可以减少澄清设备的体积。

3) 既能适应低温、低浊度水，也能适应高浊度水，其适应范围比硫酸铝的大。

4) 药品腐蚀性小，加药设备简单，能改善投药工序的劳动强度和劳动条件。

（3）硫酸亚铁。硫酸亚铁是绿色半透明晶体，易溶于水，水溶液呈酸性，但在空气中，有一些 Fe^{2+} 氧化成 Fe^{3+} 而带有棕色。硫酸亚铁加入水中后的混凝反应式为

$$FeSO_4 + 2H_2O \longrightarrow Fe(OH)_2 + H_2SO_4$$

$$4Fe(OH)_2 + 2H_2O + O_2 \longrightarrow 4Fe(OH)_3 \downarrow$$

为了使 Fe^{2+} 氧化成 Fe^{3+}，必须使水的 pH 在 8.5 以上，Fe^{2+} 能利用水中的溶解氧加速氧化过程；但实际上，天然水的 pH 只有 7～8，所以硫酸亚铁用作混凝剂时，多与石灰处理联合使用，借石灰来提高 pH；也有采用向水中添加氯气和漂白粉的方法使 Fe^{2+} 氧化成 Fe^{3+}，此时不需要提高水的 pH。

（4）三氯化铁。与硫酸铝相比，三氯化铁具有以下特点：①适用的 pH 范围较宽；②形成的絮凝体比铝盐絮凝体密实；③处理低温、低浊水的效果优于硫酸铝；④三氯化铁的腐蚀性较强。目前市售的三氯化铁混凝剂主要有无水三氯化铁、结晶三氯化铁和液体三氯化铁三种。三氯化铁吸水性较强，易溶于水，具有很强的腐蚀性，所以对加药设备防腐要求较高。三氯化铁的混凝反应式为

$$FeCl_3 + 3H_2O \longrightarrow Fe(OH)_3 \downarrow + 3HCl$$

三氯化铁和其他铁盐混凝剂一样，形成的 Fe(OH)₃ 絮状物密度大、沉淀性好，对低温低浊水的混凝效果比铝盐要好，适应的 pH 范围广。

（5）聚合硫酸铁。聚合硫酸铁是一种无机高分子混凝剂，对废水中有机成分的去除率较高，除具有铁盐混凝剂的优点之外，对 COD 的去除率也较高。

2. 助凝剂

能够提高或改善混凝剂作用效果的化学药剂称为助凝剂。助凝剂的作用有两方面：①离子型作用，即利用离子型基团的电荷进行中和，起凝聚作用；②利用高分子聚合物的链状结构，借助吸附、架桥起凝聚作用。常用的助凝剂类型如下：

（1）酸碱类。调整水的 pH，如石灰、硫酸等。

（2）加大矾花的粒度和结实性，如活化硅酸、骨胶、高分子絮凝剂等。

（3）氧化剂类。破坏干扰混凝的物质（如有机物），如氯气、臭氧等。

二、澄清处理

在混凝过程之后和过滤之前还有一个澄清的过程，澄清过程可为快速过滤创造有利条件。混凝剂产生混凝作用后新生成的泥渣尚有大量的未饱和的活性基团，能继续吸附和黏附水中的悬浊物质，具有净水作用。泥渣具有疏松的结构和很大的表面积，水的混凝过程在泥渣表面进行要比在水中进行强得多，所以也提高了混凝效果。悬浮泥渣层具有很高的浓度，能大大地增加泥渣之间的碰撞机会，促进絮凝颗粒的增大，由此提高了絮凝体的沉淀速度。

澄清处理和混凝一般是在同一个容器中进行的，也称为澄清池，是一种利用池中积聚的泥渣与原水中的杂质颗粒相互接触、吸附，以达到泥水快速分离的净水构筑物。澄清池的种类和形式很多，按其工作原理可分为泥渣悬浮式澄清池和泥渣循环式澄清池（又称加速澄清池）两大类。

三、过滤处理

原水经过混凝、澄清处理后，虽然降低了水中大部分的悬浮物和胶体的含量，但还残留少量细小的悬浮颗粒，会对下一步深度水处理工艺（如反渗透）过程产生不良影响。水的过滤就是用多孔材料将水中分散的悬浮颗粒从水中分离出来的过程。用于过滤的多孔材料称为滤料，通常有无烟煤、石英砂、活性炭等粒状滤料，也有采用过滤精度可调节的束装纤维滤料。过滤主要分为一级过滤和二级过滤。一级过滤主要设备有机械过滤器、无阀滤池或空气擦洗滤池，二级过滤器包括多介质过滤器、活性炭过滤器或超滤。在超临界机组中，二级过滤一般采用超滤，超滤可以更彻底地除去水中的有机物、胶体、颗粒和菌类，实现对后续膜处理及树脂的保护，提供更高品质的补给水。

（一）过滤原理

用过滤法去除水中悬浮物是滤料的机械截留和表面吸附的综合结果，即过滤过程中的作用原理包括机械筛分和接触凝聚。

机械筛分主要发生在滤料层表面。滤层在反洗后，由于水的筛分作用，小颗粒的滤料在上，大颗粒的滤料在下，依次排列，因此在上层滤料间形成的孔眼最小。当含有悬浮物的水进入滤层时，滤层表面易将悬浮物截留下来。不仅如此，截留下来的或被吸附的悬浮物之间发生彼此重叠和架桥等作用，结果在滤层表面形成了一层附加的滤膜，这层滤膜也可起到机械筛分作用。这种滤膜的过滤作用，又称为薄膜过滤。

过滤过程中，当带有悬浮物的水进入滤层内部时，事实上也发生过滤作用。这与混凝过程中用泥渣作为接触介质相类似。由于滤层中滤料比澄清池中悬浮泥渣的颗粒排列更紧密，水中的微粒在流经滤层中弯弯曲曲的空隙时，与滤料颗粒有更多的碰撞机会，在滤料表面起到有效的接触凝聚作用，使水中的颗粒易于凝聚在滤料表面，由此也称为接触凝聚，也有资料称为渗透过滤。

（二）影响滤池过滤效果的因素

影响过滤运行的因素很多，其中主要因素有滤料、滤速、水头损失和反洗等。

1. 滤料

滤料是过滤装置的基本部件，正确选择滤料、确定滤料颗粒大小的级配及滤层高度，对过滤装置的正常运行效果影响很大。常用的滤料有石英砂、无烟煤、活性炭等。滤料应具备的条件如下：

（1）良好的化学稳定性。在过滤过程中，滤料良好的化学稳定性能避免滤料在使用过程中发生溶解，影响出水水质。

（2）足够的机械强度。反洗过程中，因颗粒间会发生互相摩擦和碰撞，足够的机械强度能避免颗粒发生破碎。

（3）适当的粒径和适当的形状均匀度。粒径过大时，细小的悬浮物会穿过过滤层；粒径过小时，水流阻力增大，则过滤时滤层中的水头损失增大。粒径不均匀，也会造成反洗不易控制，过滤周期缩短。用石英砂作为滤料，其粒径一般为 0.5～1.0mm；用无烟煤作为滤料，其粒径一般为 1.0～2.0mm。

（4）合适的滤层高度。滤层高度应根据计算求出，小于基础高度时，出水水质将不易达到要求。

2. 滤速

滤速一般指的是水流流过过滤截面的速度（一般指空罐流速）。滤速过慢会影响出力；滤速过快不仅会使出水水质下降，而且使水头损失加大，过滤周期缩短。重力式滤池滤速一般为 8～12m/h，压力式过滤器滤速为 15～30m/h。

3. 水头损失

水流通过滤层的压力降称为水头损失。它是判断过滤器是否失效的重要指标。运行中随着滤层的水流阻力逐渐增大，过滤时的水头损失也随之增大。当水头损失达到一定数值时，过滤器就应停运，进行反洗。在过滤器过滤或反洗的过程中，要求过滤层截面各部分的水流分布均匀。对水流均匀性影响最大的是配水系统。

4. 反洗

反洗就是水流自下而上通过滤层，以去除滤层上黏着的悬浮物颗粒，恢复滤层的过滤能力。反洗时，滤层处于悬浮状态并膨胀到一定高度。滤层膨胀后所增加的高度和膨胀前的高度之比，称为滤层膨胀度。它是用来衡量反洗强度的指标。反洗时，由于水冲刷和颗粒间互相碰撞、摩擦的作用，黏在滤料上的污染物就被冲洗下来，并被反洗水带出过滤器。当反洗出水变清时，反洗停止。反洗效果决定于反洗强度和反洗时间。石英砂的反洗强度一般为 15～18L/($m^2 \cdot s$)，无烟煤的反洗强度一般为 12～15L/($m^2 \cdot s$)。反洗时间实际上反映了反洗水量的大小。若反洗水量不足，就达不到滤料冲洗干净的要求。每次反洗过滤器都应将滤层中黏着的悬浮物颗粒清除干净，否则会使滤料相互黏结而结块，破坏过滤器的正常运行。

另外，采用优质腈纶、丙纶、涤纶丝为原料，经加工膨化后制作的一种新型软填料——纤维滤料，因其比表面积大、滤速阻力小、截污容量大，通过调节滤料的压缩程度可改变过滤精度，实现深层过滤，能有效地去除水中的悬浮物，同时对水中的细菌、病毒、大分子有机物、胶体、铁、锰等有明显的去除作用。纤维滤料过滤器具有过滤速度快、精度高、截污容量大、操作方便、运行可靠等特点，因此得到广泛应用。

第二节　主要设备及系统流程

原水预处理系统包括混凝澄清设备、过滤设备及预处理主要辅助系统。其中混凝澄清一般是在一个设备内完成的，常见的设备有反应沉淀池、机械搅拌澄清池、水力循环澄清池、脉冲澄清池、气浮澄清池等几种。过滤设备主要有虹吸滤池（亦称无阀滤池）、重力式空气擦洗滤池、机械过滤器（亦称压力式过滤器）等。

一、混凝澄清设备

（一）反应沉淀池

反应沉淀池由混合、絮凝、沉淀工艺设备和土建结构组成。反应沉淀池采用混合、絮凝、沉淀处理工艺，反应沉淀池的药剂混合方式采用管式静态混合器，安装在池外。絮凝池与沉淀池合建，在池内安装絮凝反应设备、斜板沉淀设备，以提高絮凝、沉淀效果，保证出水水质。反应沉淀池采用多斗重力排泥方式，排泥管上设气动蝶阀，可根据出水水质和池内泥位控制排泥量、排泥时间和排泥周期。

1. 反应沉淀池设计参数

以下为某电厂反应沉淀池的设计参数：

处理工艺：药剂混合、絮凝、沉淀；

反应时间：10~15min；

沉淀池上升流速：2.0~2.5mm/s（表面负荷 7.20~9.00m³/m²·h）；

出水浊度：≤5NTU。

2. 设备说明

反应沉淀池主要由管式静态混合器、翼片隔板絮凝装置、斜板沉淀装置、集水装置、排泥及电控装置组成。

管式静态混合器设备整体由 SS304 不锈钢制成，采用法兰连接。在投加 5%~10% 碱式氯化铝混凝剂时，原水与混凝剂混合过程充分、快速，可以节省投药量，并具有较小的水流阻力，不易产生堵塞。

翼片隔板絮凝装置设备整体由 SS304 不锈钢制成，采用氩弧焊接或不锈钢螺栓连接，整个絮凝时间控制在 10~15min，这样既有较好的絮凝效果，反应充分，形成的矾花密实，又能提高出水水质，同时具有较小的水流阻力。

斜板沉淀装置设备本体一般由聚丙烯共聚材料制成，采用热熔焊接连接，斜板表面光滑，具有较好的沉淀效果，表面不易积泥，且水流阻力较小，抗冲击负荷能力强，使用寿命长。斜板沉淀区液面设计负荷为 8~10m³/（m²·h），板内流速为 2.2~2.8mm/s。

集水装置本体通常由不锈钢制成，采用穿孔集水方式时，孔径为 φ25mm，为防止偏流，安装时应确保水平。

反应沉淀池排泥采用多斗式重力排放方式，排泥点的位置均匀分布，泥斗及排泥管表面光滑，水流阻力小，不易积泥。泥斗上部可设置在线泥位计，根据泥位计泥量可以自动控制排泥管上气动蝶阀以实现排泥。

3. 主要流程

反应沉淀池主要流程如下：

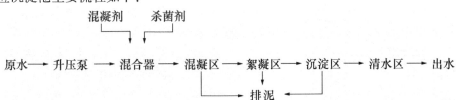

（二）机械搅拌澄清池

机械搅拌澄清池属于泥渣循环型澄清池，是利用池中积聚的泥渣与原水中杂质颗粒相互接触、吸附，以达到泥水快速分离的净水构筑物，可充分发挥混凝剂的作用和提高澄清效率。机械搅拌澄清池的结构如图 3-1 所示。

1. 主要设备

机械搅拌加速澄清池主要由第一反应室、第二反应室、分离室三部分组成，并设置有相应的进出水系统、排泥系统、搅拌器、刮泥机及调速系统等。另外还有加药管、排气管和取样管等。它的主要特点是利用机械搅拌的提升作用来完成泥渣回流和接触絮凝作用。

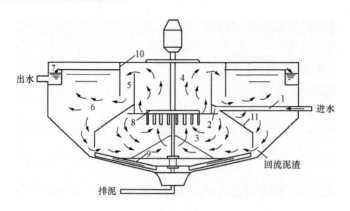

图 3-1　机械搅拌加速澄清池

1—进水管；2—环形进水槽；3—第一反应室；4—第二反应室；5—导流室；
6—分离室；7—集水槽；8—搅拌叶轮；9—刮泥板；10—导流板

2. 工作过程

原水由进水管进入环形配水槽，均匀地流入第一反应室，在搅拌器的搅拌下与大量回流污泥混合均匀；第一反应室中夹有泥渣的水被涡轮提升到第二反应室，进行絮凝长大；然后，水流经设在第二反应室上部四周的导流室进入分离室，分离室的面积较大，水流较慢，有利于泥渣和水的分离，分离出的水流入集水槽；分离出的泥渣大部分回流到第一反应室，部分进入泥渣浓缩室。进入第一反应室的泥渣随进水流动，参与新泥渣的形成；进入浓缩室的泥渣则定期排走。澄清池底部设有排污管，供检修时排空用。凝聚剂可直接加入进水母管中，助凝剂可直接加入澄清池内部。

机械搅拌器下部为叶片，叶片的作用是搅拌，转速一般为每分钟一至数转，可根据需要调节；澄清池通过提升搅拌器的高度来改变水的提升量。机械搅拌器的最下部为刮泥装置，目的是防止泥渣在底部沉积。

3. 技术特点

（1）优点：澄清效率高，单位面积产水量较大；适应性较强，澄清效果稳定；对低温、低浊度水的处理有一定的适应性。

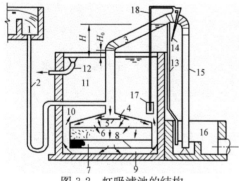

图 3-2　虹吸滤池的结构

1—进水分配槽；2—进水管；3—虹吸上升管；
4—顶盖；5—挡板；6—滤料层；7—承托层；
8—配水系统；9—底部空间；10—连通渠；
11—冲洗水箱；12—出水管；13—虹吸辅助管；14—抽气管；15—虹吸下降管；
16—水封井；17—虹吸破坏斗；
18—虹吸破坏管

（2）缺点：需要接卸搅拌设备，维修较麻烦。

（3）适用条件：进水悬浮物含量小于 1000mg/L，较短时间内不超过 3000mg/L；水温波动幅度不大于 1℃/h；适应于一般澄清处理和石灰处理。

二、过滤设备

（一）虹吸滤池

虹吸滤池又称无阀滤池，是一种不用阀门切换就可完成过滤与反冲洗过程的过滤池。因过滤过程依靠水的重力自动流入滤池进行过滤或反洗，无阀滤池也因此而得名。虹吸滤池的结构如图 3-2 所示。

1．主要设备

虹吸滤池主要设备由滤池本体、冲洗水箱、进水装置、出水配水装置、虹吸装置等组成。

2．工作过程

由进水管来的水经配水挡板的消能和分散作用后，比较均匀地分布在滤层上部，水流通过滤料层、承托层与配水系统汇集到下部的集水室，再由设于滤池四个角的连通管向上流至冲洗水箱，随着过滤的进行，冲洗水箱中的水位逐渐上升（虹吸上升管中的水位也相应上升）。当水位达到出水管喇叭口的上缘时，便从喇叭口溢流到清水池。这就是虹吸滤池的过滤过程。

当滤池刚投入运转时，滤层较清洁，虹吸上升管内外的水面差便反映了滤池清洁滤层过滤时的水头损失，如图 3-2 所示的 H 段，这一数值一般在 20cm 左右，也称它为初期水头损失。随着过滤的进行，水头损失逐渐增加，但是由于澄清池来水量不变，使得虹吸上升管内的水位缓慢上升，也就使得滤层上的过滤水头加大，用以克服滤层中增加的阻力，使滤速不变，过滤水量也因此不变。

当虹吸上升管内的水位逐渐上升，在到达虹吸辅助管以前（即过滤阶段），上升管中被水排挤的空气受到压缩，从虹吸下降管的下端穿过水封进入大气。当虹吸上升管中的水位超过虹吸辅助管的上端管口时（此时的 H 称为终期允许水头损失，一般为 1.5～2.0m），水便从虹吸辅助管中流下，当急速的水流经过抽气管与虹吸辅助管连接处的水射器时，就把抽气管中的空气带走，使它产生负压，同时把虹吸下降管上端的空气抽走，使虹吸管造成负压，由于在虹吸辅助管上口入流处产生漩涡，也夹带了一部分气体，更加速了虹吸管中真空度的增加。虹吸上升管中的水位继续上升，同时虹吸下降管中的水位也在上升，当虹吸上升管和下降管中两股水柱汇合后，虹吸即形成，水流便冲出管口流入排水井，反洗就开始了。虹吸的流量约为滤池进水流量的六倍，因此，由进水管来的水即被带入虹吸管。虹吸形成后，冲洗水箱的水便沿着与过滤相反的方向，通过连通渠，由下而上地经过滤池，自动进行反洗，反洗后的水进入虹吸管，流到排水井。

在冲洗过程中，冲洗水箱的水位逐渐下降，当降到虹吸破坏斗缘口以下时，虹吸破坏管把斗中水吸光，管口露出水面，空气便大量由破坏管进入虹吸管，虹吸被破坏，反洗即停止，虹吸上升管中的水位回降，过滤又重新开始。

虹吸滤池的反洗强度可用排水管口的升降锥形挡板来进行调整。起始反洗强度一般为 $12L/(s \cdot m^2)$，终了强度为 $8L/(s \cdot m^2)$，滤层膨胀率为 30%～50%，反洗时间为 3.5～5.0min。

（二）重力式空气擦洗滤池

重力式空气擦洗滤池池体为钢制垂直圆形桶，内设过滤室和集水室、清水箱，其结构如图 3-3 所示。根据进水压力，空气擦洗滤池出水管有两种布置：一种在滤池底部出水进入后续清水池，出水管上设置支管，采用反洗辅助水泵将一部分出水送至上部清水箱，作为滤池反洗用水；另一种从上部清水箱溢流出水，这需要进水与滤池清水箱有一定的高度差。

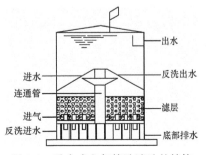

图 3-3　重力式空气擦洗滤池的结构

1. 主要设计参数

重力式空气擦洗滤池的主要设计参数如表 3-1 所示。

表 3-1 重力式空气擦洗滤池主要设计参数

项 目	单 位	参 数
出水浊度	mg/L	1
污染指数 SDI		4
水反冲洗时间	min	3～5
反洗水强度	L/(m² · s)	10～12
反洗空气强度	L/(m² · s)	15
反洗空气压力	MPa	0.05
设计滤速	m/h	7～9
滤料级配	mm	石英砂 0.5～1.0，500 石英砂 1.0～2.0，100 石英砂 2.0～4.0，100 石英砂 4.0～6.0，100
水帽形式/材质		缠绕型/不锈钢
水帽缝隙宽度	mm	0.25
每只水帽出力	m³/h	1.0
滤池设计水头损失	m	1.7
设计风压	kg/m²	50

2. 主要设备

重力式空气擦洗滤池主要设备包括进水布水装置（淋水盘式）、不锈钢水帽出水装置、不锈钢支母管空气擦洗装置、连通管、出水管、排水管、空气管、辅助反洗水泵、快开人孔及玻璃窥视孔、配套阀门、填料装置、液位计、差压变送器及配套罗茨风机系统等。

3. 工作过程

经混凝沉淀处理完毕的澄清水，通过进水管均匀地进入滤池隔水舱，经过滤区砂层、水帽至多孔板底的集水室，自上而下进行重力过滤，滤后清水一部分经反洗管道泵进入隔舱上部水箱储存，待水箱充满后，反洗水泵停止，另一部分由出水管自流至清水池。当滤池正常运行一段时间后，滤层阻力增大，根据滤池的进水与出水压力损失或运行周期，需对砂滤层进行反洗。反洗水源为滤池上部水箱内的清水，通过滤池连通管，对滤料进行自下而上的反洗，反洗过程中同时采用罗茨风机对砂层进行空气擦洗。反洗强度通过调整反洗排水管口设置的锥形挡板与管口的间隙大小来控制。反洗结束后，进行正洗并投入正常过滤。

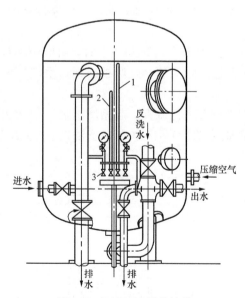

图 3-4 机械过滤器的结构
1—排空气管；2—上部排水管；3—取样管

（三）机械过滤器

机械过滤器又称压力式过滤器，通常由壳体（混凝土或钢结构）、滤料、反冲洗及排水装置、罗茨风机反洗系统、控制系统等组成，如图 3-4

所示。机械过滤器通常因填充介质（滤料）不同，用途各有区别，一般有石英砂过滤器、活性炭过滤器、高效纤维过滤器等。根据实际情况，滤料可单独使用，也可联合使用，例如，多介质过滤器的介质是石英砂、无烟煤等。

1. 多介质过滤器

（1）多介质过滤器的结构。多介质过滤器用于滤除原水带来的细小颗粒、悬浮物、胶体、有机物等杂质，使出水浊度小于1NTU。多介质过滤器进水采用双速不锈钢水帽，上层滤料为相对密度小、粒径大的无烟煤，中层滤料为相对密度大、粒径小的细石英砂，下层滤料为相对密度更大、粒径较大的粗石英砂，滤层总高度为1200mm。

过滤器滤层滤料呈上大下小布置，分成三级，对过滤过程较为有利，因为进水由上部送入时，首先遇到上层颗粒较大的无烟煤滤料，过滤作用可以深入到滤层中，发生接触凝聚过滤作用；中层粒径小的细石英砂也能截取一部分泥渣，起保证出水水质的作用；下层粒径较大的粗石英砂可以去除水中残留的悬浮物。这种布置不会有小颗粒混入上层的问题，因为中层滤料可以起到减小大颗粒和小颗粒相混的作用。

（2）多介质过滤器的技术特点：

1）能够有效地去除原水中的胶体、悬浮物及有机物等。

2）具有独特的均匀布水方式，使过滤效果达到最佳，出水浊度小于1NTU。

3）带空气擦洗的反洗功能，反洗能力强，时间短，水耗低（气源来自罗茨风机）。

4）采用较低的运行流速，以适应水质变化的可能性。

5）正常情况下，单台过滤器的反洗周期达12h以上。

6）采用双速水帽，专门用于反渗透预处理系统，填料选用优质滤料，以保证良好的过滤效果，且不会出现反洗乱层现象。

（3）填料装填。装填滤料前，应仔细检查滤料的品种、规格、数量是否符合设计要求。当滤料采用石英砂或无烟煤时，应有足够的机械强度，实际磨损率不应超过3%。石英砂的粒径通常为0.5～1.2mm，无烟煤的粒径为0.8～1.8mm（双层）或0.5～1.2mm（单层），并按设计要求的滤料高度和滤料视密度估算装填数量。出水装置采用水帽的多介质过滤器，在装填滤料前，设备内应充水至水帽上方500～800mm处，以免装填时滤料下落损坏水帽。装填完滤料，观察滤层表面是否平整，如不平整，应打开上人孔盖板，人工整平后紧固人孔盖板。

2. 活性炭过滤器

活性炭过滤器是内部装填活性炭的压力容器。其利用活性炭颗粒进一步去除机械过滤器出水中残存的余氯、有机物等杂质，为后续的反渗透处理提供良好的条件。

（1）活性炭过滤器的结构。活性炭过滤器本体是带上下椭圆封头的圆柱形钢结构，材质为Q235-A或S304不锈钢，内衬硫化橡胶防腐，过滤器上部采用支母管进水装置，下部设有集水装置，集水装置上装填1200mm厚的活性炭和200mm厚的石英砂。成套设备的本体外部装置有各种控制阀门、流量计和压力表。

活性炭过滤器所装填活性炭一般为果壳炭，具有相对密度小、孔隙率大、耐磨性强、吸附容量大的优点。

（2）活性炭过滤器的工作原理。活性炭过滤器主要利用含碳量高、分子质量大、比表面积大的活性炭有机絮凝体对水中杂质进行物理吸附。活性炭和木炭、炭黑、焦炭一样，属于无定形碳，其结构与石墨有些相似。活性炭内有非常多的孔隙，由于其孔隙壁的比表面积一般为 $500\sim1700\text{m}^2/\text{g}$，因此其吸附容量很大。在水处理过程中，常常采用粒状活性炭，将其装入容器或塔体内，可达到连续通液、连续吸附运行且对环境无污染的目的。活性炭主要吸附水中的有机物，对以 COD 或 TOD 表示的有机物的去除率可达 80% 左右，还可去除水中的臭气、有色物质、游离氯、油污、表面活性剂等。

当水流通过活性炭的空隙时，各种悬浮物颗粒、有机物等在范德华力的作用下被吸附在活性炭空隙中；同时，吸附于活性炭表面的氯在炭表面发生化学反应，被氧化还原成氯离子，从而有效去除氯，确保出水余氯含量小于 0.1mg/L。随着时间的推移，活性炭的孔隙内和颗粒间的截留物逐渐增加，使过滤器的前后压差随之升高，直至失效。在通常情况下，根据过滤器的前后压差，利用逆向水流反洗滤料，使大部分吸附于活性炭空隙中的截留物剥离并被水流带走，恢复吸附功能。当活性炭达到饱和吸附容量而彻底失效时，应对活性炭再生或更换活性炭，以满足工艺要求。

当活性炭过滤器因截留过量的机械杂质而影响其正常工作时，则可用反冲洗的方式来进行清洗。利用逆向进水，使过滤器内滤层松动，使黏附于滤料表面的截留物剥离并被反冲洗水带走，排除滤层中的沉渣、悬浮物等，有利于防止滤料板结，使其充分恢复截污、除氯能力，从而达到清洗目的。活性炭过滤器以进出口差压参数设置来控制反冲洗周期，一般为 $3\sim4$ 天，具体需视原水浊度而定。

（3）滤装料装填及预处理。按设计要求的层高和活性炭的视密度，估算装填数量。装填滤料前设备应充水至水帽上方 $500\sim800\text{mm}$，以免活性炭下落时损坏水帽。若人工装料，一般将滤料分三次加入，每次加入 1/3 滤料并进行清洗，装填完毕，观察滤层是否平整。如果不平整，应打开人孔盖板，人工平整滤层后，再紧固人孔盖板。

活性炭的预处理方法：先用清水浸泡搅动，去除漂浮物，再用 $3\sim5$ 倍活性炭体积的 5% HCl 溶液进行动态处理，以低流速淋洗活性炭，后用水清洗。同样用 $3\sim5$ 倍活性炭体积的 4% NaOH 溶液进行动态处理，以低流速淋洗活性炭，最后用水清洗到中性为止。

3. 纤维过滤器

纤维过滤器是一种结构先进、性能优良的压力式纤维过滤设备。它采用一种新型的束状软填料——纤维作为滤元，其滤料直径可达几十微米甚至几微米，并具有比表面积大、过滤阻力小等优点，解决了粒状滤料的过滤精度受滤料粒径限制等问题。微小的滤料直径，极大地增加了滤料的比表面积和表面自由能，增加了水中杂质颗粒与滤料的接触机会及滤料的吸附能力，从而提高了过滤效率和截污能力。

（1）纤维过滤器的结构。纤维过滤设备主要由进水装置、固定多孔板、活动多孔板、纤维束滤料、布气装置等组成。

为充分发挥纤维束滤料的特长，在过滤器的滤层下端设有可改变纤维密度的活动孔板调节装置。活动多孔板可上下移动，有效地提高了过滤精度和过滤速度。

（2）纤维过滤器的工作过程。设备运行时，水从下至上通过滤层。在水力作用下，活动孔板调节装置向上运动。纤维被加压后，滤层沿水流动方向的密度逐渐加大，相应滤层空隙直径和孔隙逐渐减小，实现了深层过滤。当滤层被污染需要清洗时，清洗水从上到下通过滤层。这时，活动孔板调节装置自动下降，使纤维拉开并处于放松状态，同时，采用汽水合洗的方法，在气泡聚散和水力冲洗过程中，纤维束处于不断抖动状态，在水力和上升气泡的作用下反冲洗，纤维束滤料得以清洗。

（3）纤维过滤器的技术特点：

1）过滤精度高：水中悬浮物的去除率高达 100%，经良好混凝处理的天然水的浊度为 20NTU 时，过滤出水浊度能控制到 2NTU 以下。

2）过滤速度快：一般为 30m/h，是传统过滤器的 3～5 倍，最大可达 50m/h。

3）截污容量大：一般为 5～10kg/m³，是传统过滤器的 2～4 倍。

4）可调节性强：过滤精度、截污容量、过滤阻力等参数根据需要调节。

5）占地面积小：制取相同的水量，占地仅为传统过滤器的 1/3～1/2。

6）吨水造价低：吨水造价低于传统过滤器。

7）反冲洗耗水量低：仅为周期制水量的 1%～3%。

8）使用寿命长：设备无须更换滤元，滤元被污染后，可方便地进行清洗，恢复其过滤性能，滤元寿命不小于 10 年。

三、预处理工艺流程

（一）主要工艺流程

原水预处理系统工艺主要流程是使原水经过混凝、澄清后，再经过过滤处理，出水满足后续设备进水要求而设计。在澄清处理和过滤反洗过程中产生的泥水，进入污泥处理系统进行泥水分离。图 3-5 为典型的预处理工艺流程。

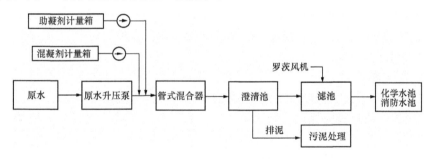

图 3-5 典型的预处理工艺流程

（二）预处理主要辅助系统

1. 加药设备

预处理加药设备包括混凝剂加药装置和助凝剂加药装置。采用石灰软化时，还有石灰试剂加药装置，进行杀菌时，也配置次氯酸钠加药系统和制氯系统。一般加药设备流程如下：

混凝剂溶液储存罐→提升泵→混凝剂溶液计量箱→计量泵→加药管→加药点；

助凝剂计量箱→助凝剂计量泵→加药管→加药点；

杀菌剂储存罐→提升泵→杀菌剂计量箱→计量泵→加药管→加药点。

2. 罗茨风机

过滤设备采用空气擦洗时一般配置罗茨风机。罗茨风机能提供小压力大风量的风源。

3. 污水脱泥设备

随着国家对水资源的高效利用和固体废弃物处置的规范化，预处理系统还配备有脱泥机系统，进行泥渣分离。

第三节　调 试 工 作 程 序

一、系统检查

在单体试转全部完毕后，应组织各方对系统试运前应具备的条件进行检查。原水预处理系统调试前应满足以下条件。

（1）土建工作已全部完成。

1）防腐施工完毕，排水沟道畅通，栏杆、沟盖板齐全平整。

2）道路畅通，能满足各类填料及水处理药品的运输要求。

3）所有管道、设备，应按《电力工业技术管理法规》规定的颜色涂漆完毕。

（2）基建安装应具备的条件：

1）系统及设备安装完毕，且各设备单体试运合格。

2）系统在线化学分析仪表应校正调试完毕，可以投入运行。

3）各类阀门调试完毕，操作灵活，严密性合格。

4）压缩空气管道吹扫结束，压缩空气系统可以投入运行。

5）热工控制系统安装调试完毕。

6）动力电源、控制电源、照明及化学分析用电源均已施工结束，可随时投入使用，确保安全、可靠。

7）混凝剂、助凝剂储罐、计量箱、各水箱液位计应设有标尺。

8）转动机械试运结束，可投入运行。

（3）试运行准备工作。

1）调试现场应具备化学分析条件，并配有操作和分析人员。

2）参加调试的值班员应经过上岗培训考试合格，分工明确，责任界限清楚，并服从调试人员的指挥。

3）化学分析仪器、药品、运行规程及记录报表齐全。

4）系统内各种设备、阀门应悬挂编号、名称标志牌。

5）运行值班员应熟悉本职范围内的系统及设备，熟悉操作程序。试运操作记录应正确无误，操作及接班人员应签字，以明确责任。

（4）应具备稳定可靠的水源。

（5）各种填料、滤料及水处理药品应符合设计规定，满足设计要求，且质量符合 DL 5190.6—2012《电力建设施工技术规范　第 6 部分：水处理及制氢设备和系统》的要求，数量满足试运要求。

（6）计量泵性能试验应在药剂加入之前完成。

（7）系统设备的水冲洗及水压试验合格。

二、阀门、仪表及测点的确认试验

该部分工作虽然属于单体试运的范畴，但为了使系统试运能顺利进行，调试单位一般应进行检查性验收试验。主要对系统内各种类型远程控制阀门进行传动，确保阀门动作正确、开关灵活到位；对热工仪表和化学仪表通道检查，确保通道正确、仪表校验准确、量程设置合理。

三、程控联锁静态试验

在系统内所有阀门、马达、热工测点检查验收试验完毕后，为了确保保护及联锁动作正确、顺控能够正常执行，需要对热控保护、联锁及顺控进行模拟试验。

四、混凝剂、助凝剂加药量试验

（一）混凝剂加药剂量小型试验

从药液计量箱中取出适量药液，分别按不同剂量加入烧杯中（烧杯中已取一定量的原水水样），在室温下用可变转速的搅拌器以不同的转速搅拌。药品加入后以 100r/min 的转速搅拌 3min，而后以 40r/min 的转速搅拌 20min 后停止搅拌。静止后观察絮花大小及沉降速度，从开始观察时起，每隔一定的时间间隔（如 2min）测定一次清水与沉渣层界面的高度。根据烧杯内清水层高度达到 100mm 需要的时间，把絮凝物的沉降效果分成四个等级。在沉降结束或沉降 15min 后，测定每个烧杯内上部清水的浊度、pH、耗氧量，确定加药剂量。

（二）助凝剂加药剂量小型试验

助凝剂加药剂量试验是在混凝剂加药剂量确定后进行的，先在已盛水样的各烧杯中加入选定混凝剂加药剂量，再分别于各烧杯中加入不同剂量的助凝剂，在室温下用可变转速的搅拌器以不同的转速搅拌。药品加入后以 140r/min 的转速搅拌 0.5min，而后以 40r/min 的转速搅拌 15min 后停止搅拌。静止一段时间（15min）后观察絮花大小和沉降速度并且取样测定浊度、pH、耗氧量，确定加药剂量。

（三）混凝剂、助凝剂计量泵性能试验

将混凝剂、助凝剂计量箱充水后，做混凝剂、助凝剂计量泵出力试验，在泵行程分别为 20%、30%、40%、50%、60%、70%、80%、90% 时，测定泵出水流量与行程的关系。

五、药液配制

（一）混凝剂配制

启动混凝剂提升泵，将储存罐中的混凝剂打入计量箱中，按 3%～5% 浓度在混凝剂加药箱中加水配制混凝剂，并启动搅拌机搅拌 5～10min 备用。

（二）助凝剂配制

在助凝剂计量箱加水，并启动搅拌机，加入助凝剂，按 0.1%～0.2% 浓度配制助凝剂溶液，搅拌 5～10min 后备用。采用高分子有机助凝剂时，助凝剂在水中残留易造成后续膜处理系统的堵塞，因此在补给水处理采用反渗透方式时应慎用。

六、澄清池的启动调整试验

（一）机械搅拌澄清池调试

1. 澄清器的空载试验

澄清池启动前检查刮泥机、搅拌机空池试转是否灵活并测试轴承温度，叶轮升降调节器是否活动自如且无卡涩现象，蜗轮油箱油位是否合适，调整好刮泥机底部轴承水润滑系统进口恒位水箱水位，保证不间断供水，调整好刮泥机过扭矩装置。升降调节器底部冲洗装置位置整定并调整好喷嘴角度，污泥斗底阀启闭灵活且开度正确。

澄清池灌水试验合格（2～4 昼夜水位减少量不超过设备总容积的 0.75%）。

2. 澄清池的启动

澄清池处于空池状态，关排污门、放空门及澄清池出水门，开取样阀门，启动刮泥机、搅拌机。按设计流量的 1/3～1/2 向空池进水，同时根据反应器进水量调整计量泵的加药量，

初始加药量为正常药量的 1～2 倍，控制搅拌机开度以保证适当的叶轮提升水量〔第二反应室的计算流量（包括回流）一般为进水量的 3～5 倍〕。

在澄清器启动时，通过投加适量黄泥以便尽快形成活性泥渣。

澄清池初期出水排至澄清池回收水箱。当澄清池出水浊度小于 10mg/L 时，可打开澄清器出水门向后续设备供水，同时可逐步减少加药量至正常药量。

控制泥渣面高度低于清水区六角蜂窝状玻璃钢斜管（斜管倾角 60°时，高度 500mm）为宜，此时第二反应室的 5min 沉降比一般在 10% 左右。沉降比通过取样测定，用 100mL 量筒取第二反应室水样，静止 5min，记录量筒中沉降的泥渣体积与取样体积并计算两者之比，即为泥渣沉降比。

逐渐增加澄清器进水流量，约每半小时增加 10% 出力，直至设计额定出力。同时要逐步提高叶轮转速以加强搅拌。

3. 运行参数的调整试验

在澄清器运行稳定后，进行下列试验。

（1）叶轮开度与出水质量。保持搅拌机中速运转，提升及降低叶轮升降调节器，考查叶轮开度对出水质量的影响，确定适当的叶轮开度。

在适当的叶轮开度下，增加及降低搅拌转速，考查叶轮转速对出水质量的影响，确定适当的叶轮转速。

（2）出力试验。在以上试验基础上，改变运行出力，相应调整加药泵开度。首先从额定出力开始向上调整，每半小时增加 10% 直至最大出力，然后向下调整，每半小时降低出力 10%，直至降至额定出力的一半为止。在每种工况下稳定运行 4h 以上，记录出水浊度等指标，考查出力变化对出水品质的影响，提出运行的出力范围。

（3）排泥周期试验。在澄清器额定出力下，保持各运行参数不变，稳定运行一段时间，确定排泥间隔时间。排泥时间根据泥水中泥渣的比例确定，当第二反应室 5min 沉降比超过 15% 时，可打开排泥斗底阀，同样根据泥水比确定具体排泥时间，泥水沉降比在 10% 左右可停止排泥，排泥时间一般在 1min 以上。

4. 调试应注意事项

澄清池的运行效果受多方面因素的影响，有化学条件、物理条件、水力条件及运行工况等。化学条件主要是混凝剂种类及最佳剂量，物理条件主要是水温变化，水力条件是指流量及流量变化。因此，澄清池运行应注意以下方面：

（1）提高水温可以改善处理效果和降低药品的用量。澄清池中水温的波动，对出水水质有较大的影响。如果水温变化过快或者澄清池半壁受到强烈的阳光照射，则可能因高温和低温之间的密度差引起异重流，此时会因局部水流过快而使出水水流中夹带絮凝体。

（2）泥渣循环式澄清池的泥渣循环量或悬浮泥渣厚度是影响澄清效果的一个重要因素。但是，最优循环量不能估算。在不同条件下，最优循环量不一样，应通过调试或运行经验确定。

（3）为保证出水水质，澄清池内的泥渣浓度应控制在一个合适的水平上。泥渣浓度可以通过连续排泥和定期排泥调节。如果排泥不够，出现的现象为泥渣层升高、第二反应室中泥渣浓度增大、出水变浑等；如果排泥量过多，则反应室中泥渣浓度过低，影响澄清效果。

（4）澄清池出力应稳定，当需要变动时应逐级进行。如出力剧增，则会破坏悬浮泥渣层和排泥系统的动态平衡，以致影响出水水质。

（5）由运行经验得知，澄清池在 3h 以内的短期停运，无需采取任何措施或只是经常搅动一下，以免泥渣被压实。如果停运时间稍长，发现有泥渣被压实和腐败现象，在这种情况下投入运行时，应该先将池底泥渣排除一些，然后采取增大混凝剂加入量和小进水量的方式运行，等出水水质稳定后，逐渐调整至正常状态；如果停运时间很长，则应将池内泥渣排空。

（6）澄清池在运行中需要监督其出水水质和各部分的运行工况。监督项目有清水层高度及反应室、泥渣浓缩室和池底的悬浮泥渣量。此外，还应记录好进水流量、加药量、排泥时间、排泥门开度等必要参数。出水水质的监督项目，除含悬浮物或浊度外，其他项目应根据澄清池的用途拟定。

（二）反应沉淀池启动调整

1. 沉淀池启动进水

启动原水泵向沉淀池进水，启动碱式氯化铝计量泵和次氯酸钠计量泵。沉淀池启动期间根据进水流量，按理论混凝剂的加药量为 20mg/L 左右调节混凝剂计量泵，观察沉淀池混凝器区矾花的形成情况，混凝区矾花应密实、均匀，至出水清澈后，对加药量的大小继续调整。

2. 加药量试验

沉淀池在设计负荷下运行，改变 PAC 剂量，分别为 20、15、10、5mg/L 四个档次，在每种加药量下稳定运行 4h 以上，记录出水浊度，摸索出合理加药剂量。

3. 出力试验

在以上试验基础上，改变运行出力，相应调整混凝剂加药计量泵开度。首先从额定出力开始向上调整，每半小时增加额定出力的 10% 直至最大出力。然后向下调整，每半小时降低额定出力的 10%，直至达到 50% 额定出力止。在每种工况下稳定运行 4h 以上，记录出水浊度等指标，考查出力变化对出水品质的影响，提出运行的出力范围。

4. 排泥周期试验

在沉淀池额定出力下，保持各运行参数不变，稳定运行一段时间，确定排泥间隔时间。在混合、絮凝区，沉淀泥渣不回流，可 8h 排泥一次，排泥时间根据排水含泥量的多少确定。排泥时，排泥门应逐个开启。在（反应室）沉淀区，5min 沉降比超过 10%，应进行排泥，排泥的速度和时间应根据现场情况而定，一般 16～24h 排泥一次，排泥量的确定原则是既能充分排泥，又不使泥渣层高度过低。

（三）杀菌剂计量调整

为了防止澄清池中细菌和藻类的繁殖，预处理系统一般设置氧化性杀菌系统。可以直接添加市售次氯酸钠，也可以现场电解海水或食盐水生产次氯酸钠，还可以采用现场制备二氧化氯方法进行杀菌。

通过测定出水中余氯含量，调整次氯酸钠加药量。余氯含量一般调整为 0.3～0.5mg/L。

七、过滤器（池）的启动调整试验

在澄清器出水合格后，可以对后续过滤器进行启动调整试验。设备及管道系统严密性试验合格后，按滤料的级配要求装填石英砂或其他滤料。装填时滤料的装填质量应符合设计要求，每层高度允许偏差 ±15mm，总高度允许偏差 ±15mm。

（一）重力式空气擦洗滤池调试

1. 水力反洗

启动反洗水泵，开反洗进水门，对滤池进行反洗，反洗水流量为 15～20L/（m² · s）。运行过程中，当压差达 0.196bar❶(0.0196MPa)以上或确定每 24h 反洗一次。反洗强度通过反洗出水管口挡板间隙调节。

2. 放水

滤池水力反洗后要放水至排水连通管以下。放水的流量是可变的，放水时间是由现场观察水位确定(1min 左右)。

3. 空气擦洗

开滤池反冲排水阀和空气擦洗进气阀，启动罗茨风机。擦洗风量为 15～20L/(m² · s)(罗茨风机压力为 0.059MPa)。擦洗时间为 2min。

4. 空气/水共同擦洗

打开出水阀，利用重力式空气擦洗过滤器上部水箱的清水进行反冲洗。擦洗风量不变，反洗水流量为 15～20L/m² · s，这一步骤所用时间约为 3min，具体时间由现场情况确定。

5. 反洗

关闭空气进气阀，保持反洗流量 15～20L/(m² · s)，至少反洗 10min。水温对反洗强度有一定的影响，温度低则反洗强度大。既要使滤料层充分膨胀，又要防止滤料流失。在最初的反洗水中有少量细砂是正常现象。

6. 落床

反洗结束后关反冲排水阀，静置 2min。初开进水阀必须打开滤池上部的排气阀，待排出水时关排气阀。

7. 滤池运行

开进水阀及出水阀，调整进水流量，使空气擦洗滤池达到设计出力。检测出水浊度，滤池出水合格后进入各水池。

(二) 虹吸滤池调试

(1) 试运前准备工作：在向虹吸滤池进水前，应彻底对滤池进出水槽、排水井、水封槽等设备内部进行清扫，清理结束后方可向滤池进水；检查滤池人孔封盖、虹吸管、抽气管、强制反洗管等的接口及法兰是否连接完好可靠，虹吸及抽气部分必须保证不漏气；按设计流量缓慢向滤池进满水，静置 4h，对滤池做渗水试验，并检查相关管道密闭性。

(2) 调节滤池虹吸下降管下面锥形挡板高度为 1/4 虹吸下降管直径左右处。

(3) 打开滤池底部排污阀，并以排污阀最大排水量向滤池进水，直至排污阀出水澄清。

(4) 打开强制反洗进水阀，直至滤池进行反洗，同时以额定进水量向滤池进水，记录反洗时间，并调节锥形挡板高度，控制反洗时间为 4～5min。

(5) 调节反洗时间时，如反洗出水已澄清，则对滤池进行正洗，直至出水合格则可向后继系统进水。

(三) 机械式过滤器调试

1. 多介质过滤器调试

(1) 滤料浸泡和清洗。过滤器在装填滤料后用清洁水浸泡滤料 12～24h，使滤料充分浸润后应以流速为 5～8m/h 的水流由下向上冲洗，脏水由上部排污口排出的方式进行反冲洗，

---

❶ 注 1bar＝1×10⁵Pa

以去除滤料中的脏污，使形成的滤层合理分布，至出水澄清即清洗合格。

（2）过滤。过滤器进行正洗排水，查看排水是否澄清。如已澄清，即可投入正常过滤，每小时观察出水一次。若发现水质达不到要求，应立即停运进行反洗，或根据进出口压差决定是否进行反洗。过滤时逐步调整运行流量并测定出水水质，进行最大出力试验。

（3）反洗。反洗一般按下列步骤和要求进行：

1）先关闭进水阀，打开排水阀，将水面降至视镜中心位置后，关闭排水阀，打开压缩空气阀及排空阀，然后使压缩空气从滤层底部进入，将滤层松动 $3\sim5min$，使气体从排空阀排出。

2）缓慢地打开反洗进水阀，水从底部进入，当空气阀向外溢水时，应立刻关闭空气阀，打开排水阀，水从上部排出，流量逐渐增加，最后保持一定的反洗强度：双层滤料为 $13\sim16L/(m^2 \cdot s)$，单层石英砂为 $12\sim15L/(m^2 \cdot s)$，单层无烟煤为 $10\sim12L/(m^2 \cdot s)$。以反洗出水中不含正常颗粒的过滤介质为宜，直至反洗出水水质无色透明为止，一般反洗需 $5\sim10min$，然后关闭反洗进水阀和上排水阀。

3）反洗的同时可采取水和压缩空气进行水气擦洗，即先打开反洗进水阀，保持水洗强度为 $8\sim10L/(m^2 \cdot s)$，再缓慢打开压缩空气阀。对于双层滤料，反洗强度为 $10\sim15L/(m^2 \cdot s)$。压力为 $0.1MPa$。反洗时密切注意排水，不得将正常颗粒的过滤介质随水排出，否则应关小压缩空气阀，一般擦洗时间为 $5\sim10min$。

4）反洗时不应有跑滤料现象，遇到反洗超时而出水仍然不清的异常现象时，应停止反洗，找出原因。必要时，打开人孔，检查设备内部是否损坏，而不加大反洗强度，以免损坏设备及多孔板上的水帽。

5）正洗。先打开进水阀及下部排水阀，水由上往下清洗，正洗流速约为 $5m/h$，正洗至出水透明即关闭排水阀，打开出水阀，投入正常运行。

2. 活性炭过滤器调试

活性炭过滤器调试和使用操作通常按以下要求和步骤进行：

（1）预处理。活性炭的预处理方法：先用清水浸泡搅动，去除漂浮物，再用 $3\sim5$ 倍活性炭体积的 $5\%HCl$ 溶液进行动态处理，以低流速淋洗活性炭，然后用水清洗。同样用 $3\sim5$ 倍活性炭体积的 $4\%NaOH$ 溶液进行动态处理，以低流速淋洗活性炭，最后用水清洗到中性为止。

（2）清洗。活性炭装填浸泡后以流速 $5\sim8m/h$ 的水流反洗，以去除滤料中的脏物，使形成的滤层合理分布，至出水澄清即清洗合格。

（3）过滤。清洗后进行过滤正洗，查看排水是否澄清，并测定出口污染指数 SDI。若发现水质达不到要求，应对滤料继续反洗。

（4）反洗。

1）先关闭进水阀，打开排水阀，将水面降至视镜中心位置，关闭排水阀，打开压缩空气阀及排空阀，然后使压缩空气从滤层底部进入，将滤层松动 $3\sim5min$，使气体从排空阀排出。

2）缓慢地打开反洗进水阀，水从底部进入，当压缩空气阀向外溢水时，应立刻关闭空气阀，打开排水阀，水从上部排出，流量逐渐增加，最后保持一定的反洗强度 $[7\sim14L/(m^2 \cdot s)]$，以出水中不含有正常滤料为宜，滤层膨胀率达到 $30\%\sim50\%$，直至反洗出水水质完全无色透明为止，一般反洗需 20～30min，然后关闭反洗进水阀及上排水阀。

3）反洗的同时可采用水和压缩空气进行水、汽擦洗，即先打开反洗进水阀，保持水洗强度为 8～10L/(m² · s)，再缓慢打开压缩空气阀。对于双层滤料，反洗强度不超过 20L/(m² · s)，压力为 0.1MPa。反洗时应密切注意排水，不得使正常颗粒的活性炭随水排出，否则应关小压缩空气阀。一般擦洗时间为 15～20min。

4）反洗时不应有跑滤料现象，遇到反洗超时而出水仍然不清的异常现象时，应停止反洗，找出原因。必要时，打开人孔，检查设备内部是否损坏，而不应加大反洗强度，以免损坏设备及多孔板上的水帽。

（5）正洗。先打开进水阀及下排水阀，水由上往下清洗，正洗强度为 1.0～1.5L/(m² · s)，时间通常为 20min，正洗至出水透明，出口污染指数 SDI 检定合格后即关闭排水阀，打开出水阀，投入正常运行。

（6）运行。过滤器正常运行后，逐步调整运行流量并测定出水水质，进行最大出力试验。通常运行流速为 5～15m/h，出水水质控制浊度小于 1NTU，COD_{Mn}＜2.0mg/L，游离氯浓度小于 0.1mg/L。活性炭过滤器运行周期视进水水质情况有长有短，一般为 3～6 天。进出口压差达到床层规定压差后，需对其进行停运反洗。

活性炭的主要作用是吸附原水中的有机物。吸附有机物的活性炭难以通过反洗得到再生。活性炭过滤器运行一段时间后（一般为 2～3 年），便逐步饱和而失去吸附能力，需进行定期更换或再生。活性炭的再生可采用灼烧和蒸汽清洗等方法。

（四）污泥脱水系统调试

由澄清池或沉淀池排放的高浓度泥水，经收集后进入污泥浓缩池，经过浓缩后使污泥密度和浓度进一步发生变化，使污泥的性质稳定。启动脱水机，达到额定的脱泥运行参数，启动脱水剂计量泵，启动浓缩池污泥泵，以小流量向脱水机进泥，待出泥稳定后，适当降低脱水剂供应流量，可以每次降低脱水剂加药泵频率 0.5～1.0Hz，数分钟后观察泥饼和上清液状况及扭矩数据，根据情况决定是否继续降低加药泵频率，直至找到最经济加药泵频率，或者可以采用每次增加进泥泵频率 0.5～1.0Hz 来观察和调节。反之，当污泥浓度增加，按照相反的方向进行调整。

高速离心机的差速大小决定了处理能力和泥饼干度。提高差速，排渣迅速，处理能力增加，但出渣含水率高，回收率低；降低差速，泥饼干度增加，表现出螺旋扭矩大，处理能力降低。所以在满足最大处理能力和最佳处理效果这一对矛盾中，要找到最佳运行的差速值，这个数值可以根据实际情况进行调整，结合污泥流量和泥饼干度、上清液状况来确定。注意观察模块上的差速、扭矩数值变化。一般差速值小于 10r/min，扭矩在 15～60kN · m 范围内为正常。

第四节　常见问题及处理

一、机械加速澄清池常见故障及处理方法

机械加速澄清池出水水质不合格的影响因素有多种，在调试和运行过程中需要结合实际情况进行分析，找出原因，并及时进行调整。表 3-2 列出了机械澄清池常见故障及处理方法，以供参考。

表 3-2　　　　　　　　　　　　　　　机械澄清池常见故障及处理方法

序号	故障现象	产生原因	处理方法
1	出水混浊不清	无活性泥渣层	投加黏土，培养泥渣层
		负荷突然变化	负荷调整应缓慢稳定上升
		混凝剂的加入量不足或浓度过低	加大凝聚剂的剂量或凝聚剂的浓度
		泥渣层太高	及时排污
		原水水质突变	及时掌握原水情况并及时调整加药量
2	出水水质清，但有大量絮状物上升、漂浮、外流	投药量太多	停止澄清池运行，放水检修消除
		加药中断	恢复正常加药
		澄清池负荷过大	减小澄清池负荷
3	分离室细小絮凝物上浮，第二反应室矾花细小，第一、二反应室泥渣浓度低	搅拌机提升流量过大	减少叶轮开度或降低叶轮转速
		混凝剂加药量不足	增加加药量
4	出水水质发白或发黄	混凝剂加药量过大	减少凝聚剂加入量
		排泥过量	控制排泥量
5	出水流量达不到额定出力	排泥阀泄漏或未关严	关闭排泥阀
		进水压力低	检查和调整进水压力
		进水管有空气	进水管放气
6	排污水浊度低	大循环堵塞	放水清理或进行定期排污
		刮泥板故障（有刮泥板的）	检修处理
7	清水区产生大量气泡	投加碱量过多	调整碱量
		池内泥渣回流不畅	增加叶轮开度或排泥
8	清水区絮粒上升并翻池	进水温度突升，高于池内温度	检查原因，消除
		局部流速增大，造成配水不均，造成短流	降低流量
		投药中断或排泥不适	检查加药量或调整排泥量

二、水力循环澄清池常见故障及处理方法

　　水力循环澄清池影响系统出水的因素较多，在调试和运行期间应该根据实际情况，加以综合分析，找出原因，及时进行调整。表 3-3 介绍了水力循环澄清池常见故障及处理方法。

表 3-3 水力循环澄清池常见故障及处理方法

序号	故障现象	产生原因	处理方法
1	出水混浊不清	无活性泥渣层	投加黏土，培养泥渣层
		负荷突然增加过大，冲起底部泥渣	负荷调整应缓慢稳定上升
		原水水质突变	及时掌握原水水质情况并及时调整加药量
		喉嘴之间的距离不适当	适当调整喉嘴间间距
		泥渣层太高	及时排污
		混凝剂的加入量不足或浓度过低	及时恢复和调整加药量至正常
2	出水流量达不到额定出力	排泥阀泄漏或未关严	关闭排泥阀
		进水压力低	检查和调整进水压力
3	出水水质清，但有大量絮状物上升、漂浮、外流	加药量太多	适当减少加药量
		正常运行时，进水量突然增加	平稳调节流量
		水温突然变化	控制温度在正常范围内
		泥渣层太高或排泥周期太长、时间太短	控制正常排泥

三、反应沉淀池调试过程常见故障及处理方法

反应沉淀池是火力发电厂原水预处理系统中的常用设备，也是在整个调试工程中投入运行较早的设备。在调试初期往往由于施工进度跟不上，调试条件不成熟等原因，反应沉淀池出现不少问题。

（一）池体漏水

反应沉淀池主要是以钢筋混凝土为主的构筑池体，在进水后会出现不同程度的漏水现象。为此，在土建工作结束后，应提前进行灌水查漏，留出堵漏时间，以免影响后期调试进度。

（二）排泥门不严

反应沉淀池的排泥门一般为电动或气动蝶阀，容易出现关闭不严现象，从而影响处理，严重时影响出水水质。引起阀门关不严的原因有单体调试时零位校准不准确、调试前泥斗内有较大的沙石或杂物、阀门本身缺陷等。因此，在反应沉淀池进水前应进行内部检查和清洗，阀门零位校准正确，阀门在安装前进行检验。

（三）混凝剂加入量不合适

反应沉淀池的出水水质跟混凝剂的加入量具有很重要的关系。调试过程中，往往由于混凝剂的加入量不合适，导致出水不合格。加入量不够，会导致出水浑浊；加入量过大，虽然出水清澈，在出水中会有漂浮的矾花，影响后续设备的运行。因此，必须严格控制混凝剂的加入量。为正确控制混凝剂的加入量，可以从以下几方面着手：

（1）调试前，进行烧杯试验，找出最优的加药范围。

（2）掌握进水水质变化情况，适当调整加药量。

（3）对加药计量泵进行性能试验，绘制计量泵在各频率和冲程下的出力曲线。

（4）尽量保持反应沉淀池平稳运行，使流量变化不要瞬间过大。必须调整时，应缓慢调整，并相应调整加药量。

（5）对混凝剂进场进行严格检验，确保每次进场的原液质量合格、浓度稳定。在稀释时

尽量按固定配比进行。

（四）反应沉淀池滋生藻类

有些电厂由于原水未设计杀菌系统或未正确使用杀菌剂，再加上气温高等原因，在反应沉淀池斜板上和壁上大量滋生藻类，从而影响运行和出水水质。因此，在反应沉淀池进口，应加入适当的杀菌剂。另外，应定期对反应沉淀池表面进行冲洗。

四、过滤设备常见故障及处理方法

相对于澄清设备，过滤设备出现故障的概率要小一些，而且故障的原因也比较简单。过滤设备的主要故障有滤料泄漏至出水中和反洗时跑滤料等。表 3-4 列出这两种故障现场产生的原因及处理方法。

表 3-4　　　　　　　　　　　　过滤设备常见故障及处理方法

序号	故障现象	产生原因	处理方法
1	滤料泄漏至出水中	水帽松动或损坏	紧固或更换水帽
		滤料粒径偏小	重新筛分并补充或更换滤料
		内部空气管连接螺栓松动	紧固螺栓
2	反洗排水跑滤料	反洗水量过大	降低反洗强度
		压缩空气压力过大	调整压缩空气压力

第四章

超 滤 及 反 渗 透

以高分子分离膜为代表的膜分离技术作为一种新型的流体分离单元操作技术，由于具有高效率、无相变、低能耗、使用化学药剂少、设备紧凑、自动化程度高、操作运行简单和维护方便等突出的优点，近几十年来取得了令人瞩目的发展。其中超滤（Ultra Filtration，UF）、反渗透（Reverse Osmosis，RO）技术在电力、石油、化工、钢铁、机械、电子、医药、食品等行业已得到广泛的应用，既可应用于脱盐水、饮用水、海水和苦咸水淡化，也可应用于废水处理、物质回收与浓缩等领域。目前，膜分离技术中的连续电去离子技术（Electrodeionization，EDI）得到了突飞猛进的发展，它是一种连续的深度除盐技术，完全可以取代传统的离子交换技术。

自 20 世纪 80 年代中期起，尤其是近年来，随着电力行业的长足发展，超滤和反渗透技术在我国大型火力发电企业锅炉补给水处理和废水处理中得到越来越广泛的应用，并取得了预期的效果和成熟的应用经验。作为反渗透的预处理，超滤技术的出水水质稳定，出水 SDI 值低，提高了反渗透膜的透水通量，延长了反渗透膜的使用寿命；作为补给水处理的预脱盐装置，反渗透技术大大减少了离子交换系统再生废酸、废碱的排放量，有利于环境保护，同时除去了水中的微粒、有机物和胶体物质，对减轻离子交换树脂的污染、延长离子交换树脂的使用寿命都有着良好的作用。本章主要介绍超滤及反渗透相关内容。

第一节 概 述

原水经过混凝澄清、初过滤后，仍然存在细小的悬浮颗粒、少量有机物和胶体，需要进行深度过滤才能达到后续设备处理的要求。深度过滤设备包括机械过滤（石英砂或多介质）、活性炭过滤和超滤。在补给水处理中，超滤代替了传统的机械过滤器＋活性炭过滤器。补给水系统采用反渗透装置可以降低除盐系统的工作负担，减轻工作人员的劳动强度，减少酸碱用量，有利于环境保护。

一、超滤

（一）超滤的原理

超滤是一种加压膜分离技术，即在一定压力和流量下，利用超滤膜不对称微孔结构和半透膜介质，依靠膜两侧的压力差作为推动力，使液体在压差作用下通过筛孔，以错流方式进行过滤，使水及小分子物质通过，大分子物质和微粒子（如蛋白质、胶体、细菌等）则被滤膜阻留，从而达到分离、分级、纯化、浓缩目的的一种新型膜分离技术。超滤通常用来分离分子量大于 500 的溶质、悬浮物及高分子物质。

膜分离过程为动态过滤过程，大分子溶质被膜阻隔，在反洗时随浓缩液流出膜组件。膜不易被堵塞，可连续长期使用。超滤过程可在常温、低压下运行，无相态变化，能量消耗小。图 4-1 所示为超滤膜分离原理。

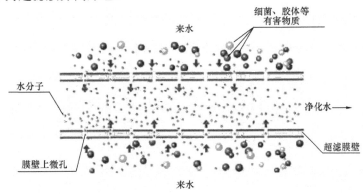

图 4-1　超滤膜分离原理

（二）超滤的运行方式

超滤系统的运行有全流过滤和错流过滤两种模式。全流过滤又称死端过滤，进水全部透过膜表面成为产水；而错流过滤时，一部分进水透过膜表面成为产水，另一部分则带杂质排出成为浓水。全流过滤能耗低、操作压力低，因而运行成本更低；错流过滤能处理悬浮物含量更高的流体。当超滤的滤液通量较低时，超滤膜的过滤负荷低，膜面形成的污染物容易被清除，因而滤液通量能长期保持稳定。当滤液通量较高时，超滤膜发生不可恢复的污堵的倾向增大，清洗后的恢复率下降，不利于长期保持滤液通量的稳定。因此，针对每种具体的水质，超滤都存在一个临界滤液通量，运行中应保持滤液通量在临界滤液通量以下。

1. 全流过滤

当原水中的悬浮物和胶体含量较低（悬浮物不大于 5，浊度不大于 5NTU）时，一般采用全流过滤模式。超滤进水以垂直膜表面的方式流动，产水以平行进水的方向透过膜，从膜的另一侧流出，水回收率通常是 90％～99％，这取决于原水的水质。和错流过滤的循环模式相比，全流过滤模式的操作成本较低，但水回收率和系统的出水能力可能会受限制。这种模式通常需要定期进行快速冲洗和反冲洗以维持系统出力，当污物累积到一定程度时，就需要通过化学清洗来处理。图 4-2 为全流过滤运行和反洗示意图。

2. 错流过滤

错流过滤是指有浓水排放的过滤方式，即进水沿膜表面流动，浓水按一定比例从浓水排放口排出，带出被超滤膜截留的杂质。透过水垂直通过膜后成为产水。为了避免浪费，排出的浓水就会被重新加压回流到膜管内。这样虽然降低了膜管的回收率，但整个系统的回收率仍然很高。在这种模式下，进水连续地在膜表面循环，高速的循环水阻止了微粒在膜表面的堆积，并增加了滤液通量。因为较少的进水成为产水，为了获得相同的产率，错流过滤模式的能耗要比全流过滤模式的大。

（三）超滤膜的种类及其特点

1. 超滤膜的种类

当超滤用于水处理时，其材质的化学稳定性和亲水性是两个重要的性质。化学稳定性决

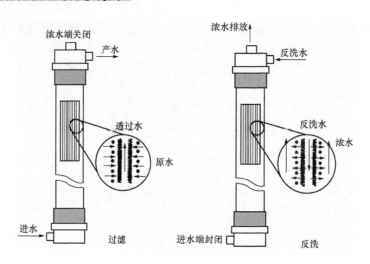

图 4-2 全流过滤运行和反洗示意图

定了材料在酸碱、氧化剂、微生物等作用下的寿命，还直接关系到膜清洗时可以采取的方法；亲水性决定了膜材料对水中有机污染物的吸附程度，影响膜通量。超滤膜根据材料的不同，有各种类型和型号，可根据实际需要选用。表 4-1 列出了超滤膜的种类。

表 4-1　　　　　　　　　　　　　　超滤膜的种类

种　类	名　　称
纤维素膜	醋酸纤维（CA）、三醋酸纤维（CTA）、醋酸硝酸混合纤维
聚砜类	聚砜（PSF）、聚醚砜（PES）
聚烯烃	聚丙烯（PP）、聚丙烯腈（PAN）、聚乙烯醇（PVA）、聚氯乙烯（PVC）
含氟聚合物	聚偏氟乙烯（PVDF）、聚四氟乙烯（PTFE）
其他	聚砜酰胺（PSA）、聚苯硫醚（PPS）、无机膜材料（如陶瓷、玻璃和金属）

2. 超滤膜的特点

（1）纤维素膜。纤维素膜是目前广泛应用的膜材料。其具有原材料来源广、价格便宜、选择性高、透水量大、耐氯性好和制膜工艺简单等优点；但是纤维素膜的热稳定性差、易压密、易降解、适应的 pH 范围较窄。

（2）聚砜类。聚砜（PSF）是继纤维素之后主要发展的膜材料，也是目前产量最大的膜材料。它可用做超滤膜和微滤膜，也可以作为复合膜的支撑层。聚砜类膜材料具有高度的化学、热及抗氧化稳定性，优异的强度和柔韧性及高温下的低蠕变性，使其成为一种较为理想的膜材料。聚砜类膜的疏水性或亲油性较强，故水通量低和抗污染能力差。

（3）聚烯烃。聚丙烯腈（PAN）材料来源广泛，价格便宜。由于分子中腈基团的强极性，内聚能大，故其具有较好的热稳定性，同时具有耐有机溶剂（如丙酮、乙醇等）的化学稳定性。此外它的耐光性、耐气候性和耐霉菌性较强，拓宽了它的应用领域，可以用于食品、医药、发酵工业、油水分离、乳液浓缩等方面，是国际上主要商业化的中空纤维超滤膜的制造材料之一。聚乙烯醇（PVA）的化学性质稳定，分子之间的氢键使它保持了足够的热稳定性，该材料成膜后耐污染的性能良好，被广泛用于制备亲水膜。但是，PVA 膜易于溶胀乃至溶解，因此一般还需对其进行改性处理，如热处理、缩醛化、共混改性等；也可加入少量金属盐对其进行改性，选择适宜的铸膜液配方和成膜条件，可得到具有较好性能的改性 PVA 膜。

聚氯乙烯（PVC）是产量仅次于聚乙烯的第二大合成树脂，具有价格低廉、耐微生物侵蚀、耐酸碱，化学稳定性和力学性能好的特点。但 PVC 亲水性和膜韧性不足，凝胶膜容易收缩起皱，成膜性能不甚理想。

（4）含氟聚合物。作为膜材料，常见的含氟聚合物是聚偏氟乙烯（PVDF）。PVDF 是偏氟乙烯的均聚物，聚合度达几十万，其分子中 C—F 键具有较高的键能，因而作为膜材料具有很好的耐热性和耐蚀性，只有二甲基乙酰胺（DMAc）、二甲基亚砜（DMS）等强极性有机溶剂才能使其溶解。但是，PVDF 疏水性的膜表面与水无氢键作用，易被污染，所以将 PVDF 膜应用于生化制药、食品饮料及水净化等水相分离体系的领域，需要进行亲水性改性。

（5）其他超滤膜材料。聚砜酰胺（PSA）也是一种性能良好的膜材料，最高使用温度可达 125℃，而且耐有机溶剂能力强，既可用于水溶液，又可用于非水溶液。聚苯硫醚（PPS）的化学稳定性好，目前没有发现低于 200℃ 的有机溶剂能溶解 PPS；即使加热，PPS 也不与碱和无机盐起化学反应；弱氧化性的浓无机酸也不能明显地溶解 PPS，但可被强氧化性的酸（如浓硫酸、硝酸、高氯酸或高氯酸钠、过氧化氢等）所氧化。常见的无机膜材料有陶瓷（Al_2O_3、ZrO_2）、玻璃和金属等。

（四）超滤膜的性能

1. 水通量

水通量是指单位时间、单位有效膜面积透过的水体积，商品膜通常用 25℃、0.1MPa 压力下用纯水所测得的数据表示。

2. 截留率

截留率又称滤除率、去除率，是指一定分子量的溶质被超滤膜所截留的百分数，用公式表示为

$$R = (C_b - C_p)/C_b \times 100\% \tag{4-1}$$

式中　R——截留率，%；

C_b，C_p——进水和透过水中的溶质浓度。

3. 截留分子量

截留分子量又称切割分子量，一般是指能被超滤膜截留 90% 的溶质最小分子量，单位为道尔顿（Da）。截留分子量小，表明膜孔径小。同一张膜，其孔径不可能完全相同，而是分布在一定的范围内，表现为膜对不同分子量的溶质具有不同的截留率。截留分子量与测定时所用的标准物质有关。

4. 跨膜压差

水透过超滤膜时会产生压力降，跨膜压差相当于进水与透过水之间的压力差，常用 TMP 表示。膜孔径小，水温低，水通量大，则跨膜压差就大。随着膜污染的加重，跨膜压差不断增加，当增加到某一规定值时，应进行膜清洗。

5. 回收率

回收率是指滤出的滤液与原水的体积比。在计算滤液和原水的体积时必须考虑反向冲洗和快速冲洗时所消耗的水。

此外，表示超滤膜性能的指标还有 pH 范围、最高使用温度、膜强度、化学耐久性等。表 4-2 为常见超滤膜的适应 pH 范围和最高使用温度。

表 4-2　　　　　　　　　　常见超滤膜的适应 pH 范围和最高使用温度

超滤膜材质	纤维素	聚砜	聚醚砜	聚丙烯腈	聚偏氟乙烯
适应 pH 范围	3～7	1～13	1～14	2～10	2～11
最高使用温度（℃）	30	90	95	45	70

（五）超滤的特点

超滤的使用压力远低于反渗透，与反渗透的不同之处在于压差越大，其截留率越低，但不能分离小分子的物质和无机离子，超滤的主要特点如下：

（1）超滤过程无相际变化，可以在常温及低压下进行分离，因而能耗低，无热效应。

（2）设备体积小，结构简单，投资费用低。

（3）超滤分离过程只是简单地加压输送液体，工艺流程简单，易于操作管理；系统灵活，安装、维护方便，易于实现自动化。

（4）超滤膜是由高分子聚合物制成的均匀连续体，在使用过程中无任何杂质脱落，能保证被处理溶液的纯净。

二、反渗透

（一）反渗透的原理

半透膜是广泛存在于自然界动植物体器官上的一种选择透过性膜。严格地说，半透膜是只能透过溶剂（通常指水）而不能透过溶质的膜。工业使用的半透膜多是高分子合成的聚合物产品。

图 4-3　渗透与反渗透
（a）渗透；（b）反渗透

当把溶剂和溶液（或把两种不同浓度的溶液）分别置于此膜的两侧时，溶剂将自发地穿过半透膜向溶液（或从低浓度溶液向高浓度溶液）侧流动，这种现象称为渗透。如果上述过程中溶剂是纯水，溶质是盐分，当用理想半透膜将它们分隔开时，纯水侧会自发地通过半透膜流入盐水侧，此过程如图 4-3（a）所示。

纯水侧的水流入盐水侧，盐水侧的液位上升，当上升到一定程度后，水通过膜的净流量等于零，此时该过程达到平衡，与该液位高度差对应的压力称为渗透压。

一般来说，渗透压的大小取决于溶液的种类、浓度和温度，而与半透膜本身无关。通常可用式（4-2）计算渗透压。

$$\Pi = \Sigma C_i RT \tag{4-2}$$

式中：Π——溶液的渗透压，atm（1atm≈1.01×10⁵ Pa）；

　　　　R——气体常数，取 0.082atm·L/(mol·K)；

　　　　C_i——各离子浓度总和，mol/L；

　　　　T——溶液热力学温度，K。

当在膜的盐水侧施加一个大于渗透压的压力时，水的流动方向就会逆转，此时盐水中的水将流入纯水侧，这种现象叫作反渗透，该过程如图 4-3（b）所示。

（二）反渗透膜的性能要求和指标

为适应水处理应用的需求，反渗透膜必须具有在应用上的可靠性和形成工业规模的经济性，其一般要求如下：

（1）对水的渗透性要大，脱盐率要高。

（2）具有一定的强度，不致因水的压力和拉力影响而变形、破裂。膜的被压实性尽可能最小，水通量衰减小，保证稳定的产水量。

（3）结构要均匀，能制成所需要的结构。

（4）能适应较大的压力、温度和水质变化。

（5）具有好的耐温、耐酸碱、耐氧化、耐水解和耐生物侵蚀性能。

（6）使用寿命要长。

（7）成本要低。

根据以上要求，膜的使用者在选择膜时或使用膜前应该了解并掌握以下膜的物理、化学稳定性和膜的分离特性指标：膜材质、允许使用的最高压力、允许使用的温度范围、允许的最大给水量、适用的 pH 范围、耐臭氧和游离氯等氧化性物质的能力、防微生物和细菌的侵蚀能力、耐胶体颗粒及有机物的污染能力、膜的分离透过特性指标。

膜的分离透过特性指标包括脱盐率、回收率、水流通量及流量衰减系数及膜通量保留系数。

脱盐率（Salt Rejection）指给水中总溶解固体物（TDS）中未透过膜部分的百分数。

$$脱盐率＝（1－产水总溶解固形物/给水总溶解固形物）\times 100\%$$

回收率（Recovery）指产水流量与给水流量之比，以百分数表示。

$$回收率＝（产水流量/给水流量）\times 100\%$$

一般影响回收率的因素主要有进水水质、浓水的渗透压、易结垢物质的浓度、污染膜物质等。

膜的水流通量（Flux）为单位面积膜的产水流量。不同进水水质要求膜有不同的水通量，表 4-3 为不同进水类型要求的复合膜对应的水通量。

表 4-3　　　　　　　　不同进水类型要求的复合膜对应的膜通量

进水类型	一般复合膜的水通量（GFD）	进水类型	一般复合膜的水通量（GFD）
反渗透产品水	20～30	地表水	8～14
深井水	14～18	废水	8～12

流量衰减系数指反渗透装置在运行过程中产水量衰减的现象，即运行一年后产水流量与出水运行产水流量下降的比值（复合膜一般不超过 3%）。

膜通量保留系数指运行一段时间后产水流量与初始运行产水流量的比值（一般 3 年可达到 0.85 以上）。

（三）膜脱盐机理和迁移扩散方程

反渗透膜脱除水中的盐分并使水分子透过膜的机理，目前存在多种见解，它们基本上可

注：膜通量单位 GFD 为加仑/平方英尺/天，1GFD＝1.698LMH，LMH 为升/平方米/小时。

以看作有孔和无孔的两种解释，主要有氢键理论、选择吸附－毛细孔流动理论和溶解扩散理论。为了阐明其不同点，下面简要加以说明。

1. 氢键理论

氢键理论是把醋酸纤维膜看作高度有序的矩阵结构的聚合物，膜的活性基团乙酰基（—C＝O）具有与水分子形成氢键的能力，形成"结合水"，而水中溶解的其他粒子和分子则不能。在水的压力下第一个进入膜的水分子由于第一个氢键断裂下来，到下一个活性基团形成新的氢键……如此不断移位而使水及氢键传递通过膜层，而盐分则被分离出去。

2. 选择性吸附-毛细孔流动理论

选择性吸附-毛细孔流动理论是把膜看做一种微细多孔结构物质（5～10Å，1Å＝10^{-8}cm），以 Gibbs 吸附方程为基础。膜的亲水性决定了选择吸附纯水而排斥盐分的特性，在固液表面上形成纯水层（约0.5nm）。在施加压力下，纯水层中的水分子不断通过毛细管流过膜。

3. 溶解扩散理论

在反渗透水处理中，溶解扩散理论把膜视作无孔的，按溶解扩散方程计算。这一理论是将膜当作溶解扩散场，认为水分子、溶质都可溶于膜内，并在推动力下进行扩散，淡水分子和盐分的溶解和扩散速度不同，因而表现了不同的透过性。定量的描述反渗透过程中的产水量和盐透过量可通过下述公式来表示

$$Q_w = K_w(\Delta p - \Delta \pi)A/\tau \qquad (4-3)$$

式中　　Q_w——产水量；

　　　　K_w——系数；

　　　　Δp——膜两侧的压差；

　　　　$\Delta \pi$——渗透压；

（$\Delta p - \Delta \pi$）——静驱动压力；

　　　　A——膜的面积；

　　　　τ——膜的厚度。

K_w 与膜的性质和水温有关，K_w 越大，说明膜的渗水性能越好。

$$Q_s = K_s \times \Delta C \times A/\tau \qquad (4-4)$$

式中　Q_s——盐透过量；

　　K_s——系数，与膜的性质、盐的种类以及水温有关，K_s 越小，说明膜的脱盐性能越好；

　　ΔC——膜两侧的浓度差。

从以上两式可以看出，对于膜来说，K_w 大 K_s 小则质量较好。相同面积和厚度的膜，其产水量与净驱动压力成正比，盐透过量与膜两侧浓度差成正比，而与压力无关。

（四）膜的运行条件的影响

反渗透膜的水通量和脱盐率是反渗透过程的关键的运行参数。这两个参数受以下因素的影响。

1. 压力

给水压力升高，水通量增大，产品水含盐量（TDG）下降，脱盐率提高。

2. 温度

在提高给水温度而其他运行参数不变时，产品水通量和盐透过量均增加。温度升高，水的黏度减小，温度每上升 1℃，一般产水量可增大 2%～3%；但同时温度升高，膜的盐透过率系数 K_s 变大，因而盐透过量有所增加。

3. 回收率

增大回收率，产品水通量下降，是因为浓水盐含量增大，导致渗透压升高，在给水压力不变的情况下，$\Delta p - \Delta \pi$ 变小，因而 Q_w 减小。同时，在浓水中盐浓度升高，使 ΔC 增大，故盐透过量 Q_s 增大，产品水含盐量升高。

4. 给水含盐量

给水含盐量增加，产品水通量和脱盐率都下降。由于给水 TDS 增加，ΔC 增加，故 Q_s 增加，即盐透过量增加；而且，渗透压也增加，在给水压力不变的情况下，$\Delta p - \Delta \pi$ 变小，故 Q_w 减小。

（五）膜表面的浓差极化

反渗透运行过程中，水分子透过膜后，膜界面层中含盐量增大，形成浓度较高的浓水层，此层与给水水流的浓度形成很大的浓度梯度，这种现象称为膜的浓差极化。浓差极化会对运行产生极为有害的影响。

1. 浓差极化的危害

由于界面层中的浓度很高，相应地会使渗透压升高。当渗透压升高后，势必使原来运行条件下的产水量下降。为欲达到原来所需的产水量，就要提高给水压力，增加电能消耗。

由于界面层的浓度升高，膜两侧的浓度差增大，使产品的盐透过量增大。

由于界面层的浓度升高，易结垢的物质增加了沉淀结垢倾向，造成膜的污垢污染。为了恢复膜的性能，则需要频繁地进行化学清洗，并由此可能造成膜性能下降。

由于形成浓度梯度，需要采取一定的措施使盐分的扩散离开膜表面，但胶体物质的扩散要比盐分的扩散速度小数百倍乃至数千倍，因而膜表面的浓差极化是促成膜表面胶体污染的重要原因。

2. 消除浓差极化的措施

消除膜的浓差极化必须严格控制膜的水通量，严格控制回收率并严格按照膜生产厂家的设计导则设计 RO 系统。

（六）反渗透的特点

反渗透的特点如下：

（1）反渗透装置容量大，占地面积小，能够节约厂房土建投资。

（2）不仅对阴、阳离子具有 90% 以上的脱盐率，而且能有效地去除微粒、胶体、有机物等，以延长后面设备的使用寿命，保证锅炉给水的品质。

（3）水的利用率在 75% 以上。

（4）反渗透系统对水中的溶解盐、胶体物质、可溶性硅酸和高分子有机物（如腐殖酸等）的去除率高。

（5）工艺简单，自动化程度高，操作维护工作量小，是其他传统水处理系统不可比拟的。例如，水中杂质会污染离子交换树脂；过高的盐分会使整个离子交换系统制水周期缩短，再生频繁。采用反渗透技术后，以上问题将迎刃而解。

（6）运行成本与水质的关系不大。离子交换的运行费用与进水水质成正比，但 RO 的运行费用与进水水质的关系不大，在进水水质差（含盐量大于 400mg/L）、锅炉补给水水质要求高的情况下，反渗透的优势更加明显。

三、超滤及反渗透装置在补给水处理中的应用

随着机组参数越来越高，对补给水的水质要求也越来越高。由于超滤及反渗透装置均有出水水质稳定、运行成本低等诸多优点，超滤及反渗透装置在超超临界机组的补给水处理系统中得到广泛应用，并起到了良好的效果，弥补了传统水处理系统设备的不足。在火力发电厂的补给水水处理中，反渗透装置常用于离子交换的预脱盐，以降低离子交换的含盐量。超滤装置主要用于反渗透系统的前置深度除浊处理。较为广泛的应用工艺流程为混凝、澄清—机械过滤—超滤—反渗透—离子除盐或 EDI。表 4-4 为部分电厂 1000MW 超超临界机组补给水处理系统配置的超滤装置和反渗透装置性能参数。

表 4-4 超滤、反渗透在百万机组中应用举例

序号	工程	超滤（型号、参数）	反渗透（型号、参数）
1	A 电厂	产水量：125m³/h（每套） 运行压力：0.3MPa 回收率：90% 结构形式：立式 过滤形式：内压式 最大透膜压差：0.35MPa 最大反洗透膜压差：0.25MPa	膜元件形式：涡卷式反渗透膜 膜元件型号：AG8040F296－WET 反渗透膜组件脱盐率：≥98%（一年内） 反渗透膜组件脱盐率：≥96%（三年后） 反渗透膜组件水的回收率：≥75% 进水流量：100t/h（单列） 进水压力：1.1MPa 进水温度：(25±5)℃ 淡水出力：75t/h（单列） 脱盐率：97%
2	B 电厂	单套出力：125m³/h 外压中空纤维膜 回收率：≥90% 反洗透膜压差：0.03～0.06MPa 最大允许透膜压差：0.10MPa	单套出力：80m³/h 一级两段 回收率：75% 膜元件形式：涡卷式极低压复合膜 系统脱盐率：1 年内≥97%，满 3 年≥95%
3	C 电厂	单套出力：100m³/h 胶体硅去除率：≥99%（过滤粒径范围内） SDI：≤2 回收率≥90%	出力：75m³/h 脱盐率：1 年内≥98%，3 年后≥97% 回收率：≥75%

第二节　主要设备及系统流程

在补给水处理中，反渗透常用于离子交换设备的前置预脱盐，以降低离子交换器进水的含盐量，降低离子交换器的工作负荷。超滤和精密过滤主要用于反渗透和电除盐的深度除浊处理。

一、主要设备

（一）超滤主要设备

超滤装置主要设备包括加热系统、自清洗过滤器、超滤膜组件及其辅助系统。辅助系统

包括加药系统和清洗系统。

1. 加热系统

超滤一般采用板管式表面加热器或混合式加热器，其设置目的是满足后期反渗透进水温度的要求。加热汽源一般采用主厂房来辅助蒸汽，汽源压力在 0.6～0.8MPa，进汽管路设电动截止门、电动调节门、必要的手动隔离门及疏水排放门。

加热器设置温度连续自动调节系统，在给水流量、温度变化时能恒定其出水的温度(25±3)℃，温度高于 28℃时报警，温度高于 30℃时自动切断加热蒸汽汽源。

蒸汽管道设安全阀和疏水阀，进入加热器的给水母管上设置旁路阀。

2. 自清洗过滤器

为防止进水中有较大的颗粒物而损伤超滤膜，一般在超滤装置进口设计叠片式自清洗过滤器。出力一般与超滤装置出力相对应，过滤精度一般为 100μm。自清洗过滤器作为超滤装置的保安过滤器使用，叠片式自清洗过滤器具有过滤效果好、可连续运行等优点。其结构和工作流程如图 4-4 所示。

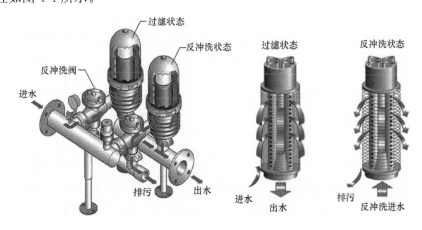

图 4-4 叠片式自清洗过滤器的结构和工作流程

3. 超滤膜组件

超滤膜组件的类型主要有平板式、管式、卷式、中空纤维式、垫式、浸没式和可逆螺旋式，电厂水处理中常用的是中空纤维式超滤膜。

（1）平板式超滤膜是最原始的一种膜结构，主要用于大颗粒物质的分离，由于其占地面积较大，能耗高，逐步被市场淘汰。

（2）卷式膜组件也称螺旋卷式膜组件，由于其所用的膜易于大规模的工业化生产，制备的组件也易于工业化，所以获得了广泛的应用，涵盖了反渗透、纳滤、超滤、微滤四种膜分离过程，并在反渗透、纳滤领域有着较高的使用率。

（3）管式超滤膜能较大范围地耐悬浮固体和纤维、蛋白质等物质，对料液的预处理要求低，对料液可以进行高倍浓缩。但设备的投资费用大，占地面积大。

（4）中空纤维式超滤膜是众多膜组件结构中的主要形式，根据致密层的位置不同，又分为内压膜、外压膜两种。外压中空纤维式膜是将原液经加压后沿径向由外向内渗透过中空纤维膜成为透过液，而截留物则汇集在中空纤维式膜的外部。该膜进水流道在膜丝之间，膜丝存在一定的自由活动空间，因而更适合原水水质较差、悬浮物含量较高的情况。内压中空纤维式超滤膜中的原液进入中空纤维的内部，经压差驱动，沿径向由内向外透过中空纤维成为透过液，浓缩液则留在中空纤维的内部，由另一端流出。该膜进水流道是中空纤维的内腔，为防止堵塞，对进水的颗粒粒径和含量都有较严格的要求，因而适合用于原水水质较好的工况。

4. 加药系统

超滤系统的加药设备主要包括加杀菌剂、加酸、加碱等加药装置。对加药装置的要求是：药剂溶解性良好，加药量准确、可调，耐腐蚀，运行稳定、可靠，不污染膜元件等。

（1）杀菌剂加药点。杀菌剂分进水加药和反洗加药。进水加药点应考虑使药剂从投加到超滤装置之间的停留时间充足，一般投入进水管道前端或预处理系统出口。反洗加药点一般设在反洗水泵至超滤装置之间的反洗进水管道上。

（2）酸碱加药点。加酸、加碱主要在超滤装置加强反洗时使用，加药点设在反洗水泵至超滤装置之间的反洗进水管道上。

5. 清洗系统

超滤装置化学清洗系统由清洗泵、清洗箱、$5\mu m$ 精密过滤器、管道、阀门、清洗软管和控制仪表（如 pH 表、温度计、流量表）等组成，一般与反渗透装置的化学清洗系统共用。

（二）反渗透主要设备

反渗透装置主要设备包括保安过滤器、高压泵、反渗透膜组件、压力容器、加药系统、反洗水泵、仪表、清洗装置。

1. 保安过滤器

为了保护反渗透膜元件，一般在高压泵与反渗透装置间设置保安过滤器，达到去除和拦截水中微小颗粒的作用。常用的滤芯类型有聚丙烯线绕蜂房管状式滤芯、褶页式滤芯和 PP 喷熔滤芯，过滤精度通常是 $5\mu m$ 和 $20\mu m$。如果超滤为终端预处理设备，根据水质可用 $20\mu m$ 微孔过滤器，作为超滤的前置过滤设备；而 $5\mu m$ 微孔过滤器常作为终端预处理设备。

2. 高压泵

高压泵的作用是提供反渗透所需的动力。高压泵的性能直接影响反渗透的效果和经济性，应选择性能稳定、效率高、噪声小、不易磨损的高压泵。大型反渗透装置的启停瞬间，往往会对整个系统和管网造成较大的冲击。为解决这一问题，最好增设高压泵变频装置，以保证装置启、停过程中平缓过渡，使反渗透装置能够根据淡水需求量随时调节生产能力。未设置变频装置的一般在其出口设置电动慢开门。

为了克服因膜老化所引起的透水速度衰减，保证产水量不变，水泵的扬程会逐年增加（如第一年和第五年所需扬程相差 $300\sim500kPa$）；另外，反渗透装置的出力与水温关系较大，当 RO 进水无温度调节措施时，需要在低温季节提高运行压力（如增加 $100\sim500kPa$ 的扬程），以弥补水温较低带来的产水量降低缺陷。

3. 反渗透膜组件

反渗透膜组件主要有四种基本形式：管式、平板式、中空纤维式和涡卷式，其中管式膜元件和平板式膜元件是反渗透最初始的产品形式，中空纤维式膜元件和涡卷式膜元件是管式膜元件和平板式膜元件的改进和发展。

（1）管式膜元件。管式膜元件将管状膜衬在耐压微孔管上，并把许多单管以串联或并联方式连接装配成管束。管式膜元件有内压式或外压式两种，一般采用内压式，其优点是水流流态好，易安装、清洗、拆换，缺点是单位面积小。

（2）平板式膜元件。平板式膜元件由一定数量的承压板组成，承压板两侧覆盖微孔支撑板，其表面覆以平面成为最基本的反渗透单元。迭和一定数量的基本单元并装入压力容器中，构成反渗透器。这种形式能承受高的压力，缺点是占地面积大，水流分布均匀性差，扰动差，易产生浓差极化。

（3）中空纤维式膜元件。中空纤维式膜元件将中空纤维丝成束地以 U 形弯的形式把中空纤维开口端铸于管板上，类似于列管式热交换器的管束和管板间的连接。由于纤维间是相互接触的，故纤维开口端与管板的密封是以环氧树脂用离心浇铸的方式实现的，其后，管板外侧用激光切割以保证很细的纤维也能是开口的。在给水压力作用下，淡水透过每根纤维管壁进入管内，由开口端汇集流出压力容器成为产水。该种形式的优点是单位面积的填充密度最大，结构紧凑；缺点是给水水质处理最严，污染堵塞时清洗困难。

如上所述，管式、平板式膜元件的填充密度很低，但可应用于高污染给水或黏度高的液体的处理；中空纤维式膜元件易污染，不宜在一般水处理情况下使用。

（4）涡卷式膜元件。涡卷式膜元件于 20 世纪 60 年代中期问世，克服了管式、平板式、中空纤维式膜元件的缺点，特别是 1980 年出现低压复合膜后，膜的各项性能指标均好，不易污染，且可低压运行，耗电低，脱盐率高（可达 99.7%），使用寿命长，投资少，是当前工业水处理首选的膜元件。涡卷式膜元件的基本结构如图 4-5 所示。

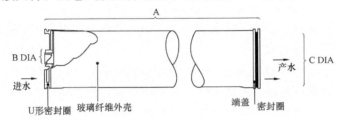

图 4-5　涡卷式膜元件的基本结构

涡卷式膜元件类似于一个长信封状的口袋，开口的一边粘接在含有开孔的产水中心管上。将多个膜口袋卷绕到同一个产水中心管上。当给水从膜的外侧流过，在给水压力下，使淡水通过膜进入膜口袋后汇流入产水中心管内。

为了便于产水在膜袋内流动，在信封状的膜袋内夹有一层产水导流的织物支撑层。为了使给水均匀流过膜袋表面并增加水流的扰动以防止浓差极化，在膜袋与膜袋之间的给水通道上设有隔网层。

涡卷式膜元件给水流动与传统的过滤方向不同：给水从膜元件端部引入，给水沿着膜表面平行的方向流动，被分离的产水沿垂直于膜表面方向，透过膜进入产水膜袋。如此，形成了一个垂直、横向相互交叉的流向。而传统的过滤，水流从滤层上面进入，产水从下面排出，水中的颗粒物质全部截留在滤层上。涡卷式膜元件的工作过程则不然，给水中被膜截留下的盐分和胶体颗粒物质仍留在给水（逐步的成为浓水）中，并被横向水流带走。如果膜元件的水通量过大，或回收率过高（超过制造厂导则规定），盐分和胶体滞留在膜表面上的可能性就越大。浓度过高会形成浓差极化，胶体颗粒也会污染膜表面，影响膜的运行。

以下是四种膜元件特点的比较，可以看出它们之间各个方面的差异。

1）系统费用：管式、平板式＞中空纤维式、涡卷式。

2）设计灵活性：涡卷式＞中空纤维式＞平板式＞管式。

3）清洗方便性：平板式＞管式＞涡卷式＞中空纤维式。

4）系统占地面积：管式＞平板式＞涡卷式＞中空纤维式。

5）污堵的可能性：中空纤维式＞涡卷式＞平板式＞管式。

6）耗能：管式＞平板式＞中空纤维式＞涡卷式。

为满足不同的水质和产水量的要求，多数须采用多组件的反渗透装置，火电厂膜组件的排列形式通常采用一级二段式，如图 4-6 所示。

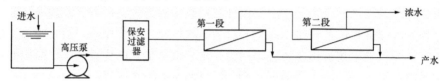

图 4-6 一级二段示意图

4. 压力容器

压力容器用于装填膜元件。在实际运行过程中，给水从压力容器一端的给水管路进入膜元件。在膜元件内，一部分给水穿过膜表面而形成低含盐量的产水，剩余部分水继续沿给水通道向前流动而进入下一个膜元件，由于这部分水含盐量比进水要高，在反渗透系统中称为浓水。产水和浓水最后由产水通道和浓水通道引出压力容器。

给水在压力容器中每一个膜元件上均产生一个压力降，如果不采取措施，这一压力降足以使膜卷伸出而对膜元件造成损害。为此在压力容器内的每一个膜元件的一端均有一个防膜卷伸出装置，以防止运行时膜卷伸出。同时设计给水流量不能超过设计导则给定的数值，运行时单个膜元件的压降不允许超过规定值。膜元件与膜元件之间采用内连接件连接，为了防止浓水在连接处泄漏，在膜元件与膜元件之间有密封圈。

5. 加药系统

（1）加药系统的组成。反渗透的加药系统主要包括阻垢剂、还原剂等加药装置。在其预处理系统中应加混凝剂、杀菌剂、酸等。对投药装置的要求是：药剂溶解性良好，投加量准确、可调，耐腐蚀，运行稳定、可靠，不污染膜元件等。计量泵一般选用柱塞泵和机械隔膜泵，以满足流量小、计量准确和流量可调的要求。

（2）加药点。

1）还原剂加药点应考虑使药剂从投加到反渗透装置之间的停留时间刚好足够还原反应完全，一般加入保安过滤器的入口。若加入过早，则水过早失去消毒活力，微生物复活；加药时间过迟，杀菌剂来不及反应，则残存的杀菌剂会氧化反渗透膜，造成膜降解。

2）反渗透系统中阻垢剂用量很低，足够的有效时间包括延长结晶诱导期的时间有限，因此，若阻垢剂过早投加，则防垢效果差；若过迟投加，则阻垢剂不能均匀分散于整个水体即进入反渗透装置，阻垢效果同样差。综合考虑，一般将阻垢剂投入保安过滤器的进水管中。

6. 反洗水泵

为了使 RO 装置能长期稳定运行，泵的流量应有一定的富余量。泵的扬程应按后续设备管道损失和利用水头来确定。额定流量和扬程应在水泵曲线的高效区段，且所选取的水泵在此段的工作曲线应较平缓，其目的是在后续设备（如过滤器）在进行正洗或排污时，不致使压力有较大波动而影响 RO 装置的运行。考虑噪声影响，一般选取低转速水泵。冲洗进水管流速可选取 3.0m/s 以上，以降低造价，但冲洗排水管应有足够的通水能力，管道流速应小于 1.5m/s。

7. 仪表

为了有效监督 RO 装置的安全、经济运行，协助运行过程中及时发现存在的问题及故障，反渗透系统通常配备有下述仪表（不包括其预处理系统内仪表）。

（1）温度表。同一操作压力下，温度对反渗透膜通量影响较大，淡水产量与温度有关，通常在反渗透进口安装进水温度表，并能自动记录温度。为防止温度过高损坏反渗透膜，对于有进水加热器的反渗透系统，还应有超温报警、超温水自动排放和自动停运反渗透装置的功能。

（2）压力表。反渗透装置的淡水水质、水量和膜的密实化与运行压力有关，所以应配备进水压力表、各段出水压力表和排水压力表及差压表，用于监控反渗透运行压力和计算各段压降。保安过滤器进出口应安装压力开关或压差表，以便于了解滤芯污堵情况。高压泵出口应配备压力表，进口和出口应安装压力开关，以便进水压力偏低时报警停泵或出口压力偏高且持续有一段时间仍然不恢复正常时报警停泵。加药装置加药泵出口设就地压力指示，便于巡视泵的运行情况。

（3）流量表。反渗透各段应配备淡水流量表和浓水流量表，监督和控制淡水流量和浓水排放量的变化，严防浓水断流的现象发生。淡水流量和浓水排放流量应具有指示、累计、记录功能。通过对流量记录的查询，可以了解流量衰减趋势，通过对产水量数据进行"标准化"换算，用以评价系统运行情况，诊断系统故障，决定是否需要清洗。

根据各段淡水流量和排水流量可计算各段的进水流量、回收率和整个 RO 系统的回收率。

应配备进水流量表，主要用于 RO 加药量的自动控制，除应具备指示和累计功能外，还应有信号输出功能，以自动调节加药量的比例。

（4）电导率表。反渗透系统配备进水和淡水电导率表，应具有指示、记录和报警功能，当电导率异常时可以排放不合格水，保护下游设备。采用进水和淡水的电导率可粗略估算 RO 系统脱盐率。

（5）余氯表。进水中长期含有余氯会造成膜的氧化和降解，降低膜的脱盐效率。使用 CA 膜时，进水中必须保持 0.1~0.5mg/L 游离氯，但最大不得超过 1mg/L。使用 PA 膜则不允许进水有游离氯。因此进水管上必须配备余氯表，且应具有指示、记录和报警功能。

（6）氧化还原电位表。如果使用亚硫酸氢钠方法消除余氯，过量的亚硫酸氢钠会造成膜的污堵，反渗透装置进水还应安装氧化还原电位表，以监督进水的氧化还原性。

（7）液位计。为了保证系统的正常运行和监控，反渗透系统各药液箱、水箱应设液位计，并设报警和相应的泵联锁。

8. 清洗装置

即使反渗透系统运行参数控制符合规范，膜仍然避免不了污染。一般半年或一年需要清洗一次反渗透装置。所以反渗透系统一般都设计一套专门用的清洗系统。反渗透装置化学清洗系统一般由清洗泵、清洗箱、5μm 精密过滤器、管道、阀门、清洗软管和控制仪表（如

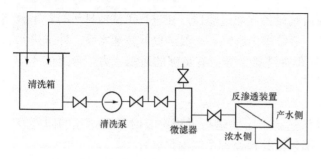

图 4-7 某厂反渗透装置化学清洗系统图

pH 表、温度计、流量表）等组成。清洗泵是清洗系统中的主要设备，一般为玻璃钢或不锈钢的耐酸泵，扬程应能克服保安过滤器、反渗透装置和管道等的阻力，一般为 0.3～0.5MPa。某厂反渗透化学清洗装置系统如图 4-7 所示。

二、系统流程

原水经混凝澄清、过滤处理后，通过化学水泵进入后续系统，超滤、反渗透系统流程一般为化学水泵→加热器→自清洗过滤器→超滤装置→超滤产水箱→超滤产水泵→反渗透保安过滤器→反渗透升压泵→反渗透组件系统→预脱盐水箱。

（一）超滤系统流程

某超超临界机组超滤系统流程示意图如图 4-8 所示。

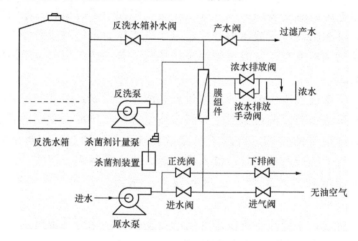

图 4-8 超滤系统流程示意图

（二）反渗透系统流程

某超超临界机组反渗透系统流程示意图如图 4-9 所示。

三、主要设备参数

（一）超滤进水水质要求

（1）颗粒粒度：$\leqslant 100\mu m$；

（2）浊度：$\leqslant 5NTU$；

（3）pH：2～13。

（二）反渗透进水水质要求

（1）余氯：$\leqslant 0.1mg/L$（控制为 0）；

（2）SDI：$\leqslant 4$；

（3）TOC：$\leqslant 2mg/L$；

（4）pH：4～11；

（5）总 Fe 浓度：$\leqslant 0.05mg/L$；

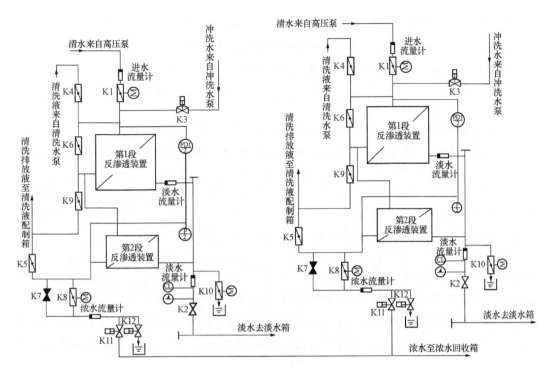

图 4-9　反渗透系统流程示意图

（6）浊度：<1.0NTU。

（三）超滤出水质量

（1）超滤膜组件产水水量：125m³/h（25℃时）；

（2）超滤膜组件胶体硅去除率：≥90%；

（3）超滤膜组件出水 SDI 值：<3；

（4）超滤膜组件水的回收率：>90%。

（四）反渗透出水质量

（1）反渗透膜组件产水量：75m³/h（25℃时）；

（2）反渗透膜组件脱盐率：≥98%（1 年内），≥96%（3 年后）；

（3）反渗透膜组件水的回收率：≥75%。

第三节　调试工作程序

一、系统检查

在单体试转全部完毕后，应组织各方对系统试运前条件进行检查。超滤和反渗透系统调试前至少应满足以下条件：

（1）原水预处理系统调试完毕，具备连续运行条件；出水水质满足超滤进水水质要求。

（2）废水处理系统调试完毕，具备接纳和处理超滤和反渗透废水的能力。

（3）土建工作已全部完毕。道路通畅，沟道畅通，盖板齐全；防腐工作全部结束并签证，具备排水、储水、中和处理及排放能力；水处理室内部粉刷、油漆，地坪、照明及门窗已按设计施工完毕。

（4）实验室已按设计要求施工并调试完毕，具备实验条件。

（5）对于寒冷地区的冬季，水处理室应做好防冻保温措施。

（6）系统及设备安装、检查完毕，水压试验合格，并已签证。

（7）与系统有关的电气、热工、在线化学仪表等均应安装调试完毕，指示正确，操作灵敏，并能随时投入使用。

（8）各转动机械经分部试运合格，并签证；各容器及现场清扫工作结束。

（9）设备、管道已按规定颜色涂漆完毕，并已挂牌，管道流向标识完成。

（10）试运行所需材料、药品准备齐全，并验收合格。

（11）运行人员经培训具备上岗条件，有关运行检修规程及记录报表编制、印刷完毕，分析、化验手段完备。

二、阀门、仪表及测点的确认试验

该部分工作虽然属于单体试运的范畴，但为了系统试运能顺利进行，调试单位一般应进行检查性验收试验。主要对系统内电动门、气动门、调节门进行传动，确保阀门开关正确、灵活到位；热工测点通道正确、量程设置合理；化学仪表检验正确，通道正确。

三、程控联锁静态试验

将动力设备电源置试验位，根据设计进行热控保护调校，对联锁、顺控进行模拟试验。表4-5为某百万机组超滤和反渗透的报警及联锁。

表4-5　　　　　　　　　　某百万机组超滤和反渗透的报警及联锁

序号	信号名称	信号来源	报警值	说　明
1	自清洗过滤器进/出口差压高	进/出口差压变送器	0.10MPa	
2	超滤装置入口压力高	超滤装置入口压力变送器	0.30MPa	
3	超滤装置进/出口差压高	超滤装置进/出口差压变送器	0.06MPa	
4	反渗透增压泵出水ORP值高	反渗透增压泵出水ORP表	600mV	
5	反渗透高压泵进/口压力低	反渗透高压泵进/口低压开关	0.05MPa	延时15s，停高压和增压泵
6	反渗透高压泵出口压力高	反渗透高压泵出口高压开关	2.10MPa	延时10s，停高压和增压泵
7	反渗透一段进/出口压差高	反渗透一段进/出口差压变送器	0.35MPa	
8	反渗透二段进/出口压差高	反渗透二段进/出口差压变送器	0.35MPa	
9	反渗透淡水出口电导率高	反渗透淡水出口电导率表	150μs/cm	
10	超滤水箱液位低	超滤水箱液位计	0.8m	
11	反渗透水箱液位低	反渗透水箱液位计	0.8m	
12	反渗透浓水箱液位低	反渗透浓水箱液位计	0.8m	
13	杀菌剂溶液箱液位低	杀菌剂溶液箱液位计	0.1m	
14	碱溶液箱液位低	碱溶液箱液位计	0.1m	
15	酸溶液箱液位低	酸溶液箱液位计	0.1m	
16	还原剂溶液箱液位低	还原剂溶液箱液位计	0.1m	
17	阻垢剂溶液箱液位低	阻垢剂溶液箱液位计	0.1m	

注　1. 超滤装置进口压力大于0.30MPa时报警，并自动调节其对应的清水泵变频器的频率，延时30s后，其压力如不能恢复到小于0.30MPa，停泵。
　　2. 清水泵变频器与对应的超滤装置的产水流量计联锁，并自动调节流量。
　　3. 反渗透高压泵进口压力小于0.05MPa报警，延时15s后，进口压力如不能恢复到大于0.05MPa，此时反渗透高压泵和反渗透增压泵联锁保护动作，停泵。
　　4. 反渗透高压泵出口压力大于2.1MPa报警，延时10s后，出口压力如不能恢复到小于2.1MPa，此时反渗透高压泵和反渗透增压泵联锁保护动作，停泵。
　　5. 清水泵与超滤装置产水流量计联锁，自动调节运行流量。
　　6. 阻垢剂计量泵和还原剂计量泵与反渗透高压泵联锁。

四、加药系统调试

1. 系统冲洗及加药计量泵出力试验

接除盐水至各计量箱，冲洗计量箱并使计量箱处于高液位。打开计量箱出口门和计量泵出口门、入口门，做计量泵性能试验。观察计量箱液位下降情况，并记录液位下降速度。同时，调整计量泵行程（10％、20％、30％、40％、50％、60％），并记录各行程下的下降体积，即计量泵的出力。

2. 药品配制

计量泵出力试验完成后，根据原药品浓度和加药浓度及计量泵60％～80％出力，计算药液配制浓度。在相应的计量箱中配制好杀菌剂、还原剂和阻垢剂，同时检查酸碱系统已经进酸碱。

五、超滤系统调试

（一）系统冲洗及水泵试转

在原水预处理系统出水合格后，试转清水泵，分段冲洗超滤管道及系统，使排水清洁、无杂物。冲洗完毕后进行人工检查和清理，确保管道内部清洁、无杂物。施工单位按照生产厂家安装指导书，安装超滤膜元件。

（二）杀菌剂溶液的准备

配制非氧化性或氧化性杀菌剂溶液。根据超滤进水杀菌剂加入量和计量泵的出力（一般按计量泵的70％～80％出力计算），计算杀菌剂的稀释比例。

（三）进水水质检查

重点检查进水浊度，当符合进水水质要求时，才可以启动超滤设备；其次检查进水中的余氯含量和pH。一般进水浊度应小于2NTU。

（四）系统检查

按照工艺系统图，检查设备和连接管道是否正确，同时检查阀门的开启状态是否正确。对于手动操作的系统，尤其需要注意，开机时进水阀门不能全开，浓水阀和产水阀应全开，以避免开机时压力过大，冲击膜元件，从而损坏设备。

（五）仪表检查

检验各仪表是否正常，尤其是压力表是否齐全、完好，装置超压联锁保护投入正常。

（六）自清洗过滤器调试

自清洗过滤器装置一般自带PLC自动控制程序，当过滤器进出口的压差达到设定值时，自启动进行清洗，清洗10～15s后自动投入运行。在投用前，应对进水管道进行彻底冲洗，并进行严密性试验。投入运行时，检测过滤器进出口浊度，测试其投运的效果并定期检查现场过滤器反洗是否正常。

（七）超滤装置本体调试

1. 超滤膜冲洗

当做好开机前的各项准备后，首先进行超滤膜冲洗，以排除膜内部保护液和膜制作过程中残留的有机物。

打开超滤装置的反洗排水阀、进水阀、正洗排水阀，确认化学水泵正常后，启动并保持小流量进水，检查接口、管线无泄漏。反洗排水阀排水清澈、浊度小于2NTU后关闭，向膜组件充水，在膜组件最高点自动排气结束前，保持充水流量不变。自动排气阀排气结束后继续冲洗，直到排水无泡沫。有条件时，检测出水 COD 与进口相近可结束冲洗。

2. 运行

程控投运超滤装置，首次投运时，应通过化学水泵出口门或泵运行频率调节流量，保持 50% 流量进水，系统稳定后逐渐加大出水流量，根据后续水箱水位，校准产水流量。待超滤出水流量校准后，测试单台超滤装置的 SDI 值，并记录进出水压力、出水流量、SDI 值，作为调试的原始数据，以备今后参考。超滤装置连续运行 30～60min 后，应该对其进行反洗。

3. 反洗

超滤装置运行规定时间后或停运时应进行程序反洗。打开正排阀，同时关闭出水阀，即反进正排，时间 20～30s；其后进行反进反排，时间 20～30s。反洗流量控制为正常流量的 3～4倍。

4. 加强反洗

为保证超滤膜的运行性能，在超滤装置运行 10～20 个制水周期后，超滤装置往往设置加酸或加碱的加强反洗功能。在化学加强反洗过程中，药剂的浸泡浓度必须得到保证。在加药步骤完成，开始浸泡步骤时，超滤膜内的药剂浓度要求如下：①NaClO＋NaOH 的加强反洗 NaClO 浓度为（200±20）mg/L，NaOH 调节 pH＝11.9～12.1；②HCl 的加强反洗加 HCl 调节 pH＝1.9～2.1。采用化学加药反洗时，反冲洗泵停止后，需浸泡 5～10min（以保证超滤膜与化学药剂更多的接触反应时间），然后再进行反洗，以排出加强反洗添加的药剂。

5. 快速冲洗

为将反洗过程中松动的杂质快速冲离系统，以彻底恢复膜表面的清洁，每次反洗过后会设置一个快冲步骤。快冲用水一般为经过前置设备过滤的进水，也可利用反洗水泵进行快冲。整个反洗快冲步骤将耗时 2.5～3min，完成后，系统将返回至运行状态。

6. 停运

当系统靠增压泵作为动力源时，若准备停运，则先通过进口门或变频降低流量或压力，使系统压力和跨膜压差降到最低，停运化学水泵。停泵后，将系统所有阀门关闭，使超滤膜保持湿润状态。若停机时间不超过 7 天，可每天对设备进行 20～60min（时间以一个过滤、顺冲、反洗、顺冲周期为准）的保护性运行，以使新鲜水置换出设备内的存水。当设备长期停用时，应先对设备进行彻底的清洗和消毒，然后将膜保护剂和抑制剂注入设备中，封闭好设备的接口，以保持膜的湿润，防止设备内滋生细菌和藻类。

（八）蒸汽加热器调试

在超滤装置能够正常稳定运行后，对蒸汽加热器进行调试。蒸汽加热器是超滤和反渗透的前置设备，是为低温期保证超滤和反渗透进水温度而设置的。为防止超温造成超滤膜发生不可逆转的损坏且能满足反渗透进水温度的要求，一定要确保蒸汽加热系统超温、断水保护联锁试验正确及蒸汽关断门的严密。在确保保护装置投入正常的情况下，方可投用蒸汽进行加热。在通蒸汽之前，需对蒸汽管道进行吹扫，并确保蒸汽疏水通畅。根据超滤进水温度，适当缓慢调节蒸汽加热门开度，一般控制超滤进水温度在 20～25℃。

六、反渗透调试

（一）系统冲洗及膜元件的安装

在超滤产水合格后，试转反渗透冲洗水泵，分段冲洗保安过滤器、反渗透装置及相关系统，使排水清洁、无杂物。冲洗完毕后进行人工检查和清理，确保管道内部清洁、无杂物。施工单位按照生产厂家安装指导书，安装保安过滤器滤芯和反渗透膜元件。

（二）反渗透装置的启动与投运

（1）启动条件确认。反渗透装置启动前，应满足下列条件：

1）反渗透前置预处理系统能正常投运。

2）阻垢剂、还原剂加药系统具备投用条件，药液箱液位处于2/3以上。

3）检查反渗透进水水质合格：SDI＜4，温度小于45℃，余氯浓度小于0.1mg/L，浊度小于1NTU，pH＝2～11。

4）超滤产水箱液位高于1/2，淡水箱已清理完毕并已封闭。

5）高压泵静态转动正常，油位正常，高低压力开关联锁报警投入正常，高压泵已送电。

6）反渗透保护装置良好，防爆膜安装和压力安全泄放阀设定正确，反渗透与计量泵能联锁停机。

7）压力表、流量表、氧化还原电位表和电导率表取样点正确，仪表已校验完毕，能正确检测。

8）反渗透压力容器与管道连接正确、完好，严密无泄漏。

9）给水、浓水、产水等各取样点具有代表性。

10）保安过滤器滤芯已安装完毕。

11）浓水流量控制阀门处于打开位置，其开度处于待调整状态。

12）清水箱出口门、高压泵入口门处于打开状态。

13）高压泵出口门处于关闭状态。

14）反渗透装置清洗液入口门和出口门、反渗透装置浓水排放阀处于关闭状态。

15）浓盐水回收水箱入口门处于打开状态。

（2）确保保安过滤器、超滤和还原剂投加装置运行正常。

（3）启动阻垢剂计量泵，开始投加阻垢剂。反渗透进水阻垢剂投加量为2～4mg/L，具体投加量视阻垢剂厂家根据水质分析计算确定。

（4）依次打开反渗透装置浓水排放阀和不合格淡水的排放阀。

（5）以低压、低流量对反渗透装置进行排气和冲洗。一般冲洗时间为60～120min，水压为200～400kPa，流量符合化学清洗时的建议值。注意检查配管连接状态及阀门有无漏水现象。冲洗结束后关闭浓水排放和不合格淡水排放阀。

（6）启动高压泵。当高压泵启动后，微开高压泵出口阀，打开高压泵出口电动慢开门、浓水排放阀和不合格淡水的排放阀，缓慢加大高压泵出口阀开度，保证升压速度不超过600kPa/min，或升压到正常运行状态的时间不少于30s，膜元件进水从开始到流量达到规定值的时间不少于30s。开启浓水回收阀，关闭浓水排放阀。

（7）调整反渗透装置浓水排放阀，观察第一段反渗透装置进水压力表，使其压力逐渐上升，直到浓水流量、淡水流量和一段压力达到规定值。

（8）调整阻垢剂计量泵流量，使进水中阻垢剂含量符合要求。

（9）当反渗透淡水质量达到要求后，打开淡水阀，关闭不合格水阀，向淡水箱供水。

（10）反渗透装置投入运行后，监测有关指标，如余氯量、SDI、氧化还原电位（ORP）、进水、各段产水以及系统出水的电导率，进水的pH、硬度、碱度、温度等，各段压力、流量等。不合格时应及时调整，同时计算浓水 LSI 值，判断在目前的水回收率下反渗透有无污垢形成。

（三）反渗透装置停机

1. 停机条件

当遇到下列情况之一时，应停止运行反渗透装置：

（1）反渗透装置进水水质不合格。

（2）自清洗过滤器、超滤装置、保安过滤器不能正常运行。

（3）反渗透预处理系统发生了在短时间内不能排除的故障。

（4）除盐设备不能正常运行或需要停运，淡水箱为高水位。

（5）指定停运，如检修停运、清洗停运等。

2. 停机操作步骤

停机操作步骤如下：

（1）关闭高压泵电动慢开门或降低高压泵的频率。

（2）当反渗透装置系统内压力降至 0.5MPa 左右时，停运高压泵。

（3）关闭反渗透装置所有阀门，如浓水排放阀、淡水阀。

3. 注意事项

（1）停机后应立即冲洗。停机后应立即用淡水或进水将反渗透装置中残留的浓水冲洗出来，若用进水冲洗，应停止投加阻垢剂。

（2）防止背压冲击。背压是指膜产水侧高于浓水侧的压力差。由于反渗透耐压的方向性，即脱盐层面对高压水时，耐压强度高；反之支撑层面对高压水时，产水从支撑层向脱盐层回流，回流水可导致脱盐层从支撑层剥离，甚至破裂。所以，一般要求反渗透膜在任何情况下所承受的背压不大于 300kPa。如果产水管道带压，当高压泵停止运行后，则可能出现较大的背压现象，一般可在产水管道上设置爆破膜、快速止回阀或自动排放阀，并与高压泵联锁，以便及时对产水隔离或泄压。应尽量避免意外停机，例如，停电或因报警急停产生的背压和水击易对膜造成损坏。

（四）停机冲洗

为防止浓水侧过饱和溶液的结晶沉积，反渗透装置在停用后需立即进行低压冲洗。压力一般控制在 0.3MPa 左右。其操作步骤如下：

（1）打开反渗透装置的浓水排放阀、不合格淡水排放阀和冲洗水进口阀。

（2）启动冲洗水泵，调整其出口阀至规定流量，同时注意将装置中的气体完全排除。

（3）冲洗至进出水相近后，关严反渗透装置的进出口所有阀门。冲洗时间一般为 30min 左右。

（4）停运冲洗水泵。

第四节 常见问题及处理

正确掌握和执行操作参数对保证膜系统的长期安全和稳定运行具有重要意义，这些重要参数包括流量、压力、压降、浓水排放量、回收率和温度。通过及时发现运行参数的异常来判断系统装置存在的故障并及时解决处理，可提高装置的运行寿命和使用效率。

一、超滤装置常见故障及处理方法

超滤装置常见故障及处理方法如表 4-6 所示。

表 4-6　　　　　　　　　　　超滤装置常见的故障及处理方法

序号	故障现象	产生原因	处理方法
1	漏水	部件安装不恰当	重新安装部件
		螺栓未拧紧	拧紧螺栓
		密封垫损坏	更换密封圈
2	运行流量低	进/出水管路异常	检查进/出水管路，各阀门的开度是否到位，管路是否堵塞
		流量表故障	检查流量探头是否异常，流量表是否异常
		超滤装置污堵	对超滤装置进行化学反洗或化学清洗
3	运行压差大	超滤装置污堵	对超滤装置进行化学反洗或化学清洗
		压力表故障	更换或校正压力表
		超滤产水流量超出正常范围	调整超滤产水流量
4	出水水质不好	原水浊度高	更换水源
		超滤装置污堵	对超滤装置进行化学反洗或化学清洗
		测量误差	校正测量仪表（SDI 测试仪、浊度仪等），更正测试方法，减少人为操作误差
		超滤膜膜丝断裂	更换超滤膜，或对超滤膜进行气密性测试并对断丝进行封堵
5	反洗流量低	进/出水管路异常	检查反洗进/出水管路，各手动阀门的开度是否到位，管路是否堵塞
		反洗水泵供水不足	检查反洗水泵出口阀门开度，反洗水泵是否堵塞，反洗水泵叶片是否损坏
		流量表显示故障	检查流量探头是否异常，流量表是否异常
		超滤装置污堵	对超滤装置进行化学反洗或化学清洗
6	反洗压差大	超滤装置污染	对超滤装置进行化学反洗或化学清洗
		压力表故障	更换或校正压力表
		超滤反洗流量超出正常范围	调整超滤反洗流量
7	阀门故障	气源压力不足	调整气源压力，检查供气
		反馈装置故障	检查反馈装置，必要时更换
		阀门机械故障	检查阀门，必要时更换

二、超滤运行期间的污染与控制对策

（一）超滤的浓差极化

由于水的通量不断把不能透过膜孔的大分子溶质（小分子溶质透过膜）带到滤膜表面并且不断积累，使溶质在表面处的浓度高于溶质在主体液体中的浓度，形成厚度为 δ 的浓度差边界层。这个现象称为浓差极化。浓差极化是不可逆的，通过降低原液浓度或改变膜表面的水力条件可以减轻浓差极化。

（二）超滤膜的污染

与浓差极化不同，膜污染是指料液中的颗粒、胶体或溶质大分子通过物理吸附、化学作用或机械截获在膜表面或膜孔内吸附、沉积，造成膜孔堵塞，使膜发生透过通量与分离特性明显变化的现象。

1. 污染机理

（1）静电作用。因静电吸引或排斥，膜易被异号电荷杂质污染，而不易被同号电荷杂质污染。

（2）疏水作用。一般疏水性的膜易受疏水性杂质污染，造成污染的原因是膜与污染物相互吸引。这种吸引作用源于分子间的范德华力。

2. 污染的数学模型

（1）孔堵塞模型。该模型认为，当颗粒运动到膜表面时，膜孔被颗粒堵塞。孔堵塞的速率正比于颗粒传质速率。

（2）孔压缩模型。该模型假定均一颗粒沉积在膜孔上使膜孔径减小，从而导致膜孔体积缩小。体积缩小的速率正比于颗粒传质速率。

（3）滤饼模型。该模型假定膜被污染后在表面形成了一层滤饼层。此滤饼层的流体阻力为 R_c，此阻力与滤饼质量成正比。

3. 污染控制对策

（1）膜材料的选择与改性。选择亲水性强、疏水性弱的抗污染超滤膜是控制膜污染的有效途径之一。膜的疏水性通常用水在膜表面上的接触角（润湿角）来衡量。接触角越大，说明膜的疏水性越强，越易被水中疏水性的污染物所污染。

常见超滤膜材料接触角由大到小的大致顺序为聚丙烯＞聚偏氟乙烯＞聚醚砜＞聚砜＞陶瓷＞纤维素＞聚丙烯腈。

对于部分疏水性较强的膜材料，可以采用改性的办法增强亲水性。

（2）强化超滤过程。

1）采用湍流和脉冲流技术。使用湍流促进器或脉冲流技术等可以改善膜面料液的水力学条件，减小膜面流体边界层厚度，降低浓差极化程度，延缓凝胶层的形成，减轻膜污染。

2）采用两相流技术。为了强化膜界面处的传质效果，可以向料液中通入气体，使膜表面产生气/液两相流。

3）采用物理场强化过滤。物理场包括电场、超声波等。

4. 及时清洗

（1）物理清洗。物理清洗包括等压冲洗、负压冲洗、压缩空气擦洗、机械清洗和物理场清洗。一般在线清洗，主要是指正常水反洗和压缩空气擦洗，比较常用。在超滤装置正常投用程序中都有正常反洗、压缩空气擦洗、加酸加碱反洗等步序。图 4-10 是某厂超滤反洗流程。

（2）化学清洗。根据污染的类型和程度、膜的物理化学性能来选择清洗剂。例如，如果污垢的主要成分是无机物质（如水垢、铁盐、铝盐等），则可用酸、螯合剂、非离子型表面活性剂以及分散剂的复合配方；如果污垢主要的成分是有机物，包括黏泥和油污，则通常采用阴离子型或非离子型表面活性剂、碱类、氧化剂或还原剂、分散剂和酶洗涤剂的复合配方。化学清洗的药剂方案应根据污染物的类型确定或由试验确定。表 4-7 列出了不同类型污

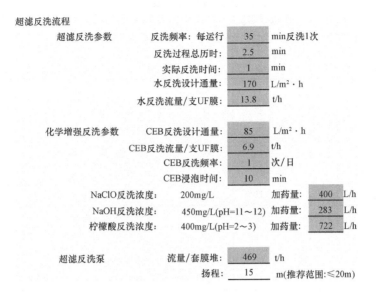

超滤反洗流程

超滤反洗参数	反洗频率：每运行	35	min反洗1次
	反洗过程总历时：	2.5	min
	实际反洗时间：	1	min
	水反洗设计通量：	170	L/m²·h
	水反洗流量/支UF膜：	13.8	t/h

化学增强反洗参数	CEB反洗设计通量：	85	L/m²·h
	CEB反洗流量/支UF膜：	6.9	t/h
	CEB反洗频率：	1	次/日
	CEB浸泡时间：	10	min

NaClO反洗浓度：	200mg/L	加药量： 400	L/h
NaOH反洗浓度：	450mg/L(pH=11～12)	加药量： 283	L/h
柠檬酸反洗浓度：	400mg/L(pH=2～3)	加药量： 722	L/h

超滤反洗泵	流量/套膜堆：	469	t/h
	扬程：	15	m(推荐范围:≤20m)

图 4-10　某厂超滤反洗流程

染物的化学清洗方案。

表 4-7　　　　　　　　　　　　不同类型污染物的化学清洗方案

序号	污染物类型	清洗配方
1	有机物或胶体污染	0.5%NaOH，pH≤12
2	微生物污染	0.2%H_2O_2 或 0.4%过氧乙酸灭藻、灭菌等微生物，再用 0.5%NaOH 清洗，pH≤12
3	非有机物、微生物污染	0.5%～1%的盐酸或 0.2%柠檬酸清洗，pH≤2

三、保安过滤器滤芯频繁更换

保安过滤器滤芯频繁更换的主要原因是其进出压差在很短时间内上升至上限，从而影响其本身的安全运行和反渗透装置的出力。一般来讲，投运初期，保安过滤器滤芯频繁更换是由基建时残留在系统的杂物所致。投运后的反渗透保安过滤器滤芯频繁更换，一般是因为预处理效果差或预处理的残留药剂对滤芯造成污染，也可能是反渗透进水水箱及系统滋生的大量细菌进入了滤芯。另外，设计时滤芯选型不合理，不能适应进水压力而发生变形，也可能导致保安过滤器进出口压差上升。要彻底解决该问题，需要根据实际情况进行分析，找出真正原因后，采取对应措施。例如，在安装滤芯前，对所有相关系统设备进行彻底清理及冲洗；调整预处理系统加药量，使其出水满足要求；检查滤芯型号是否匹配，若不匹配则更换匹配的滤芯。

四、反渗透组件常见故障及处理方法

反渗透组件在调试和运行过程中，由于各种原因，难免会出现各种故障。主要有膜性能衰减、膜的泄漏和压实、膜的各种污染、压力容器泄漏等。表 4-8 列出个反渗透组件各种故障及处理措施。

表 4-8　　　　　　　　　　　　　　　反渗透组件常见故障及处理方法

序号	异常情况	故障现象			检查部位或产生原因	处理方法
		流量	脱盐率	压降		
1	膜性能衰退	⇩	⬇	⇩	运行时间、进水温度、pH、余氯	清洗或更换 RO 元件
2	膜泄漏	⇧	⬇	⇩	振动、压降、冲击压力	更换 RO 元件
3	膜压密	⬇	⇧	⇧	进水温度、压力、运行时间	清洗或更换 RO 元件
4	○形圈泄漏	⇧	⬇	⇧	振动、冲击压力	更换○形圈
5	浓水密封圈泄漏	⇩	⇩	⬇	材料是否老化、短路	更换浓水侧密封圈
6	内连接器断	⬆	⇩	⇩	压降大、高温	更换连接器
7	中心管断	⬆	⇩	⇩	压降大、高温	更换 RO 元件
8	元件变形	⇩	⬇	⇧	压降大、高温	更换 RO 元件
9	悬浮物污染膜	⇩	⇩	⬆	预处理、原水水质	化学清洗
10	结垢	⇩	⇩	⬆	预处理、原水水质	化学清洗
11	有机物污染	⇩	⇩	⬆	预处理、原水水质	化学清洗

注　⇧表示增加，⇩表示减少或降低，⬆、⬇表示增加、减少（或降低）为主要现象。

五、反渗透膜污染及处理

（一）膜污染的种类

膜污染分为以下几种：

（1）膜本身发生化学变化，包括芳香聚酰胺膜的氨基受氯和其他氧化性因素作用而被破坏，醋酸纤维基团受温度和 pH 影响而水解，膜受强酸、强碱而溶解等。

（2）膜表面或膜内受水中悬浮物、胶体颗粒覆盖和堵塞。

（3）水中微生物、细菌的繁殖产生的菌团和黏膜对反渗透膜造成污堵、侵蚀和生物降解。

反渗透膜污染的特征及处理方法如表 4-9 所示。

表 4-9　　　　　　　　　　　　　反渗透膜污染的特征及处理方法

污染物	一般特征	处理方法
钙类沉积物（碳酸钙及磷酸钙类，一般发生于系统第二段）	脱盐率明显下降 系统压降增加 系统产水量稍降	用清洗液 1 清洗系统
氧化物（铁、镍、铜等）	脱盐率明显下降 系统压降明显升高 系统产水量明显降低	用清洗液 1 清洗系统
各种胶体（铁、有机物及硅胶体）	脱盐率稍有降低 系统压降逐渐上升 系统产水量逐渐减少	用清洗液 2 清洗系统
硫酸钙（一般发生于系统第二段）	脱盐率明显下降 系统压降稍有或适度增加 系统产水量稍有降低	用清洗液 2 清洗系统，污染严重用清洗液 3 清洗

污染物	一般特征	处理方法
有机物沉积	脱盐率可能降低系统 压降逐渐升高 系统产水量逐渐降低	用清洗液 2 清洗系统，污染严重时用清洗液 3 清洗
细菌污染	脱盐率可能降低 系统压降明显增加 系统产水量明显降低	依据可能的污染种类，选择三种清洗液中的一种清洗系统

注　表中清洗液 1～3 见表 4-10。

（二）反渗透膜的清洗

1. 清洗时间的确定

即使 RO 给水的预处理以及 RO 系统本身的设计及运行均符合要求，膜仍然会受污染，如果进水条件好且系统运行合理，反渗透一般半年或一年清洗一次。排除运行条件影响后，一般出现以下情况，应安排进行清洗：

（1）产水量降低 10%～15%。

（2）压降增高 10%～15%。

（3）产品水水质降低 10%～15%，脱盐率降低 10%～15%。

（4）其他异常现象，经过分析需要清洗。

2. 反渗透膜的清洗

清洗反渗透膜元件时建议采用表 4-10 所列的清洗液。确定采用何种清洗液前，对污染物进行化学分析是十分重要的，对分析结果的详细分析比较，可保证选择最佳的清洗剂及清洗方法。每次清洗时应记录所用的清洗方法及获得的清洗效果，可为在特定给水条件下找出最佳的清洗方法提供依据。

表 4-10　　　　　　　　　　　　反渗透常用的清洗液

清洗液	成　分	配制 379L 溶液时的加入量	pH 调节
1	柠檬酸 反渗透产水（无游离氯）	7.7kg 379L	用氨水调节 pH 至 3.0
2	三聚磷酸钠 EDTA 四钠盐 反渗透产水（无游离氯）	7.7kg 3.18kg 379L	用硫酸调节 pH 至 10.0
3	三聚磷酸钠 十二烷基苯磺酸钠 反渗透产水（无游离氯）	7.7kg 0.97kg 379L	用硫酸调节 pH 至 10.0

对于无机物污染，建议使用清洗液 1。对于硫酸钙及有机物污染，建议使用清洗液 2。对于严重有机物污染，建议使用清洗液 3。所有清洗液可以在最高温度 40℃下清洗 60min，所需药品量以每 379L 中加入量计，配制清洗液时按比例加入药品及清洗用水并混合均匀，清洗用水应采用不含游离氯的反渗透产水。

清洗反渗透膜元件的一般步骤：

（1）清洗前水冲洗，用泵将干净、无游离氯的反渗透产水从清洗箱（或相应水源）打入压力容器中并排放几分钟。

（2）用干净的产水在清洗箱中配制清洗液。

（3）将清洗液在压力容器中循环 1h 或预先设定的时间。对于 8in（1in≈2.45cm）或 8.5in 压力容器，流速为 35～40gal/min（133～151L/min）；对于 6in 压力容器，流速为 15～20gal/min（57～76L/min）；对于 4in 压力容器，流速为 9～10gal/min（34～38L/min）。

（4）清洗完成以后，排净清洗箱并进行冲洗，然后向清洗箱中充满干净的产水以备下一步冲洗。

（5）清洗后水冲洗，用泵将干净、无游离氯的产水从清洗箱（或相应水源）打入压力容器中并排放几分钟。

（6）在冲洗反渗透系统后，在产品水排放阀打开状态下运行反渗透系统，直到产水清洁、无泡沫或无清洗剂（通常需 15～30min）。

（三）膜元件用杀菌剂及保护液

杀菌剂可用于膜元件的杀菌或储存保护。在对膜元件储存或消毒杀菌以前，应首先确认系统中膜元件的类型，因为膜元件有可能是醋酸膜，也可能是复合膜。下文所列的一些方法，特别是使用游离氯的方法，只能应用于醋酸膜，如用于复合膜元件，则会损坏这些元件。

如果给水中含有任何硫化氢或溶解性铁离子或锰离子，则不应使用氧化性杀菌剂（氯气及过氧化氢）。

1. 醋酸纤维膜用杀菌剂

（1）游离氯。游离氯的使用浓度为 0.1～1.0mg/L，可以连续加入，也可以间断加入。如果有必要，对醋酸膜元件可以采用冲击氯化的方法。此时，可将膜元件与含有 50mg/L 游离氯的水每两周接触 1h。如果给水中含有腐蚀产物，则游离氯会引起膜的降解。所以在腐蚀存在的场合，建议使用浓度为 10mg/L 的氯胺来代替游离氯。

（2）甲醛。可使用浓度为 0.1%～1.0% 的甲醛溶液用于系统杀菌及长期保护。

（3）异噻唑啉。可用浓度为 15～25mg/L 的异噻唑啉来杀菌和存储。

2. 聚酰胺复合膜（ESPA、ESNA、CPA 和 SWC）及聚烯烃膜（PVD1）用杀菌剂

（1）甲醛。浓度为 0.1%～1.0% 的甲醛溶液可用于系统杀菌及长期停用保护，至少应在膜元件使用 24h 后才可与甲醛接触。

（2）异噻唑啉。可用浓度为 15～25mg/L 的异噻唑啉杀菌和存储。

3. 膜元件用杀菌剂及保护液

（1）亚硫酸氢钠。亚硫酸氢钠可用做微生物生长的抑制剂。在使用亚硫酸氢钠控制微生物生长时，可以 500mg/L 的剂量每天加入 30～60min，在用于膜元件长期停运保护时，可用 1% 的亚硫酸氢钠作为其保护液。

（2）过氧化氢。可使用过氧化氢或过氧化氢与乙酸的混合液作为杀菌剂。必须特别注意的是，在给水中不应含有过渡金属（Fe、Mn），因为如果含有过渡金属，会使膜表面氧化从而造成膜元件的降解，在杀菌液中的过氧化氢浓度不应超过 0.2%，不应将过氧化氢用做

膜元件长期停运时的保护液。在使用过氧化氢的场合，其水温度不超过25℃。

4. 复合膜元件的一般保存方法

（1）短期保存。短期保存方法适用于停止运行5天以上、30天以下的反渗透系统。此时反渗透膜元件仍安装在RO系统的压力容器内。保存操作的具体步骤如下：

1）用给水冲洗反渗透系统，同时注意将气体从系统中完全排除。

2）将压力容器及相关管路充满水后，关闭相关阀门，防止气体进入系统。

3）每隔5天按上述方法冲洗一次。

（2）长期停用保护。长期停用保护方法适用于停止使用30天以上，膜元件仍安装在压力容器中的反渗透系统。保护操作的具体步骤如下：

1）清洗系统中的膜元件。

2）用反渗透产水配制杀菌液，并用杀菌液冲洗反渗透系统。

3）用杀菌液充满反渗透系统后，关闭相关阀门使杀菌液保留于系统中，此时应确认系统完全充满。

4）如果系统温度低于27℃，应每隔30天用新的杀菌液进行第二、第三步的操作；如果系统温度高于27℃，则应每隔15天更换一次保护液（杀菌液）。

5）在反渗透系统重新投入使用前，用低压给水冲洗系统1h，然后用高压给水冲洗系统5～10min。无论低压冲洗还是高压冲洗，系统的产水排放阀均应全部打开。在恢复系统至正常操作前，应检查并确认产品水中不含有任何杀菌剂。

（3）系统安装前的膜元件保存。膜元件出厂时均应真空封装在塑料袋中，封装袋中含有保护液。膜元件在安装使用前的储存及运往现场时，应保存在干燥通风的环境中，保存温度以20～35℃为宜。应防止膜元件受到阳光直射及避免接触氧化性气体。

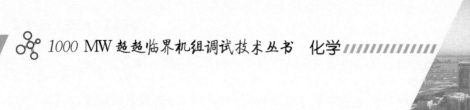

第五章

离子交换与电除盐（EDI）

除去水中的溶解性盐类，目前主要采用的方法有离子交换法、反渗透法、电渗析、蒸馏法、电除盐（EDI），上述方法中以离子交换法和 EDI 除盐最为彻底，能除去水中 99.99％的盐类。在要求补给水极其纯净的工艺系统中，补给水的处理往往采用离子交换或 EDI 作为终端除盐手段。反渗透除盐率一般大于 97％，适用于各种含盐量的水源，在使用中可减少化学药品的用量，减少废水排放，通常作为离子交换系统或 EDI 的前置除盐。本章主要介绍离子交换除盐系统和电除盐（EDI）系统。

第一节　概　　述

离子交换法除盐是利用某些物质遇水时，能将本身具有的离子与水中带有同类电荷的离子进行交换反应的方法，这些物质称为交换剂，目前普遍用于水处理中的交换剂是离子交换树脂。水处理中常用到的离子交换树脂有阳离子交换树脂和阴离子交换树脂。水的离子交换处理通常是在离子交换器内进行的，习惯把离子交换器称为床。离子交换装置的种类很多，有固定床和移动床。固定床离子交换器在火力发电厂水处理中使用最为普遍。一般将装有阳离子交换树脂，进行 H 离子交换的装置称为 H 型离子交换器（阳床）；将装有阴离子交换树脂，进行 OH 离子交换的装置称为 OH 型离子交换器（阴床）；将装有阳、阴两种混合离子交换树脂，同时进行 H 离子交换和 OH 离子交换的装置称为混合离子交换器（混床）。

一、离子交换除盐

（一）离子交换树脂

1. 离子交换树脂的结构

离子交换树脂是一种带有活性基团的网状结构高分子化合物。在它的分子结构中，可人为地分为两个部分：一部分称为离子交换树脂的骨架（基体）；另一部分是带有可交换离子的活性基团，它化合在高分子的骨架上，起提供交换离子的作用。其中活性基团由固定离子和可交换离子组成。

离子交换树脂内部为网状结构的骨架。骨架内有许多孔隙和离子交换基团，树脂网状结构孔隙里充满着水，它和可交换离子共同组成一个高浓度的溶液，使其有可能与外部水中的离子发生离子交换作用。

组成树脂母体（骨架）的单体有苯乙烯系、丙烯酸系、酚醛系等。其中应用广泛的是苯乙烯系，它由苯乙烯做单体原料，以二乙烯苯为交联剂，经悬浮缩合反应而生成共聚物，然后引入不同的交换基团，分别制得阳离子交换树脂和阴离子交换树脂。

2. 离子交换树脂的种类

（1）离子交换树脂根据活性基团的性质可分为阳离子交换树脂和阴离子交换树脂；根据活性基团上 H^+ 或 OH^- 电离的强弱程度又可分为强酸性阳离子交换树脂和弱酸性阳离子交换树脂、强碱性阴离子交换树脂和弱碱性阴离子交换树脂；另外，还可分为螯合性、两性以及氧化还原性树脂等。

（2）离子交换树脂按离子交换的孔型可分为凝胶型树脂和大孔型树脂。大孔型树脂比凝胶型树脂交联度大，抗氧化性强，机械强度大。但其交换容量比凝胶型的低。通常凝胶型树脂的交联度在 7% 左右，而大孔型树脂的交联度可高达 16%～20%。

（3）离子交换树脂根据单体种类不同可分为苯乙烯系和丙烯酸系等。

水处理常用的离子交换树脂主要有强酸性苯乙烯系阳离子交换树脂（型号为 001×7）、强碱性苯乙烯系阴离子交换树脂（型号为 201×7）、大孔型弱酸性丙烯酸系阳离子交换树脂（型号为 D113、D116）、大孔型弱碱性苯乙烯系阴离子交换树脂（型号为 D301、D302）等。

3. 离子交换树脂的性能

（1）物理性能。离子交换树脂的物理性能主要有外观、粒径、均一系数、密度、含水率、溶胀性和转型膨胀率、耐磨性等。

1）外观。离子交换树脂为不透明的球体，颜色有白、黄及棕褐色。使用过的树脂颜色变深。树脂中球状颗粒占总颗粒的百分率，称为圆球率。圆球率越大越好，一般应达 99% 以上。

2）粒径和均一系数。树脂粒度对水处理工艺有较大的影响。颗粒大，交换速度慢；颗粒小，水流过树脂层的压降大。颗粒大小不均匀时，反洗流速难以控制。树脂的粒度一般是用不同目数筛子上的累计百分数来表示的。能保留 50% 颗粒的筛孔孔径（以 mm 表示）即为平均粒径，能保留 90% 颗粒的筛孔孔径为有效粒径。保留 40% 和 90% 颗粒的筛孔孔径之比为均一系数。

$$均一系数 = \frac{保留40\%样品的筛孔孔径（mm）}{保留90\%样品的筛孔孔径（mm）}$$

均一系数越小，说明树脂颗粒大小越均匀。

3）密度。单位体积树脂的质量称为离子交换树脂的密度。离子交换树脂的密度分干、湿两种，在水处理工艺中均使用湿密度。具有实际意义的密度是湿真密度和湿视密度。

湿真密度是指单位真体积（不包括树脂颗粒间空隙的体积）内湿态离子交换树脂的质量，单位是 g/mL 或 kg/L。

$$湿真密度 = \frac{湿态树脂质量}{湿态树脂的真体积}$$

湿态离子交换树脂是指吸收了平衡水分，并经离心法除去了外部水分的树脂。离子交换树脂的反洗强度、分层特性随离子交换树脂湿真密度的增大而增大。

湿视密度是指单位视体积内紧密无规律排列的湿态离子交换树脂的质量，单位是 g/mL 或 kg/L。

$$湿视密度 = \frac{湿态树脂质量}{湿态树脂的视体积}$$

湿态树脂的视体积是指离子交换树脂以紧密的无规律排列方式在量器中占有的体积，包括树脂颗粒的固有体积和树脂颗粒间的空隙体积。

4）含水率。树脂含水率是指在水中充分膨胀的湿树脂中所含水分的百分数。

$$含水率 = \frac{湿树脂质量 - 干树脂质量}{湿树脂质量} \times 100\%$$

含水率和树脂的类别、结构、酸碱性、交联度、交换容量、离子型态等有关。它可以反映离子交换树脂的交联度和网眼中的孔隙率。

5）溶涨性和转型膨胀率。离子交换树脂有两种溶涨现象，一种是不可逆的，即新树脂在浸入水中时，其体积会增大，但如果重新干燥，它不会再恢复到原来的大小；另一种是可逆的，当浸入水中时，其体积增大，干燥时会复原，如此反复地溶涨和收缩。树脂的溶涨性与树脂的交联度、活性基团、溶液中的离子浓度、可交换离子价数有关。

转型膨胀率指离子交换树脂的从一种单一离子型转为另一种单一离子型时体积变化的百分数。强酸性 001×7 阳树脂由 Na 型转换为氢型时，体积可增大 5%～8%；由 Ca 型转换为氢型时，体积增大 12%～13%。强碱 201×7 阴树脂由 Cl 型转换为 OH 型时，体积增大 15%～20%。

离子交换树脂的溶涨性对它的使用工艺有很大影响。例如，当干树脂直接浸泡于纯水中时，由于树脂颗粒强烈溶涨，会发生树脂颗粒爆裂现象，在交换器运行的制水和再生过程中，由于树脂型态反复变化，会引起颗粒频繁地膨胀和收缩，促使颗粒破裂，产生裂纹，强度降低，从而影响设备的运行。

6）耐磨性。树脂颗粒在使用中，由于相互摩擦和胀缩作用，会产生破裂现象，所以耐磨性是影响实用性能的指标之一。

（2）化学性能。离子交换树脂的化学性能主要有酸碱性、选择性、交换容量。

1）酸碱性。离子交换树脂的活性基团有强酸性、弱酸性、强碱性和弱碱性之分。水的 pH 对它们的使用特性有一定的影响。弱酸性树脂在水的 pH 低时不电离或部分电离，因而只能在碱性溶液中才会有较高的交换能力；弱碱性树脂在水的 pH 高时不电离或部分电离，只能在酸性溶液中才会有较高的交换能力；强酸、强碱性树脂的电离能力强，适用的 pH 范围较广。各种离子交换树脂的有效 pH 范围见表 5-1。

表 5-1　　　　　　　　　各种离子交换树脂的有效 pH 范围

树脂类型	强酸性阳离子交换树脂	弱酸性阳离子交换树脂	强碱性阳离子交换树脂	弱碱性阳离子交换树脂
有效的 pH 范围	0～14	4～14	0～14	0～7

2）选择性。离子交换树脂吸着各种离子的能力不一，有些离子容易被吸着，吸着后不易被置换下来；另一些离子很难被吸着，但吸着后容易被置换下来，这种性能称为树脂对离子的选择性。在一般情况下，树脂对常见离子的选择性次序如下：

强酸性阳离子交换树脂：$Fe^{3+} > Al^{3+} > Ca^{2+} > Mg^{2+} > K^+ > Na^+ > H^+ > Li^+$；

弱酸性阳离子交换树脂：$H^+ > Fe^{3+} > Al^{3+} > Ca^{2+} > Mg^{2+} > K^+ > Na^+ > Li^+$；

强碱性阴离子交换树脂：$SO_4^{2-} > NO_3^- > Cl^- > OH^- > F^- > HCO_3^- > HSiO_3^-$；

弱碱性阴离子交换树脂：$OH^- > SO_4^{2-} > NO_3^- > Cl^- > F^- > HCO_3^-$。

3）交换容量。交换容量表示离子交换树脂的交换能力，即可交换离子量的多少，通常用单位质量或单位体积的树脂所能交换离子的摩尔数表示。交换容量是离子交换树脂最重要的性能指标。表征离子交换树脂的交换容量通常有全交换容量和工作交换容量。

全交换容量是指单位质量（体积）的离子交换树脂中全部离子交换基团的数量，其单位通常以 mmol/g 或（mmol/L）表示。

工作交换容量是指一个运行周期中单位体积树脂实现的离子交换量，即单位体积树脂从再生型离子交换基团变为失效型基团的量，其单位通常以 mmol/L（或 mmol/mL）表示。影响工作交换容量的主要因素有树脂种类、粒度、原水水质、出水水质的终点控制，以及运行交换流速、树脂层高度、再生方式等。

（二）离子交换除盐原理

水的离子交换除盐是指水中所含各种离子与离子交换树脂进行化学反应而被去除的过程。当水中各种阳离子和阳树脂反应后，水中阳离子就交换到阳树脂上，阳树脂的 H^+ 离子被交换下来；水中的阴离子和阴树脂反应后，阴离子就交换到阴树脂上，阴树脂上的 OH^- 离子被交换下来，H^+ 离子和 OH^- 离子相互结合生成水，则实现了水的化学除盐。

阳树脂交换反应：

$$2RH + Ca(Mg, Na_2) \begin{cases} (HCO_3)_2 \\ Cl_2 \\ SO_4 \end{cases} \longrightarrow R_2Ca(Mg, Na_2) + H_2 \begin{cases} (HCO_3)_2 \\ Cl_2 \\ SO_4 \end{cases}$$

阳树脂再生反应：

$$R2Ca(Mg, Na_2) + \begin{cases} 2HCl \\ H_2SO_4 \end{cases} \longrightarrow 2RH + Ca(Mg, Na_2) \begin{cases} Cl_2 \\ SO_4 \end{cases}$$

阴树脂交换反应：

$$2ROH + H_2 \begin{cases} SO_4 \\ Cl_2 \\ CO_3 \\ SiO_3 \end{cases} \longrightarrow R_2 \begin{cases} SO_4 \\ Cl_2 \\ (HCO_3)_2 \\ (HSiO_3)_2 \end{cases} + 2H_2O$$

阴树脂再生反应：

$$R_2 \begin{cases} SO_4 \\ Cl_2 \\ (HCO_3)_2 \\ (HSiO_3)_2 \end{cases} + 2NaOH \longrightarrow 2ROH + Na_2 \begin{cases} SO_4 \\ Cl_2 \\ CO_3 \\ SiO_3 \end{cases}$$

离子交换水处理是在离子交换器中进行的，在交换器内装有一定高度的树脂层，假定交换器中装的是 H 型树脂，当水自上而下通过树脂层时，水中的阳离子首先与树脂表层中的 H^+ 进行交换，所以这一层树脂很快就失效了，此后水再通过时，阳离子和下一层中的 H^+ 进行交换。这样整个树脂层可分为三个区：最上面是饱和层（又称失效层），下面是工作层（也称交换带），最下面为未参加交换的树脂层（称为保护层）。交换器的运行实际上是其中有效树脂层自上而下不断移动的过程，离子交换的过程如图 5-1 所示。当工作层的下缘移动到和离子交换器中的树脂下缘重合时，出水中的 Na^+ 浓度会迅速增加。影响树脂保护层厚度的因素很多，如水通过树脂层的速度、树脂的种类、颗粒大小、孔隙率，以及进水水质、水温等。

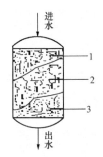

图 5-1　离子交换的
过程示意图
1—饱和层；2—工作层；
3—保护层

离子交换器在运行的末期，由于水中阴阳离子的排代作用，离子交换剂超出了其交换容量，阳离子交换器开始漏钠，阴离子交换器开始漏硅，导电度随之上升，出水水质达不到要求，故必须对离子交换剂进行再生处理，还原其交换容量。

树脂再生是离子交换水处理中很重要的一环，影响再生效果的因素很多，如再生方式、再生剂的种类、纯度、用量，以及再生液的浓度、流速、温度等。要取得好的再生效果，必须进行调整试验，确定最优的再生条件。

失效树脂常用再生的方式分为顺流、逆流两种。

逆流再生指再生液流向与运行时水流的方向是相对的。逆流再生工艺中新鲜的再生液初始接触的是未失效的树脂，因此出水端树脂层再生度最高，出水水质好。目前，电厂一级除盐系统采取逆流再生方式的很多。混床再生方式为分流再生，精处理混床失效树脂进行体外再生时，多采用顺流再生方式。

二、电除盐（EDI）

（一）EDI 工作原理

在直流电场的作用下，利用离子交换膜的选择透过性，把带电组分与非带电组分分离的技术称为电渗析。电渗析技术曾在历史上发挥过重要作用，但它的运行维护工作量大、水利用率和脱盐率低等缺陷，限制了它的发展，尤其是在反渗透技术出现后，单独使用电渗析的工程迅速减少。电渗析技术与离子交换技术有机结合即形成了新的脱盐技术——电除盐（Electrodeionization，EDI）。

EDI 又称连续电除盐技术，它科学地将电渗析技术和离子交换技术融为一体，通过阳、阴离子膜对阳、阴离子的选择透过作用以及离子交换树脂对水中离子的交换作用，在电场的作用下实现水中离子的定向迁移，从而达到水的深度净化除盐，并通过水电解产生的氢离子和氢氧根离子对装填的树脂进行连续再生，其工作原理如图 5-2 所示。

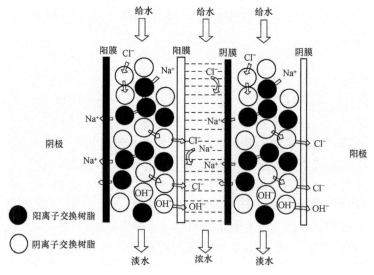

图 5-2　EDI 工作原理

（二）EDI 的特点

1. 出水优质稳定

EDI 装置省去了停机再生环节，是一个连续净水的过程，因此产水水质稳定；而离子交换设备的制水过程为间断式的，再生之初，其产水水质较高，随着失效终点的接近，其出水水质慢慢变差直至失效，需要停运重新进行再生。与普通的电渗析相比，EDI提高了极限电流密度和电流效率，除盐的深度也大大地增加了，从而使出水水质的电导率小于 $0.07\mu S/cm$，SiO_2 含量低于 $15\mu g/L$。

2. 占地面积小

与同等出力混合离子交换器相比，EDI装置的占地面积仅仅约为其占地面积的 $1/3$，另外，EDI产品已模块化，系统简单，结构紧凑，具有良好的组合灵活性，可根据具体的场地进行设计和施工，减少占地面积。

3. 经济环保

采用EDI技术彻底避免了酸碱废液的排放，有利于环保达标，也可以节省酸碱中和处理的费用和工序；同时，由于实现了自动控制，设备的日常维护更方便，运行操作简单，大大降低了运行人员的劳动强度，甚至实现了无人值守。

4. 运行费用低

EDI装置的运行费用主要包括水费、电费、药剂费及设备折旧费，省去了酸碱消耗、再生用水、废水处理和污水排放等费用。在电耗方面，EDI装置的制水耗电量一般为 $0.5kW\cdot h/t$ 左右，有些甚至低于混合离子交换器去离子工艺 $0.35kW\cdot h/t$ 的制水耗电量。对于电厂来说，电耗成本较低。在水耗方面，EDI装置的产水率高，不需要再生用水，因此水耗也较低。药剂费用和设备折旧费两者与其他技术相差不大。计算表明，EDI装置水的运行成本小于 0.6 元/t，比常规混合离子交换去离子装置水的运行成本低 30%。

5. 投资略高

目前，工业化的EDI模块已国产化，因而制造成本具备较大优势，并且服务周期短，有利于全膜法水处理系统在国内各发电企业的推广。国产模块中净化处理水的造价已低于 1 万元/t，比混合离子交换设备投资高 20% 左右，但如果考虑混合离子交换去离子技术需要酸碱储存及其配套的废水处理设施、后期维护，两者费用相差仅 10% 左右，而且随着国内生产技术的提高与批量生产，EDI装置成本还将大大降低。

（三）EDI模块的分类

EDI装置通常采用模块化设计，将若干个相同规格的EDI模块组合成一套EDI装置，这样布置后即使其中的一个模块出现故障，也可以对其进行维修或更换，而不影响装置运行。为了使极室中产生的气体易于及时排除，模块一般采用立式设计。EDI模块通常可按结构形式或运行方式进行分类。

1. 按结构形式分类

EDI模块按结构形式可分为板框式和螺旋卷式两种。

（1）板框式EDI模块简称板式模块，它的内部部件为板框式机构（与板式电渗析模块的结构相似），主要由阳阴电极板、极框、离子交换膜、淡水隔板、浓水隔板及端压板等部件按一定的顺序组装而成，设备的外形为方形或圆形。图5-3为加拿

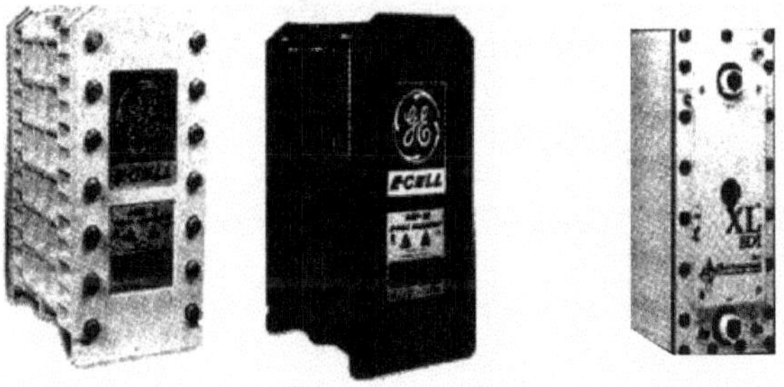

图5-3　板框式EDI
（a）加拿大生产；（b）美国生产

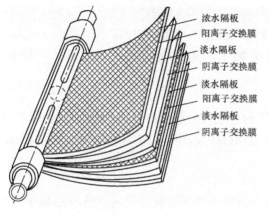

图 5-4　螺旋卷式 EDI 内部结构

大和美国生产的不同型号的板框式 EDI。

（2）螺旋卷式 EDI 模块简称卷式 EDI 模块，主要由电极阳膜、阴膜、淡水隔板、浓水隔板、浓水配集管和淡水配集管等组成。它的组装方式与卷式 RO 相似，即按"浓水隔板→阴膜→淡水隔板→阳膜→浓水隔板→阴膜→淡水隔板→阳膜……"的顺序，将它们叠放后，以浓水配集管为中心卷制成型，其中浓水配集管兼做 EDI 的负极，膜卷包覆的一层外壳作为阳极。图 5-4 为卷式 EDI 内部结构。

2. 按运行方式分类

EDI 模块按运行方式可分浓水循环式和浓水直排式两种。

（1）浓水循环式 EDI 模块。采用浓水循环式 EDI 模块，大部分进水由模块下部进入淡水室中进行脱盐，小部分水作为浓水循环回路的补水。浓水从模块的浓水室出来后，进入浓水循环泵入口，经升压后送入模块的下部，并在模块内一分为二，大部分送入浓水室，继续参与浓水循环，小部分水送入极水室作为电解液，电解后携带电极反应的产物和热量而排放。为了避免因浓水的浓缩倍数过高而出现结垢现象，运行中将连续不断地排出一部分浓水。图 5-5 为浓水循环式 EDI 模块的工艺流程。

（2）浓水直排式 EDI 模块。如果在 EDI 模块的浓水室及极水室也填充了离子交换树脂等导电性材料，则可以不设浓水循环系统。这种模块称为浓水直排式 EDI 模块。图 5-6 为浓水直排式 EDI 模块的工艺流程。

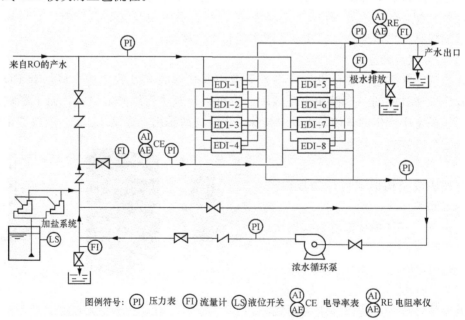

图 5-5　浓水循环式 EDI 模块的工艺流程

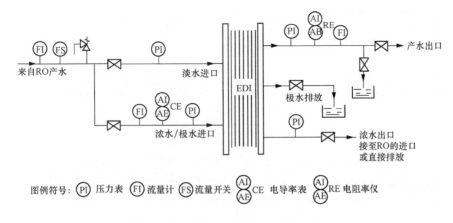

图例符号：（PI）压力表　（FI）流量计　（FS）流量开关　$\binom{AI}{AE}$CE 电导率表　$\binom{AI}{AE}$RE 电阻率仪

图 5-6　浓水直排式 EDI 模块的工艺流程

（四）EDI 装置的进水水质要求

为了保证装置的正常，经济运行，其进水水质、装置各部分的水量、压力必须控制在规定的范围内，同时工作电流不宜过大或过小，否则将影响装置的出水品质。EDI 装置的进水水质要求如表 5-2 所示。

表 5-2　　　　　　　　　　EDI 装置的进水水质要求

项目	电导率（μS/cm）	pH	总硬度（mgCaCO₃/L）	SiO₂（mg/L）	TOC（mg/L）	CO₂（mg/L）	Fe+Mn（mg/L）	SDI（mg/L）	余氯（mg/L）	浊度（NTU）
含量	<40	4～9	<1	<0.5	<0.5	<1.0	<0.01	<3	<0.05	<1.0

第二节　主要设备及系统流程

超超临界机组均采用直流机组，运行过程中没有排污，其对补给水品质要求尤其高，单纯的离子交换除盐系统对原水中的总有机碳除去率低，因此其配备的除盐系统通常有下述几种方式：反渗透＋一级除盐＋混合离子交换器（混床）、反渗透＋一级混合离子交换器＋二级混合离子交换器、一级反渗透＋二级反渗透＋电除盐 EDI。

下面主要介绍离子交换除盐系统和 EDI 系统。

一、离子交换除盐系统

为了充分利用各种离子交换工艺的特点和各种离子交换设备的功能，在补给水处理中常将它们组成各种除盐系统。在百万机组中，除盐主系统主要以一级除盐＋混合离子交换器为主。交换器的形式很多，有固定床和浮动床两大类。阳离子交换器（阳床）和阴离子交换器（阴床）以逆流再生的固定床最为普遍，混床以体内再生的固定床为主。火电厂常用固定床离子交换除盐系统流程如图 5-7 所示。

（一）一级除盐系统

水依次通过 H 型和 OH 型离子交换器进行除盐，称为一级除盐。典型的一级除盐系统包括强酸性 H 型离子交换器（阳床）、除碳器和强碱性 OH 型离子交换器（阴床）。典型一级除盐系统如图 5-8 所示。

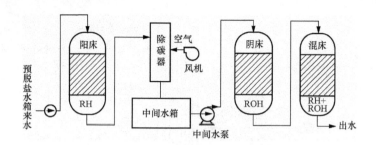

图 5-7　火电厂常用固定床离子交换除盐系统

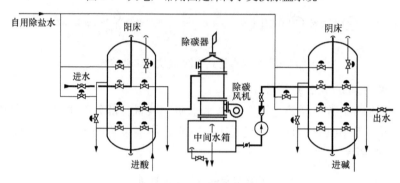

图 5-8　典型一级除盐系统

1. 逆流再生离子交换器

逆流再生离子交换器按用途可分为阳离子逆流再生交换器和阴离子逆流再生交换器，其结构没有很大的差别。交换器的主体是一个密闭的圆柱形壳体，壳体设有人孔门、窥视镜、树脂装卸孔及阀门管道接口，体内设有进水装置、排水装置、中排装置，并装填一定高度的交换剂（树脂）及压脂层，其内部均衬有良好的防酸、防碱腐蚀的保护层。逆流再生离子交换器及中排装置如图 5-9 所示。

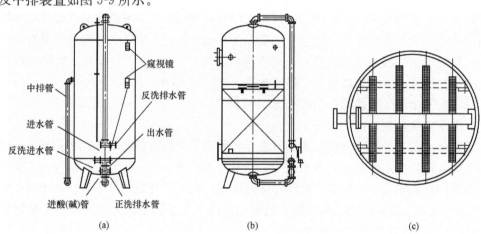

图 5-9　逆流再生离子交换器及中排装置

进水装置的作用是将进水均匀分布在交换器的过水断面上，防止发生偏流。由于树脂上部有很大的水垫层，对进水装置要求不高。常见的进水装置有挡板式和开孔鱼刺支母管式，支管上为梯形绕丝结构，缝隙为 0.7mm。

出水装置的作用是收集经过处理后的水和分配底部进水或再生液,因此要求出水装置布水均匀。出水装置多为穹形孔板加石英砂垫层或多孔板加水帽。

中排装置的作用是收集小正洗和逆流再生的排水及分配小反洗进水,通常为开孔鱼刺支母管式,支管上为梯形绕丝结构,缝隙为 0.25mm±0.05mm。

窥视镜通常设在四个位置,分别在:树脂层底部或石英砂垫层和树脂的交界面 1 个,水垫层(树脂界面上 100mm 处)1 个,反洗膨胀高度界面处 2 个(其中 1 个开在对面)。窥视镜的材质为硼硅玻璃。

压脂层一般采用同型号树脂,其作用一是在运行时过滤掉进水中的悬浮物,另一个重要作用是在无顶压逆流再生时,压住中排装置以下的需再生树脂,防止再生液扰动下部树脂发生乱层,压脂层厚度一般为 150~200mm。

(1)阳床工作特性。阳床的工作特性是除去水中 H^+ 以外的所有阳离子。当其出水中的钠离子浓度升高时,树脂工作层失效须进行再生。

阳床运行时,水由上而下通过强酸性 H 型树脂层,因树脂对各种阳离子的选择性不同,被吸着的离子在树脂中产生分层,其分布状况大致是 Ca^{2+} 为上层,Mg^{2+} 为次层,Na^+ 为最低层。实际上各层的界面并不是很明显,有程度不同的混层现象发生。在运行过程中,Ca^{2+}、Mg^{2+}、Na^+ 三层树脂层的高度均会向下不断扩展,直到树脂失效。阳床出水特性曲线如图 5-10 所示。

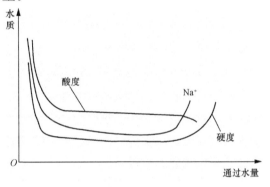

图 5-10　阳床出水特性曲线

(2)阴床工作特性。阴床的工作特性是除去水中 OH^- 以外的所有阴离子。由于各种阴离子的选择性不同,被吸着的离子在树脂中也会产生分层现象,其分布状况大致是 SO_4^{2-} 为上层,Cl^- 为次层,$HSiO_3^-$ 为最低层。阴床出水特性曲线如图 5-11 所示。

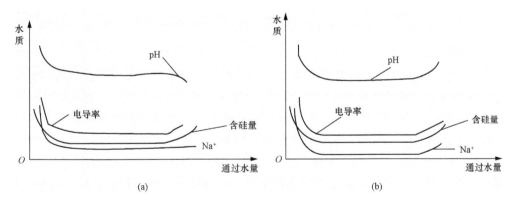

(a)　　　　　　　　　　　　　(b)

图 5-11　阴床出水特征曲线

(a)阴床出水特性曲线(阴床未失效时);(b)阴床出水特性曲线(阳床失效时)

阴床运行时,因为阴床设在阳床后面,所以阴床出水受阳床出水水质的影响很大。阳床未失效时,阴床到达失效点时,SiO_2 含量上升,pH 下降,电导率先微降后再上升,电导率

变化是因为 H^+ 和 OH^- 要比其他离子易导电，当出水中这两种离子含量很小时，有一个电导率最低点。在失效点前由于 OH^- 含量较大，水的电导率较大；在失效点后由于 H^+ 含量增大，水的电导率增大，Na^+ 含量不变。

阴床达到失效点时，由于阳床漏钠量增大，这些钠离子通过阴床后转变为氢氧化钠，使出水 pH 迅速上升，连续测定阴床出水 pH，可以区分是阳床失效还是阴床失效。一般阴床失效最好用 SiO_2 和电导率来判断。

对于单元式的一级复床除盐系统，在设计时，阴床中树脂的装填量有 10% 的富余量，因此在正常情况下，阳床先失效。阳床失效即认为系统失效，需进行再生。

2. 除碳器

由于强酸性 H 型树脂可将水中全部阳离子转变成氢离子，天然水中的碱度转变为弱酸碳酸，导致出水中含有大量的游离的二氧化碳。游离的二氧化碳可以看做溶解在水中的气体，为减轻阴离子交换器的负担，并有利于阴离子交换器除硅，将阳离子交换器的出水通过除碳器，以除去水中游离的二氧化碳。这样就提高了阴离子交换器的周期制水量和出水水质，减少了再生用碱量。

目前常用的除碳器有两种形式：一种是鼓风式；另一种是真空式。

鼓风除碳的工作原理：水从除碳器的上部进入，经配水设备淋下，通过填料层从下部排入水箱。由于填料的阻挡作用，从上面留下的水流被分散成许多小股或呈水滴状，从底部鼓入的空气与水有非常大的接触面积，而空气中二氧化碳的分压又很低，这样很快就将水中解析出来的二氧化碳带走。水通过鼓风除碳器，可将二氧化碳含量降至 5mg/L 以下。目前，鼓风除碳器使用较为普遍。

真空除碳器的工作原理：利用真空泵或喷射器从除碳器上部抽真空，使水达到沸点而除去溶于水中的气体。这种方法不仅能除去水中的二氧化碳，而且能除去溶于水中的氧气和其他气体，对防止离子交换树脂的氧化和管道的腐蚀有利。

除碳器为焊接碳钢结构的立式柱形容器，本体内部衬胶。进水装置为开孔鱼刺支母管式，以保证整个滤层水流均匀，防止局部偏流。除碳器顶部排气口有收水器及风帽。填料层支撑采用环氧玻璃钢格栅，填料多采用塑料多面空心球，除碳器出水管伸入中间水箱下部，防止跑风。

（二）混床系统

经过一级阳、阴离子交换后，出水中仍然含有少量的盐类，为了达到高参数、大容量机组补给水的要求，仍然需要再经过混合离子交换处理。混合离子交换器（混床）是将阴、阳离子交换树脂按一定比例均匀混合后装在同一个交换器中，水通过混合床时就相当于完成了无数级的阳、阴离子交换过程，从而使出水非常纯净。

1. 混床的结构

混床同逆流再生离子交换器的结构有所不同，其内的交换剂由阴、阳树脂组成。此外，混床设备的特点是在两种树脂交换界面有再生剂收集装置（中间排液装置），中间排液装置为母支管绕丝型结构。在壳体上有上、中、下窥视窗，中间一个窥视窗用来观察设备中树脂的水平面，下面窥视窗可用来检测树脂窗准备再生前阴、阳离子交换树脂的分界线，上部窥视窗可用来观察反洗时树脂的膨胀情况。混床出口配有树脂捕捉器，防止混床出水装置故障而引起树脂泄漏，也可以截流破碎树脂，防止锅炉给水水质因树脂的混入而恶化。树脂捕捉器是靠不锈钢筛管滤元起截流树脂作用的。

混床运行时，进水自进水管进入交换器后经顶部十字多孔管绕丝型配水装置将水均匀分配，自上而下通过离子交换剂层，清水经底部孔板水帽进入配水空间，然后由出水管引出。混合离子交换器结构和管路示意如图 5-12 所示。

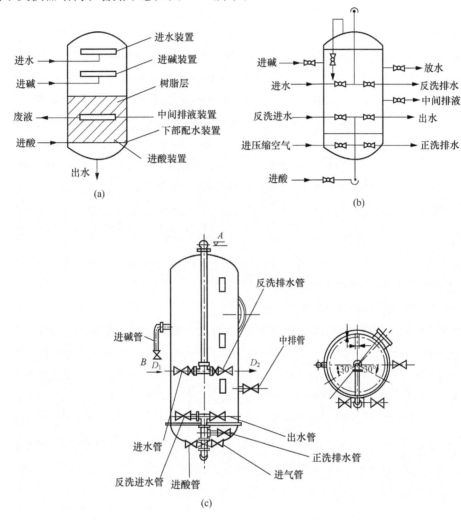

图 5-12　混合离子交换器结构与管路示意图
（a）混床结构；（b）混床管路；（c）混合离子交换器

2. 混床的工作特性

混床是把 H 型阳树脂和 OH 型阴树脂置于同一台交换器中混合均匀的交换器，可以看做由许多 H 型交换器和 OH 型交换器交错排列的多级式复床。在混床中，由于阴阳离子交换树脂是互相混匀的，水中的阳离子交换和阴离子交换是多次交错进行的，经 H 型离子交换所产生的 H⁺ 和经 OH 型离子交换所产生的 OH⁻ 及时反应生成电离度很小的 H_2O，基本消除了逆反应的影响，这就使得反应进行得很彻底，因而出水水质很好，电导率可接近理想纯水的电导率 $0.055\mu S/cm$（25℃），SiO_2 含量低于 $20\mu g/L$（理想值低于 $10\mu g/L$）。

混床经过再生清洗开始制水时，出水电导率下降很快，这是由于残留在树脂中的再生剂

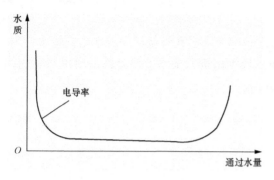

图 5-13　混床出水特性曲线

和再生产物，立即被混合后的树脂所吸着。正常运行中，出水残留含盐量在 1.0mg/L 以下，电导率为 0.2μS/cm（25℃），SiO₂ 含量在 20μg/L 以下，pH 为 7 左右。混床出水特性曲线如图 5-13 所示。

混床出水一般很稳定，工作条件变化时，对其出水水质影响不大。进水的含盐量和树脂的再生程度对出水电导率的影响一般不大，而与混床的工作周期有关。对于净化一级除盐水的混床，树脂用量有较大的富余度，其工作周期一般在 15 天以上。

对混床的流速应适当地选择，过慢会携带树脂内的杂质而使水质下降；过快则水与树脂接触时间短，离子来不及交换而影响水质。运行流速一般为 40～60m/h。

系统间断运行对混床出水水质的影响也较小，无论是混床或是复床，当交换器停止工作后再投入运行时，开始出水的水质都会下降，要经短时间运行后才能恢复正常，混床恢复正常所需的时间要比复床的短。

混床运行失效时，终点比较明显。由混床出水特性可以看出，混床在交换末期，出水导电率上升很快，这有利于实现自动控制。

（三）辅助系统及设备

离子交换除盐的辅助系统主要包括酸碱再生系统、废水系统、水泵及压缩空气系统等。

1. 酸碱再生系统

离子交换树脂在失效后需要用酸、碱进行再生。再生系统包括酸碱储存系统和酸碱计量系统。其流程如图 5-14 所示。

（1）酸碱储存系统。一般将使用盐酸、液碱储存在密闭储罐中。酸碱储罐一般用碳钢制作，

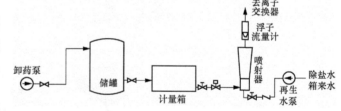

图 5-14　再生系统流程

内部衬胶。浓碱也可以采用不锈钢罐储存。酸碱储罐高位布置，用酸碱运输槽车通过卸药泵（卸酸泵、卸碱泵）将酸碱卸入储罐，使用时酸碱以自流的方式送入计量箱或计量泵入口。因为酸碱具有强烈的腐蚀性，所以必须采取妥善的防腐措施并在操作和维护中注意防止酸、碱伤害。

（2）酸碱计量系统。再生所需酸碱一般通过酸、碱计量泵或喷射器打入再生稀释水中，形成的一定浓度的再生液进入交换器对交换树脂进行再生。酸碱计量系统包括计量箱和喷射器、稀释水流量计、酸碱浓度计、透明有机玻璃转子流量计等设备。酸再生管道通常采用衬胶或衬塑管，酸喷射器材质为有机塑料。碱再生管道采用不锈钢管，碱喷射器材质为有机塑料或不锈钢。

（3）酸雾吸收器。在酸系统中，由于盐酸有强烈的挥发性，为保护现场设备及环境不受酸雾的影响，还配有酸雾吸收器。酸雾吸收器通常采用碱中和或工业水吸收酸雾。

另外，由于采用了预脱盐系统，大大降低离子交换器的再生频率，在目前酸碱储存和计量系统中有了较大改变，一般只设置高位储罐和计量泵。其流程如图 5-15 所示。

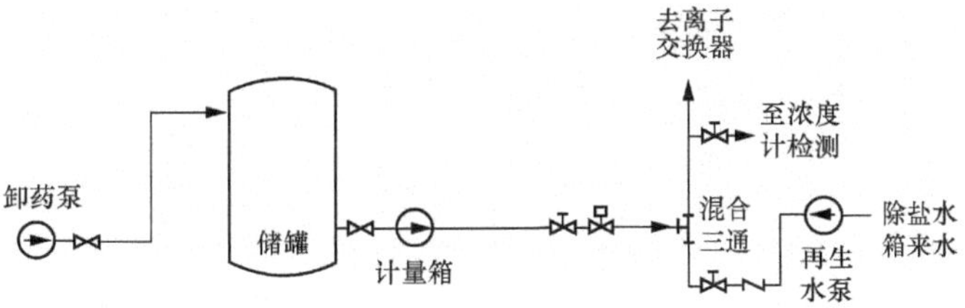

图 5-15　酸碱储存、计量系统流程

2. 废水系统

废水系统包括废液池、废液泵、搅拌装置。

离子交换再生废水为酸碱废水，腐蚀性大，因此废水排放沟道、废液池需要进行防腐处理。废液泵通常采用无密封自控自吸泵，主要由泵体、叶轮、泵盖、泵轴、连接架、电动空气控制阀等部分组成。泵体内部由吸入室、储液室、气液分离室等部分组成。泵在正常起动后，叶轮将吸入室所存的液体及吸入管路中的空气一起吸入，液体混合气体在叶轮高速旋转的离心力作用下经导叶抛入气液分离室。由于流速突然降低，气体与液体的相对密度不同，较轻的气体从混合液中分离出来并被排出泵外，脱气的液体重新进入工作腔，与叶轮内部从吸入管路中吸入的空气再次混合，在叶轮的旋转作用下，很快使泵体入口形成一定的真空度，从而达到自吸的目的。废水泵入口的严密性要求苛刻，不能有漏气产生。

搅拌装置一般由罗茨风机及布气装置组成。离子交换除盐系统中废液和废水的排放量很大，为了防止环境污染，在排放前需进行中和搅拌处理，并根据池内的 pH 决定是否向池内加酸或加碱。需搅拌时，开启罗茨风机，通过布气装置向池内鼓入空气，搅拌后测定 pH，当 pH 在 6～9 范围时方可排放。

3. 水泵

离子除盐系统内主要水泵有淡水泵（化学水泵）、中间水泵、反洗水泵、再生水泵，为保证设备持久耐用，以上水泵一般为耐腐蚀化工离心泵，出力和扬程一般与系统设计参数相匹配。

淡水泵的主要作用是将预脱盐水送入阳离子交换器，经阳离子交换器除去阳离子后流入除碳器，经过脱除二氧化碳后进入中间水箱。中间水泵的作用是将中间水箱的水送入阴离子交换器，经阴离子交换器除去水中的大部分阴离子后，进入混合离子交换器进行深度除盐。反洗水泵主要用于离子交换树脂反洗，再生水泵主要用于离子交换树脂再生，反洗水泵和再生水泵通常互为备用。

4. 压缩空气系统

压缩空气在离子交换除盐系统中主要用于逆流再生设备的顶压、混床的混脂、气动阀门的控制等。在电厂，压缩空气系统一般采用集中布置，在外围用气点设置储气罐，通过不锈钢输送管道向各用气点供气。补给水系统一般设置两个储气罐，一个为仪用气储气罐，主要供气动阀门用气；另一个为供工艺用气储存罐，两只储气罐互为备用。储气罐本体设安全阀，防止超压；底部设排污阀，用于定期排除空气中的水分；在储气罐出口设有减压阀，根据需要调整用气压力。

二、EDI 系统

（一）EDI 系统流程

由于 EDI 模块通过电能迁移杂质离子的能力有限，因而 EDI 装置只能用于处理低含盐量的水（总含盐量在 50mg/L 以下）。电厂补给水处理中，EDI 装置一般作为二级反渗透的后续深度除盐系统。其系统流程如图 5-16 所示。

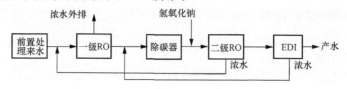

图 5-16　EDI 系统流程

EDI 系统流程按浓水排放方式可分为浓水循环式和浓水直排式两种。在电厂补给水处理中主要以浓水循环式居多。浓水循环式与浓水直排式 EDI 装置相比，浓水循环式 EDI 装置有如下优点：

（1）通过浓水循环浓缩提高了浓水和极水的含盐量，可以提高导电率，达到提高模块工作电流的目的。

（2）浓水参与循环时，增加了浓水流量，提高了浓水室的水流速度，有利于降低膜面滞留层厚度，减少浓差极化，减少浓水系统的结垢倾向。

（3）工作电流的提高可以使模块中的失效树脂得到及时再生，保证 SiO₂ 等弱酸性电解质的及时去除，提高出水品质。

浓水循环式 EDI 装置的缺点是浓水循环倍率控制不当，容易造成浓水管路结垢，降低 EDI 的运行效率。

（二）EDI 系统的主要参数

EDI 系统的主要参数包括模块型号、数量、出力、工作温度、进水要求、产水条件等。以下是某电厂 EDI 系统工艺参数。

1. 基本参数

基本参数如表 5-3 所示。

表 5-3　　　　　　　　　　　　　　　基本参数

序号	参　数	要　求	序号	参　数	要　求
1	模块型号	MK-3	4	处理能力	100（m³/h）/套
2	设备数量	2 套	5	工作温度	5～38℃
3	模块数量	28/套，共 28×2＝56 个			

2. 进水要求参数

进水要求参数如表 5-4 所示。

表 5-4　　　　　　　　　　　　　　　进水要求参数

序号	参　数	要　求	序号	参　数	要　求
1	允许进水压力	4.8～6.9bar	6	硅	<1.0mg/L
2	最大工作压差	1.4～2.4bar	7	TOC	<0.5mg/L
3	TEA	<25mg/L	8	余氯	<0.05mg/L
4	pH	4～11	9	电导率	<43μS/cm
5	硬度	<1.0mg/L	10	温度	5～38℃

3. 产水参数

产水参数如表 5-5 所示。

表 5-5　　　　　　　　　　　产　水　参　数

序号	参　数	要　求	序号	参　数	要　求
1	产水量	100 (m³/h) /套	8	浓水进水压力	2.0bar¹
2	浓水排放量（回流到二级 RO 前）	3 (m³/h) /套	9	浓水出口压力	1.3bar
3	极水排放量（排放）	3 (m³/h) /套	10	极水压力	3.4bar
4	产水水质	>16MΩ·cm	11	SiO_2	<10μg/L
5	回收率	95%	12	运行电耗	2.0kW/套
6	进水压力	4.8bar	13	一组允许输入最大电流	170A
7	产水压力	2.2bar	14	一组允许输入最大电压	400V

注　1bar＝10^5P＝0.1MPa

（三）EDI 系统的组成

EDI 除盐系统主要由 EDI 本体系统、辅助系统及设备组成。EDI 本体系统主要有 EDI 组件、整流器、浓水循环系统、极水排放系统、浓水排放系统；辅助系统及设备主要有加盐系统、清洗装置、保安过滤器、给水泵及测量仪表等。

1. EDI 本体系统

（1）EDI 组件。EDI 由电极、淡水通道、浓水通道构成。交替排列的阴阳离子交换膜分别构成淡水流道和浓水流道，离子交换树脂以一定的方式填充于淡水室（颗粒、纤维或编织物），和阴阳电极一起组成了 EDI 单元。

（2）整流器。整流器的直流输出电压应按 EDI 的最大运行值选取，直流电流为各 EDI 组件的最大运行电流之和，并留有足够的余量。为保证电源稳定，一般采取三相交流电流输入，并设有专门的变压器。为保证测量仪表的准确性，整流器的直流输出电压纹波系数小于最大输出量的 5%。

（3）浓水循环系统。浓水循环系统主要由浓水循环泵及相应的阀门管道组成，主要作用是：一方面可通过增加浓水室的电导率而减小浓水室的电阻，另一方面浓水室保持较高的流量也可以减少结垢的可能性。一般保持浓水室的电导率为 150～500μS/cm。浓水循环泵的出力和扬程决定于 EDI 装置的性能参数，其泵的最大扬程不能超过 EDI 的允许内压值，一般不大于浓水回流压力的 0.3MPa。浓水循环泵的材质一般为不锈钢。

（4）极水排放系统。小部分循环的浓水通过极水室后直接排放，极水带走部分杂质离子和电极反应的产物，如 H_2、O_2 和 Cl_2。一些 Cl_2 会溶解于水中，这样氧化剂的存在不利回收，并且极水排放量很少，一般不回收利用。两个电极的极水由浓水补充。

阴极发生下列化学反应：

$$2H_2O+2e^-=2OH^-+H_2$$

阴极有氢气生成，pH 升高，容易产生结垢，水从阴极得到电子。

阳极发生下列化学反应：

$$2H_2O=4H^++O_2+4e^-，2Cl^-=Cl_2+2e^-$$

水在阳极失去电子，伴有氧气和氯气产生，pH 降低。

（5）浓水排放系统。浓水侧的阳离子交换膜 pH 很低（H^+ 多），浓水侧的阴离子交换膜 pH 很高（OH^- 离子多），极端的高 pH 容易导致结垢，浓水室保持较高的流速可以减少结垢，所以设置浓水循环；同时浓水室中被浓缩的离子浓度如果超过一定的极限就会产生结垢，为了防止这种现象发生，因此需要少量的浓水排放，排掉的浓水通过浓水补充阀补充。

2. 辅助系统及设备

（1）加盐系统。EDI 装置中，淡水室中靠树脂传输电流；浓水室中没有树脂，只有丝网，靠溶液传输电流，它比树脂的传输能力低得多。由于 EDI 系统的原水电导率低，可能达不到相应的浓水电导率，为了保持足够大的电流通过模块，以利于离子的定向迁移，必须在浓水室中加入食盐以达到相应的浓水电导率，减少浓水室的电阻。因此系统设置了加盐系统，当浓水循环泵启动时同时启动。

为防止杂质进入 EDI，对食盐（NaCl）有严格要求：固体含量大于 99.8%，钙和镁（以 Ca 计）含量小于 0.05%，铜含量小于 5.0mg/L，重金属（以 Pb 计）含量小于 2.0mg/L。

加盐系统的设备主要有一个溶液箱和两台计量泵，计量泵的最大出力应为正常出力的两倍，可以根据需要调节加盐量。

（2）清洗装置。EDI 的清洗装置包括一个溶液箱、一台清洗泵、一台精密过滤器和流量表、压力表及相关管路和阀门，通常与反渗透装置共用。

（3）保安过滤器。为了保护 EDI 元件，一般在给水泵与 EDI 装置间设置保安过滤器，达到去除水中微小颗粒和系统内腐蚀产物作用。常用的滤芯类型有聚丙烯线绕蜂房管状式滤芯、褶页式滤芯和 PP 喷熔滤芯，过滤精度通常是 $1\mu m$。

（4）给水泵。给水泵一般为普通的离心泵，扬程为 0.2～0.7MPa。为了根据需要调整出力，一般设有变频器，可以调节进水流量。

（5）测量仪表。EDI 系统中一般配置压力表、流量表、温度计和水质监测化学仪表（如电导率表、氧化还原电位仪、电阻仪等）。

（四）工作流程

经过反渗透预脱盐后的水通过淡水室，该室包含阴、阳离子交换树脂以及阴、阳离子交换膜，离子交换树脂把原水中的阴、阳杂质离子交换掉，从而可以生成高品质的水。在模块的两端各有一个电极，一端是阳极，另一端是阴极，通入直流电后，在浓水室、淡水室和极水室中都有电流通过。阴极吸引离子交换树脂中的阳离子，阳极吸引离子交换树脂中的阴离子，这样离子就通过树脂而产生了迁移，在电势的作用下，离子通过相应的离子交换膜而进入浓水室。一旦离子进入浓水室后就无法迁回到淡水室了。浓水室由阴膜和阳膜构成，阳膜只许阳离子通过，阴膜只许阴离子通过。在电势的作用下，阳离子通过阳膜进入浓水室后，无法通过阴膜只能留在浓水室中，从而阴离子也只能留在浓水室中，从而达到了净化水质的作用。

同时，在一定的电流密度下，树脂、膜、水之间的界面处因产生浓差极化而迫使水分解成 H^+ 和 OH^-，从而再生了树脂。

一般认为 EDI 的原理在横向上可以分为离子交换、直流电场下离子的选择性迁移和树脂的电再生三个方面。在高纯水中，离子交换树脂的导电性能比与之相接触的水要高 2～3 个数量级，所以几乎全部的从溶液到脂面的离子迁移都是通过树脂来完成的。水中的离子，首先因交换作用吸附于树脂颗粒上，再在电场作用下，经由树脂颗粒构成的离子传播通道迁移到膜表面并透过离子选择性膜进入浓水室。同时，在树脂、膜与水相接触的界面处，界面扩散中的极化使水解离为氢离子和氢氧根离子。它们除部分参与负载电流外，大多数又起到对树脂的再生作用，从而使离子交换、离子迁移、电再生三个过程相伴发生、相互促进，达到连续去离子的目的。

在纵向上，我们又可以把 EDI 工作区由进水侧到出水侧分成三部分：靠近进水侧的区域称为饱和区，在这部分区域，填充的树脂已和进水的离子发生离子交换；靠近出水侧的的区域称为再生区，在这部分区域，出水的大部分离子已经除去，少量弱电离离子在这里得到去除，同时纯水在这个区域被电离，生成的 H^+ 和 OH^- 得以再生填充的树脂。饱和区和再生区之间的区域称为工作区，离子交换和电再生在这个区域趋向平衡。

（五）EDI 系统运行影响因素分析

EDI 作为一项新型的水处理技术，其系统特性和技术维护一直是人们予以研究的焦点，下面对 EDI 系统运行中的主要影响因素进行分析，包括进水电导率、进水流量、电压与电流、水的 pH、温度及压力的影响等。

1. 进水电导率影响

在保证其他条件不变的前提下，随着原水电导率的上升，脱盐效果变差。这是因为进水电导率超过一定范围后，模块的工作区间往下移动，乃至再生区消失，工作区穿透，模块内的填充树脂大部分呈饱和失效状态。同时水中的离子浓度增加，在电压恒定不变的情况下，电流增加，从而使电离水的过程减弱，相应的水电离出的 H^+，OH^- 减少，直接导致树脂的再生变差。这样，在进水水质变差的情况下，模块会由弱电离子开始慢慢穿透；系统的电流会增加，因为存在水的电离现象，在电压恒定的情况下，电流的上升是非线性的。

2. 进水流量的影响

进水流量与 EDI 模块的处理能力、进水水质以及进水压力有关。在 EDI 模块产水能力恒定的条件下，进水水质越差，模块的单位处理负担就越重，进水流量应当调节得越小。在模块的启动阶段，应注意当瞬间流量过大时，会造成膜的穿孔，由于模块中的电子流主要通过填充树脂传递，因此浓水电流在一定程度上成了影响模块中电子流迁移的关键因素。在实际的试验中可以发现，减少浓水的流量可以提高系统的电流，并且可在一定程度上提高水质。但是浓水流也并非越小越好，当浓水流量过小时，会导致膜两侧浓度差过大，而形成浓差扩散，影响水质。另一方面，由于弱电离子 SiO_2 及其离子态化合物的溶解度很小，因此容易在低流量的浓水中形成饱和状态，从而影响弱电离子的去除。根据现场试验可以大致得到浓水流量一般为进水的 5%～10% 为宜。

电极水的主要作用是给电极降温和带走电极表面产生的气体。一般电极水的流量是进水的 1% 左右。当电极水过小时，不能及时带走电极表面的气体，会影响整个模块的运行。

进水流量不同时，EDI 出水的电导率随操作电流变化很小，这是因为在电路上，淡水室中的溶液相与树脂相是并联关系，由于所填充的离子交换树脂的导电能力远高于电渗析产水，因此树脂相电阻成为淡水室电阻大小的决定因素。离子传输主要通过树脂相进行，而在一定的淡水流量范围内，流量对树脂相电阻的影响很小，故膜堆总电流不发生明显变化，产水电导率变化也很小，因此进水流量对水解离程度的影响很小。

3. 电压和电流的影响

电压的确定和模块的设计有关。电压是使离子迁移的动力，它使得离子从进水中迁移到浓水中，同时电压也是电解水用于再生树脂的关键。在规定范围内，如果电压过低，会导致电解水减少，产生的 H^+ 和 OH^- 不足以再生填充树脂，同时电压太低使得离子的迁移动力减弱，最终使模块的工作区间下移，产水水质变差；如果电压过高，就会电解出过剩的 H^+ 和 OH^-，使电流升高的同时也使离子极化和扩散加剧，导致产水水质变差。电压是否过高可以根据电极水出水中的气泡多少加以判断。最佳电压范围的确定主要由进水电导率和浓水的流量决定，例如，在进水电导率变大，浓水的浓度也变大的情况下，由于系统的电阻减少，因此系统的电压也应当相应地下调。

电流与进水电导率及总的离子迁移数有直接关系。总的迁移离子包括水中原来的离子（如 Na^+、Cl^- 等），也包括新生成的 H^+ 和 OH^-，而 H^+ 和 OH^- 与电压有直接关系，所以电压升高，电流也升高，但是两者的变化不是线性的，因为电流一部分用于杂质离子的迁移，一部分用于水的解离。

EDI 出水水质与操作电压密切相关。操作电压过小则不足以在纯水排出之前将离子从淡水室移出，电渗析过程和树脂电再生过程都比较微弱，此时主要进行离子交换。随着操作电压的增大，水解离程度增大，树脂的再生效果好，使得淡水的电导率下降。当操作电压增加到一定程度时，离子交换过程与树脂的再生过程达到了平衡，产水电导率进一步下降并趋于稳定。但操作电压过大将引起过量的水电离和离子反扩散，从而降低产水水质。所以，建议 EDI 在适当的电压下运行。适当增加进水流量即增加隔室流速，可提高产水水质。

4. 进水的 pH、温度及压力的影响

进水的 pH 表示进水中 H^+ 的含量，一般进水 pH 控制在 5~9.5 之间。通常情况下 pH 偏低是由于 CO_2 的溶解所引起的。由于是弱电离物质，CO_2 也是导致水质恶化的因素之一，因此在进 EDI 系统之前，一般可以安装一个脱碳装置，使得水中的 CO_2 控制在 5mg/L 以下。水中 pH 和 CO_2 存在一定溶解关系，理论上，当 pH>10 时，去除效率最佳。对于弱电离子 SiO_2，也是同样的道理，高 pH 有助于去除弱电离子，但是前提是必须在进 EDI 系统前除去 Ca^{2+}、Mg^{2+} 等离子。

温度对系统压力、产水电阻有直接影响。通常 EDI 的进水温度应控制在 5~35℃ 之间，最佳温度是在 25℃ 左右。温度的降低会使水的活性降低，即水中离子的布朗运动减弱，宏观上表现为水的黏性增加，系统压力上升。离子迁移减弱的另一个结果是离子和填充树脂及膜的交换速度降低，浓差极化将成为影响速度的瓶颈。而且膜的交换能力一般也随着温度的下降而降低。如果温度上升，则会表现出大致相反的现象。此时水中的离子活性增加，运动剧烈，水的电导率相应增加，此时如果加以恒定电压，电流就会上升。当超过一定温度以后，产水水质会逐渐变坏，这主要是由于离子和填充树脂、离子交换膜的交换过程受离子活性等影响而减弱，因此进水温度低时，我们要适当提高电压，以增加离子迁移的动力和更有效的电离水分子；而当我们使用相对温度较高的进水来运行时，也可以以节能降低电压的方式来取得同样的出水水质。压力的变化和控制是使得 EDI 模块能够正常运行的另一个重要因素。

通常情况下，产水的压力>浓水压>电极水压，这样才能有效防止浓水扩散污染产水的现象。压力的变化还是判断 EDI 模块是否被污染、管路是否被堵的有效手段。特别是当浓水进出口压力差变大时，常伴随的问题是浓水管路有堵，此时就需要人为地清洁管路，进行化学清洗或采用其他手段来降低压差。因此在 EDI 系统进口，应保证进水的污染指数在合格范围内。

（六）系统平衡的判断、调节及维护

EDI 系统在运行过程中存在一个平衡状态，即进离子总数＝出离子总数，宏观表现为三个工作区间相对稳定，不发生上下移动。如果模块的工作条件发生变化，则需要比较长的时间来达到平衡状态。

系统在运行中的可调因素大致有进水流量、浓水流量、电压等。

进水流量增加，模块的工作压力也相应增加，如果超过 EDI 的处理范围，出水水质会显著变差。所以当进水的电导率比较大时，适当地调节进水的流量是必需的。当进水的电导率比较小时，也可以在 EDI 系统压力允许的范围内增加进水的流量，以提高产水的效率。

浓水流量的变化是另一个调节系统平衡的要素，特别是对系统中的电流有直接影响。浓水的流量对去除弱电离子 SiO_2 也有一定关系。SiO_2 在 25℃、pH 在 6~8 的水体中的溶解度是 120mg/L，当进水的浓缩倍率达到一定程度后，SiO_2 在浓水中就会饱和，导致不能进行更深度的除硅，这也是确定浓水流量下限的条件之一。

如果电压降低或进水的总离子水平提高，那么系统中的树脂会更多地和离子发生交换，相应的工作区间就往出水侧移动，直至达到新的平衡，或是穿透。在这一过程中，出水电导率会发生一定的变化，出水的弱电离子增加是最明显的表现。如果电压上升或进水离子减少，则系统的工作区间会向进水侧发生移动，表现为出水水质变好，弱电离子的含量减少。所以判断系统的平衡状态可以通过出水水质变化、弱电离子的漏出多少来实现，并可以通过工作区间的移动来解释。

第三节　调试工作程序

一、系统检查

在单体试转全部完毕后，应组织各方对系统试运前条件进行检查。除盐系统调试前至少应满足以下条件：

（1）水处理室土建工作已全部完毕。道路通畅，沟道畅通、盖板齐全；防腐工作全部结束并签证，具备排水、储水、中和处理及排放能力；水处理室内部粉刷、油漆、地坪、照明及门窗已按设计施工完毕。

（2）试验室已按设计要求施工并调试完毕，具备实验条件。

（3）对于寒冷地区的冬季，水处理室应做好防冻保温措施。

（4）废水处理及酸碱系统的构筑物和防腐蚀设施应全部施工完毕，验收合格，具备使用条件。

（5）系统及设备安装、检查完毕，水压试验合格，并签证。

（6）与系统有关的电气、热工、在线化学仪表等均应安装、调试完毕，指示正确，操作灵敏，并能随时投入使用。

（7）各转动机械经分部试运合格，并签证；各容器及现场清扫工作结束。

（8）设备、管道已按规定颜色涂漆完毕，并已挂牌，管道流向标识完成。

（9）各种规格的填料已按设计要求备足备齐，并经鉴定合格；试运行所需材料、药品准备齐全，并经验收合格。

（10）运行人员经培训具备上岗条件，有关运行检修规程及记录报表编制、印刷完毕，分析、化验手段完备。

二、阀门、仪表及测点的确认试验

该部分工作虽然属于单体试运的范畴，但为了系统试运能顺利进行，调试单位一般应进行检查性验收试验。主要对系统内电动门阀门、气动阀门、调节门进行传动，确保阀门动作正确，开关灵活到位；热工测点通道正确，量程设置合理；化学仪表检验正确，通道正确。

三、程控联锁静态试验

将动力设备电源置试验位，根据设计进行热控保护校对，对联锁、顺控进行模拟试验，以便后期能够正确顺利投入运行。

四、水泵试转及系统冲洗

启动淡水泵、中间水泵、反洗水泵、再生水泵、卸酸/碱泵等相关水泵，对系统进行分段冲洗，冲洗标准为出水水质澄清。

五、计量泵或喷射器性能试验

1. 计量泵流量试验

试验方法同混凝剂加药泵试验相同，用水模拟酸进行试验，测量流量与行程的关系曲线。

2. 喷射器抽吸试验

在酸碱计量箱冲洗干净后注满水，开启阴（阳）床进碱（酸）门、中间排放门、喷射器进水门，启动再生水泵进行再生模拟，调整碱（酸）喷射器进口流量至设计流量，开计量箱出口门，记录计量箱液位下降速度，并进行计算，确认碱（酸）抽吸量符合设计要求，否则应进行处理和调整，直到抽吸量能满足再生要求。

六、垫层装填及预处理

（一）垫层装填

在系统水冲洗结束后，施工单位应严格按要求装好阴、阳离子交换器垫层。垫层装填前，在交换器内按照粒径层级的设计要求高度做好标记后，方可进行装填。石英砂垫层的粒径和厚度如表5-6所示。

表5-6　　　　　　　　　　石英砂层的粒径和厚度

粒径（mm）	32～16	16～8	8～4	4～2	2～1
厚度（mm）	100	100	150	100	200

出水装置采用多孔板加水帽结构时，装树脂前应采用塞尺检查水帽安装松紧度和水帽缝隙，水帽缝隙宽度不大于0.25mm，以免漏树脂。

（二）垫层预处理

采用石英砂垫层时，为保证设备出水质量不受石英砂垫层影响，要求石英砂 SiO_2 含量不小于99%。按要求垫层高度装填完毕后，应进行处理：先对垫层进行水冲洗，至出口水清澈、无杂质；用5%～10%的盐酸浸泡24h后水冲洗至中性。也可以和新树脂进行同时处理。

（三）阳离子交换器内树脂的装填及预处理

（1）在树脂装填前检查其干湿状态，如果树脂已经脱水，要用饱和食盐溶液浸泡树脂 1～2h。浸泡完后放掉食盐水，用水冲洗树脂，直至排出的水不呈黄色为止；然后最好进行反洗，以除去混在树脂中的机械杂质和细碎树脂粉末。

（2）底部装置均流性和树脂泄漏性试验。树脂在装入交换器前，应先在交换器内冲水至一定高度，在交换器底部排水装置上形成一个约 50mm 的水垫层，然后加入少量树脂。交换器从底部进水，试验底部排水装置是否具有均流特性。然后交换器排水，试验底部排水装置有无树脂泄漏。当上述试验达到要求后，再将其余树脂加入交换器内浸泡数小时，使树脂充分膨胀。

（3）阳树脂的装填及预处理。用水力或人工装填树脂至设计高度。无除盐水时，首次装填树脂应利用人工装填，树脂装填后用预处理出水充分浸泡 4～8h 后进行正洗及反洗，冲洗至出口水澄清、无细碎树脂。用 2%～4% 氢氧化钠溶液浸泡树脂，经 4～8h 后进行正洗或反洗，至出水澄清。有条件时，检测出水耗氧量稳定、排水呈中性为止。然后再将树脂浸泡于约 5% 盐酸溶液中，经 4～8h 后进行正洗，至出水与进水氯离子含量相近为止。

七、除碳器及中间水箱水冲洗

按设计要求把塑料多面体空心球装入除碳器内，用阳离子交换器出口水淋洗塑料多面体空心球，并冲洗中间水箱至排水澄清、无硬度为止。此时，可以试转除碳风机，检查其方向、振动等是否正常。

八、软化水的制备

无除盐水时，通过阳离子交换器向除盐水箱制备软化水，用于阴离子交换器、混合离子交换器树脂的填装与预处理，以及各交换器首次再生。软化水制备期间应测定出水硬度。

九、阴离子交换器树脂的装填及预处理

（1）树脂的装填：用水力或人工装填树脂至设计高度，然后进行反洗或正洗，至出口水澄清、无细碎树脂。

（2）阴树脂的预处理：用 5% 盐酸溶液浸泡树脂，经 4～8h 后用氢离子交换水进行正洗，至出水与进水氯离子含量相近为止。然后再将树脂浸泡于 3%～4% 氢氧化钠溶液中，经 4～8h 后进行正洗，至出水接近中性为止。

十、一级离子交换器树脂再生

根据设备形式和树脂参数，选择适当的再生参数。用软化水对一级离子交换树脂进行再生，一般阳、阴离子交换器同时进行再生。下面以无顶压逆流再生为例介绍再生的一般步骤和参数控制。

（一）再生步骤

再生是一个系统过程，应严格按照一定的步骤进行，并注意每一个细节，否则再生有可能失败，即出水不合格或制水周期很短等。一级除盐系统一般按以下步骤进行：

（1）反洗。反洗的目的一是松动树脂层，使再生液在树脂层中分布均匀，以得到充分再生；二是消除树脂上层的悬浮物、碎屑和气泡。反洗流量必须限制在一定的范围之内。反洗流量低，树脂得不到充分膨胀，树脂表面的杂质和破碎的树脂颗粒不能被水带走，起不到反洗应起到的作用；反洗流量过高，完好的树脂会被从反洗排水管中冲出，这是不允许的。反洗流量一般通过控制反洗进水手动门来调节，反洗流量开始从小到大调节，防止起始流量过

大造成中排装置承力过大而损坏，当树脂层膨胀到预定高度时，应减少反洗流量，使树脂层稳定在膨胀界面高度，而又不至于被冲出设备，反洗至出水中无细碎树脂或杂物后，可结束反洗。

（2）静置。反洗结束后，停运反洗设备，关闭反洗进水阀和反洗排水阀。静置10～20min，使反洗后被上浮的树脂通过自身重力自然沉降到离子交换器下部。

（3）放水。树脂沉降到正常部位后，开上部放水阀或中间排水阀排水至树脂层上200mm左右处。

（4）进酸、碱。在进酸、碱前，一般先开启稀释水进水门、进酸碱门和中间排水门，然后启动再生水泵或开启喷射器进行预喷射试验。根据设计的再生流速（一般控制在5m/h以下）调整好流量，待系统稳定后，开启酸、碱计量泵向稀释水中加入酸、碱。测定其浓度，使其达到预定要求。一般酸浓度控制在3%～5%，碱浓度控制在2%～4%。维持进酸、碱时间，首次再生一般采取双倍计量，进酸、碱时间一般在90～120min。

（5）置换。进完再生液后，停计量泵或关闭箱出口门，按再生液的流速和流量继续用稀释再生液的水置换交换器内再生液，置换至出水指标合格为止。一般时间大于或等于进再生液的时间。

（6）小正洗。主要目的是将压脂层中残留的再生液或再生杂质冲洗干净，否则会影响正洗时间或出水水质。小正洗水源为前置系统的出水，即阳床为反渗透装置出水或阳床前置过滤装置的出水，阴床为阳床出水经过除碳器脱炭后的水。阳床正洗出水合格后，再进行阴床小正洗。

（7）正洗。用进水自上而下进行正洗，直至出水水质合格，即可投入制水或备用。正洗流速为15～20m/h。

（二）再生参数

再生参数主要包括再生流量、再生液浓度、再生时间等。再生参数应根据设计再生流速、树脂交换容量、再生水平、树脂量进行计算得出。表5-7为某厂额定出力为150t/h一级除盐系统的再生参数。

表5-7　　　　　　　　　　　　某厂一级除盐系统的再生参数

参　数	要　求	参　数	要　求
30%盐酸	915kg，0.796m³	30%氢氧化钠	535kg，0.402m³
水流量	10.26t/h	水流量	10.45t/h
浓酸流量	1.14t/h	浓碱流量	0.95t/h
稀酸流量	11.4t/h	稀碱流量	11.4t/h
稀酸浓度	3%	稀碱浓度	2.5%
再生流速	3m/h	再生流速	3m/h
进酸时间	48min	进碱时间	36min

注　阳离子交换树脂工作交换容量取1000mol/m³；阴离子交换树脂工作交换容量取400mol/m³，再生水平取1.2。实际运行参数经调试后确定。首次再生采用1.5倍再生剂量进行再生。

十一、混合离子交换树脂的装填与预处理

一级除盐系统调试合格后，用一级除盐系统的出水冲洗混合离子交换器和其出口的树脂捕捉器，冲洗至出水导电率和进水导电率一致，且水质澄清、无杂质，再进行树脂的装填与预处理。

（1）阴、阳树脂的装填：用水力或人工装填阳树脂至中排管下 50mm，再装阴树脂至设计高度，然后用一级除盐水浸泡后正洗至出口水澄清、无细碎树脂。

（2）混合离子交换器树脂的预处理：用 5%盐酸溶液浸泡混合树脂，经 4～8h 后进行正洗，至出水接近中性为止。然后将树脂再浸泡于 4%氢氧化钠溶液中，经 4～8h 后进行正洗，至出水接近中性。

十二、混合离子交换器再生

在一级除盐系统调试合格后，制备足量合格的一级除盐水。对混合离子交换器进行再生。混床再生也应严格按照再生步骤和方法进行。具体的再生步骤和方法如下：

（一）再生步骤

混床再生步骤包括反洗分层、落床、预喷射、进酸碱、置换、正洗阴树脂、串洗阳树脂、上部排水、混脂、慢充水、正洗等步骤，表 5-8 是某厂直径 2000mm、流量 150t/h 的混床再生步骤。

表 5-8　　　　　　　　　　　　　混床再生步骤

序号	再生步骤	参数
1	反洗分层	60min
2	静置	10min
3	进酸碱	进酸 40min 进碱 35min
4	置换	酸置换 45min 碱置换 50min
5	正洗阴树脂	出水 Na<50μg/L
6	串洗阳树脂	出水 DD<10μs/cm
7	上部排水	排水至树脂层上部 20cm
8	混脂	压缩空气混合树脂 3～5min，空气压力 0.05～0.1MPa
9	快速排水	快速从中部排水 30s，使树脂沉降
10	满水	混床充水至空气门出水
11	正洗	正洗至排水 DD<0.15μs/cm

（1）反洗分层。反洗分层是混床再生前的关键步骤，分层不好，再生效果肯定很差。目前均采用水力筛分法对阴、阳树脂进行分层。这种方法是借用反洗的水力将树脂悬浮起来，使树脂层达到一定的膨胀率，利用阴、阳树脂的密度差，达到分层的目的。阴树脂的密度比阳树脂的小，分层后阴树脂在上，阳树脂在下。只要控制得当，可以在中部窥视镜中观察到明显的分界面。反洗开始时，流量宜小，等树脂松动后，逐渐加大流速到 10m/h 左右，使整个树脂膨胀 50%～70%，维持 10～15min，即可达到分离效果。分离的效果除与阴、阳树脂的湿真密度差、反洗水流速有关外，还与树脂的失效程度有关，失效程度大的容易分层，因为吸着不同离子后，密度不同，沉降速度不同。为了提高分离效果，也可将湿真密度在阴、阳树脂之间的惰性树脂作为混脂层。另外，新树脂若发生抱团现象，可在分层前先通入氢氧化钠溶液以破坏抱团，增加阴、阳树脂的密度差。

（2）再生。根据进酸、进碱和冲洗步骤的不同，体内再生混床可分为两步法和同时再生法。为了节约再生时间，目前采用同时再生法的比较多。在反洗分层合格，并经过落床后，在混床满水的状态下，由混床上、下同时送入一定流量和浓度的碱液和酸液，进酸、碱结束后，继续进再生液稀释水，使之分别经过阴、阳树脂后，由中间排水管同时排出。若酸液进完后，碱液还未进完，下部仍应以同样流速通入稀释水，以防止碱液进入下部，污染再生好的阳树脂。再生参数应根据树脂的参数和设计流速来确定。

（3）冲洗。置换合格后，停运再生所有设备和关闭阀门。启动一级除盐系统，从混床上部进水，中间排水，冲洗阴树脂，冲洗 10min 左右，改为下部排水，冲洗阴、阳树脂至出水电导率小于 $10\mu S/cm$。

（4）混脂。冲洗完毕后，开上部放水门，放水至树脂层上 $100\sim150mm$ 后关闭。打开顶部排气门，从底部通入压缩空气。压缩空气应经过净化处理，无油类杂质污染。压力一般为 $0.1\sim0.15MPa$，流量为 $2\sim3m^3/(m^2 \cdot min)$。混合时间主要视树脂是否混合均匀为准，一般为 $3\sim5min$。混合完毕后，为防止树脂在沉降过程中重新分离，一般可进行短暂的快速排水。

（5）正洗。树脂混合合格后，打开混床排气门，小流量向混床进水，满水后，再以 $10\sim20m/h$ 的流速进行正洗，直至出水合格（电导率小于 $0.15\mu S/cm$，SiO_2 含量小于 $10\mu g/L$），方可投入运行。

（二）再生参数

根据树脂装填量，进行再生参数的设计计算，表 5-9 为某厂直径 2000mm、流量 150t/h 混床的再生参数。

表 5-9 某厂混床的再生参数

参　　数	要　　求	参　　数	要　　求
30％盐酸	201kg，$0.175m^3$	30％氢氧化钠	145kg，$0.109m^3$
水流量	2.7t/h	水流量	2.75t/h
浓酸流量	0.30t/h	浓碱流量	0.25t/h
稀酸流量	3t/h	稀碱流量	3t/h
稀酸浓度	3％	稀碱浓度	2.5％
再生流速	1.5m/h	再生流速	1.5m/h
进酸时间	40min	进碱时间	35min

注　阳离子交换树脂工作交换容量取 $1000mol/m^3$，再生水平取 1.5；阴离子交换树脂工作交换容量取 $400mol/m^3$，再生水平取 1.5。实际运行参数经调试后确定。首次再生采用 1.5 倍再生剂量进行再生。

十三、离子除盐系统的运行及调整

一级除盐系统以及混合离子交换器的再生工作结束后，离子除盐系统可投入试运行，一般出水水质按表 5-10 进行控制。

表 5-10 离子除盐系统运行控制指标

阳床	Na	$\leqslant50\mu g/L$
阴床	电导率（25℃）	$\leqslant5\mu S/cm$
混床	电导率（25℃）	$\leqslant0.15\mu S/cm$
	SiO_2	$\leqslant10\mu g/L$

当系统出水品质稳定合格后，系统投入顺序控制和各联锁保护，并进行出力调整和相关试验。

（一）离子交换器出力试验

采用除盐水箱校验除盐系统流量，根据流量表调整除盐系统流量，在床层压差、出水品质合格允许范围内进行离子交换器出力试验。记录床层压差、流量、进水水质、出水品质、最大出力下的制水量，作为调试数据以供后期运行参考。

（二）离子交换器运行周期试验

保持进水水质稳定，维持除盐系统在额定流量下运行，测定系统投运至失效的时间和这一阶段内的制水量，即为除盐系统的运行周期和周期制水量。

（三）离子交换器树脂工作交换容量的计算

（1）阳树脂工作交换容量的计算

$$J_{\text{工}} = \frac{(A+S)Q}{V_R} \tag{5-1}$$

式中 $J_{\text{工}}$——阳树脂工作交换容量，mol/m^3；

A——阳床平均进水碱度，$mmol/L$；

S——阳床平均出水酸度，$mmol/L$；

Q——交换器一个周期内的总制水量，m^3；

V_R——交换器内树脂层体积（不包括压脂层树脂体积），m^3。

（2）阴树脂工作交换容量的计算

$$J_{\text{工}} = \frac{(S+[CO_2]+[SiO_2])Q}{V_R} \tag{5-2}$$

式中：$J_{\text{工}}$——阴树脂工作交换容量，mol/m^3；

S——阴床平均进水酸度，$mmol/L$；

$[CO_2]$——阴床平均进水 CO_2 浓度，$mmol/L$；

$[SiO_2]$——阴床平均进水 SiO_2 浓度，$mmol/L$；

Q——交换器一个周期内的总制水量，m^3；

V_R——交换器内树脂层体积（不包括压脂层树脂体积），m^3。

十四、EDI 调试

（一）启动前检查

EDI 系统在启动前，应主要对以下内容进行检查：

（1）模块端板间的间距应符合要求。当发现螺钉松动或端板间的间距大于指示范围时，则需要拧紧正面端板上的螺钉。若模块漏水，可拧紧所有正面端板上的螺钉直到不漏。

（2）模块的所有进出水接口与系统管道连接完好。

（3）预处理系统具备连续运行条件，能够保证 EDI 进水水质和水量要求。

（4）现场电气设备接地良好，各电气设备绝缘测试合格。

（5）所有阀门调试完毕，处于关闭状态。

（6）电源已送电。

（7）泵和整流器均处于停运状态。

（8）安全设备已经安装并可以使用。

（9）测量仪表具备投用条件。

（10）控制系统具备投用条件。

（二）启动前的再生

当 EDI 模块停运时间较长或对模块进行化学清洗后，在投入运行前必须对模块进行再生，以提高淡水室 H 型和 OH 型树脂的含量。模块再生初始，产水水质较差，应进行排放，当产水电阻率合格时，可以停止再生，将装置按正常程序投入运行。Electropure 公司 XL 系列模块再生具体操作步骤如下：

（1）按表 5-11 中膜对应的再生参数调整好产水流量、浓水流量、回收率和电压，极水流量保持 10L/h，将控制柜上的电源开关转换至"稳流"状态，提高电流到正常运行值的 1.5～2 倍。

表 5-11 　　　　　　　　　　　　XL 系列电除盐膜再生操作参数

膜型号	产水流量（L/h）	浓水流量（L/h）	回收率（%）	电压（VDC）
XL-100	50	10	80	80～100
XL-200	110	25	80	120～180
XL-300	350	70	80	160～240
XL-400	700	140	80	250～300
XL-500	1300	270	80	350～400

（2）保持上述参数使模块运行。再生初期，浓水中的 TDS 有时会很高，当浓水中的 TDS 降至 100mg/L 或电导率降至 200μS/cm 左右时，将浓水流量降低 50%，进水流量、运行电流及极水流量等操作参数保持不变。此时浓水的 TDS 将增到一倍左右。

（3）当浓水中的 TDS 降至 80mg/左右或电导率降至 160μS/cm 左右时，将进水流量提高到正常值，使回收率提高到 90%，浓水流量、运行电流及极水流量等参数保持不变。

（4）保持上述参数使设备运行 1h 后，将控制柜上的电源开关切换至"稳压"状态，并将运行电压调至正常值。将浓水排放水量恢复至正常值（即产水量的 10%），保持极水流量不变。

（5）保持上述参数继续运行 8～16h 后，模块应能再生合格，产水水质能恢复至正常值。

（三）手动投运

（1）在装置启动前，应用符合 EDI 装置进水条件的水充满系统。在装置缺水状态下运行整流器，会造成模块损坏。

（2）通过调整 EDI 装置的进出口阀门调节进水、浓水或极水流量至超过装置最低运行流量。

（3）启动浓水循环泵并确定浓水流量。

（4）根据回收率确定浓水排放量，一般为进水量的 10%。回收率不能过高，否则模块内将出现结垢现象。

（5）调整进水、浓水或极水压力，使其符合装置运行要求：调整浓水进水压力，使其比淡水进水压力低 0.3～0.7bar，防止模块中的浓水渗入淡水室而使水质恶化。调整浓水出水压力,使其比淡水进水压力低 0.3~0.7bar。调整极水流量,直到符合模块设定值。

(6) 启动整流器。首次启动时,浓水排放阀全开,然后再逐渐调整至最低流量。

(7) 检查所有模块的启动电流。初始运行时,模块的启动电流可能比正常运行的电流要高,一般在 1h 内降至正常水平;正常运行期间,各模块间的电流应均衡。

(8) 投用系统中的测量仪表,并检查仪表的运行状况。

EDI 装置启动后,产水电阻率应在 1h 内升到一个相对稳定的水平。在运行过程中,应记录淡水进水压力、浓水进水压力、产水压力、浓水出口压力、浓水循环泵出口压力、浓水排放流量、浓水循环流量、极水流量、产水流量、整流器操作电压、整理器运行电流、产水电阻率、浓水电导率、进水电导率、产水温度、浓水温度等运行参数。

(四)自动投运

在手动状态下,系统流量、压力和电流均调整至符合要求时,就可以将整流器、浓水循环泵、加盐装置等转到自动状态,使 EDI 系统转入自动运行状态。

(五)系统停运

EDI 装置根据停机时间长短分为短期停机和长期停机一般认为,停机时间不超过 3 天的为短期停机,否则称为长期停机。

短期停机主要指由于报警或工艺方面的原因造成的停机,可按下述步骤停运和保护:

(1) 停运整流器。

(2) 停运浓水循环泵。

(3) 停运加盐装置。

(4) 关闭所有进出水阀门,停止向 EDI 进水。

(5) 保持模块内部水分,防止模块脱水。

长期停机应按下述步骤进行:

(1) 停运整流器。

(2) 停运浓水循环泵。

(3) 停运加盐装置。

(4) 关闭所有进出水阀门,停止向 EDI 进水。

(5) 卸去 EDI 装置的内部压力。

(6) 对装置进行杀菌处理。

(7) 关闭所有进出口阀门,以保持模块内部湿润。

(8) 断开整流器、控制盘和泵的电源。

第四节 常见问题及处理

一、EDI 污堵及清洗

(一)污堵原因

随着运行时间或长期不佳的运行工况,EDI 膜堆和管道可能会由于硬度、微生物、有机物及金属氧化物等因素受到污染或结垢。污堵的原因主要有以下几方面:

(1) 运行的积累。即使在正常的运行工况运行,时间长了,EDI 系统也会慢慢结垢。这种结垢方式主要集中在浓水室阴膜表面和阴极室。

（2）进水水质不合格。进水中的钙、镁等离子浓度超过规定值，严重时会引起 EDI 模块快速结垢。另外，进水中二氧化硅含量过高，也会在模块内生成很难清除的硅垢。

（3）回收率太高。回收率过高，浓水中含盐量会很高，容易引起结垢。

（4）微生物滋生。EDI 模块在运行中可以连续地电离水分子，在模块内部形成 pH 或高或低的局部区域，可以起到抑制微生物繁殖的作用。但在停机状态，上述作用消失，模块内的细菌及微生物很快会繁殖起来。而且，停机时间越长，微生物危害越大；气温越高，微生物问题较为突出。有的 EDI 装置在浓水循环回路中设有紫外线杀菌器，就是为了防止浓水系统中滋生微生物。表 5-12 归纳了 EDI 装置的污染现象及原因。

表 5-12　　　　　　　　　　　　EDI 装置的污染现象及原因

序号	污染现象	原　　因
1	模块压差增大，浓水、极水及产水流量降低	硬度或铁锰等无机物引起结垢，有硅垢产生，微生物污染
2	电压升高	硬度或铁锰等无机物引起结垢，有硅垢产生
3	产水水质下降	硬度或铁锰等无机物引起结垢，有硅垢产生，微生物污染，有机物污染

（二）EDI 清洗

1. 清洗时间

当 EDI 发生污堵现象时，可根据流量（Q）和压差（Δp）的变化决定清洗时间。具体判断方法为，根据公式 $\sqrt{1/k \times \xi} = \sqrt{Q/\Delta p}$ 分别计算浓水室和淡水室的 $\sqrt{Q/\Delta p}$，如果该值比初始值减少了 20%，则应进行清洗或消毒。

2. 清洗方法

清洗前，应根据模块的运行状况或取出污垢进行分析，以确定污垢化学成分，然后用针对性强的清洗液，进行浸泡或动态循环清洗。根据污垢的主要成分，可将常见的污垢类型分为以下几种：

（1）钙镁垢：通常由于进水水质未达到要求或回收率控制过高而造成，容易发生在浓水室和阴极室。

（2）硅垢：是由进水硅酸浓度较高引起的。硅垢较难去除，易发部位为浓水室和阴极室。

（3）有机物污染：如果进水有机物含量过高，则树脂和膜就会发生有机物污染。有机物污染易发部位为淡水室。

（4）铁锰污垢：当进水铁锰含量过高时，则引起树脂和膜的中毒。铁锰污垢易发部位为淡水室。

（5）微生物污染：当进水生物活性高时，或停用时间较长，气温较高时，可引起微生物污染。

对于钙镁垢，可以用有机酸（如柠檬酸）、无机酸或螯合剂清洗；对于有机物污染，可以用碱性食盐水或非离子型表面活性剂清洗；对于铁锰污垢，可用螯合剂清洗。表 5-13 列举了一些常用的清洗方案。

表 5-13 EDI 不同污染的清洗方案

序号	污垢类型	清洗方案
1	钙镁垢	配方 A
2	有机物污染	配方 C
3	钙镁垢、有机物污染及微生物污染	配方 A—配方 C
4	有机物污染及微生物污染	配方 B—配方 D
5	钙镁垢及较重的生物污染同时存在	配方 A—配方 B—配方 D
6	极严重的微生物污染	配方 B—配方 D—配方 C
7	顽固的微生物污染并伴随无机物结垢	配方 A—配方 B—配方 D—配方 C

注 配方 A 为 8%盐酸，配方 B 为 5%氯化钠，配方 C 为 5%氯化钠＋1%氢氧化钠，配方 D 为 0.04%过乙酸＋0.2% 过氧化氢。

二、EDI 产水异常原因及处理

（一）EDI 产水水质差的原因

EDI 产水水质差的影响因素有很多，主要由进水水质和流量、操作电压和电流、浓水与进出水压差控制不当引起，同时与锁紧螺栓紧固程度以及离子交换膜的性能存在缺陷等有关。

（二）EDI 产水异常的处理

根据 EDI 运行参数，分析引起装置产水水质不合格的原因并采取相应的措施，主要有以下方面：

（1）若进水水质超标，则控制 EDI 装置的进水水质，使其处于要求范围内。

（2）若进水流量不符合要求，则调整进水流量至合理范围。

（3）若一个或多个模块没有电流或电流很低，则应检查电气保护装置、电线接头及整流器的接地情况。

（4）浓水压力比进水压力或产水压力高，容易使浓水渗入淡水中，引起产水水质不合格，此时应重新调整浓水压力，使其略低于产水压力和进水压力。

（5）电极接线错误和运行电流过低也是引起产水水质不合格的原因，相应地应检查电源接线情况和整流器的电流输出是否达到上限，并做相应调整。

（6）锁紧螺栓锁紧力过小，按要求重新紧固锁紧螺栓。

（7）随着运行电流的提高，装置的产水水质应该更好，否则有可能是离子交换膜受到降解或损坏，应进行修复或更换。

（8）模块经过长期运行容易造成污堵或结垢，此时也会造成产水水质不能达到要求，应及时按要求对其进行清洗。

（9）如果操作电压设定得太高或模块内树脂有分层现象，会导致 EDI 产水 pH 过高或过低。

三、离子交换除盐设备存在的问题及处理

（一）水帽损坏和脱落

在设备的运输、安装或运行过程中，水帽有可能会松动或损坏。因此，在设备安装完毕后应对水帽逐一进行塞尺检查，以确保水帽牢固，水帽缝隙满足要求。同时，在水帽选择

时，应选择机械强度高、耐蚀性强、质量完好的水帽。

（二）防腐层脱落

离子交换设备产生防腐脱落的原因主要有：衬胶水平差，衬胶或涂层不牢固；胶板有针眼，涂层未按规范施工，设备除锈不彻底。

处理措施：认真检查衬胶层，修补后用电火花检验；按衬里施工规范作业，彻底除锈。

（三）石英砂垫层乱层

当反洗操作不当或反洗水从局部冲出时，都会造成石英砂垫层乱层。在装填石英砂时，未严格按照石英砂颗粒大小级配进行装填，铺垫不匀，容易造成反洗时乱层；底部穹形多孔板上开孔不当，造成反洗时局部水量过大，容易将石英砂垫层冲乱；未定期进行大反洗，石英砂垫层积污而使石英砂垫层结块，在反洗时存在偏流，局部流速高也易造成石英砂垫层乱层。

处理措施：石英砂垫层应严格按照级配逐层铺垫，每层的厚度必须符合设计要求，铺垫完成后装入树脂前，进行反洗试验，要求在流速达 40～60m/h 时，石英砂垫层不乱层、不移动。穹形多孔板的中心不应开孔，以避免底部进水流速过高而冲乱石英砂垫层；如穹形板是全部开孔的，可在穹形板下面加装挡板，以分散水流。进水浊度应符合除盐设备进水水质要求，以防止石英砂垫层结块。在反洗操作时，开始应缓慢进水，然后逐渐加大反洗水流量。

（四）中间排液装置损坏

中间排液装置弯曲或断裂的原因如下：设备在运输过程中碰撞；压脂层过厚或过薄；进再生液过快，压力高；顶压压力过高，压力超过规定范围；反洗开始流量过大，造成树脂活塞上升，产生巨大推力等。

处理措施：设备安装完毕后，对中间排液装置进行检查，确保牢固、完好；压脂层一般为 200～250mm；进再生液前进行预喷射，稳定后再进再生液，控制流速；顶压压力适宜，压力一般控制在 29～49kPa；反洗时，先用小流量的水充满树脂，待气泡全部排除、树脂浮动后，再加大水流量；加强操作人员培训等。

（五）顶部装置损坏

对于浮动床等上向流（水流方向由底部向上流动）的交换器，运行时上部装置容易损坏，损坏的主要原因是树脂层顶部干层或板结，底部进水流速高时，树脂层活塞式移动，压向顶部装置，从而造成损坏。处理措施：采用弧形支母管式顶部装置；底部进水时，先用小流量的水流充满树脂层，然后再逐渐增大水的流量。

对于采用弱性树脂的浮动床，在装填树脂时，未考虑足够的树脂可逆或不可逆的转型膨胀空间，树脂失效膨胀时，也容易损坏交换器的顶部装置。

四、离子交换器在操作中的问题及预防

（一）离子交换器跑树脂

在离子交换除盐系统调试过程中，比较容易发生跑树脂现象。主要原因：石英砂垫层级配不当或乱层；水帽不合格，水帽松动或损坏；树脂不合格，粒径太小或均一性差；中排装置损坏或涤纶网套松口、脱落；反洗强度过大，从反洗排水跑树脂。

处理措施：在装填垫层时，严格按照设计规定的石英砂级配进行装填，防止损坏；水帽质量要求严格检查，确保出厂质量；在施工完毕，进行检查，确保牢固、无松动，无二次损伤；树脂添加前应抽样检查合格，严禁使用不合格的树脂；检查水帽的同时，应对中排装置进行检查，确保无损坏；反洗时，在现场调节反洗进水门，仔细观察树脂反洗情况，控制好流速。

（二）运行周期短

原因分析：离子交换器过度失效，使出水水质不合格，为下次再生带来困难；再生剂质量差，影响再生度，造成运行周期短；再生操作不当，造成出水水质波动、恶化，周期制水量降低。

处理措施：控制周期制水量，留有足够的安全系数；加强出水水质监督，特别在其接近失效时，更要连续检测；采用在线化学仪表进行自动监测；严格控制再生剂的质量，每次进厂均要检测其质量，不符合质量要求的禁止使用；定期检测再生剂的杂质含量；再生时要检测再生效率。

（三）再生液漏入除盐水中

再生液漏入除盐水中会造成出水水质严重恶化，威胁锅炉设备的安全运行。为防止此类事故发生，应检查再生液入口阀门是否关严，有无泄漏等情况，并及时消除。

（四）离子交换器过度失效

离子交换器在运行中，未能及时捕捉到失效点，以造成出水水质恶化。阳床过度失效，会使出水含钠量明显增大，严重时还可能造成硬度漏过。阴床过度失效主要是硅酸漏过，严重时会发生强酸漏过，造成热力设备腐蚀。

（五）阳离子交换器出水含钠量高

原因分析：钠表未校验，阳床再生系统故障，阳树脂流失，阴树脂混入阳树脂中，阳床设备故障。

处理措施：校验钠表；检查再生系统，用足再生剂；补足阳树脂；将阴树脂从阳树脂中分离出来；检查阳床设备，消除故障。

（六）阳床出水酸度突然升高

原因分析：运行床进酸阀未关严或再生床出水阀未关严造成再生时跑酸；清水水质发生变化，含盐量增大。

处理措施：关严运行床进酸阀、再生床的出水阀，暂时将该床退出运行进行正洗，中间水箱进行排水处理；同时加强监测反渗透装置、混床出水、反渗透水箱和除盐水箱的水质；查明清水水质变化原因，并进行相应调整。

（七）阴床出水水质不合格

原因分析：阴床设备石英砂垫层不合格，阴床再生系统故障，碱液质量恶化，碱液再生温度低。

处理措施：化验石英砂垫层，清洗或更换石英砂垫层；检查再生系统；购买合格的碱液；提高碱液温度。

（八）混床出水水质不合格

原因分析：混床失效；内部装置有缺陷，发生偏流；混床反洗阀门关不严；运行混床进酸阀或进碱阀关不严；再生混床出水阀关不严。

处理措施：关严再生床的有关阀门。当发生跑酸、碱时，即退出该混床运行转正洗，必要时用备用混床。如影响到除盐水箱的水质，即投用备用除盐水箱，同时排出不合格的除盐水；如果影响到给水及炉水的水质，应根据水汽监督要求采取相应措施。

五、离子交换树脂的污染及防治

（一）悬浮物污染及防治

水中的悬浮物会堵塞在树脂颗粒间的空隙中，因而增大了床层的水流阻力，若覆盖在颗粒表面，还会阻塞颗粒中微孔的通道，因而降低了树脂的工作交换容量。为防止这种污染，主要需加强原水预处理，以减少水中的悬浮物。逆流再生交换器一般要求进水悬浮物含量小于 2mg/L。当然，离子交换器的进水中悬浮物含量越少越好。为了清除树脂层中的悬浮物，还必须做好离子交换器的反洗工作。

（二）铁化合物的污染及防治

铁化合物污染在阴、阳离子交换器中均可能发生。阳离子交换器中的铁化合物污染主要表现为离子性污染。因为阳树脂对 Fe^{3+} 亲和力强，容易吸着而不易再生下来。发生这种污染可能是原水预处理不当而有胶态硅混入树脂或系统中有铁腐蚀产物。阴离子交换器中易发生胶态和悬浮态 $Fe(OH)_3$ 的污染，这种污染的来源主要是再生用碱中含有铁的化合物。树脂被铁污染后，主要表现为颜色变暗，树脂交换容量降低，出水水质变差等。有时树脂中的水分在短时间内迅速增加，也说明有金属污染，因为它促进氧化，加速解链。

为防止树脂铁污染，应尽可能减少进水中的铁含量，离子除盐系统进水要求铁含量小于 0.3mg/L。当采用铁含量较高的地下水时，应采取曝气处理和锰砂过滤法除铁；若采用铁盐做混凝剂，应提高混凝效果，防止铁离子进入离子交换系统。

一般认为，每 100g 树脂中铁含量超过 150mg 时就要进行清洗。清洗方法通常是用加有抑制剂的高浓度盐酸（如 10％～15％）长时间（5～12h）与树脂接触；也可配用柠檬酸、氨基三乙酸、乙二胺四乙酸等络合剂进行综合处理。另外，需要注意的是，酸洗被铁污染的阴树脂宜用化学纯盐酸。

（三）胶态硅的污染及防治

强碱性阴树脂交换器容易发生胶态硅污染。阴树脂胶态硅污染的现象是，树脂中硅含量增大，用碱液不易再生，导致阴离子交换器的除硅效率下降。为防止阴树脂胶态硅污染，树脂失效后应及时再生，再生剂用量应充足，增加再生接触时间。一旦发现析出胶态硅，可用稀的温碱液浸泡溶解。

（四）阴树脂的有机物污染及复苏处理

有机物污染是指离子交换树脂吸附有机物后，在再生和清洗时不能将其解吸下来，以致树脂中的有机物含量越来越多的现象。凝胶型强碱阴树脂容易受有机物污染，是因为其高分子骨架属于苯乙烯系，是憎水性的，而腐殖酸和富维酸也是憎水性的，两者分子吸引力很强，难以在碱液再生树脂时解吸出来。由于腐殖酸或富维酸的分子很大，以及凝胶型树脂网孔的不均匀性，因此，一旦大分子的有机物进入树脂网孔中，容易卡在树脂凝胶结构的缠结部位，一方面占据了阴树脂的交换位置，另一方面有机物分子上带负电荷的酸根离子与强碱性阴树脂之间发生离子交换作用。树脂被有机物污染后的主要现象有：工作交换容量降低，出水水质恶化，清洗水量增大，树脂颜色变暗等。防止有机物污染的主要措施是，加强水的预处理，采取防有机物污染的树脂，设置弱碱阴离子交换器等措施。

　　对于不同水质污染的阴树脂，复苏液的配比不同，常用两倍以上树脂体积的 5%～12% 的 NaCl 和 1%～2% 的 NaOH 混合液，浸泡 16～48h 复苏被污染的树脂。对于 I 型强碱性阴树脂，溶液温度可取 40～50℃；对于 II 型强碱性阴树脂，溶液温度应不超过 40℃。最适宜的复苏条件应通过试验来确定。如果树脂既被有机物污染，又被铁离子及其氧化物污染，则应首先去除铁离子及其氧化物，然后再去除有机物。

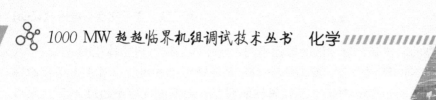

第六章

凝 结 水 精 处 理 系 统

凝结水一般是指锅炉产生的蒸汽在汽轮机做功后，经循环冷却水冷却而凝结的水。实际上凝汽器热井的凝结水还包括高压加热器危急疏水、低压加热器疏水，同时由于热力系统不可避免地存在水、汽损失，为弥补这部分损失，除盐补给水系统向热力系统补充一定量的补给水。因此凝结水主要包括汽轮机内蒸汽做功后的凝结水、各种疏水和锅炉补给水。凝结水精处理系统是为了满足大型机组对给水品质的要求而对凝结水进行深度净化处理的系统。

第一节 概　　述

对于直流锅炉，没有炉水循环蒸发过程，没有炉内水处理和排污处理过程，给水一次流经锅炉受热面完成水到蒸汽的汽化过程。给水带入的盐类和其他杂质，一部分会在炉管内沉积，造成炉管腐蚀或传热不良，影响锅炉的安全经济运行；一部分在高参数蒸汽中溶解，随蒸汽带入汽轮机。进入汽轮机的蒸汽完成能量的转换后，随着蒸汽参数的降低，蒸汽中的一部分盐类会沉积在汽轮机各个部位，引起汽轮机部件积盐与腐蚀，影响汽轮机安全运行与降低热效率；另一少部分盐类经过凝结后返回到凝结水中。

凝结水精处理的任务是对凝结水进行深度净化处理，以除去凝结水中的杂质，为机组提供优质的给水，防止炉管结垢与腐蚀，防止蒸汽系统及汽轮机通流部位积盐、结垢与腐蚀。

一、凝结水污染物的来源

凝结水中污染物的来源主要有如下几方面：

（一）凝汽器渗漏或泄漏

凝结水污染的主要原因是冷却水从凝汽器不严密的部位漏至凝结水中。凝汽器不严密的部位通常在凝汽器内部管束与管板连接处。机组工况的变动会使凝汽器内产生机械应力，即使凝汽器的制造和安装质量较好，由于使用时间的延长和负荷变化等因素，凝汽器管与管板结合处的严密性降低，仍然可能会发生循环冷却水渗漏或泄漏现象。

当凝汽器管子因制造缺陷或腐蚀而出现裂纹、穿孔或破损时，或者当管子与管板的胀接或焊接不良遭到破坏时，则冷却水漏到凝结水中的量会显著地增大。

凝结水因冷却水的泄漏而引起的污染程度还与汽轮机的负荷有关。当汽轮机的负荷很低时，凝结水水量相应地减少，而泄漏到凝结水的冷却水量变化小，凝结水受影响的程度就大。

（二）金属腐蚀产物的污染

凝结水系统的管路和设备会由于运行和停运等原因而被腐蚀，因此凝结水中常常含有一定数量的金属腐蚀产物，其中主要是铁和铜的氧化物（无铜热力系统设备基本上没有铜质材料）。铁的形态主要以 Fe_2O_3、Fe_3O_4 为主，它们呈悬浮态和胶态，此外也有铁的各种离子。凝结水中的腐蚀产物的含量与机组的运行状况有关，在机组启动初期，凝结水中的金属腐蚀产物较多。另外在机组负荷不稳定情况下，杂质含量也可能增多。

含有金属腐蚀产物的给水进入锅炉本体后，就会在水、汽流通部位沉积，并进一步引起腐蚀。

（三）空气漏入

在汽轮机的密封系统、凝结水泵和给水泵的密封处、低压加热器膨胀节点处，有可能漏入空气，空气中的 CO_2 与给水中的 NH_3 形成 NH_4HCO_3 或 $(NH_4)_2CO_3$，从而增加水中的碳酸化合物含量，同时，空气的漏入也会使凝结水、给水的氧含量升高，这些因素都会引起腐蚀。

（四）锅炉补给水带入少量杂质

当补给水处理系统设备故障或运行管理不良时，有可能将更多的杂质带入凝结水中。即使高速混床出水在运行中控制得非常严格，补给水杂质含量很少（其水质要求为 DD≤0.1μS/cm，SiO_2 含量 10μg/L），也会带入微量的杂质（如微量的钠离子、硅酸根、氯离子、小分子有机酸离子等）到凝结水中。

此外，锅炉停炉备用时加入的保护剂或成膜剂在机组启动时也会污染凝结水。

二、凝结水处理的特点

凝结水中的杂质的一个来源是水汽系统中因设备、管道腐蚀带入的金属腐蚀产物，主要是铁和铜的氧化物。进入凝结水中的腐蚀产物大多以微粒形式存在，其在凝结水中的含量与机组运行工况有关，在机组启动的时候含量高，是正常运行的几十倍或几百倍。在正常运行时，机组负荷发生较大变动也会影响凝结水中杂质的含量。凝结水中的杂质的另一个来源是补给水系统及凝汽器冷却水泄漏或渗漏进入的盐类，在机组正常运行时，其含量少；当凝汽器存在泄漏时，其含量较大。

凝结水处理水量大，600MW 的超临界机组凝结水量高达 1400t/h 左右，1000MW 的超临界机组凝结水量高达 1800t/h 左右。

（一）凝结水过滤处理

凝结水通过机械的过滤方式，除去金属腐蚀产物微粒、胶体和凝汽器泄漏时的悬浮物质，减小这些杂质对高速混床树脂的污染，减小杂质对高速混床通流的影响，延长高速混床的运行周期。

凝结水处理的水量大，凝结水的温度通常为 30～50℃。凝结水过滤设备应满足以下要求：

（1）过滤面积要足够大，设备出力满足处理凝结水量。

（2）过滤的水流阻力要小。

（3）过滤材料的化学稳定性和热稳定性要好，不会对凝结水水质造成污染。

（4）反洗容易，过滤性能容易恢复。

（二）凝结水除盐处理

由于凝结水处理水量大，含盐量低，处理时大多采用高速混床，处理流速高达 110～120m/h。高速混床内装填经深度再生的 1∶1 强酸阳树脂和强碱阴树脂的混合树脂。凝结水中的阳离子与阳树脂反应而被除去，阴离子与阴树脂反应而被除去。以 R—H、R—OH 分别表示阳、阴树脂，其发生的反应如下：

阳树脂反应：$R-H+Na^+(Ca^{2+}/Mg^{2+})\longrightarrow RNa(Ca^{2+}/Mg^{2+})+H^+$

阴树脂反应：$R-OH+Cl^-(SO_4^{2-}/NO_3^-/HSiO_3^-)\longrightarrow RCl(SO_4^{2-}/NO_3^-/HSiO_3^-)+OH^-$

凝结水除盐混床由于运行压力高，流速大，为了减少高速混床的运行阻力，并提高树脂的再生度，混床不设中排再生装置，混床树脂失效后送出体外进行再生。凝结水混床树脂要求具备下列条件：

(1) 机械强度好。

(2) 粒度均匀，达到±0.05mm。

(3) 抗污染能力强。

(4) 阳、阴树脂能良好分层，又能彻底混合。

三、凝结水净化处理的方式

凝结水中的各种盐类物质（离子态杂质）、硅化物、悬浮物、胶态金属腐蚀产物和微量的有机物等，会影响热力设备的安全、经济运行。尤其对于超超临界参数的机组而言，给水保持极高的纯洁度，对后续热力设备的安全运行有至关重要的意义，因此对凝结水进行深度净化处理是必不可少的。凝结水净化处理通常有以下几种布置方式：凝结水→氢型阳床（作为前置过滤器）→混床、凝结水→管式微孔过滤器→混床、凝结水→覆盖过滤器→混床、凝结水→电磁过滤器→混床、凝结水→树脂粉末覆盖过滤器。

四、净化处理装置在热力系统中的连接方式

凝结水净化处理装置也称凝结水精处理装置，其系统按在热力系统中的连接方式可分为两种，即中压凝结水精处理系统和低压凝结水精处理系统。低压凝结水精处理系统设置在凝结水泵与凝结水升压泵之间，可以在较低压力下运行；而中压凝结水精处理系统直接串联在凝结水系统中，一般设置在凝结水泵之后，低压加热器之前，这里凝结水温度不超过60℃，能满足树脂的正常工作的基本要求，运行压力为凝结水压力。采用中压凝结水精处理设备，可以省去一级凝结水提升水泵，设备布置面积小，减少了厂用电。采用中压凝结水精处理设备，可使热力系统简化，不但节省投资，同时运行操作简单，而且提高了系统运行的安全性，目前使用比较广泛。

五、凝结水精处理设备的配置

超超临界机组的凝结水要求100％地进行深度净化处理。凝结水精处理设备通常设置2×50％的前置过滤器，600MW机组设置3×50％高速混床系统，1000MW机组设置4×33％的高速混床系统。

为了保证机组设备的安全运行，凝结水精处理系统设有两个旁路阀门，一个是前置过滤器的旁路阀门，另一个是混床的旁路阀门。正常运行时，两个旁路阀均关闭。

第二节　主要设备及系统流程

目前，凝结水精处理系统主要设备包括前置过滤器、高速混床系统、再生装置等。

一、前置过滤器

前置过滤器的主要作用：一是用于机组启动时对凝结水除铁、洗硅，缩短机组投运时间；二是除去凝结水中的悬浮物、胶体、腐蚀产物和油类等物质；三是在机组正常运行阶段

起到保护混床的作用，除去了粒径较大的物质，延长了树脂的运行周期和使用寿命。常用的前置过滤设备有覆盖过滤器、微孔滤元过滤器。

（一）覆盖过滤器

覆盖过滤器设备本体是一个压力容器，压力容器内有一个碟形管板，上面装有许多垂直圆柱状滤元，用滤元来支撑覆盖材料。一般滤元长 1.2～1.5m，直径 50mm，以尼龙或聚丙烯线绕于多孔的不锈钢成形管上。

它的工作原理是预先将一定细度的滤料覆盖在滤元上，使滤料在滤元上形成一层均匀的滤膜，从而起到过滤或除盐的目的，故称"覆盖过滤"。当滤膜截留了一定量的悬浮物质或盐类后，阻力增加到一定值或出水水质达到一定值时，设备停止运行，用压缩空气将滤膜击破，并将其排走，然后重新铺膜并再次投入运行覆盖过滤器。通常采用粉末树脂或纸浆作为滤料。

1. 铺膜

在辅料箱中放入一定量的水，加入滤料，将滤料均匀地配成一定浓度的悬浊液，用加药泵将悬浊液注入铺膜泵入口，通过铺膜泵与满水的过滤器之间进行循环过滤铺膜。铺膜时，流速的大小与滤料的干湿密度有关。滤料不同，其铺膜的流速也不同。铺膜过程中，一开始，大部分滤料截流在滤元的表面，观察滤料均匀地铺着在滤元上时，再提高铺膜的流速，使滤料压实、均匀。

滤膜压实后进行大流量的水冲洗，冲洗除掉透过滤元的滤料。直至出水不带滤料，转化为过滤运行。运行时，流速不能过大或过小，流速过大，滤膜快速压实，过滤压差上升快，运行周期短；流速过小，可能会出现滤膜脱落的现象。以纤维素为滤料时的铺膜设计参数如下：滤料耗量为 0.7～1.0kg/m² （以干粉计），纸浆浓度 2%～5%，铺膜时间 7～10min，铺膜滤速 2～4m/h。

2. 爆膜

覆盖过滤器开始运行时，滤膜两侧的压差较小，一般为 0.01～0.05MPa，随着运行时间的延长，被滤膜过滤下来的胶体、悬浮物不断地累积，使过滤器滤膜的两侧压差不断升高，等到滤膜两侧的压差达到 0.15～0.30MPa 时，停止运行。过滤器进行爆膜操作，利用被压缩在出水部分空气的突然膨胀将滤膜击破。操作方法：关出水门，维持进水门打开状态，利用进水的压力压缩上下气室的空气，等到过滤器内部压力均匀时，关进水门，然后突然全开放气门和排渣门。则压缩在气室内的空气突然膨胀，将多孔板上面的水从滤元内部挤出来，击碎失效的滤膜，用反冲洗水冲洗滤元，使失效的滤膜脱落和排走，并将滤元冲洗干净，以便重新铺膜。

3. 运行终点的控制

覆盖过滤器的运行终点可以根据周期制水量、极限压差或离子穿透来决定，但实际上较薄的粉末树脂覆盖层只能提供有限的离子交换容量，多半受高压差的限制，运行压降增大到 0.14～0.17MPa 即退出运行。

（二）微孔滤元过滤器

1. 微孔滤元过滤器的结构

微孔滤元过滤器的壳体为钢制直筒状罐体，内部设置多孔板，每个孔对应安装一支滤元，过滤器本体由人孔门、窥视镜、进水装置、空气进气装置、出水装置等组成，其结构如

图 6-1 所示。

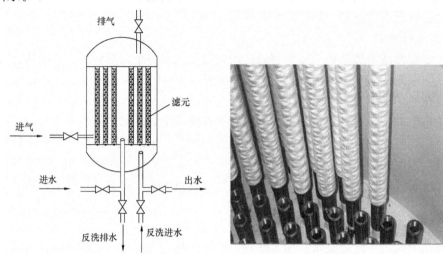

图 6-1　前置过滤器结构示意图与滤元连接图

2. 滤元

微孔滤元过滤器利用滤元的孔隙来过滤凝结水中的颗粒状杂质。滤元的微孔有 1～100μm 等多种规格。各种精度的滤元能过滤大于该微孔直径的颗粒，超临界以上机组正常运行滤元孔径为 1μm。为了适应在基建启动阶段的水质，防止正常滤元受到污染及频繁反洗，一般选用较大孔径的滤元作为启动滤元，启动滤元的孔径可选择 5μm 或 10μm。

滤元的形式有绕线滤元、烧结管滤元、折叠滤元和熔喷滤元等多种。绕线滤元由具有良好过滤性能的纤维材质制成，按一定规律缠绕在不锈钢骨架上。滤线的材质有脱脂棉纱线、聚丙烯纤维线、丙纶纤维线等。绕线滤元的过滤精度与绕线的粗细和绕线的松紧程度有关。

折叠滤元利用聚丙烯纤维经特殊工艺制作成纸状滤材并折叠而成，骨架采用增强聚丙烯或不锈钢。同线绕滤元相比，折叠滤元具有过滤精度高、通量大、过滤起始压差低、更易反洗干净等特点。表 6-1 为超超临界机组常用折叠滤元设计参数。

表 6-1　　　　　　　　　　　　　　常用折叠滤元设计参数

过滤精度	材质	内支撑件及连接件材质	进水水质	表面积	单支滤芯流量	最大允许压差	运行温度
1.0μm 10μm	聚丙烯	增强聚丙烯 或 304SS	<2000μg/L	0.35m²	3.5m³/h	3.0kgf/cm²	<60℃

注　$1kgf/cm^2 \approx 9.8 \times 10^4 Pa$。

折叠滤元反洗水量及气量：在 1.36～2.1bar 的压力下，反洗水量每支滤芯 0.45～0.68m³/h，反洗气量 3.4～5m³/h，均可以达到很好的反洗效果。

3. 工作过程

水从过滤器底部进入管束之间，流经滤元表面，杂质被截留在滤元上，水穿过滤元及骨架，汇流至前置过滤器出水管。当过滤器进出口压差达到设定值时，过滤器需进行反洗。反洗时，反洗水从底部出水口进入管中对滤元进行反冲洗，排水从进水口排出（与运行水的流向相反）。另外，从底部进气加强冲洗水的扰动，加强过滤器的反洗效果。为了保证空气反洗时布气均匀，在设备下部共设四个进气口，同时顶部排气口设快开气动蝶阀，以利于产生爆气，使附着于滤元的污物脱离滤元表面，并随冲洗水排除。

二、高速混床系统

高速混床系统包括混床、树脂捕捉器、进出水管道、树脂进出管道和冲洗水管道、压缩空气管道、排放管道等。为保证混床投运初期水质合格，还配有再循环系统。高速混床系统如图 6-2 所示。

（一）混床

高速混床外形有球形和柱形两种，根据每台混床的处理水量，设置不同形式的混床。直径在 2800mm 以上的混床大多为球形。600MW 级以上机组由于凝结水量大，大多采用球形混床结构。下面主要介绍球形混床。

球形混床采用钢制，内部衬胶，主要有人孔门、进水装置、出水装置、窥视镜等组成。球形混床的结构如图 6-3 所示。

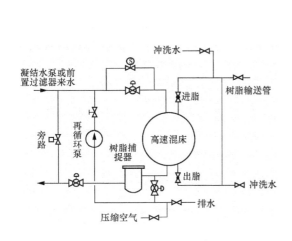

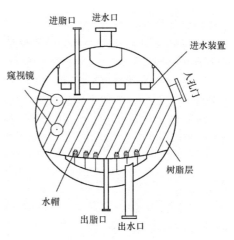

图 6-2　高速混床系统示意图　　　　图 6-3　球形混床的结构

1. 进水装置

混床进水装置为挡板加多孔板旋水帽型，保证进水分配均匀，防止水流直接冲刷树脂表面造成表面不平，从而引起偏流，降低混床的制水量及出水水质。

2. 出水装置

出水装置为弧形多孔板加水帽型，整个出水装置采用 SS316L 材质制作，其作用有两个：①由于水帽在设备内均匀分布，使得水能均匀地流经树脂层，使每一部分的树脂都得到充分的利用，可以使制水量达到最大的限度；②光滑的弧形不锈钢多孔板可减少对树脂的附着力，使树脂输送彻底。

3. 窥视镜

混床设有两个窥视镜，窥视镜由透明、防腐的钢化玻璃材料制成，其厚度能承受与容器同样的压力，窥视镜的法兰与容器壁贴平焊接，便于观察混床内部状态。

（二）树脂捕捉器

树脂捕捉器滤元为篮筐式结构，缝隙宽度 0.20mm，为 SS316 不锈钢材质，结构如图

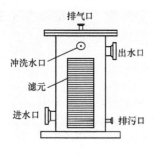

图 6-4　树脂捕捉器的结构

6-4所示。当混床出水装置有碎树脂漏出或发生泄漏树脂事故时，树脂捕捉器可以截留树脂，以防止树脂漏入热力系统中，影响锅炉炉水水质。树脂捕捉器设计成带圆周骨架的易拆卸结构，在检修时不需管道解体的情况下，可打开罐体检查并可以取出过滤元件，清除堵塞污物，方便了运行与维修。运行过程中，正常树脂捕捉器进出口压差不超过 10kPa，如果超过，就要检查捕捉器的通流面积是否足够或缝隙是否受到污堵，并进行处理。

（三）再循环系统

再循环系统在混床投运时用来循环正洗，以保证混床出水合格。再循环泵进水是没有经过树脂捕捉器的混床直接出水，经再循环阀流入混床形成一个循环。再循环系统的作用是：第一，混床投运初期水质不合格，必须经再循环合格后方能投运；第二，启动再循环泵，可以采用较小流量使树脂层均匀压实，防止大流量运行时发生偏流，如果直接以大流量运行，则不容易使树脂层均匀压实。

三、再生装置

为提高混床树脂的再生度，高速混床树脂失效后采用体外分离和再生。再生方法包括高塔分离法（也称三塔法）、锥体分离法、中间抽出法等。目前，使用较多的为高塔分离再生系统。主要设备包括高塔分离罐、阴树脂再生罐（阴塔）、阳树脂再生（储存）罐（阳塔），另外还包括酸碱系统、罗茨风机系统和碱热水箱、废水树脂捕捉器、废水单元等。

高塔分离再生系统利用均粒阴、阳离子交换树脂临界速度特性，用水力分离的方法按 Stoke 定律计算临界沉降速度。

$$v=\left[9r^2\left(P_p-P\right)g\right]/2\eta$$

式中　v——临界沉降速度；

$\quad\ P_p$——颗粒相对密度；

$\quad\ P$——液体相对密度；

$\quad\ g$——重力加速度；

$\quad\ r$——颗粒半径；

$\quad\ \eta$——黏度系数。

利用树脂的相对密度差、颗粒度（特别是颗粒粒度的均匀性）造成两种树脂不同的临界沉降速度，通过反洗时的反洗强度调节，达到阴、阳树脂彻底分离的目的。

（一）高塔分离罐

失效的树脂送入高塔分离罐，在高塔分离罐进行空气擦洗，除掉树脂截流悬浮杂质和腐蚀产物，并用水反洗使阴、阳树脂彻底分离，分离后的阴树脂从中部阴树脂输出口送入阴树脂再生罐，阳树脂从高塔分离罐底部出脂口送入阳树脂再生罐。少量未完全分离开的混脂层留在分离罐底部参与下次分离。

1. 结构

高塔分离罐采用碳钢焊制，橡胶衬里。其结构特点是上大下小，下部是一个较长的筒体，上部为锥筒形。罐体设有失效树脂进口、阴树脂出口、阳树脂出口、上部进水口（兼做上部进压缩空气口、上部出水口）和下部进水口（兼做下部进气口、下部出水口）。底部集水装置设计成弧形多孔板加水帽，使得水流分布较为均匀。顶部进水及反洗排水装置为梯形绕丝筛管制作，以便于正洗进水和反洗排水。高塔分离罐还设有四个窥视镜，用于观察罐内树脂状态。其结构及管道连接如图 6-5 所示。

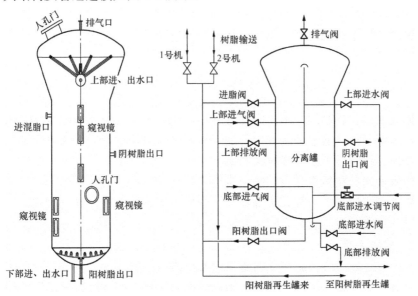

图 6-5　高塔分离罐的结构和管道连接

高塔分离罐的结构特点有利于优化高度与直径的比例，反洗时水流呈均匀的柱状流场，不使内部形成大的扰动；顶部锥筒形结构在反洗时使树脂有足够的反洗空间，并降低顶部树脂的反洗流速，有利于混在阴树脂内的阳树脂下沉，又不至于阴树脂因反洗流速过大而流失；直罐体部分流速大，有利于阳树脂内的阴树脂上升，因罐体内没有中间其他管束装置，在树脂反洗、沉降及输送时，内部搅动减小到最小，水流不会产生搅动，因而树脂层也不会发生紊乱，使树脂交叉污染区的容积减到最小；高塔分离罐底部的主进水门和辅助进水调节门可以提供不同强度的反洗水流，有利于树脂的彻底分离。通过上述措施保证了阴、阳树脂能分层明显。

为了保证两种树脂输送时不发生混合，在树脂高塔分离罐内设置一过渡区，这个过渡区的树脂层高度约 1m。树脂分离沉降后，在过渡区上面的被分离出的阴树脂通过一个位于高塔分离罐侧壁的引出管输送到阴树脂再生罐。少量未送出的阴树脂当作过渡层树脂的一部分，留在高塔分离罐。阳树脂通过位于高塔分离罐底部布水装置中部的引出管，在水力的作用下输送到阳树脂再生罐。阳树脂输送的终点通过安装在高塔分离罐上的适当位置的传感器（光电开关或导电度）来控制。预先设定的过渡层混合树脂留在高塔分离罐内，参与下一套失效树脂的再次分离。树脂分离过程既可人工操作，也可由 PLC 自动控制完成。

2. 工作过程

（1）空气擦洗和水洗。混床失效树脂送入高塔分离罐内，失效树脂和过渡层树脂首先采用罗茨风机进行空气擦洗，使抱团的阴、阳树脂分离，同时使附着在树脂表面的悬浮物、胶体、颗粒等杂质松动、脱落。

分离罐采用中间排水和底部排水，将树脂内部的悬浮物颗粒排出。分离罐进水，重复空气擦洗和排水步骤，将运行过程中截流在树脂表面的悬浮物、腐蚀产物等去除。

（2）反洗分层。开始反洗时，用大流速水流将树脂层快速提升到分离罐上部锥体部分，反洗流速可达到50m/h，此流速超过阴、阳树脂分离的临界速度，从而使整个树脂层上升到锥体部分。

然后通过底部进水调阀开度的调节，逐渐降低反洗流速，首先降低到阳树脂临界流速以下，使阳树脂沉降。然后降低到阴树脂流速以下，使阴树脂沉降。反洗分层结束后，分离罐内的树脂在底部稳流阀少量进水的情况下，上部阴树脂呈流化状态，下部阳树脂基本沉降不动。

（3）阴树脂输送。观察阴、阳树脂完全分离，阴、阳树脂分层界面满足输送要求后，阴树脂在上部进水情况下，通过分离罐中部的阴树脂输送管输送入阴树脂再生罐，当树脂输送到阴树脂出脂口无树脂后，阴树脂输送结束。

（4）阳树脂输送。在检查分离罐阳树脂层内无阴树脂混杂时，可继续通过底部阳树脂出口阀输送阳树脂至阳树脂再生罐，待分离罐树脂层输送到树脂界面光电检测仪动作时结束阳树脂输送。当分离罐阳树脂层内有阴树脂混杂时，则需进行二次反洗分离后再输送。

（二）阴树脂再生罐

由高塔分离罐送来的阴树脂在阴树脂再生罐内进行空气擦洗、反洗，以继续去除树脂在运行过程中截流的悬浮物、腐蚀产物及树脂在运行、转移、擦洗过程中产生的破碎颗粒，然后进行阴树脂的再生并进行深度擦洗。

1. 结构

阴树脂再生罐上部配水装置为挡板式，底部配水装置为不锈钢碟形多孔板＋双速水帽，既保证了设备运行时能均匀配水和配气，又使得树脂输出设备时彻底干净。进碱分配装置为T形绕丝支母管结构（又称鱼刺式），其缝隙既可使再生碱液均匀分布，又可防止完整颗粒的树脂泄漏，并可去除细碎树脂和空气擦洗下来的污物。阴树脂再生罐其结构及管道连接如图6-6所示。

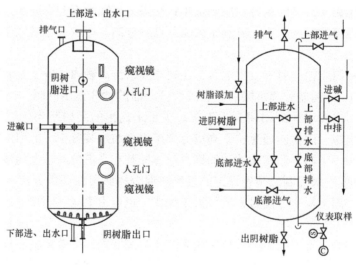

图 6-6 阴树脂再生罐的结构和管道连接

2. 工作过程

（1）分离塔失效阴树脂送进阴树脂再生罐后，通过多次底部进气擦洗和底部进水反洗阴树脂，去除阴树脂中的破碎树脂和残留杂物。

（2）由阴树脂再生罐进碱装置对阴树脂进行再生、置换、漂洗，恢复树脂的交换能力。

（3）树脂再生结束后再次进行深度擦洗，通过多次的底部进气擦洗和底部进水反洗，去除阴树脂再生后产生的破碎树脂和残留杂物。

（4）再生后的阴树脂进行冲洗，冲洗至排水电导小于 $1\mu S/cm$ 后，待阴树脂再生罐树脂再生冲洗合格后通过底部出脂阀输送到阳树脂再生罐。

（三）阳树脂再生罐

阳树脂再生罐提供阳树脂再生场所并兼有树脂混合和储存功能。从高塔分离罐送来的阳树脂在阳树脂再生罐内完成擦洗、再生及深度擦洗。阴、阳树脂再生结束后，阴树脂由阴树脂再生罐转移到阳树脂再生罐，在阳树脂再生罐内阴、阳树脂完成树脂混合和最终的漂洗。漂洗结束后储存在阳树脂再生罐内备用。

1. 结构

阳树脂再生罐的结构同阴树脂再生罐，唯一不同的是，阳树脂再生罐再生时采用盐酸再生，其内部装置的材质必须采用耐酸的 316L 材料，其结构及管道连接如图 6-7 所示。

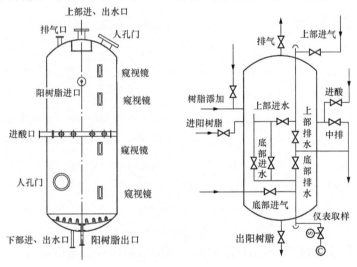

图 6-7　阳树脂再生罐结构和管道连接图

2. 工作过程

（1）经过高塔分离罐分离后的阳树脂被送进阳树脂再生罐后，通过多次底部进气擦洗和底部进水反洗，去除阳树脂中的破碎树脂和残留杂物。

（2）由阳树脂再生罐进酸装置对阳树脂进行再生、置换、漂洗，以恢复树脂的交换能力。

（3）树脂再生结束后再次进行深度擦洗，通过底部进气擦洗和底部进水反洗、中间装置排水，以去除阳树脂再生后产生的破碎树脂和残留杂物。

（4）再生后的阳树脂进行冲洗，冲洗至排水电导小于 $5\mu S/cm$，待阴树脂再生冲洗合格送入阳树脂再生罐。

（5）在阳树脂再生罐内，阴、阳树脂采用罗茨风机进行擦洗混合后，继续漂洗，直到排水电导小于 $0.1\mu S/cm$，储存备用。

（6）当混床树脂失效后，混床失效树脂先输送到高罐分离塔，然后将阳树脂再生罐内储存的备用树脂送入混床待用。

四、辅助控制系统

（一）程序控制

前置过滤器、混床及再生装置均采用程序自动控制，设有前置过滤器投运、反洗及停运，混床投运、停运，再生步序等程序。程序的每一部分的完成由人工确认后进入下一部分的程序运行。另外，程序还设置手操控制方式。通过就地电磁阀箱的电磁阀也可对每一个阀门进行操作。控制系统采用 PLC 监控，由 CRT 显示，通过键盘操作。

1. 旁路控制方式

由于凝结水与机组主系统相连，为保证设备运行的安全、可靠，凝结水精处理系统设置两级旁路，即前置过滤器旁路和高速混床旁路。前置过滤器旁路一般由 50% 和 100% 流量电动门和手动旁路组成，也有的前置过滤器旁路采用 100% 流量的可调电动门。高速混床由一只开度可调的 100% 流量电动调门和手动旁路组成。凝结水精处理旁路连接如图 6-8 所示。

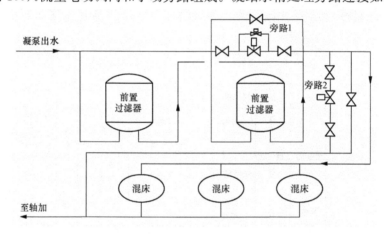

图 6-8 凝结水精处理旁路连接示意图

（1）前置过滤器旁路阀。机组启动初期，凝结水中含有大量的颗粒状悬浮物和油类等，如含有这些物质的凝结水进入管式前置过滤器，将会给前置过滤器内的滤元造成不可恢复的污堵，增加系统的运行阻力，影响过滤器的正常使用功能，故此时的凝结水需经旁路排放，待凝结水进水总悬浮物在 $25\mu g/L$ 以下时再投运前置过滤器。

凝结水进水母管水温超过 50℃ 时，旁路阀自动 100% 打开，并关闭每个前置过滤器进出水门，凝结水 100% 通过旁路系统，保护前置过滤器内部部件和滤元不受高温损坏。

当凝结水母管压力小于 1.0MPa 或大于 4.0MPa 时，前置过滤器旁路阀自动打开。

当前置过滤器系统旁路压差大于 0.1MPa 时，旁路阀自动 100% 打开；当前置过滤器进出口压差大于 0.04MPa 时，旁路阀 50% 打开，另外 50% 凝结水流量通过没有失效的前置过滤器，失效前置过滤器自动退出运行，并自动按程序进行反洗，结束后投运并关闭 50% 旁路阀。

（2）混床旁路阀。凝结水进水母管水温超过 50℃ 或混床系统进、出口压差大于 0.35MPa 时，旁路阀自动 100% 打开，并关闭每个混床的进出水门，凝结水 100% 通过旁路系统，保护树脂和混床不受损坏。

当凝结水母管压力小于 1.0MPa 或大于 4.0MPa 时，混床旁路阀自动打开。

在机组投运初期,凝结水含铁量较高,当含铁量超过 $1000\mu g/L$ 时,混床旁路阀开启,凝结水量通过旁路排放。检查凝结水符合进水水质要求后,凝结水方可进入混床系统进行处理;当有两台混床处于正常投运状态时,才可完全关闭混床旁路阀。

当某台混床运行至出水 Na^+ 含量大于 $2\mu g/L$ 或 SiO_2 含量大于 $10\mu g/L$ 或阳离子电导率(25 ℃)大于 $0.1\ \mu S/cm$ 或流量累积达到额定值时,混床旁路自动打开,混床将自动退出运行。运行人员应对混床运行水质进行监视,避免混床系统退出运行而影响机组的水汽品质。当混床运行出水水质接近控制值时,应及时投运备用混床而撤出将要失效的混床。

2. 前置过滤器程序

正常运行时,两台前置过滤器运行,无备用,当一台前置过滤器失效时,退出运行进入反洗。前置过滤器运行采用程序控制,可实现自动化。前置过滤器进出口压差达 0.04MPa、运行时间或周期制水量达到设定值时,进入反洗程序。

前置过滤器运行步序:备用→升压→正洗→运行→失效→反洗。

3. 混床程序

当一台混床失效时,投运另一台混床(经再循环泵循环正洗至混床出水合格后投入运行)。失效混床进入再生程序。

混床运行步序:备用→升压→循环正洗→运行→失效→再生。

4. 再生系统

失效树脂从混床底部经树脂管道送入体外再生系统进行分离再生,体外再生系统如图 6-9 所示。在分离塔中进行擦洗(除去树脂表面吸附的杂质)、反洗分层后,处于上层的阴树脂送到阴塔进行擦洗、进碱再生,位于下层的阳树脂送到阳塔进行擦洗、进酸再生,然后阴塔阴树脂送到阳塔,与阳树脂进行混合,混合树脂冲洗合格后转入备用。

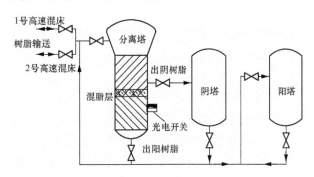

图 6-9 体外再生系统简图

高速混床树脂失效后体外再生步序如下:混床失效树脂送至分离塔→阳塔备用树脂送至混床→分离塔树脂擦洗、分离并送出→阴树脂再生→阳树脂再生→阴树脂送至阳塔→阴、阳树脂混合漂洗,备用。

(二)精处理系统仪表配置

精处理系统的正常运行直接影响着机组运行的安全,因此配置了较完善的系统检测仪表。

1. 系统压力和压差

旁路阀的前后、前置过滤器的前后、树脂捕捉器的前后设有差压变送器。前置过滤器旁路阀前后的差压变送器用于监测前置过滤器系统的压差。混床旁路阀前后的差压变送器用于监测混床系统的压差。树脂捕捉器前后的差压变送器用于监测树脂捕捉器的压差,当压差超过某一设定值时,树脂捕捉器所在列的混床停运。

精处理设备进口、每台前置过滤器和混床均配置差压变送器,检测系统和设备的运行压力。

2. 流量

每台前置过滤器、混床的入口设有流量计。流量计用来监测通过前置过滤器、混床的凝结水流量，通过流量计的输出信号，也可以累计周期制水量。

3. 水质监测

每个混床的出口和混床系统出口母管设有电导率表、硅表、钠表，主要用来监测混床出水水质。出口母管上还设置 pH 表，pH 表是 NH_4^+/OH^- 型混床运行时的主要监测仪表。钠表和硅表大多采用多通道设置。

4. 其他仪表

为保证系统的安全运行，前置过滤器、混床排气母管上设有液位开关，自动监测前置过滤器、混床充水是否充满。精处理系统进口设有温度检测仪，防止凝结水温度过高而造成树脂的高温分解。

精处理再生系统仪表控制包括以下方面：

（1）分离塔的本体上设置了光电开关，用来监测树脂和水的界面，根据树脂和水反射光对光电开关的反应不同，控制阳树脂的输送终点。

（2）阳、阴再生塔排水管上设置电导率表，监测阳、阴再生塔内的树脂再生、清洗是否合格。

（3）再生塔排气母管上设有液位开关，自动监测再生塔充水是否充满。

（4）阳阴再生塔的冲洗水管上设有流量计，监测再生塔的冲洗水流量。

（5）酸碱液稀释水管上设有流量计，调节阀门开度时指示流量。

（6）稀酸碱液管上设有酸碱浓度计，指示再生用酸碱液的浓度。

（7）冲洗水泵出口母管上设有流量计，指示泵启动后输送至各个部位的流量。

（8）稀碱液管上设有温度变送器，通过温度变送器的输出信号控制三通调节阀的开度。

（9）热水箱上配有温度变送器和液位开关。通过温度变送器的输出信号控制加热器的开、关及加热器投入的组数；液位开关控制热水箱的液位，防止低液位时加热器过热而导致加热器烧坏。

（10）酸碱计量箱上设有带远传信号的磁翻板液位计，不仅具有就地显示液位的功能，而且具有信号输入 PLC 后在 CRT 上显示液位高低的功能。

五、精处理系统水质控制

凝结水精处理的作用是去除凝结水中的污染物，在精处理设备运行安全的条件下尽可能地净化水质，以保证机组的安全、经济运行。GB/T 12145—2008《火力发电机组蒸汽动力设备水汽质量》中规定：采用高速混床出水氢电导率作为监控高速混床失效的依据。实践经验证实：氢电导率只能显示水中阴离子结合成酸的电导率，而不能显示高速混床出水中的钠含量。因此使用氢电导率作为监控高速混床的失效终点是不够的。应该根据高速混床不同的运行方式，增加监控项目。研究证实，采用氢型运行方式的高速混床应该使用电导率作为失效终点的控制指标，建议电导率 $\leqslant 0.3 \mu S/cm$。采用氨型运行方式的高速混床，应该使用氢电导率、钠、铁作为失效终点的控制指标，建议氢电导率 $\leqslant 0.15 \mu S/cm$、钠 $\leqslant 1 \mu g/L$、铁 $\leqslant 5 \mu g/L$。在高速混床氨化转型期，其出水的钠和氯离子浓度最大值不超过 $4 \mu g/L$，超过 $11 \mu g/L$ 的时间，直流锅炉不超过 4h，汽包锅炉不超过 24h。超超临界机组为保证过滤滤元和高速混床树脂不受污染，精处理系统的进、出水水质控制要求如表 6-2 所示。

表 6-2　　　　　　　　　　精处理系统的进出水水质控制要求

项目	典型启动		正常运行	
	预计进水水质	要求出水水质	预计进水水质	要求出水水质
悬浮固体（$\mu g/L$）	1000	<100	25	<10
溶解固形物（$\mu g/L$）	650	<50	100	<20
SiO_2（$\mu g/L$）	500	<50	20	<15
Na^+（$\mu g/L$）	20	<5	2～5	<1
Fe（$\mu g/L$）	1000	<100	15	<8
Cu（$\mu g/L$）	—	<15	—	<3
Cl^-（$\mu g/L$）	100	<10	20	<1
阳电导率（$\mu S/cm$）	—	<0.2	—	<0.15
pH（25℃）	8～9	6.5～7.5	8～9	6.5～7.5

第三节　调试工作程序

一、条件确认

在单体试转全部完毕后，应组织各方对系统试运前条件进行检查。凝结水精处理系统调试至少应满足以下条件：

（1）土建工作已全部完成。

1）防腐施工完毕，排水沟道畅通，栏杆、沟盖板齐全、平整。

2）道路畅通，能满足酸碱的运输要求。

3）所有管道、设备，应按《电力工业技术管理法规》规定的颜色涂漆完毕。

（2）基建安装应具备的条件：

1）系统及设备安装完毕，且各设备单体试运合格。

2）系统在线化学分析仪表应校正调试完毕，可以投入运行。

3）各类阀门调试完毕，操作灵活，严密性合格。

4）压缩空气管道吹扫结束，压缩空气系统可以投入运行。

5）热工控制系统安装调试完毕。

6）动力电源、控制电源、照明及化学分析用电源均已施工结束，可随时投入使用，确保安全、可靠。

7）酸碱罐、排水池液位计应安装结束。

8）转动机械部分试运结束，可投入运行。

（3）试运行准备。

1）调试现场应具备化学分析条件，并配有操作和分析人员。

2）参加调试的值班员应经过上岗培训考试合格，分工明确，责任界限清楚，并服从调试人员的指挥。

3）化学分析仪器、药品、运行规程及记录报表齐全。

4）系统内各种设备、阀门应悬挂编号、名称标志牌。

5）运行值班员应熟悉本职范围内的系统及设备，熟悉操作程序。试运操作记录应正确无误，操作人员及接班人员应签字，以明确责任。

（4）应具备稳定可靠的水源。

（5）酸碱、树脂、分析药品应符合设计规定，满足设计要求，且质量符合 DL 5190.6—2012《电力建设施工及验收技术规范　第 6 部分：水处理及制氢设备和系统》的要求，数量满足试运要求。

（6）计量泵性能试验应在药剂加入之前进行。

（7）系统设备的水冲洗及水压试验合格。

二、系统检查

（1）检查过滤器内部的布水装置，曝气装置的结构合理。

（2）检查高速混床内部的进、出水布水装置，以及上层水帽缝隙和下层水帽缝隙。上部进水装置水平、不偏斜，水帽间隙符合要求，水帽内部无杂物。

（3）检查再生装置罐体内部的水帽和绕丝、下层水帽缝隙是否符合要求。确认再生罐的内部材质，防止内部装置用错材料，阳树脂再生罐内部装置应符合耐酸要求。

（4）检查仪用压缩空气的洁净度，含水量、含油量符合要求。

三、设备单体调试

（一）阀门开关、测点、传动试验

电磁阀箱上电后，就地操作阀门的开关正确，开关反馈状态准确，开启阀门名称编号一一对应，再与热控专业进行阀门传点，在计算机上操作阀门，检查阀门开关动作及开关反馈准确。如有问题，需要检查热控测点和阀门的反馈限位是否正确。

检查过滤器的温度表、压力表、流量表等各种仪表校验和安装位置正确。流量计利用压差原理的，仪表管高、低压侧安装位置正确。

（二）动力设备试转

检查泵、风机单体试转记录。电气专业和热控专业相互配合进行传点。电气开关置"试验位"，对电动机的启动、停止正确性，运行和停运状态正确性进行试验、确认。试验合格后，电气开关置"工作位"，机务专业对管道、阀门开关进行检查确认后，进行分系统试运行泵、风机。启动设备，检查泵、风机油位正常，无漏油发生，然后对转动设备的转向进行确认，对设备的振动性能进行测量，转动设备的运行电流在额定范围之内，设备无异声。泵、风机的出力满足工艺的要求。如果发现泵、风机振动大，需要重新检查安装的基础和地脚螺栓，重新对靠背轮进行找正，检查进出管道设计的合理性。

（三）酸碱计量泵流量试验

模拟树脂再生工况，计量泵不同行程条件下，用除盐水代替酸、碱，考查酸、碱泵流量与行程的关系，并绘制曲线，为树脂再生提供加药量参考。

四、系统水冲洗及严密性试验

（一）设备、管道水冲洗

设备单体试运完成后，制定《水冲洗措施》，按照《水冲洗措施》进行设备及管道的冲洗。

1. 再生塔水冲洗

在计算机上手动操作所需要动作的阀门。开再生塔的上部进气门，将再生罐体升压到0.3MPa后，关闭进气门。开上部冲洗水门、下部进水门、底部出脂门、树脂管排污门，启动再生水泵。注意：冲洗过程中，再生塔内部不能有水层。如有水层，则关闭下部进水门，开启上部进气门，或者将再生水泵的出口手动门关小。对管道和罐体进行水冲洗。罐体因截面积大，需要水冲洗和空气擦洗交替进行三到四遍，直至冲洗水清澈。冲洗的排水从树脂管道的排污手动门排放。

2. 混床水冲洗

向高速混床充水至1/3～1/2，开进脂门、出脂门、再循环门、进气门、混床上部进水总门，启动再生水泵，进行气、水冲洗，并使混床内的水层逐渐降低，冲洗的杂物从树脂管道的排污手动门排放。冲洗至混床内没有水层，再维持几分钟，从排污口取样观察排水的干净程度以确定冲洗的时间。

（二）罐体水压试验

设备和管道冲洗完成后，设备满水，关闭各阀门（特别是进出水管路上的手动隔离门也关闭）。拆开与设备连接的仪表管，使之与水压机连接，用水压机缓慢升压。升压的同时，检查各法兰的连接处、床体的人孔门或丝扣的接口，发现有渗漏水的地方，及时停止水压机，用敲击扳手紧固螺栓，直到不泄漏水时停止紧固。再启动水压机升压，直到压力为正常工作压力的1.25倍。确保各连接部位的严密性。

最后床体维持工作压力的1.25倍，手动缓慢打开床体的进水管道或出水管道手动门，查看罐体的压力变化情况，检查进水管道的气动（电动）蝶阀的严密性。如果打开进水手动门，压力变化，说明进水气动（电动）门内漏。反之，同理。

五、程控联锁试验

组织精处理厂家、程控厂家、运行专职、工程部化学专工、监理等有关技术人员，对精处理的所有的程序顺控、联锁保护、画面和报警点进行讨论，并做好会议纪要，五方签字后，程控专业按照签字确认的《热控程序表》要求进行编程、组态。

（一）公用辅助设备联锁试验

泵、风机的电气开关置于试验位（没有试验位的，安排电气专业临时接线），关闭压缩空气母管手动门。

确认两台冲洗水泵在计算机上启停正常，投入互为备用的状态，启动运行一台冲洗水泵，当运行的冲洗水泵发生电气故障跳闸时，另一台备用的冲洗水泵能够自动启动投入运行。更换备用关系，再做一次试验。

按同样方法确认两台再生水泵、两台酸（碱）计量泵、两台风机互为备用，启停正常。确认废水池内的两台废水泵在计算机上启停正常，投入备用的状态，当废水池液位达到一定高液位时，自动启动运行一台水泵，当液位继续上升到某一高高液位时，另一台备用的泵启动运行，维持两台废水泵运行。当废水池液位降到某一低液位时，停运运行中的废水泵。更换备用关系，再做一次试验。

（二）碱热水箱温控试验

为保证阴树脂得到充分再生，再生系统设置了碱热水箱来提高混床阴树脂再生时的水温。再生期间，碱热水箱应能自动控制加热温度，并通过出水三通阀调节冷热水的比例，确保碱液再生温度在 30～35℃。热水箱没有液位时，热水箱加热器不允许投运；如果正在投运，联锁停加热器。碱热水箱一般在树脂再生前投运加热，温度低于 70℃加热元件全部自动投入，温度至 70℃停一半加热组件，温度至 80℃全停加热组件。反之，温度低于 80℃启动一半加热组件，温度低于 70℃加热元件全部投入。

（三）过滤器程控试验（以微孔过滤器为例）

将泵、风机的电气开关置于试验位（没有试验位的，安排电气专业临时接线），关闭反洗压缩空气母管手动门。

1. 过滤器旁路保护试验

将过滤器程序投运，不具备条件的热控测点，或强制或就地用信号发生器模拟信号。

模拟过滤器旁路压差≥0.10MPa，旁路 100%开，过滤器解列；计算机发出报警信号。

模拟进口母管水温≥55℃，旁路 100%开，过滤器解列；计算机发出报警信号。

模拟凝结水母管压力≥4.0MPa，旁路 100%开，过滤器解列；计算机发出报警信号。

模拟凝结水母管压力≤1.0MPa，旁路 100%开，过滤器解列；计算机发出报警信号。

2. 过滤器闭锁试验

当过滤器旁路门开度小于 2%时，运行中的两台过滤器的进出口气动（电动）阀门不允许关闭；当过滤器旁路门开度大于 49%时，运行中的两台过滤器中的一台的进出口气动（电动）阀门允许关闭；当过滤器旁路门开度大于 98%时，运行中的两台过滤器的进出口气动（电动）阀门允许手动关闭。

过滤器两台没有运行，不允许旁路门关闭；过滤器两台运行一台，允许旁路门关闭到 50%；过滤器两台运行，允许旁路门完全关闭。

过滤器在运行状态时，进出口管阀门为开状态，其他阀门闭锁。

过滤器在运行状态时，"反洗"步骤闭锁。

3. 过滤器顺控试验

顺控步骤试验依据经讨论签证通过的程序表进行。

投运：升压→罐体内部压力与母管压力小于 0.075MPa→开进水门→开出水门→投运。

停运：过滤器进出口压差达到 0.04MPa 或运行一段时间→开前置过滤器旁路门 50%→关出水门→关进水门→开泄压门 1min→停运。

反洗：泄压 1min→排水及冲洗至 2/3→水气反洗 4s→排水及冲洗至 1/3→水气反洗 4s→排水及冲洗至管板→水气反洗 4s→充水至 1/3→水气反洗 4s→充水至 2/3→水气反洗 4s→充水至顶部→排水及冲洗至 2/3→水气反洗 4s→排水及冲洗至 1/3→水气反洗 4s→排水及冲洗至管板→水气反洗→排水及冲洗→充水。

以上试验中，观察每步骤对应开的气动（电动）门，水泵、风机是否正确。各相邻工艺步骤切换是否流畅，不要对泵或风机造成冲击，或者频繁启停。

做好各试验记录或热控签证单。对于不具备体条件的信号，以人工强制信号的方式进行。

（四）高速混床联锁试验

将泵、风机的电气开关置于试验位（没有试验位的，安排电气专业临时接线），关闭反洗压缩空气母管手动门。

1. 高速混床旁路保护试验

将混床程序投运，不具备条件的热控测点，或强制或就地用信号发生器模拟信号。

模拟旁路压差≥0.30MPa，旁路100%开，混床解列；计算机发出报警信号。

模拟进口母管水温≥55℃，旁路100%开，混床解列；计算机发出报警信号。

模拟凝结水母管压力≥5.0MPa，旁路100%开，混床解列；计算机发出报警信号。

模拟凝结水母管压力≤1.0MPa，旁路100%开，混床解列；计算机发出报警信号。

2. 高速混床闭锁试验

当高速混床旁路门开度小于2%时，运行中的三台高速混床的进出口气动（电动）阀门不允许手动关闭；当高速混床旁路门开度大于32%时，运行中的三台高速混床中的一台的进出口气动（电动）阀门允许手动关闭；当高速混床旁路门开度大于65%时，运行中的三台高速混床中的两台的进出口气动（电动）阀门允许手动关闭；当高速混床旁路门开度大于98%时，运行中的三台高速混床的进出口气动（电动）阀门允许手动关闭。

高速混床四台没有运行，不允许旁路门关闭；高速混床四台运行一台，允许旁路门关闭到66%；高速混床四台运行两台，允许旁路门关闭到33%；高速混床四台运行三台，允许旁路门完全关闭。

高速混床在运行状态时，进出口管阀门为开状态，其他阀门闭锁。

高速混床在运行状态时，"树脂输入"、"树脂输出"步骤闭锁。

3. 混床失效报警试验

模拟高速混床出水二氧化硅含量≥10μg/L，计算机发出报警信号；模拟高速混床出水钠含量≥2μg/L，计算发出报警信号；模拟高速混床氢电导率≥0.15μS/cm，计算机发出报警信号。

4. 混床顺控试验

投运：混床及再循环管升压→床体内部压力与母管压力小于0.075MPa→开混床进水门和再循环泵进口门→启动混床再循环泵→循环到混床出水电导率小于0.12μS/cm，停再循环泵→关再循环门和开混床出水门→投运。

停运：判断旁路门需要的开度（四台高速混床三台运行，旁路门开33%；有两台高速混床运行，旁路开66%；有一台高速混床运行，旁路门开100%）→关混床出水门→关混床进水门→混床泄压。

高速混床树脂输出：空气输送树脂→水气输送树脂→混床排水，树脂管道单向冲洗→混床排水，树脂管道双向冲洗→结束。

高速混床树脂输入：空气输送树脂→水气输送树脂→淋洗输送→管道冲洗，混床充水。

（五）再生单元试验

1. 分离塔顺控试验

擦洗试验：满水→压力排水→泄压→空气擦洗→水力反洗→气力冲洗，可以重复运行。

分离试验：上部冲洗→树脂一次分离1→树脂一次分离2→树脂一次分离3→树脂一次分离4→树脂一次分离5→等待阴树脂输出。

阴树脂输出试验：人工判断分离的效果，如果分离效果不好，可以重新进行一次分离；如果分离效果好，就进行下一步骤→阴树脂输送至阴树脂再生塔→树脂二次分离等待。

阳树脂分离试验：人工确认阳树脂是否要二次分离，如果输送树脂过程中树脂乱层，需要进行二次分离；如果不需要二次分离，直接到"阳树脂分离等待"步骤→树脂二次分离1→树脂二次分离2→树脂二次分离3→树脂二次分离4→树脂二次分离5→阳树脂分离等待。

阳树脂输出试验：人工判断二次分离的效果，如果二次分离效果不好，可以重新进行二次分离；如果分离效果好，就进行下一步骤→阳树脂输送到阳树脂再生塔→等到阴、阳树脂界面到达一定的高度，结束阳树脂的输送→冲洗输送阳树脂的管道→阴树脂再生塔满水→阳树脂再生塔满水。

2. 树脂再生顺控试验

阴树脂擦洗试验：阴塔压力排水→泄压→空气擦洗→水力反洗→气力冲洗→充水（以上步骤可以设定重复次数）→再生等待。

阴树脂再生试验：再生准备→进碱再生（与阳塔进酸同时）→置换→快速漂洗→漂洗等待。

阴树脂二次擦洗及漂洗试验：阴塔压力排水→泄压→空气擦洗→水力反洗→气力冲洗→充水（以上步骤可以设定重复次数）→最终漂洗。

阳树脂擦洗试验：阳塔压力排水→泄压→空气擦洗→水力反洗→气力冲洗→充水（以上步骤可以设定重复次数）→再生等待。

阳树脂再生试验：再生准备→进酸再生（与阴塔进碱同时）→置换→快速漂洗→漂洗等待。

阴树脂二次擦洗及漂洗试验：阳塔压力排水→泄压→空气擦洗→水力反洗→气力冲洗→充水（以上步骤可以设定重复次数）→最终漂洗。

3. 阴树脂输送至阳塔顺控试验

阴树脂输送至阳塔顺控试验：阴树脂漂洗→水气输送→淋洗输送→管道冲洗→阴塔充水。

4. 阳塔混合树脂顺控试验

阳塔混合树脂顺控试验：重力排水→空气混合→气混排水→停气充水排水→充水→最终漂洗（导电率$0.1\mu S/cm$）。

观察每步骤对应开的气动（电动）门、水泵、风机是否正确。各相邻步骤切换是否流畅，不要对泵或风机造成冲击，或者频繁地启停。

做好各试验记录或热控签证单。对于不具备条件的信号，可以人工强制发送信号的方式进行。

六、滤元的装填

（一）滤元的安装

安装滤元之前，监理人员和调试人员对滤元的过滤精度进行核实。在设备厂家的技术指导下，打开人孔门，安装过滤器内部的滤元，安装完成后，由监理、业主、调试的专业人员进行内部检查，确认滤元安装的精度、紧固件的牢固程度等，验收签字后，封闭过滤器的人孔门。

（二）树脂的装填

所有程控试验模拟完成无误后，系统可以装填树脂。装填树脂前，根据混床设计的参数、分离塔的实际尺寸、树脂的密度和膨胀率进行阴、阳树脂的计算。阴、阳树脂采用水力装填，阳树脂装入阳树脂再生罐、阴树脂装入阴树脂再生罐。装树脂时应将阴、阳树脂分开堆放，防止混杂，同时应防止将杂物混入装填的树脂内。

1. 阳树脂的装填

首先向阳树脂再生罐内充入一定高度的水。用水力先将少量阳树脂加入阳树脂再生罐，检查阳树脂再生罐底部排水是否含有阳树脂，核实阳树脂再生罐底部水帽有无泄漏。确定底部水帽严密后，用水力将计算量的阳树脂加入并用除盐水浸泡 8h，让树脂充分溶胀。

浸泡后启动水泵，手动进行水力反洗，反洗流量使阳树脂层膨胀 100％为宜，反洗至排水无细小阳树脂。反洗时，密切监视阳树脂再生罐最高层窥视镜和排水出水，防止大颗粒树脂流失。

等待阳树脂静止后，观察树脂界面在阳树脂再生罐的位置，并做好记录。此高度为树脂的原始高度。

2. 阴树脂的装填

预先向阴树脂再生罐内充入 50cm 高度的水。用水力先将少量阴树脂加入阴树脂再生罐，检查阴树脂再生罐底部排水是否含有阴树脂，核实阴树脂再生罐底部水帽有无泄漏。确定底部水帽严密无树脂泄漏后，用水力将计算量的阴树脂加入并用除盐水浸泡 8h，让树脂充分溶胀。

浸泡后启动冲洗水泵，通过顶部排放门对阴树脂进行反洗，反洗阴树脂膨胀至顶部窥视镜下沿后降低流量，并维持阴树脂膨胀高度。反洗至出水中无细小树脂颗粒为止。出水中有大颗粒树脂时，可适当降低反洗流量，防止大颗粒树脂流失。

阴树脂静止后，观察树脂界面在阴树脂再生罐的位置，并做好记录。此高度为阴树脂的原始高度。

3. 混脂层树脂的装填

计算混脂层树脂的量，按照高塔法分离的特点，阴、阳树脂的体积比为 1∶3。将需要加的混脂层树脂用水力加到阴树脂再生罐或阳树脂再生罐，再手动输送到分离塔，并检查分离塔底部水帽是否有泄漏。通过水力反洗树脂，待树脂沉降后，检查阴、阳树脂的界面是否达到设计的高度。根据高度决定是否进行补加，记录分离塔内混脂层的高度，为后期阳树脂输送停止位提供参考。

七、树脂处理与树脂再生

（一）树脂处理

精处理系统树脂需要预处理时可参照补给水除盐系统树脂预处理方法进行。

（二）树脂再生

1. 阳树脂再生

树脂再生前，进行反洗和满水，准备进酸再生。阳树脂的再生剂大多选择工业用盐酸，采用盐酸再生时，再生液浓度宜为 4％～5％，再生流速宜为 4～8m/h。若混床以氢型方式运行，阳树脂的再生水平为 100kg（100％盐酸）/m³树脂；若混床以氨化方式运行，阳树脂的再生水平为 200kg（100％盐酸）/m³树脂。进酸结束后，关闭酸计量箱出口门，并置换 30～60min，然后进行正洗，流量 20m/h，正洗至排水导电率 5μS/cm 左右。

阳树脂再生度计算：测定阳树脂再生罐置换阶段排出的废再生液中的氢离子浓度和钠离子浓度，按照下面的计算公式计算出再生罐内阳树脂的再生度。

$$K_1 = [R_{Na}/R_H][H^+/Na^+]$$

$$[R_H]/[1-R_H]=1/K_1[H^+][Na^+]$$

式中　K_1——钠型树脂的选择性系数，一般可取 1.5；

　　　R_{Na}——再生后钠型树脂占阳树脂总量的百分数；

　　　R_H——再生后氢型树脂占阳树脂总量的百分数；

　$[H^+]$——再生废液中氢离子浓度，mol/L；

　$[Na^+]$——再生废液中钠离子浓度，mol/L。

通过检测废液中 $[H^+]$ 和 $[Na^+]$，将检测值导入公式中，可以直接计算出 $[R_H]$ 在总交换容量中所占的比例，即再生度。树脂再生度以百分数（%）表示。

2. 阴树脂再生

树脂再生前，进行反洗和满水，准备进碱再生。采用离子交换膜法生产的高纯液体碱对阴树脂再生时，再生液浓度宜为 3.5%～4.0%，再生流速宜为 4～8m/h；若混床以氢型方式运行，阴树脂的再生水平为 100kg(100%氢氧化钠)/m³树脂；若混床以氨化方式运行，应树脂的再生水平为 200kg(100%氢氧化钠)/m³树脂。碱再生液温度宜为 35～40℃。进碱结束后，关闭碱计量箱出口门，并置换 30～60min，然后进行正洗，流量 20m/h，冲洗至排水导电率 1～2μS/cm。

阴树脂再生度计算：测定阴树脂再生罐置换阶段排出的废再生液中的氢氧根离子浓度和氯离子浓度，按照下面的计算公式计算出再生罐内阴树脂的再生度。

$$K_2=[R_{Cl}/R_{OH}][OH^-/Cl^-]$$
$$[R_{OH}]/[1-R_{OH}]=1/K_2[OH^-][Cl^-]$$

式中　K_2——钠型树脂的选择性系数，一般可取 11.1；

　　　R_{Cl}——再生后氯型树脂占阳树脂总量的百分数；

　　　R_{OH}——再生后氢氧型树脂占阳树脂总量的百分数；

　$[OH^-]$——再生废液中氢氧根离子浓度，mol/L；

　$[Cl^-]$——再生废液中氯离子浓度，mol/L。

八、树脂输送及混合

（一）阴树脂输送阳树脂再生罐

打开阳树脂再生罐的树脂进脂门、中排门及阴树脂再生罐的树脂出脂门、上进气门。待树脂送到底部时，打开阳树脂再生罐反洗进水门、上部进水门，关上进气门，启动再生水泵，将阴树脂再生罐底部的阴树脂输送至阳树脂再生罐。输送完树脂进行管道冲洗。

（二）阴、阳树脂混合

阳树脂再生罐排水至树脂层 200mm 左右，打开底部进气门和顶部排气门，采用罗茨风机气源对阴、阳树脂进行混合，时间 5～8min，混合结束后快速放水 1min，迫使树脂快速沉降，防止再次分层。启动再生水泵，打开上部进水门、顶部排气门，阳树脂再生罐小流量进水，满水后关闭空气门，打开正洗排水门进行正洗至出水导电率小于 0.1μS/cm 后备用。

（三）阳树脂再生罐混合树脂送至高速混床

在进行树脂输入混床之前，必须确认混床内部水已排尽。

打开混床的树脂进脂门、再循环门、再循环排水门及阳树脂再生罐的树脂出口门、上部进气门，将树脂输送至混床。当树脂输送后阳树脂再生罐内的水层仅有 0.5～1m 高度时，启动再生水泵，打开阳树脂再生罐底部进水门，进行水气输送树脂；当树脂输送管道有空气时，打开阳树脂再生罐上部进水门，关闭压缩空气门，淋洗阳树脂再生罐 5min，结束后冲洗树脂输送管道直至混床满水。

混床第一次输送树脂时，需要打开树脂捕捉器的排污阀，通过检查捕捉器排水有无树脂来检查混床水帽是否有树脂泄漏，确认混床内部的隔板与水帽严密不漏。树脂输送完毕后，观察混床内部树脂层的高度、树脂的平整度和阴、阳树脂的混合状况。

输送过程中，需要对每个步骤的运行时间、冲洗水的流量、压缩空气的压力参数进行调整。

九、过滤器试运行

将冲洗水泵电气开关置于"工作"位，凝结水泵运行中，再生单元和混床单元的所有热工的流量计（如压力计、压差计、温度计、液位计、液位开关等）全部投入。

过滤器首次投运之前，需要进行"反洗"程序试运行。冲洗滤元安装过程中带入的污物，同时检验反洗程序的准确性。

在旁路手动门开 50％ 的条件下，程控投入过滤器试运行。观察压力、流量、压差等参数的准确性。对于显示偏差大、显示异常的仪表，通过检查热控的信号点位正确性、仪表的量程设置、仪表管阀门的开关、仪表管的排污排气等方面来校准。在此工况下运行一段时间，检查阀门开关、泵、风机启停正确、运行稳定、参数准确后，缓慢关闭旁路电动门、旁路手动门，分别在旁路门开度 100％、75％、50％、25％、0％ 的条件下，观察过滤器的流量、过滤器进出口压差、旁路门前后压差参数。记录各参数并与设计值进行对比，检查是否符合设计要求，并绘制出过滤器的流量与压差的曲线。检查两台过滤器的流量偏差并进行调整。退出一台过滤器，旁路开 50％，检查并记录单台过滤器的流量、过滤器进出口压差、旁路门前后压差参数。

取过滤器进口和出口的水样，进行含铁量测定，计算过滤器的除铁率。

过滤器试运到旁路压差到 0.08MPa 或过滤器进出口压差为 110.04MPa 时，观察并记录过滤器的累计处理水量。

十、过滤器反洗

过滤器试运行 4h 后，停运执行过滤器反洗程序。通过过滤器的上下窥视镜观察水力反洗、水气合洗等反洗后的效果，以确认反洗水的流量、空气量、风压及运行时间是否满足反洗程序设计要求。从反洗排水管取样分析反洗水的干净程度，以确定循环反洗的效果和设定循环反洗次数。

过滤器反洗后投运，通过投运后过滤器进、出口的压差和流量来与反洗前运行的"压差和流量曲线"来判断反洗的效果，同时核算达到预期效果后过滤器反洗一次的水耗和气耗。

十一、混床的试运行

（一）系统检查

将冲洗水泵、混床再循环泵电气开关置于"工作"位，凝结水泵运行中，再生单元和混床单元的所有热工的仪表等全部投入。

在旁路手动门开 50％ 的条件下，程控投入混床试运行。观察压力、流量、压差等参数的准确性。对于显示偏差大、显示异常的仪表，通过检查热控的信号点位正确性、仪表的量程设置、仪表管阀门的开关、仪表管的排污排气等方面来校准。

（二）混床投入

混床再循环正洗时，从开脂捕捉器的排树脂门查看是否有树脂泄漏，再次确认混床水帽严密、不漏树脂，同时观察树脂捕捉器的压差并记录。再循环流量是单台混床额定流量的50％～70％。混床循环冲洗至出水导电率小于 0.1μS/cm，可投入运行。运行初期，加强检查系统的严密性，防止有泄漏并造成泄漏扩大。

旁路门开的情况下运行 4h 正常后，缓慢关闭混床旁路电动门和手动门，分别在旁路门开度 100％、75％、50％、25％、0％的条件下，观察混床的流量、混床进出口压差（如果有测点）、树脂捕捉器压差、混床旁路压差参数，记录各参数并与设计值进行对比，是否达到设计要求。同时观察三台混床的流量偏差。旁路开 33％，观察两台混床的流量、混床进出口压差、旁路门前后压差参数；旁路开 66％，观察单台混床的流量、混床进出口压差、旁路门前后压差参数。

（三）投运后的检查与参数记录

在混床额定运行条件下，通过窥视镜观察混床内树脂层的平整度，确认混床无偏流现象。当混床表层树脂产生扰动或翻滚时，可判断设备存在偏流现象。

混床的运行阻力是指额定出力下，树脂层的水流阻力和设备阻力之和。初始运行的混床的运行压差为 7～20kPa。绘制混床的出力和水流阻力的曲线，以评价混床的水流阻力是否正常。

在混床的运行周期内，记录混床累计流量所对应的混床流量、压差、旁路门压差、出水二氧化硅含量、出水导电率、出水钠含量、出水铁含量、出水氯离子含量等参数，作为调试初始数据，为后期运行控制提供参考。

十二、混床树脂失效再生

（一）失效树脂输送至分离罐

打开分离罐树脂进脂门、下部排水门，将混床中失效树脂输送至分离罐。在输送过程中，气力输送的时间是水气合送时间的 1/3～1/2（因为是球形混床）。直到水气合送时树脂管道的视镜的出现白色水花后（说明输送后期只有水和气，没有树脂），再延长 2～5min，使混床内部的树脂彻底地输送出来。在输送的后期，树脂管道内部是水气混合物，对管道的冲击比较大，注意树脂管道晃动，必要时需要加支架或吊架。

树脂输送完毕后，通过混床的窥视镜观察混床底部角落，查看是否有树脂没有彻底输送干净。如果有，缩短气力输送的时间，延长水气合送的时间，再观察树脂输送的干净程度，直到树脂输送干净为止。

（二）树脂擦洗

在树脂分离之前，需要进行树脂擦洗，使阴、阳树脂抱团打开，同时将包裹在树脂表面的吸附物擦洗掉，便于阴、阳树脂的分离。

（三）树脂反洗分层

启动再生水泵，分离初期使塔底部进水调门全开，大流量反洗树脂，使阴树脂反洗到分离塔上部锥斗，缓慢关小分离塔底部进水调门，逐渐减少反洗流量，利用阴、阳树脂的密度差使树脂分离。分层分离静止后，通过观察分离塔窥视镜，观察阴、阳树脂的分离情况。要求阳树脂中的阴树脂含量小于 0.1％，阴树脂中的阳树脂含量小于 0.1％。如果分离效果达不到要求，需要重新分离。

通过分离塔的视镜，观察阴、阳树脂界面在分离塔的高度在阴树脂输出管下方 10～20cm 处。在分离塔上做好标记，作为树脂运行后最初的高度，作为后期各套树脂分离的准则。

（四）阴树脂输送至阴树脂再生罐

在确认需要输送阴树脂后，打开阴树脂再生罐树脂入口门、底部排水门、分离塔底部进水门、上部进水门，输送阴树脂到阴塔，当阴树脂层高度输送到分离塔阴树脂出脂管高度时，停止输送阴树脂。观察阴树脂在阴塔内的高度，并与开始加树脂的高度进行对比。如有很大的偏差，要考虑阳树脂的体积或混脂层树脂体积是否合理。注意输送阴树脂前，阴塔内部不能有气压，阴塔内部有水层。

（五）阳树脂输送至阳树脂再生罐

打开阳树脂再生罐树脂入口门、底部排水门、分离塔底部树脂出口门、底部反洗进水门、上部进水门。当树脂界面检测器有明显指示变化时，停止输送阳树脂，冲洗管道。输送完成后，通过阳树脂再生罐窥视镜观察阳树脂中含阴树脂的量，如果量大，重新输送至分离塔，进行二次分离。观察阳树脂层高度，与第一次装填阳树脂的层高进行比较。

十三、混床氨化运行

（一）氨化运行的原理

凝结水的 pH 一般在 9.0～9.4 之间，水中绝大部分阳离子为 NH_4^+，NH_4^+ 是为调节给水、凝结水的 pH 而加入的。凝结水精处理混床运行方式分为氢运行（H^+/OH^-）和氨化运行（NH_4^+/OH^-）。RSO_3H 表示强酸性阳树脂，$R\equiv NOH$ 表示强碱性阴树脂，H^+/OH^- 型混床反应如下：

$$RSO_3H+R\equiv NOH+NaCl \longrightarrow RSO_3Na+R\equiv NCl+H_2O$$

对于 NH_4^+/OH^- 型混床，离子交换反应产物为 NH_4OH，反应式如下：

$$RSO_3NH_4+R\equiv NOH+NaCl \longrightarrow RSO_3Na+R\equiv NCl+NH_4OH$$

因 NH_4OH 的电离度比 H_2O 大得多，因此逆反应倾向比较大，出水中容易发生 Na^+ 和 Cl^- 漏过现象。氨化运行中，阳树脂在运行一段时间后，阳树脂呈 RSO_3NH_4 形态，同时用来转换水中阳离子，但转换 Na^+ 能力明显降低，水中 NH_4^+ 又保留下来。

（二）精处理混床运行的阶段

精处理混床运行的三个阶段如下：

第一阶段为 H^+/OH^- 运行方式，混床投入运行后，吸收凝结水中的阳、阴离子，出水质量与氢型混床相同。运行时间根据进水 pH 决定，一般为 7～8 天。有些电厂在氢型运行时，运行周期可达到 11 天左右。

第二阶段为氨化阶段，此阶段指从氨穿透开始直至阳树脂完全被氨化。在此阶段，净化混床出水中氨泄漏量逐渐上升，pH、电导率也随之上升，Na^+ 泄漏量也逐渐上升，但不超过 $1\mu g/L$。如果混合树脂的分离及再生效果不好，残留的 Na^+ 没完全除去，这些残留钠将在此阶段释放，而使混床出水的钠泄漏量增大，影响出水品质。本阶段的运行时间长短与第一阶段相似。

第三阶段为 NH_4^+/OH^- 运行方式。在这一阶段中，树脂处于与进水离子完全平衡的状态。在此阶段，钠型阳树脂的质量分数与初期进水钠离子含量有关，从离子交换的选择性次序可知，NH_4^+ 型阳树脂对 Na^+ 的吸着能力比强酸型阳树脂小，所以 Na^+ 容易穿透。在凝结水水质正常且树脂再生度高时，初期可能出现一个漏 Na^+ 量稍高于 $1\mu g/L$ 的小尖峰，以后又恢复并一直稳定在较低的水平。这个小尖峰是由残留的钠型树脂被完全氨化而置换出来的 Na^+ 所引起的，是混床以 NH_4^+/OH^- 方式运行的标志。此阶段混床出水含氨量与进水相同，pH 随含氨量的不同为 9.3～9.5，电导率为 6～6.5$\mu S/cm$，运行时间为 30～40 天。

（三）混床氨化运行的要求

1. 阳、阴树脂再生度

混床内的阳、阴树脂再生度最低值根据凝结水 pH 确定，计算如表 6-3 所示。

表 6-3　　　　　凝结水不同 pH 下氨化混床正常运行所要求的树脂再生度

凝结水 pH	阴树脂的再生度（%）	阳树脂的再生度（%）
8.0	99.47	89.2
9.0	99.67	92.2
9.2	99.79	95.5
9.4	99.87	97.0
9.6	99.92	98.1

2. 提高阴、阳树脂再生度的方法

提高阴、阳树脂分离率，使得阴、阳树脂不会在再生时出现交叉污染。

首先应选择质量、性能优良的树脂，选择均粒树脂，要求阳、阴树脂均一系数不大于1.1；树脂要求强度高，耐冲击，树脂不易破碎，强渗磨圆球率不小于 90%；阴、阳树脂有效粒径之差的绝对值小于 0.1mm；树脂粒径、工交符合国家验收标准。

要保证树脂输送彻底（即失效树脂和再生好树脂输送完全）。树脂输送管道在设计时最好采用双管，使得树脂送出、送入完全分开，且树脂输送管不宜过长，不允许有死角，采用弯曲半径大的弯头，树脂输送管还应设计反冲洗水装置。

阴、阳树脂分离要彻底，再生前阳、阴树脂分离率要保证阴树脂中的阳树脂含量小于0.15%，阳树脂中的阴树脂含量小于 3%。近年来国内凝结水精处理大多采用先进的分离技术，如英国 KENNICOTT 公司的锥斗分离法和美国 USFILTER 公司的高塔分离法。

3. 再生剂的要求

树脂再生所用的酸、碱必须达到一定的纯度，才能保证树脂的再生度。凝结水精处理的再生剂质量要求如表 6-4 所示。

表 6-4　　　　　　　混床氨化树脂再生剂的质量标准

盐酸		硫酸		氢氧化纳	
杂质	质量浓度（mg/L）	杂质	质量浓度（mg/L）	杂质	质量浓度（mg/L）
铁	<11	铁	<100	氯化物	<50
硫酸盐	<480	砷	<0.005	碳酸盐	<2200
氯化物	<1	铅	<0.005	氯酸盐	<10
砷	<0.1			硫酸盐	<1700
铅	<0.002			金属氧化物	<0.022
				硅	<0.038

4. 运行转型过程中的水质控制

运行氨化床以 H^+/OH^- 型方式投运，利用凝结水中的氨在运行过程中进行转型。运行氨化床在转型过程中，当入口水质超过允许值时（如 Na^+ 含量过高），转型后的盐型树脂量（如 RNa 型）将超过氨化混床的允许值，从而也可导致氨化混床的失效。

转型阶段，混床入口水 Na^+ 含量的极限允许值可按下式计算

$$\rho(Na^+)_r = 5.882 \times 10^{(6-pH)} \times K_{NH_4}^{Na} \cdot \rho(Na^+)_q \cdot \rho(NH_3)_r$$

式中　$\rho(Na^+)_r$——转型阶段氨化混床入口水 Na^+ 的质量浓度允许值，$1\mu g/L$；

　　　$\rho(Na^+)_q$——氨化混床出水 Na^+ 的质量浓度控制值，$\mu g/L$；

　　　$\rho(NH_3)_r$——氨化混床入口水 NH_3 的质量浓度，$\mu g/L$；

　　　$K_{NH_4}^{Na}$——选择分数；

　　　pH——氨化混床运行 pH。

不同出水条件下，氨化混床转型期间入口水 Na^+ 含量的极限值可计算得出，如表 6-5 所示。

表 6-5　　　氨化混床转型期间，不同出水条件下，入口水 Na^+ 含量控制的极限值

出水钠	pH	8.8	9.0	9.1	9.2	9.3	9.4	9.5	9.6
≤1.0		1.44	1.36	1.44	1.43	1.82	2.16	2.29	2.28
≤2.0		2.87	2.72	2.88	2.86	3.63	4.33	4.58	4.55
≤3.0		4.31	4.08	4.32	4.29	5.45	6.49	6.87	6.83
≤4.0		5.74	5.43	5.76	5.73	7.26	8.65	9.17	9.10
≤5.0	转型阶段允许入口钠	7.18	6.79	7.20	7.14	9.08	10.82	11.46	11.38
≤6.0		8.61	8.15	8.63	8.57	10.90	12.98	13.75	13.65
≤7.0		10.05	9.15	10.07	10.00	12.71	15.15	16.04	15.93
≤8.0		11.48	10.87	11.51	11.43	14.53	17.31	18.33	18.20
≤9.0		12.92	12.23	12.95	12.86	16.34	19.47	20.62	20.48
≤10.0		14.36	13.59	14.39	14.29	18.16	21.64	22.92	22.75

第四节　常见问题与处理

一、精确地树脂添加法和输送终点的控制

添加阴、阳树脂前，首先测量分离塔阴树脂输送管以下的尺寸。根据分离塔下部的窥视镜安装的位置，确定混脂层厚度，一般 80～100cm，阴阳树脂体积比 1：3。将计算好的阴、阳树脂添加到阳塔或阴塔，再输送到分离塔。将阴、阳树脂分离，检查阴树脂与水的界面在分离中的高度为 80～100cm，阴、阳树脂界面在窥视镜中可见，标记好此刻度 H，此刻度向上 3～5cm 作为阳树脂输送阳塔的停止终点。刻度 H 到阴树脂输送管下 20～25cm 处为分离塔中阳树脂的高度，根据分离塔截面积计算阳树脂准确的量。根据阴、阳树脂的体积比例计算阴树脂的量。

二、分离塔向阳塔输送阳树脂过程中带阴树脂

高塔分离法的技术特点有：①采用"高塔扩容"分离；②传送树脂时采用"两头取，中间

留"方式；③反洗采用变流量方式。高速混床所装树脂为 DOW 公司生产的均粒树脂 650C 和 550A。理论上该工艺能使阴阳树脂达到彻底分离，但实际运行发现：在确保分离塔阴、阳树脂分离较彻底的情况下，阴树脂传送不存在夹杂问题，而阳树脂输送时，阳树脂中带有阴树脂。

经多次输送发现：阳树脂由分离塔输送阳塔过程中，从阳再生塔观察，树脂输送整个过程，在前 95％时的时间内，阳塔内部都是阳树脂与水的混合物。但是在后 5％输送时间内，逐渐有阴树脂掺杂，后面越来越多，直到输送结束。

经分析：输送阳树脂过程中，分离塔底部托脂流量设计是 4t/h，流量偏小，上部进水流量大，使下部进入的水来不及将树脂面托平，上部的进水就将阴树脂从位于中间的出树脂管压出，使得中间部位树脂比四周树脂出得快，因而形成输送漏斗状，使本应置留在阳树脂上部的阴树脂凹底混入到阳树脂中。针对上述情况，对阳树脂的传送工艺进行了如下调整：增大分离塔底部托脂进水流量，由设计的 4t/h 提高到 7t/h，减小分离塔上部的输送树脂阀流量。下部进水流量提高后，传送阳树脂过程中，混脂层中阴树脂始终平稳地浮在阳树脂上面，不会形成漏斗状树脂面，使问题得以解决。

三、分离塔底部布水不均匀造成分离不彻底

分离塔底部正中间为树脂的输出管，进水管布置在树脂输出管的旁边，没有围绕树脂输出管的环形布水装置。造成在树脂分离过程中，底部大流量进水反洗时，底部有双速水帽，能使水帽下隔板的水分布均匀。但是随着分离的进行，底部的反洗水调门逐渐关小，当达到一定小的流量时，双速水帽布水不均匀。在进水管边流量大，树脂流速快，而在背向进水管的区域，反洗水流速度低，此处的树脂扰动幅度比反洗进水管区域，树脂扰动强度要差得多。分离塔内的反洗水流不均匀，造成树脂分离不均匀、不彻底。

四、输送过程中的二次分离

在阳塔向高速混床传脂时，高速混床内部有水，阴、阳混合树脂由高速混床上部进入，由于阳树脂相对阴树脂密度大、粒径大、沉降速度快，造成输送树脂过程中阴阳树脂二次分离。单一高速混床树脂由上部到下部的分布是：下部阳树脂相对阴树脂多，而上部的阴树脂相对阳树脂多。在输送过程中，由于水流的扰动，阴阳树脂呈层状分布。因此，在输送树脂前，必须排尽高速混床内部的存水，才能确保混合树脂在输送过程中保持阳再生塔的混合均匀状态，不分层。

在阳塔向高速混床传脂时，有"气力输送"、"水气输送"、"淋洗输送"、"管道冲洗""阳塔满水"步骤。"气力输送"与"水气输送"之间的切换，以水层接触贴在塔壁上的树脂层为界。如果"气力输送"时间短，"水气输送"时间长，容易造成输送整个过程，前期阳树脂多、阴树脂少，逐渐地阳树脂少、阴树脂多，后期全是阴树脂。在高速混床内部树脂由上部到下部的分布是：下部阳树脂相对阴树脂多，而上部的阴树脂相对阳树脂多。

在高速混床"树脂输入"过程中，当水层接触到贴在塔壁上的树脂层时，由"气力输送"转为"水气输送"，至水层到固定水帽的螺杆顶部时，再转为"淋洗输送"。这样淋洗输送时，上部进水和底部进水量正好和阳塔内的气体同时被送出，使水层不能上升也不会让压缩空气压力卸得太快。否则水层上升时，淋洗水滴落在水面上，不能冲刷树脂，而压缩空气压力卸得太快，造成输送树脂的管道晃动幅度很大，且压缩空气进入高速混床并穿过高速混床树脂层，使高速混床树脂层内遗留气泡，容易使高速混床产生偏流，影响出水水质和缩短运行

周期。

五、高速混床二次混脂

高速混床的备用树脂由阳塔输送至高速混床后，严禁再进行阴、阳树脂的二次混合。原因如下：一方面，高速混床混脂前排水不好控制。如果水层太高，混合后会再次分离；如果水层太低，树脂混合不充分，且树脂磨损大，分离停止时会有空气停留在树脂层中，影响高速混床运行周期。另一方面，高速混床表面积大，难以将树脂混匀。若高速混床中阴、阳树脂混合不均匀，不仅降低出水质量和减少周期制水量，还会造成炉水 pH 下降，造成锅炉酸性腐蚀。

六、高速混床运行时，存在偏流，造成高速混床内表层树脂扰动剧烈

在某电厂机组整套启动阶段，高速混床投运后。按设计流量运行时，通过高速混床窥视镜，发现表层树脂在上部水层中剧烈扰动，而且树脂表面不平整，在树脂表层上有不规则的沟壑产生。高速混床周期制水量明显降低，且出水品质达不到要求。当流量降低时，树脂扰动少并逐渐沉降，沟壑会缓慢消失。

排除原因：①高速混床的上部进水挡板不水平；②进水水帽内部存在树脂颗粒，造成进水装置布水不均匀。发现高速混床进水水帽数量偏少。按照高速混床进水流量通流要求，水帽设计应为 96 个，实际只安装了 84 个。高速混床进水水帽偏少，造成单高速混床运行时床体阻力大于 80kPa。而同类型机组高速混床在额定出力下运行阻力在 7～20kPa。同时，在高速混床额定工况下运行时，存在高速混床树脂层上部的流场是呈射流模式，造成树脂层有沟壑产生，树脂扰动现象，导致高速混床运行周期大大缩短。

七、阳塔内混合树脂输送不彻底

树脂由阳塔输送到高速混床，由于没有彻底输送干净，残留在阳塔内的是再生好的混合阴、阳树脂。再下一次树脂再生过程中，阳塔接受分离塔输送来的阳树脂。在阳塔内进酸再生，氧树脂彻底再生，而残留阴树脂就彻底失效了，使整体阴树脂的再生度降低。凝结水精处理要求阴树脂再生度要达到 99％以上。

八、失效树脂由高速混床向分离塔输送不净

在打开高速混床人孔门时，发现高速混床下部水帽隔板四周有很多树脂残留。残留在高速混床的失效树脂对高速混床的出水水质影响较大。根据残留树脂的分布，分析认为：该问题由输送脂中期和后期罐内的水量和时间不足所致。

超临界机组的凝结水精处理高速混床大多采用的是球形高速混床。球形高速混床的最上部布置进水管，最下部布置出水管，这种布置方式使凝结水在高速混床内布水均匀。树脂的进、出管分别在进、出水管的旁边，造成在树脂输送的后期，背向进水管的区域很难被进水冲洗到，此区域的树脂不容易输送出高速混床。

经多次试验，采用缩短气力输送的时间的方法解决。气力输送的时间以高速混床内的水层降低到球形中间的位置，开始水气合送，使水能够击打水面，下面的进气能够松动树脂层，使背向进水管区域树脂晃洗到树脂管去。随着树脂水层的输出，水层的高度不断降低，使背向进水管冲洗不到的截面区域缩小。再通过合理地延长水气合送的时间，失效树脂彻底输送出高速混床。

九、在给水加氧工况下，高速混床树脂应氢型运行

凝结水精处理高速混床树脂分布共性：上层阳树脂少，阴树脂多；底层阳树脂多，阴树

脂少。上层阳树脂少，其 H 型树脂很快就会被进水中的 NH_4OH 消耗而失效，上层的阴树脂将处于碱性条件下工作，Cl 型树脂被 OH 交换而释放出 Cl 离子。下层树脂中阴树脂很少，由于又交换了上层来的 Cl 离子，因此下层 OH 型树脂含量更少，且迅速交换为 Cl 型树脂，并失去进一步去除水中 Cl 离子的能力。这样，当下层阳树脂还有足够的交换容量把水中的阳离子交换为 H 离子，而阴树脂却不能除去由上层传下来更多的 Cl 离子时，高速混床就会泄漏微量的 HCl。虽然 HCl 的浓度极低，但是因凝结水量大，跟随凝结水进入炉内，在炉内不断蒸发、浓缩、积聚，使炉水的 pH 有所下降，且 Cl 离子对奥氏体钢造成威胁。

随着自上而下越来越多的阳树脂失效转为 NH_4 型，有越来越多的阴树脂处于碱性条件下工作，释放出更多 Cl 离子，从而使出水 HCl 含量增加。此时如在出水氢电导率超标后继续运行，就会使炉水 pH 迅速下降。当下层阳树脂最后也失效并有 NH_4OH 穿透床层时，则有更多的 Cl 离子以 NH_4Cl 的形式漏出，同时使出水电导率迅速增加。即使较多的 Cl 离子以 NH_4Cl 形式进入锅炉，也会因 NH_4Cl 在高温下水解析出 NH_3，而将 HCl 留在炉水中使炉水 pH 下降。

因此，在给水加氧工况下运行，高速混床树脂不宜采用氨化运行而应采用氢型运行。

第七章

机 组 加 药 系 统

第一节 概 述

为了保证超超临界机组运行的可靠性和经济性，防止锅炉水质的不良带来系统的腐蚀、积盐和结垢，必须对机组的给水品质进行调节。超超临界机组正常运行时采用锅炉给水加氨、加氧联合处理（即 OT 工况方法），这是一种新的水处理技术，即在给水系统中加入氧气并调整给水的 pH，使金属表面形成一种致密的氧化膜，从而起到防腐的作用。而在机组启动阶段或水质异常的情况下，仅采用给水加氨的弱氧化性处理［即 AVT（O）工况］方法。

与弱氧化性处理方法相比，采用 OT 工况处理方法具有下列优点：

（1）凝汽器管及凝汽器其他各处无氨蚀。

（2）热力循环系统无破坏性的氧化铁覆盖层，减少了热力系统腐蚀。

（3）锅炉水汽侧的压力损失将减少。

（4）凝结水精处理混床的运行周期将延长 5 倍，减少了运行成本和运行人员的劳动强度。

（5）加药费用减少 2/3。

（6）精处理的再生废水排放量减少 80%。

（7）加药设备简单，操作方便。

采用 OT 运行工况，对整个热力系统汽水工况非常有利，但要求凝结水精处理系统能够提供高品质的凝结水，由于炉内水处理工况的改变，应高度关注热力系统金属材质的腐蚀问题。

第二节 主要设备及系统流程

一、给水和凝结水加氨装置

1. 加氨系统

给水和凝结水加氨采用自动加药方式，加药泵为液压隔膜计量泵，给水加氨根据汽水取样系统的给水 pH 模拟信号控制加药量，凝结水根据除氧器入口 pH 模拟信号控制加药量。根据运行经验，也可根据给水电导率进行控制。

给水加药点设在除氧器下水管上，凝结水加药点设在精处理混床出水母管上。

正常运行时，给水 pH 控制在 8～9 之间，在机组启动初期或凝结水精处理系统不正常情况下（出水水质达不到要求），给水采用加联胺处理（即全挥发性 AVT 处理），此时应提高凝结水和给水的加氨量，使给水 pH 达到 9.2～9.6。图 7-1 为两台超超临界机组配备的加氨系统示意图。

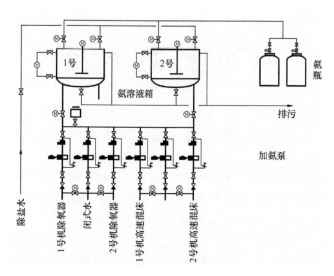

图 7-1　1、2 号机组加氨系统

2. 主要设备

（1）溶液箱。溶液箱采用不锈钢 SS304 制作，并带有可以打开的顶盖，底部为圆形封头。溶液箱包括以下连接口：出液口、排污口、液位计接口、配加药口、稀释水接口、放泄阀回液口。排污口布置在箱的底部并能将溶液完全排空。溶液箱顶部配装不锈钢 SS304 材质的搅拌机。溶液箱配有侧装式液位计和捆绑式远传液位计。为了保证配氨浓度一致，有时氨溶液箱上还配备箱体侧装式导电测量装置。

（2）计量泵。计量泵一般选择液压隔膜型计量泵，这样可防止所加药液受到污染。计量泵主要部件包括泵头、隔膜、齿轮箱、蜗杆、电动机、行程调节器等。计量泵加药量可以采用行程调节和变频调节。

（3）其他附件。为了保证计量泵的运行安全，泵出口管道设置出口门、逆止阀、压力表、缓冲管和安全阀，泵进口管有 Y 形过滤器、进口门、校验柱等。

二、给水和凝结水加氧装置

加氧系统由氧气瓶、加氧汇流排、加氧控制柜、加氧管道和阀门组成。加氧控制柜应备有压力表、流量控制阀、流量表等，以能够精确控制加氧量。加氧点的设置：在凝结水精处理出口母管上设有一个加氧点，设就地一次门、逆止门；除氧器出口下水管设有三个加氧点，即在电动给水泵前置泵入口、汽动给水泵 A、B 前置泵入口各一点，设在汽机平台除氧器出口管上，设就地一次门、逆止门。超超临界机组加氧系统配置一般如图 7-2 所示。

三、闭式循环冷却水加药装置

为防止闭式冷却水系统的腐蚀，通常单独设置闭冷水加氨计量泵，加氨泵一般不设变频采用手动调节，溶液箱和给水、凝结水加氨系统共用。

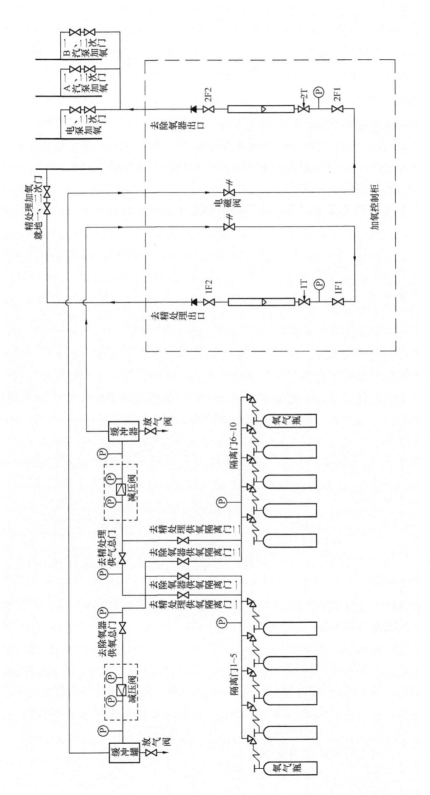

图 7-2 超超临界机组加氧系统配置示意图

为了保证计量泵安全运行，泵出口管道设置出口门、逆止阀、压力表、缓冲管和安全阀，泵进口管有 Y 形过滤器、进口门、校验柱等。

第三节　调 试 工 作 程 序

一、系统检查

（1）检查加药管道安装合理，加药点位置满足系统要求。

（2）检查泵出口压力表、安全阀、溶液箱的导电度表经过校验，安装位置正确。

（3）检查加药装置电动阀门动作正确，开关反馈与阀门动作状态准确。

二、溶液箱及泵入口管道冲洗

开溶液箱补水阀门和底部排污门，对除盐水管道和溶液箱进行水冲洗，直至排水清澈无油花。

将加药泵入口活动接口拆开，冲洗泵入口管道，直到排水清澈、无颗粒后恢复，并清理泵入口滤网。冲洗结束后溶液箱补除盐水至 2/3 水位。

三、转动设备试转

就地设备的开关柜受电后，在空负荷条件下，快速地启、停转动设备一次，对电动机转动的方向进行确认。若电动机实际运转方向与标识的方向一致，则电动机的电气接线符合其运转方向的要求；若电动机实际运转方向与标识的方向相反，则电动机的电气接线需要两相更换一下。电气接线更换后，再进行一次快速地启、停操作，核实电动机实际运转方向与标识的方向一致。如果计量泵和搅拌器发现震动大，需要重新检查安装的基础和地脚螺栓，检查进出口管道布置设计合理性，搅拌器需检查搅拌轴的偏心程度。

四、加药泵试运

将控制柜转换开关切换至"手动"位置，加药泵（首次启动）设定冲程为泵出力的 30%～40%。加药泵进出口阀门打开，并在泵出口管上打开一排放口，按下相应的启动按钮，所对应的加药泵开始工作（其运行红色指示灯亮），检查电动机额定转速运行正常。加药泵运行 10～20s 后，停运 20～30s，重复数次查看电动机及泵无异声，通过出口阀门关闭检查加药泵药液排出正常。加药泵运行正常后，提高泵冲程到 70%，运行 10～20min，再调小泵冲程到 30%～40%，运行 10min 后再提高泵冲程到 100%，检查加药泵运行正常后即完成了加药泵的手动运行。

泵远程控制调试：将加药控制柜上"就地/远程"开关置于"远程"挡，即可通过远方控制站计算机对加药泵进行控制（包括加药泵的启停）。

五、加药泵出口安全门压力整定

启动加药泵，调节加药泵冲程到 30%～50%，将泵出口安全门调节螺母旋到高位，关小加药泵出口阀门，观察加药泵出口压力，安全门动作后，缓慢调节安全门螺母，直到设定的压力值（一般凝结水加药泵安全门为 4.2MPa，给水加药泵安全门为 2.0MPa，闭式水加药泵安全门为 0.6MPa）。

六、加药泵的机械运转试验和性能试验

在机组整套启动期间，加药泵出口满足泵出口压力条件下，做加药泵的性能试验。

泵在额定条件（额定流量和额定出口压力下）下运转至少 1h 进行机械检验。

泵检验其额定流量，保证在两次连续地流量试验中，在额定流量和出口压力下，泵的精度是最稳定的。

泵在额定出口压力规定的控制范围内进行操作，以获得完整的试验数据和曲线。试验数据至少取四个点（行程和频率的100％、75％、50％和25％）。

七、加药管道严密性试验

启动加药泵，调节加药泵冲程到80％，将加药管内空气赶出，并冲洗半小时。关闭加药点的一次阀门，观察泵出口压力表的压力，压力上升较快时适当降低加药泵冲程，直到试验压降到正常工作压力的1.25倍。停加药泵，关闭加药泵出口阀门，检查各法兰的连接处或焊口的连接处是否泄漏。

八、加氧管道的吹扫和严密性试验

首先用氮气吹扫加氧汇流排，然后用氮气吹扫加氧控制柜。氮气吹扫完毕，用氮气进行汇流排和控制柜的耐压和严密性试验，加氧减压阀前母管耐压试验压力为13MPa，精处理出口加氧减压阀后耐压试验压力为4.5MPa，除氧器出口加氧减压阀后耐压试验压力为1.5MPa。耐压试验结束后进行严密性试验，当系统冲压至工作压力后，切断供气气源，系统的压降小于0.2 MPa/d为合格。

九、加氧压力减压阀调节

精处理出口加氧经减压阀减压至3.8MPa后，通过控制柜的针形流量调节阀调节加入量。除氧器出口加氧减压阀减压至1.4MPa后，通过控制柜的自动调节阀自动调节或通过旁路针形流量调节阀手动调节加入量。

十、联锁程控试验

进行溶液箱液位低液位报警、液位低低联锁停计量泵试验：

溶液箱液位一定时，自动补水，自动充氨，自动启动搅拌器试验。当补水液位到一定高度时，停止补水。当导电率达到设定的数据时，停止充氨和搅拌器。

确认两台互为备用计量泵通过计算机启停正常，启动运行一台计量泵，当运行的计量泵发生电气故障时，另一台备用的计量泵能够启动运行。更换备用关系，运行泵故障停止后，备用泵自启试验正常。

模拟凝结水、给水、闭式水的导电率的不同数据，查看计量泵的频率变化情况。

加氧的关断阀在给水氢电导率超标时，自动关闭；加氧装置的氧减压阀后压力低于设定值发出报警信号。

第四节　常见问题及处理

机组加药系统调试和运行中过程中最常见故障主要为计量泵故障，其表现为无流量或流量不足、无压力或欠压。产生的原因有如下几种：

（1）吸入阀或排出阀有杂物。如果吸入阀有杂物，则会在泵的排出行程时，不能完全封闭，形成抽上来的介质全部或部分回流现象，造成泵无流量或流量不足。如果排出阀有杂物，则会在泵的吸入行程时，不能完全封闭，形成排出去的介质全部或部分回流现象，同样造成泵无流量或流量不足问题。

（2）吸入、排出阀磨损严重。如果吸入、排出阀磨损严重，同样会出现密封不严的问题，形成介质回流状况。若出现这种情况，可及时更换吸入、排出阀相关磨损件，使泵正常运转。

（3）吸入、排出阀装反。如果吸入、排出阀装反，也会产生无流量现象，所以在清洗吸入、排出阀后，一定按泵原来的安装顺序装入原位。

（4）液压缸或活塞密封环磨损严重。如果液压缸或活塞密封环磨损严重，则会形成液压油的过量泄漏，导致液压腔中液压油量不足，进一步造成排出介质流量不足。可更换相关磨损件，使泵正常运转。活塞安装一定要与液压缸有较好的同轴度，否则会发生偏磨，加快活塞密封件或液压缸的磨损失效。

（5）隔膜破裂。通过观察液压油箱的液压油是否乳化来判断隔膜是否破裂，如果液压油乳化，则可断定隔膜已破裂，应及时更换新的隔膜。

（6）吸入管道太长，弯头太多。计量泵进口管道过长，超出了自吸能力或吸入管道连接处密封不严进入气体，此种情况会严重影响隔膜计量泵的吸入性能，导致吸入介质量不足。

（7）电动机转数不足。如果电动机转数达不到额定值，则柱塞的往复次数也会相应减少，导致流量不足。此时可检查电压、功率等，确定电动机转数不足形成的原因。

（8）液压腔内有残余气体。若液压腔内的残余气体超出放气阀的正常放气量，则残余气体会随着液压油压力的升高或降低，体积往复地缩小和膨胀，占用了大量的液压油空间，不但造成计量精度的下降，也会影响流量的大小。消除此问题的方法是首先将放气安全阀拆下，从此位注入适量液压油，观测有气泡冒出，直至无泡，然后将放气安全阀复位。

（9）溶液箱氨浓度不足。氨液钢瓶中有残渣时，易造成充氨减压阀滤芯堵塞，氨液箱充不进氨造成溶液箱氨液浓度不够，影响水质调节。随着大机组脱销系统的投用，配氨方式改为脱销氨站来气化氨，可避免此现象发生。

（10）加药泵安全阀起跳压力低。核实各加药泵出力和扬程。根据各加药泵的扬程，设置泵出口管道安全阀的起跳压力值。安全阀起跳压力设置偏低，加药泵运行时，安全阀一直起跳，造成加到水汽系统的药量不足或者加药量为零。

（11）加药管道直径不合理，造成加药量波动大。由于气体的可压缩性，当加氧管道直径过大时，加氧点压力波动时，会使系统氧含量产生相当大的波动，偏离运行正常控制值，加氧管道应采用小口径不锈钢管道，建议采用 $\phi 10 \times 2.5$ 不锈钢管（最好为抛光仪表管）。

第八章

汽水取样及在线分析仪表系统

随着机组参数容量的不断增大，电厂在线化学仪表的配置在数量和规模上不断增多和完善，电厂信息化远程集中控制系统作为一种现代化的技术管理方法，已经在电厂得到了广泛应用，使得电厂化学水汽指标监督在线仪表化成为必然发展趋势。传统的人工取样分析已不能满足高参数机组水汽品质高度纯化条件下对分析检测的需求。人工抄表必然要被自动化的数据采集系统所代替。在这种情况下，在线化学仪表是唯一的适应于高参数机组水汽品质监控和实现化学监督自动化、信息化的一种化学监督手段，是电厂建立"专家系统"的主要技术手段。

机组水汽系统配置的在线化学仪表承担着直接监督水汽品质、监控化学加药量和设备运行状况、直接监视腐蚀速率等任务，以达到监控给水、凝结水、炉水、蒸汽、冷却水的品质，防止热力系统结垢、汽轮机积盐，减缓热力系统金属部件的腐蚀，保证系统的安全经济运行，延长热力设备的检修周期和使用寿命的目的。

第一节 概　　述

一、总体要求

汽水取样装置在热力系统各部位取得的水样，必须具有代表性，能真实反映设备和系统中水汽的即时情况，因此取样装置必须满足以下几点要求。

（一）取样点位置和设置要求

热力系统的水汽监督项目、仪表设置及取样点应根据机组容量、类型、参数、热力系统和化学监督的要求确定，以保证采集的水汽样品有充分的代表性。超超临界取样点和设置位置如表 8-1 所示。

表 8-1　　　　　　　　超超临界机组取样点和设置位置

项　目	取样点名称	位　置	备　注
凝结水	凝结水泵出口	凝结水泵出口母管	
	精处理出口	精处理混床出口母管	
给水	除氧器入口	除氧器入口前	
	除氧器出口	除氧器和前置泵之间，给水加药前取样	
	省煤器入口	给水进入省煤器前水平管道上	锅炉厂设置的取样头

项 目	取样点名称	位 置	备 注
蒸汽	主蒸汽左侧	过热器出口水平管道	锅炉厂设置的取样头
	主蒸汽右侧		
	再热蒸汽左侧	再热蒸汽出口水平管道	锅炉厂设置的取样头
	再热蒸汽右侧		
疏水	高压加热器	3号高加加热器正常疏水管道	
	低压加热器	6号低加正常疏水管道	
冷却水	发电机冷却水	冷却水泵出口管	
	闭式冷却水	闭冷水泵出口母管	
热态清洗水	启动分离器排水	储水箱排水水平管道	锅炉厂设置的取样头
凝汽器检漏装置	凝汽器	凝汽器热井，水泵低于热井布置	凝汽器制造厂取样接口

（二）取样冷却装置和要求

水汽取样系统应有可靠、连续、稳定的冷却水源，宜采用除盐水，宜采用独立的冷却装置或利用辅机闭式除盐水冷却系统冷却样水。冷却水源的流量、温度、压力应满足要求。取样水经过恒温处理后，其温度为（25±1）℃。取样装置应设有样水超温超压保护和报警功能。

（三）取样装置的材质及连接要求

所有取样管材、冷却水管道及冷却器等部件宜采用不锈钢材质，且管材及壁厚应与水汽样品参数相适应。

二、汽水取样点参数和仪表的配置、功能

超超临界机组汽水取样配置及功能如表 8-2 所示。

表 8-2　　　　　　　　超超临界机组汽水取样配置及功能（OT工况）

取样点	分析仪	监督控制标准	功能
凝结水泵出口	氢电导率	≤0.2μS/cm	监视凝结水的综合性能和为渗漏提供参考指示
	pH	8～9	能较早发现凝汽器渗漏因而能延长凝结水精处理树脂再生间隔时间
	溶解氧	≤30μg/L	检测凝结水负压区氧的漏入量
除氧器入口	氢电导率	≤0.2μS/cm	检测水质情况
	pH	8～9	检测凝结水中氨的加入量
	溶解氧	30～200μg/kg	检测凝结水氧的加入量
省煤器进口	氢电导率	≤0.2μS/cm	检测给水中的杂质水平的重要参数
	pH、二氧化硅	8～9，≤15/μg/kg	检测给水水质情况（pH与化学加药联锁）
	溶解氧	30～200μg/kg	检测给水水质情况调整给水加氧量
主蒸汽	氢电导率	≤0.2μS/cm	检测蒸汽的杂质水平的重要参数
	溶解氧	30～200/μg/kg	检测主蒸汽中的溶解氧量
	钠	≤5/μg/kg	检测主蒸汽品质

取样点	分析仪	监督控制标准	功能
主蒸汽	二氧化硅	≤15/μg/kg	检测二氧化硅的携带
	电导率	2.5~8.0	它是水质控制的重要参数
	氢表	2μS/kg	检测主蒸汽中氢气含量
再热蒸汽（入口、出口）	氢电导率	≤0.2μS/cm	检测再热蒸汽中阴离子水平
	溶解钠	≤5μg/L	检测再热蒸汽品质
	二氧化硅	≤15μg/L	检测二氧化硅的携带
除氧器出水	溶解氧	30~200μg/L	检测给水中的溶解氧量
闭式冷却水	电导率	≤10μS/cm	检测水质
	pH	8.8~9.5	检测水质
高压加热器疏水 低压加热器疏水	氢电导率	≤0.2μS/cm	检测疏水品质
	溶解氧	30~200μg/L	检测给水中的溶解氧量
凝汽器热井	阳离子导电率	≤0.2μS/cm	检查意外泄漏
	溶解钠	≤10μg/L	检查意外泄漏

三、汽水取样及检漏取样装置的布置形式

一般每台机组设置一套汽水取样装置和一套凝汽器检漏装置。汽水取样装置采用集中布置形式，一般同期建设机组的汽水取样装置布置在同一区域，取样装置的降温减压架（高温盘）和取样仪表屏（低温盘）分开放置；凝汽器检漏装置采用就地布置，每台机凝汽器检漏装置布置在凝汽器热井附近区域。

每台机组凝汽器分区设 8 个检漏点，A/B 侧各 4 个，其中每 4 个检漏点为一组，共设置两台取样泵，取样泵应布置在凝汽器热井下。检漏仪表屏可单独布置凝汽器附近的零米层。常规的检漏仪表有导电度表和钠表，可以单独配置或同时配置。配置导电度主要检测凝结水的氢电导率。正常情况下，该系统对凝汽器设备的运行状况进行在线连续检测，并将各仪表检测信号就近送入控制系统。

第二节　取样装置主要设备和主要仪表

一、汽水取样装置主要设备

汽水取样装置主要设备包括降温减压冷却架、取样仪表屏等。

（一）降温减压架

降温减压架是为完成高压高温的汽水样品减压和初冷而设的，该部分包括高温高压阀门、样品冷却器、减压阀、安全阀、样品排污和冷却水供排水管系统。上述器件与样品管路一起安装在降温减压架内。其主要任务是将各取样点的水和蒸汽引入降温减压架，由高压阀门控制，一路连接排污管，供装置在投运初期排除样品中的污物；另一路连接冷却器，冷却器内接逆向通入的冷却水，使样品冷却降温，冷却后的样品经减压阀减压后送至人工取样和仪表屏。

其主要设备如下：

1. 阀门

高压的取样水采用双卡套或球头连接不锈钢高压阀门，冷却水系统使用低压阀门。

2. 样品冷却器

冷却装置(取样冷却器)为双螺纹管冷却器，取样水通过冷却器可使样水冷却到适宜化学仪表测定和人工分析测定所需的温度。双螺纹管取样冷却器的结构如图 8-1 所示。双螺纹管取样冷却器的设备型号及规范见表 8-3。

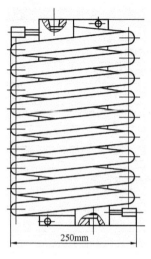

图 8-1 双螺纹管取样
冷却器的结构

表 8-3 双螺纹管取样冷却器的设备型号及规范

型号	外套管外径×壁厚 (mm)	内管外径×壁厚 (mm)	冷却面积 (m²)	材质
QYL-2010	$\phi25\times3.5$	$\phi12\times2$	0.20	1Cr18Ni9Ti
QYL-3910	$\phi25\times3.5$	$\phi12\times2$	0.39	1Cr18Ni9Ti

双螺纹管取样冷却器由两根直径不同的不锈钢管套在一起弯制而成。取样器的内管通流取样水，外套管与内管之间的隔层里面通流冷却水。由于冷却水通流截面较小，冷却水的流速高，具有较高的冷却效率。双螺纹管取样冷却器因为套管结构难以清理，所以只能采用洁净的除盐水作为冷却水。

3. 减压阀

高温高压的取样水除了通过取样冷却器进行降温处理外，还要经减压后才能送到各取样点去。减压装置的种类也很多，大部分汽水集中取样分析装置所使用的是螺纹式减压阀。螺纹式减压器如图 8-2 所示。

螺纹式减压器通过在一个螺纹管体内旋入一个阳螺纹杆，在阴阳螺纹之间控制一定的间隙，通过调节阳螺纹杆进入阴螺体的尺寸来实现取样水的减压。但减压阀的阳螺纹杆旋出长度不得超过 24mm，以防止由于螺扣过少而使阳螺杆脱出，造成高压样水冲出。螺纹式减压器的材质为不锈钢。这种减压器具有体积小、安装方便、易调节等特点。

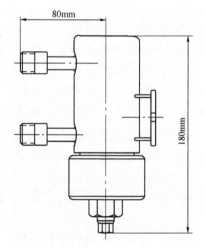

图 8-2 螺纹式减压器

不同的样品采用不同的降温减压方式。闭冷水的样品采用直接冷却取样；凝结水泵出口、除氧器出入口、高低加疏水的样品采用一级降温一级减压方式；温度 200℃≤T≤570℃、压力 0.8MPa＜p＜32MPa 的样品采用二级降温一级减压方式。取样装置采用闭式循环除盐水冷却，除盐水温度 T≤35℃，压力(进入取样装置)p≥0.3MPa，水量不少于 25m³/h。

(二)取样仪表屏

取样仪表屏由低温仪盘和人工取样架两部分组成。该部分包括背压整定阀、机械恒温装置、双金属(或数字)温度计、浮子流量计、离子交换柱、电磁阀、化学仪表和报警仪等。从降温减压架送来的样品，按照各点需要监测的项目进行分配。一部分送至人工取样屏，供人工取样分析；其余分支样品分别引入相应的化学分析仪表，进行在线测量。分析结果由微机系统进行数据采集、显示和打印制表。正常情况下，该系统对各取样点在线仪表进行连续检测，并将各仪表检测信号通过精处理 PLC 控制系统送入水网集中控制系统。

为了消除凝结水泵出口水、除氧器入口水、省煤器入口水、主蒸汽、再热蒸汽出口、高低加疏水等测点样品中含氨量对电导率测量的影响，水样经过氢离子交换树脂交换后才送入电导率仪。

为了消除样品温度变化对化学仪表测量精度的影响，采用恒温装置对样品进行恒温调节。

取样仪表屏主要设备如下：

1. 背压整定阀

在取样系统中，背压整定阀能有效地调节各化学分析仪表的水样压力，当水样压力大时，它通过弹簧和膜片的联合作用能自动加大阀门开度，从人工取样支路排除多余水样；当水样压力变小时，又能自动减小阀门开度，减少从人工取样支路的排水量，从而达到稳定化学分析仪表所需水样流量的作用。

2. 恒温装置

恒温装置由恒温水槽、电加热器、制冷压缩机、蒸发器、冷凝器、循环泵、热交换器、温度检测控制仪及电气控制箱等主要部件组成。

(1)恒温装置工作原理。机械恒温装置是根据二次间接热交换的原理设计制造的。样品水连续从螺旋盘管内流过，而螺旋盘管浸泡在工作槽体内的介质水中，通过制冷系统、加热系统和机械搅拌系统自动控制工作槽体内介质水的温度，使螺旋盘管内的样品水能达到恒定温度(25℃±1℃)状态输出。当取样水温度偏高时，在热交换器中导致循环水温上升，通过温控仪调节，使制冷系统工作，降低循环水温，使取样水温度随之下降；反之，当取样水温度偏低时，在热交换器中导致循环水温下降，通过温控仪调节，使电加热器工作，循环水温上升，使取样水温度随之上升。通过上述间接地控制循环水温，使取样水温度恒定在设定点附近。

(2)制冷系统工作情况。当液体制冷剂通过膨胀阀时，由于节流作用使局部汽化，然后进入蒸发器。蒸发器设置在恒温水槽内，制冷剂吸收水中热量而剧烈沸腾，液体制冷剂汽化为蒸汽，流入气体分离器，蒸汽被吸入压缩机，经压缩后的制冷剂输送到冷凝器，放热于冷却水，本身凝结成液体制冷剂，又经膨胀阀进行循环。

二、凝汽器检漏装置

凝汽器检漏装置由检漏取样架和检漏仪表盘两部分组成，整套装置包含两台真空取样泵、相关的阀门、电导池、发送器、导电度表、人工取样器及实现报警、信号传送功能的全部部件、管路、电气、控制部件等。

凝汽器检漏装置的导电度模拟量、高低报警及设备、仪表等的故障报警信号送入凝结水控制系统显示或监督。

三、取样系统配备的主要在线仪表

(一)在线电导率表

1. 电导率表基本原理

电导率表采用的测量原理是电导分析法。由电导池(传感器)、变送器和显示器三部分组

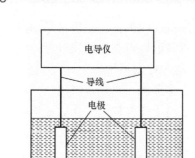

图 8-3 电导测量示意图

成。电导池的作用是将被测电解质的电导率转换成容易测量的电量——一定溶液的电导(电阻);变送器的作用是将电导池输出的电阻转换成显示器要求的信号形式;显示器的作用是将传感器检测出来的信号用被测参数(如电导率)的数值显示出来。

电解质溶液依靠离子在电场作用下的定向迁移而导电,将两块金属板放在电解质溶液中,与溶液一起构成导电通路,就构成了电导池。若将电源接到两块金属板(电极)上,在电场的作用下,溶液中的阴阳离子便向与本身极性相反的金属板方向移动并传递电子,像金属导体一样(图 8-3),离子的移动速度与所施加的电压有线性关系,因此电解质溶液也遵守欧姆定律,可用式(8-1)计算

$$R = \rho \frac{L}{A} \tag{8-1}$$

式中 R——溶液的电阻,Ω;

L——电解质溶液导电的平均长度,cm;

A——电解质溶液导电的有效截面积,cm^2;

ρ——电解质溶液的电阻率,$\Omega \cdot cm$。

设有截面积为 A、相距 L 的两片平行金属电极置于电解质溶液中。根据欧姆定律,在温度一定时,两平行电极之间溶液的电阻 R 与距离 L 成正比、与电极的截面积 A 成反比。

电解质溶液的电阻除了和电解质溶液的浓度有关外,还和电解质溶液的种类与性质—电解质的电离度、离子的迁移率、粒子半径和离子的电荷数以及溶剂的介电常数和黏度等有直接关系。

ρ 值的大小表示了溶液的导电能力。但是,习惯上溶液的导电能力用电阻率的倒数 K 来量度 $\left(K = \frac{1}{\rho}\right)$,$K$ 为溶液的电导率。另外,溶液的导电能力也可用电阻的倒数电导 G $\left(G = \frac{1}{R}\right)$,其单位为 S。这样可得到式(8-2)

$$G = \frac{A}{L} \cdot K \tag{8-2}$$

电导率电极的构造:电导率电极或称电导池,是测量电导的传感元件。常规用的电极一般是两个金属片(或圆筒)用绝缘体固定在支架上。

电导率电极的常数和温度系数:当电极制成后,对每支电极而言,两个金属片(或圆筒)的面积 A 和距离 L 是不变的,$\frac{L}{A}$ 是一个常数,称为电极常数,用 K 表示,则式(8-2)可改写为

$$K = K \cdot G \tag{8-3}$$

式中 K——溶液的电导率(比电导),$S \cdot cm^{-1}$。

测定溶液的电导率,应根据溶液的电导率测量范围选择电极常数,电导率测量范围与推荐选择的电极常数见表 8-4。

表 8-4　　　　　　　　　　　　　　　　推荐选择的电极常数

测量范围（μS/cm）	推荐选用电极的电极常数（cm^{-1}）	测量范围（μS/cm）	推荐选用电极的电极常数（cm^{-1}）
$K<20$	0.01	$100<K<20\ 000$	10
$1<K<200$	0.1		
$10<K<2000$	1	$1000<K<200\ 000$	50

如果要直接准确测量电极的面积 A 和距离 L 是很困难的。所以电极常数利用已知浓度的标准氯化钾溶液间接地测量。在一定温度下，一定浓度的氯化钾溶液的电导率是固定的，氯化钾标准溶液浓度与电导率的关系见表 8-5。只要将待测电极浸在已知浓度的氯化钾溶液中，测出电阻 R 或电导 G，代入上式便可求出电极常数 K。

表 8-5　　　　　　　　　　　　氯化钾标准溶液浓度与电导率的关系

氯化钾标准溶液浓度（mol/L）	标准溶液的电导率，25℃（μS/cm）
0.001	147
0.01	1410
0.1	12 856

氯化钾标准溶液的配制：

（1）0.1mol/L 氯化钾标准溶液：称取在 105℃ 干燥 2h 的优级纯氯化钾（或基准试剂）7.4365g，用新制备的 II 级试剂水（20℃±2℃）溶解后移入 1L 容量瓶中，并稀释至刻度，混匀。

（2）0.01mol/L 氯化钾标准溶液：称取在 105℃ 干燥 2h 的优级纯氯化钾（或基准试剂）0.744 0g，用新制备的 II 级试剂水（20℃±2℃）溶解后移入 1L 容量瓶中，并稀释至刻度，混匀。

（3）0.001mol/L 氯化钾标准溶液：于使用前准确吸取 0.01mol/L 氯化钾标准溶液 100mL，移入 1L 容量瓶中，用新制备的 I 级试剂水（20℃±2℃）稀释至刻度，混匀。

配制 0.001mol/L 氯化钾标准溶液所用的 I 级试剂水应先煮沸排除二氧化碳，配制过程中减少与空气接触。该标准溶液应现配现用。

以上氯化钾标准溶液应保存在硬质玻璃瓶中，密封保存。

2. 影响电导率测量的因素

（1）温度对溶液电导率的影响。

溶液温度升高，离子水化作用减弱，溶液黏度降低，离子运动阻力减小，在电场作用下，离子的定向运动加快，因而使溶液的电导率增大；反之，溶液温度下降，其电导率减小。当被测液浓度较低时，电导率与温度关系可近似表示为

$$K_t = K_{t0}[1+\beta(t-t_0)] \tag{8-4}$$

式中　K_t、K_{t0}——溶液温度分别为 t、t_0 时的电导率，μS/cm；

　　　　β——溶液的电导率温度系数。

一般情况下，在 0～50℃ 范围内，盐类溶液的 β 平均值为 $0.023℃^{-1}$；酸类溶液的 β 平均值为 $0.016℃^{-1}$；碱类溶液的 β 平均值为 $0.019℃^{-1}$。

不同的溶液具有不同的电导率温度系数。同一溶液的电导率也随温度的变化而改变。所以，若以电导率来表示水的品质或溶液的浓度，必须在一定的温度条件下才有意义。我国电力系统中以 25℃ 为基准温度。如果被测溶液的温度偏离基准温度，则需对所测得的电导率进行修正，即换算成基准温度下的数值，否则将造成较大的测量误差。

工业在线电导率仪表通常在其测量电路中设置温度补偿电路来消除温度的影响。但一般的温度补偿措施只能减少温度的影响，很难达到完全补偿。

（2）电导池电极极化对电导率测量的影响。

在电极式电导池中，为了测量溶液的电导率，必须有两块金属板插入溶液中作为测量电极，在两电极之间加上一定的电压，如果所加电压是直流电压，该电导池实际上也是一个电解槽，在电场力的作用下，正离子向负极运动，在负极获得电子变成中性原子，同时负离子向正极运动，在正极放出电子变成中性原子。因为离子放电过程的速率远大于离子迁移的速率，所以在正极附近负离子相对减少，在负极附近正离子相对减少。在两极附近的溶液不能维持电中性，就形成内电场。在溶液中这种由离子浓度分布不均产生内电场的现象称为浓差极化。浓差极化所产生的电场与外电场方向相反，起阻止离子导电的作用，相当于增大了溶液电阻，因而引起了误差。

除浓差极化外，还会引起化学极化。化学极化是由于溶液在外电场作用下，在电极上发生化学反应，其反应生成物在电极与溶液间形成一个电势与外加电压方向相反的"原电池"。其电势为极化电势。极化电势的极性与外加电压相反，等效地增加了溶液的电阻，同样会给测量带来误差。

化学反应的生成物（如某些气体的气泡）附着在电极表面，使溶液与电极的有效接触面积减小，导致电导值减小，等效地增加了溶液的电阻，造成了测量误差。

采用交流电源作为电导池的电源，可减少电极极化带来的测量误差。一般来说，溶液越浓，越易极化，采用的交流电源的频率相应地越高。但电源频率过高会增大电极系统电容的影响，造成测量误差。因此，在有些电导率仪表中设有高、低频电源，供测量不同浓度溶液时选择。

将铂电极表面制成铂黑，可大大增大其有效面积，使电极表面的电流密度显著下降，在被测液是浓溶液时能有效消弱化学极化的影响。但铂黑电极表面有吸附溶质的作用，易造成浓差极化，所以在测量稀溶液时不宜采用。

（3）电极系统的电容对电导率测量的影响。

当向电极施加直流电压时，电极表面会发生电化学反应，产生极化电阻，从而对溶液电阻（电导的倒数）的测量产生误差；为了消除极化电阻的影响，一般向电极施加交流电压。电导率电极浸入溶液后，电极表面会形成双电层，因而电极表面有电容存在。电极的导线也存在分布电容。在交流电的作用下，测量的不仅是纯电阻，而是电阻和容抗组成的阻抗。其等效电路如图 8-4 所示。

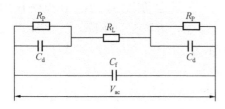

图 8-4　电导电极测量等效电路
R_L—溶液电阻；R_P—极化电阻；
C_d—微分电容；C_f—分布电容

在测量普通水时，由于分布电容 C_f 很小，其容抗 $1/(2\pi f C_f)$ 很大，可忽略其影响，主要是消除表面极化电阻的影响，因此采用较高的测量频率，微

分电容 C_d 产生的容抗 $1/(2\pi f C_d)$ 很小，造成极化电阻短路，测量的阻抗等于溶液电阻 R_L。

在测量高纯度水的时候，由于溶液电阻 R_L 很大，接近分布电容产生的容抗 $1/(2\pi f C_f)$，测量的阻抗等于溶液电阻 R_L 和分布电容产生的容抗 $1/(2\pi f C_f)$ 的并联总阻抗，从而造成测量结果偏离真正需要测量的溶液电阻 R_L。为了消除分布电容的影响，一般测量高纯度水的时候采用较低的测量频率，使分布电容产生的容抗 $1/(2\pi f C_f)$ 大大增加，从而减少对测量溶液电阻 R_L 的影响。采用特殊的电极接线、尽量缩短电极接线长度以减少分布电容。另外，选择电极常数小的电导率电极，降低电极之间溶液的电阻，也可减少纯水测量时分布电容的影响。

（4）一些可溶性气体对溶液电导率的影响。

火力发电厂的工作介质中溶解了某些气体，如氨、二氧化碳等，它们与水分子作用后能产生离子，增强了溶液的导电能力，使溶液电导率增加。

3. 氢电导率的测量

氢电导率测量是被测水样经过氢型阳离子交换树脂，将阳离子去除，水样中仅留下阴离子（如 Cl^-，SO_4^{2-}，PO_4^{3-}，NO_3^-，HCO_3^- 和 F^-）和相应的氢离子，而水中的氢氧根离子则与氢离子中和消耗掉，不在电导中反映。因此测量氢电导率可直接反映水中杂质阴离子的总量。假设某种离子占主导，则可以从氢电导率估算这种离子最大浓度。例如，设水样中其他阴离子浓度为零，可根据氢电导率估算出水中 HCO_3^-（以 CO_2 计）的最大浓度（见表 8-6）。又例如，设水样中其他阴离子浓度为零，可根据氢电导率估算出水中 Cl^- 的最大浓度（见表 8-7）。

从表 8-7 可以看出，如果控制给水的氢电导率小于 $0.07\mu S/cm$（25℃），其水中 Cl^- 浓度不超过 $2\mu g/L$。这样，通过简单的氢电导率，可以估算出某个有害阴离子的最大浓度，以及整个有害阴离子的控制水平。

表 8-6　　　　二氧化碳浓度与氢电导率的关系（25℃，无其他阴离子时）

CO_2（mg/L）	0.00	0.01	0.02	0.05	0.10
氢电导率（$\mu S/cm$）	0.06	0.09	0.12	0.21	0.32

表 8-7　　　　氯离子与氢电导率的关系（25℃，无其他阴离子时）

Cl^-（$\mu g/L$）	0.00	2.0	4.0	6.0	10
氢电导率（$\mu S/cm$）	0.06	0.07	0.08	0.10	0.14

4. 影响氢电导率测量准确度的因素

（1）温度补偿系数的影响。

由于温度的变化影响水的电导率，同一个水样的电导率随着温度的升高而增大，为了用电导率比较水的纯度，需要用同一温度下的电导率进行比较，按国标规定，用 25℃时的电导率进行比较。由于测量时水样的温度不一直是 25℃，需要将不同温度下测量的电导率进行温度补偿，补偿到 25℃时的电导率值。电导率温度补偿计算式

$$DD_{(25℃)} = X_{样}^t/[1 + \beta(t - 25)] \tag{8-5}$$

式中　$DD_{(25℃)}$——换算成 25℃时水样的电导率，$\mu S/cm$；

　　　　$X_{样}^t$——t℃时测得水样的电导率值，$\mu S/cm$；

　　　　β——温度补偿系数。

对于 pH 为 5~9，电导率为 $30~300\mu S/cm$ 的天然水，β 的近似值为 0.02。

对于电导率大于 $10\mu S/cm$ 的中性或碱性水溶液，其温度校正系数一般在 0.017~0.024 的范围内，因此取温度校正系数为 0.02，一般可满足应用需要。

对于大型火力发电机组水汽系统，给水、蒸汽和凝结水的氢电导率一般小于 $0.2\mu S/cm$，接近纯水的电导率，此时温度校正系数是随温度和水的纯度（电导率）而变化的一个变量。表 8-8 表示理论纯水电导率、温度系数与温度的关系，可见温度系数是随着温度的变化而发生变化的。

表 8-8　　　　　　　　　　　　理论纯水电导率、温度系数与温度的关系

t（℃）	10	15	20	25	30	35
$X_{理}^{t}$，$\times 10^{-3}$（$\mu S/cm$）	22.9	31.3	41.8	55.0	71.4	91.1
温度系数 α_{t}^{25}	0.039	0.043	0.048		0.058	0.066

例如 35℃时测得水样的电导率为 $0.091\ 1\mu S/cm$，从表 8-8 查出温度系数为 0.066，根据式（8-5）进行温度补偿，$DD_{(25℃)}=0.091\ 1/[(1+0.066\times10)]=0.055\mu S/cm$。

如果按一般的温度系数 0.02 进行温度补偿，$DD_{(25℃)}=0.091\ 1/[(1+0.02\times10)]=0.076\mu S/cm$，由此产生的误差为：

$$(0.076-0.055)/0.055=38\%$$

由此可见，如果将电导率表的温度补偿系数设定为 0.02，对于给水、凝结水和蒸汽氢电导率的测量会产生较大的误差。

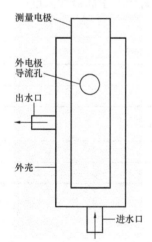

图 8-5　电导率电极示意图

（2）电极常数的影响。

实际使用发现，某些国产的电导率在线监测仪表部分电导率电极的出水孔开孔位置太低，低于测量电极导流孔（见图 8-5）。这样一方面使测量电极不能全部浸入水中，从而使电极常数发生变化，与电极上标明的电极常数不同，从而造成较大的测量误差（测量的电导率明显偏低）；另一方面，由于外电极导流孔的位置在出水孔上方，测量电极内的水不流动，造成测量响应速率大大降低，当水样的电导率发生变化时，测量电极内的水样是"死水"，电导率仪显示的仍然是以前水样的电导率，从而造成较大的测量误差。

（3）氢型交换柱设计不合理。

某些化学监测仪表配套厂家设计安装的氢型交换柱设计不太合理，更换树脂时只能将不带水的树脂装入交换柱。投入运行后，水样从上部流进交换柱的树脂层中，树脂之间的空气由于浮力的作用向上升，水流的作用力将气泡向下压，造成大量气泡滞留在树脂层中。空气泡使水发生偏流和短路，使部分树脂得不到冲洗，这些树脂再生时残留的酸会缓慢扩散释放，空气中的二氧化碳也会缓慢溶解到水样中，使测量结果偏高，影响氢电导率测量的准确性。

（4）氢型交换树脂。

由于氢电导率测量首先使水样通过氢型交换柱，测量经过阳离子交换树脂进行交换反应

后水样的电导率，所以氢型交换柱阳离子交换树脂的状态对测量结果有显著的影响。实际使用过程中发现存在以下两方面的问题：

1）交换树脂释放氯离子。氢型交换柱中一般使用强酸性阳离子交换树脂，这种树脂处理不当有产生裂纹的趋势。当有裂纹的树脂进行再生处理时，再生液（一般为盐酸）会扩散到裂纹中，再生后的水冲洗很难将裂纹中的盐酸冲洗干净。当这种树脂装入交换柱中投入运行，树脂裂纹中残存的氯离子会缓慢地扩散出来，造成氢电导率测量结果偏高。由于水样中离子浓度非常低，这种树脂裂纹中残存的氯离子对测量结果的影响很大。

2）氢型交换树脂失效后产生的影响。在氢型交换树脂未失效之前，通过交换柱的水样中的阳离子只有氢离子。当氢型树脂失效后，部分其他阳离子穿透交换柱进入测量电极中。由于水汽系统一般采用加氨处理，先穿透交换柱的阳离子主要是铵离子（NH_4^+），会对氢电导率测量结果产生影响，造成测量误差。

在阳离子漏出初期，交换柱出水水样中只有少量铵离子，氢离子数量相应减少，阳离子总量基本不变，水样的 pH 升高，电导率降低。这是因为同样数量的铵离子的电导率比相同数量的氢离子的电导率小得多。因此，在交换柱失效初期，氢电导率测量结果偏低。此时水质超标不容易被发现。

在阳离子漏出一段时间以后，由于大量铵离子漏出，水中铵离子总量远大于阴离子（除氢氧根以外）的总量，导致水样呈碱性，电导率大大增加，使氢电导率测量结果偏高。

为了解决上述问题，采用变色阳离子交换树脂进行氢电导率的测量。由于变色阳离子交换树脂失效前后的颜色明显不同，可以在铵离子漏出前进行再生处理，从而排除了氢型交换树脂失效引起的错误信息，提高了电导率测量结果的可靠性。

（二）在线 pH 表和钠表

1. pH 表和钠表基本原理

在线 pH 表和钠表的测量原理是电位分析法。电位分析法是指通过测量电极系统与被测溶液构成的测量电池（原电池）的电动势，获知被测溶液离子活度（或浓度）的分析方法。电位式分析仪器主要由测量电池和高阻毫伏计两部分组成。测量电池是由指示电极、参比电极和被测溶液构成的原电池，参比电极的电极电位不随被测溶液浓度的变化而变化，指示电极对被测溶液中待测离子很敏感，其电极电位是待测离子活度的函数，所以原电池的电动势与待测离子的活度有一一对应关系，原电池的作用是将难以直接测量的化学量（离子活度）转换成易测量的电学量（测量电池的电动势）。

pH、钠表的电极采用离子选择性电极。离子选择性电极是指具有将溶液中某种特定离子的活度转变为一定电位功能的电极。离子选择性电极都有一个被称为离子选择性膜的敏感元件，离子选择性电极的性能主要取决于膜的种类及其制备技术。离子选择性电极的敏感膜都有渗透性，就是被测溶液中的特定离子可以进入膜内，并在膜内移动，从而可以传递电荷，在溶液和膜之间形成一定的电位。而膜的渗透性是具有选择性的，非特定离子不能在其中进行渗透，这就是离子选择性电极对离子具有选择性响应的原理。

2. 影响 pH 表、钠表测量的因素

（1）纯水测量静电荷的影响。

超超临界机组采用加氧处理时，工质纯度接近纯水，电导率小于 $5\mu S/cm$ 时的水样接近于绝缘体，水样在电极表面流动产生的摩擦类似于绝缘体之间的摩擦，会产生静电荷，由于水样的高电阻和仪表的高阻抗输入，静电荷不能及时流走而在电极表面累积。静电荷的作用使 pH 玻璃电极的电极电位发生变化，从而影响 pH 表测量的电位差发生变化，最终影响 pH 测量的变化。

（2）温度的影响。

一般 pH 表都有温度补偿功能，但实际上 pH 表的温度补偿功能有局限性。根据 pH 测量原理，测量水样的 pH 可用下式表示

$$pH = pHs - (E - E_s) \times F / 2.302\,6RT \tag{8-6}$$

式中　　pHs——标准溶液的 pH；

　　　　E——待测溶液中玻璃电极与参比电极的电位差，mV；

　　　　E_s——标准溶液中玻璃电极与参比电极的电位差，mV；

　　　　F——法拉第常数，$9.65 \times 10^4 C/mol^{-1}$；

　　　　R——气体常数，$8.314 J/K^{-1} \cdot mol^{-1}$；

　　　　T——待测溶液的热力学温度。

在式（8-6）中，一方面系数（$F/2.302\,6RT$）与温度呈规律性变化关系，另一方面水中参比电极电位与温度有规律性的变化，但欠缺的是补偿功能无法校正水中各种离子平衡常数随温度发生改变，造成水的实际 pH 发生变化，这种变化随水中物质的不同而有改变。因此温度偏离 pH 测定时，会产生影响。通常 pH 表的测量温度应恒定在（25 ± 1）℃。

（3）接地电位的影响。

电极经过仪器接地与大地构成回路，产生极化电压，改变电极的电极电位，从而造成测量误差。

（4）液接电位的影响。

测量接近纯水的 pH 时，水样的电导率与参比电极内参比液的电导率相差很大，容易在参比电极扩散界面产生液接电位，从而改变参比电极的表观电极电位，从而影响 pH 的测量。

（5）可溶性气体对测量结果的影响。

由于连接管道或测量池的原因，对高纯水 pH 测定时，管道漏气容易使 pH 值测量偏低。取样管道采用不锈钢管和透明塑料管混接时，在接口部位不严密处极易造成可溶性气体漏入，造成测定 pH 偏低。测量池加工不规范，出水口虹吸引起测量池内水位低，电极不能完全浸入被测溶液，也会造成测定 pH 偏低。

（三）在线溶氧表

1. 溶氧表基本原理

溶氧表属于电流式分析仪器，其传感器能将被分析的物质浓度的变化转换成电流信号的变化。

目前国内外普遍采用的溶氧表的测量原理是极谱法，即向电极施加一定的电压，使溶解氧在电极表面发生电化学反应，在测量电路中产生电流，该电流的大小与溶解氧的浓度成正比。这种通过测量电流大小达到确定测量值的方法属电流法。与电位法相比（如 pH 测量、钠的测量）相比，电流法在纯水体系中受到的电干扰较小。

新型极谱式传感器是三电极体系，除传统的铂阴极、银阳极外，还有一银质参比电极，大大提高了信号的稳定性和精度零点稳定。内置自消耗电极，自行消耗电解液中的残余氧。

电极结构如图 8-6 所示。参比电极（阳极）是大面积的银电极，而测量电极（阴极）是金电极。金电极是极化电极，银电极是去极化电极，电解液为一定浓度的 KCl 溶液。

当电极间加直流极化电压 V，氧通过膜连续扩散，扩散通过膜的氧立即在金电极表面还原，电流正比于扩散到阴极的氧的速率。电极反应如下：

阴极（金）：还原反应：$O_2 + 2H_2O + 4e^- = 4OH^-$

阳极（银）：氧化反应：$4Ag + 4Cl^- - 4e^- = 4AgCl\downarrow$

由极谱分析原理可知，此传感器在一定温度下，电解液中溶解氧产生的极限扩散电流与溶解氧的浓度呈线性关系。

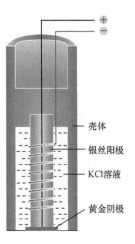

图 8-6　极谱式氧电极
结构示意图

测定时为消除水的电导率、pH 值和水中杂质的影响，在金电极外表面覆盖一层疏水透气的聚四氟乙烯或聚乙烯薄膜，将电解池中的电极、电解液与被测水样隔开，被测水样在流通池流过时与膜的外表面接触，水中溶解氧透过薄膜进入电解液，在金电极上发生电极反应，透过膜的氧量与水中溶解氧浓度呈正比，因而传感器的极限扩散电流与水中溶解氧浓度成正比，测量此电流就能测得水中溶解氧浓度。

反应产生的电流符合以下公式

$$I = (DScnF)/(LM) \tag{8-7}$$

式中　D——溶解氧的扩散系数（与温度有关）；

　　　S——溶氧传感器阴极的表面积（与污染有关）；

　　　c——溶解氧浓度；

　　　n——氧的得失电子数（常数）；

　　　F——法拉第常数；

　　　L——扩散层的厚度（与膜加工和流速有关）；

　　　M——氧的分子量（常数）。

将常数 n、F 和 M 合并后式（8-7）变成

$$I = (kDS_c)/L \tag{8-8}$$

式（8-8）中，常数 k 为 nF/M，电流 I 与溶解氧浓度成正比。

2. 影响溶氧表测量的因素

（1）流速的影响。

从式（8-8）可以看出，溶解氧测量结果（I）除了与溶解氧浓度有关，还与扩散层的厚度 L 有关。扩散层由两部分组成。一部分是膜的厚度，由膜的加工质量决定。如果膜的厚度比正常设计值厚，会使氧通过膜的扩散速度减慢，造成测量灵敏度降低，这可以通过仪表标定加以消除（更换膜后，必须重新进行标定）。另一部分扩散层是与膜外表面紧密接触的水膜（水的静止层），这部分扩散层的厚度取决于水流速度。水流速度越高，水膜厚度越小，氧扩散的速度越高，从而使测量值增高。反之亦然。因此必须严格控制测量时水样流速在要求的范围内，最好与标定时的流速相同。

另外，扩散型传感器消耗水样中的氧并减少氧浓度，如果水样不流动或者流速过低，会造成测量结果偏低。应保证达到制造厂要求的最低流速，否则得到偏低的测量结果。

（2）表面污染的影响。

从式（8-8）可以看出，溶解氧测量结果（I）除了与溶解氧浓度有关，还与溶氧传感器阴极的表面积 S 有关。该面积在使用过程中受渗透膜表面污染的影响。表面附着物会阻挡一部分面积使氧的渗透受阻，对应的阴极反应面积相对减少，造成测量结果偏低。

（3）阳极老化的影响。

溶解氧测量电极上施加的直流电压（槽压）在电极间由三部分组成，可用式（8-9）表示

$$V = V_{阳} + V_{阴} + V_{溶液} = R_{阳}I + R_{阴}I + R_{溶液}I \tag{8-9}$$

式中　$V_{阳}$——阳极反应过电位；

　　　$V_{阴}$——阴极反应过电位；

　　　$V_{溶液}$——溶液欧姆降；

　　　$R_{阳}$——阳极极化电阻；

　　　$R_{阴}$——阴极极化电阻；

　　　I——回路中的电流；

　　　$R_{溶液}$——两电极间的溶液电阻。

如果电极上施加的电压（槽压）较小，则落入活化控制区（见图 8-7），电流随电压发生变化，可用式（8-10）表示

$$I = I_0 \times 10^{\Delta V/b} \tag{8-10}$$

此时阴极反应速度不是与氧浓度成正比，而是受电极表面极化电压控制，无法给出正确的氧浓度测量值。

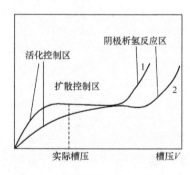

图 8-7　溶氧测量传感器电流
与槽压的关系

当槽压足够大，进入扩散区，此时阴极反应速度不受电极表面极化电压控制，只与氧的浓度成正比，这是溶解氧测量传感器的理想槽压控制范围。

对于扩散型溶解氧测量传感器，其银制阳极表面银电极自身发生腐蚀反应

$$4Ag + 4Cl^- \Longrightarrow 4AgCl\downarrow + 4e^-$$

长期运行后生成的氯化银（AgCl）沉淀不断增加，与氢氧化钾反应后在阳极表面生成氢氧化银，并进一步转化成黑色氧化银（Ag_2O）沉淀，附着在银电极表面。改变了阳极性质，极化电阻 $R_{阳}$ 增大，导致 $V_{阳}$ 增大，由式（8-9）可见，槽压不变的情况下，$V_{阴}$ 相应减少，可能落入活化控制区（见图 8-7 中曲线 2），从而造成测量误差。阳极老化后，可以在更换膜的同时用稀氨水清洗。为了防止老化，长期不用的溶解氧电极应保存在无氧水中。

（4）传感器内有气泡的影响。

扩散型溶解氧测量传感器需要定期进行膜和内参比液的更换。如果更换膜操作不当，在传感器内部存在气泡，气泡内存在一定的氧气分压。常温常压下，同体积的空气中的氧含量是同体积水中溶解的氧量的约 30 倍。当测量浓度降低时，气泡内的氧气分压大于与溶液中的氧相平衡的氧分压，气泡中的氧通过气液界面进入溶液中，同时气泡内氧气发生浓差扩散，这就比无气泡时的液相（单相）扩散增加了两个过程，从而大大降低溶解氧测量的响应

速度。因此，更换膜时要特别注意传感器内部填充液中不能有气泡存在。

（四）在线二氧化硅表

1. 二氧化硅表基本原理

在线二氧化硅表是基于被测成分的光学特性，采用适当的装置，对被测成分进行定性或定量分析的方法。

二氧化硅表的测量原理是根据不同浓度硅钼蓝溶液对波长为 815nm 光的吸收度不同的原理来设计的。在低 pH 条件下，加入钼酸盐经过一定时间的化学反应，水中的微量硅酸盐与钼酸盐反应生成黄色的硅钼酸络合物，加入掩蔽剂后消除水样中磷酸盐络合物的影响，最后加还原剂生成硅钼蓝溶液。将硅表的检测器测的得穿过硅钼蓝溶液的透过光强度，与特定的参比值相比后得到透光率，经过计算得到溶液的吸光度，再与仪器中预先测得的标准曲线对比后得出溶液的浓度值。硅表主要由取样部分、显色反应部分和测量部分组成。

2. 影响二氧化硅表测量的因素

（1）方法误差：

1）溶液浓度的影响：在浓度较高时，浓度与吸光度偏离比尔定律。

2）操作条件的影响：显色反应过程中，显色剂的用量、溶液的 pH 值、温度和显色时间等都对光的吸收有一定影响。严格控制操作条件，保证标准试样与被测试样操作条件一致，以保证测量准确度。

3）干扰物质的影响：干扰物本身颜色；干扰物与显色剂生成有色物质；干扰物与金属离子、显色剂生成稳定的无色物质。消除办法：添加掩蔽剂或将干扰物质从溶液中分离出去。

（2）仪器误差：

1）光源的不稳定：电压或电流波动引起误差。解决办法：采用恒流源或双光路系统。

2）光的单色性的影响：提高仪器的灵敏度和分析准确度，采用被测物质的最大吸收单色光，光的单色性越好分析精度越高。滤光片的单色光比棱镜或光栅的单色性差，另外狭缝越宽光的单色性越差，但过窄光线太弱，不能满足测量的需要。

3）光电元件的光电转换特性的影响：光电元器件光电池、光电管、光电倍增管等长期使用的老化及强光照射的疲劳现象都影响光电转换的关系。

4）比色皿的影响：同组比色皿的材质、厚度、长度应相同，不要混用不同仪器的比色皿，在紫外区时用石英比色皿。

第三节　调　试　工　作　程　序

汽水取样装置在机组冲管前应安装完毕，并具备人工取样条件。整套启动前，化学仪表应完成单体调试并具备投用条件，在机组整套启动后期，水质基本满足要求时投入运行，投入前应通过有资质的仪表鉴定单位对仪表进行整体校验，以保证仪表显示的准确性和可靠性。

一、系统检查

检查设备管道设计的合理性（因取样管道小于 DN50，设计院是不设计这一部分的图纸的，安装单位的技术人员自己布置管道的走向和取样的位置）。

二、管道吹扫

汽水取样管道都是小口径管道，在安装过程中难免有杂物、焊渣遗留在管道中，容易造成针形阀孔眼堵塞，在管道连接至最后一个焊口时，应采用压缩空气或氮气进行吹扫，吹扫过程中，确认取样管道水样标识正确，吹扫干净后接通管道。

三、取样分析装置管路系统严密性试验

为确保取样分析装置管路的接口严密性，使用小型压力试验机对水样管路、阀门、过滤器、减压阀等系统进行严密性检查。

（1）主蒸汽压力大于 27MPa 机组的高温、高压水样管路系统，在 60MPa 水压试验条件下保持 5min，管路系统应无泄漏、不变形。

（2）主蒸汽压力为 25～27MPa 机组的高温、高压水样管路系统，在 38MPa 水压试验条件下保持 5min，管路应无泄漏、不变形。

（3）主蒸汽压力为 17～15MPa 机组的高温、高压水样管路系统，在 25MPa 水压试验条件下保持 5min，管路应无泄漏、不变形。

（4）取样分析装置的冷却水管路，在 1.2MPa 水压试验条件下保持 5min，管路系统应无泄漏、不变形。

（5）恒温系统及其部件，在 0.9MPa 水压试验条件下保持 5min，管路系统应无泄漏、不变形。

（6）低压样水管路系统，在 0.5MPa 水压试验条件下保持 5min，管路系统应无泄漏、不变形。

（7）水样超温保护系统严密性检查：在 2MPa 压力试验条件下保持 5min，管路系统应无泄漏、不变形；当水样温度超过设定值时，超温保护应能正常动作。

（8）水样压力保护系统严密性检查：在 2MPa 压力试验条件下保持 5min，系统应无泄漏、不变形。当压力超过设定值时，过压保护应能正常动作。

（9）冷却水与水样断流保护系统严密性检查：在 0.4MPa 压力试验条件下保持 5min，系统应无泄漏、不变形。向系统通水，当冷却水或水样断流时，断水保护应能正常动作。

四、人工取样冲洗及投用

（一）取样分析装置投运前的检查

取样分析装置投运前的检查有以下几个步骤：

（1）检查所有仪表取样阀门关闭。

（2）水样回路中高低压阀门全部处于关闭状态，减压阀螺杆旋到顶端位置（顺时针方向旋到头为止）。

（3）检查冷却水回路正常，并投用冷却水系统，检查冷却水压力符合要求。冷却水压力偏低时，应检查冷却水水源的压力和冷却水管道是否有截流并消除。

（4）投用恒温冷却装置，恒温装置温度控制符合要求，冷却系统压缩机运行正常。

（5）人工取样槽及仪表排水的排污管通畅，人工取样槽干净。

（二）取样分析装置投运

取样分析装置投运需注意以下几点：

（1）第一次取样时，首先打开各取样点排污阀，然后依次缓慢打开水样入口阀，冲洗 5～15min 后关闭，冲洗后转至低温架人工取样。

（2）通过调整减压阀取样压力和流量，人工取样流量在 $300\sim500mL/min$ 为适宜。

（3）关闭冷却水进水阀门，检验超温断水保护装置设定正确。

五、在线化学仪表的调试

整套启动期间，汽水品质基本满足要求后，化学仪表即可调试投用。

（一）在线电导率表

1. 电导率表的安装

将电导率电极插入流通池安装孔中，拧紧；取下电缆接线保护盖，将电极和电缆连接。接通水样，调节进水流量至 $5\sim10L/h$。检查流通池能正常溢流，保证无压排放。

需要测量氢电导率的水样，在水样进入流通池前的管道上安装阳离子交换器。在线氢电导率表的流通池上配有一升阳离子交换树脂，在流量为 $10L/h$，氨浓度为 $1mg/L$ 时可用 4 个月，在流量为 $5L/h$，氨浓度为 $1mg/L$ 时可用 5 个月。

2. 设置

仪表初次投运之前，需设置一些参数，主要有：

（1）电极常数设置。电极常数一般标在电导率电极的头部，进入电极常数设置菜单，输入标注的电极常数值。

（2）温度补偿类型设置。根据被测水样特点，设置仪表温度补偿的类型，非线性的高纯水、自动、手动等。

3. 仪表校准

电导校准类型有三种：电气校准、两点校准和一点校准。

电气校准，可实现仪器内部的电子校准，一点校准适用于斜率校准。

（1）电气校准。从液体中取出探头，松开探头连接器的螺丝，将一个标准电阻连接到电导模块的输入、输出终端，表头应该显示该电阻对应的理论电导率值。

（2）两点校准。将电极从溶液中取出，仪器先进行零点校准；将电极浸入已知电导率值的标准液中，测量值稳定后输入待测标液的电导率值。

（3）一点校准。将电极浸入已知电导率值的标准液中，测量值稳定后输入待测标液的电导率值。温度校准是在工厂实现的。选择电气校准温度，用 Pt1000 进行电气校准。分别将两个已知阻值的电阻连接到 $temp^+$ 和 $temp^-$ 的接线端子上。这两个电阻的精度为 0.1%。

（二）在线 pH 表

1. 安装电极

将温度电极插入流通池的温度电极安装孔中并接到电缆。pH 复合电极中的参比电极内部要求不能有气泡。倾斜拿着电极，轻轻甩动，排除电极内部的气泡。将 pH 复合电极插入流通池的复合电极孔中，拧紧。剪去电解液瓶的顶端密封盖，与参比电极的电解液（250mL、3.5molKCl 溶液）管子相连接。将电解液瓶固定在电解液瓶支架上。在电解液瓶底部刺一个小孔以保证压力平衡。取下插头的保护盖，与电缆连接。

2. 电极校准

（1）两点手动校准（自动温度补偿模式）：

1）关闭水样进口，停止正常的测量状态；

2）拧松测量电极杯，清空电极杯中的水样，并用除盐水冲洗干净。

3）用 pH 7.00（25℃时为 6.98）缓冲液装满电极杯，并重新装好电极杯，拧上固定螺母，按 Enter 键确认。当测量恒定时按 OK 键。屏幕显示测定值，若测定值与缓冲液 pH 不符，可以修改称缓冲液 pH，并按 Enter 键确认。

4）拧松测量电极杯，清空电极杯中的水样，并用除盐水冲洗干净。

5）用 pH 9.00（25℃时为 8.95）缓冲液装满电极杯，并重新装好电极杯，拧上固定螺母，按 Enter 键确认。当测量恒定时按 OK 键。屏幕显示测定值，若测定值与缓冲液 pH 值不符，可以修改称缓冲液 pH 值，并按 Enter 键确认。仪器自动显示校正参数，包括校正斜率、温度、日期等。

6）拧松测量电极杯，清空电极杯中的水样，并用除盐水冲洗干净。然后重新装好电极杯，打开进水阀，调整水样流量，进入正常的测量状态。

（2）过程校准。选用精度较高的连续测量 pH 仪表，接在在线 pH 流通池的排水口，测量水样的 pH 值，将此 pH 值输入到在线仪表的菜单 Process pH 中。

（3）数值校准。用户已在实验室对电极进行了校准。采用数值校准，可对实验室校准得到的斜率和零点值进行编程。编程斜率值为理论斜率 59.16mV/pH 的百分数。

（4）温度校准。进入温度校准，用 Enter 键按 EXECUTION 进入模式，然后进入温度校准屏幕。测量稳定后，按 OK。若温度值与真实测量值之间存在偏差，可改变温度显示值。温度调节限值在−50℃和＋20℃之间。

（三）在线钠表

钠表是利用钠离子敏感的玻璃电极对水样中含有的钠离子进行分析，在钠离子的测量过程中，需要排除样水中铵离子和样水 pH 值的干扰，可以加入合适的碱化试剂，以影响铵离子的产生并增大样水 pH 值。当钠离子的测量低于 1ppb 时，就必需用特殊玻璃材料作成的钠离子敏感电极，才能够保证连续的电极响应。当钠离子的检测极限为 0.1ppb 时，样水 pH 必须大于 10，并且要得到最好的调节效果。钠表通常选用未经稀释的二异丙胺作为碱化试剂，其对样水 pH 值的调节能始终保持恒定，并且不会产生危险的废物。

swan 钠表如图 8-8 所示，主要包括显示屏、钠电极、参比电极、温度补偿电极、测量池、碱化扩散装置等。样水从进样口进入仪器，流进恒位器，通过调节阀保证溢流。这样，在测量系统中的压力就保持恒定。如果标准液瓶架方向完全向下，则样水从恒位器流入反应管，由于恒位器和测量池的液位相差 30cm，在管内产生一个小真空度，试剂瓶中的气态试剂被吸入反应管，形成一串规则气泡流，样水中的 pH 值和导电度值分别升至 10 和 200μS/cm，气泡探测器监测气泡流。若样水中断，气泡不能形成，系统就发出错误报警信号。

1. 安装电极

将温度电极插入流通池的温度电极安装孔中并接到电缆。参比电极内部要求不能有气泡。倾斜拿着电极，轻轻甩动，排除电极内部的气泡。参比电极插入流通池的参比电极孔中，拧紧。剪去电解液瓶的顶端密封盖，与参比电极的电解液（100mL、2.0molKCl 溶液）管子相连接。将电解液瓶固定在电解液瓶支架上。在电解液瓶底部刺一个小孔以保证压力平衡。取下插头的保护盖，与电缆连接。将钠电极插入流通池的钠电极安装孔中并接到电缆。

2. 钠电极活化

用 swan 原装的活化液活化电极。活化液分为两瓶，一瓶是酸液，一瓶是氟化盐粉末。使用时将两瓶混合并注明日期。活化液一旦混合则有效期只有 6 个月。

第一次使用电极，活化时间为 2min，然后用除盐水冲洗电极，勿使玻璃电极干燥。确

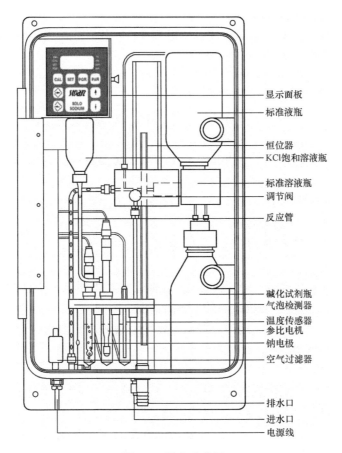

	显示面板
	标准液瓶
	恒位器
	KCl饱和溶液瓶
	标准溶液瓶
	调节阀
	反应管
	碱化试剂瓶
	气泡检测器
	温度传感器
	参比电机
	钠电极
	空气过滤器
	排水口
	进水口
	电源线

图 8-8 钠表示意图

保玻璃球和电极体内无气泡，如有气泡将玻璃球向下，像甩体温计一样轻轻甩动电极排除气泡。

3. 钠表校准

每次校准前需活化钠电极 0.5min，如第一次投运则活化 2min。用 1000mg/L 的母液稀释配制两瓶标准液，仪表中所设标准液浓度必须和所配制的浓度相同。

标准液瓶旋在校准支架上，并向上旋转到垂直位置，将水样流从溢流杯切换到标准溶液。因为标准溶液瓶中有一根压力平衡管，所以标准溶液瓶中的压力一直保持平衡。1L 标准液大概在 10min 之内消耗完，钠电极必须在此时间内达到稳定的读值。

（1）1 点校准法：修正电极漂移。

1）进入菜单，仪表会提示校准步骤，按提示进行操作，完毕后按<Enter>确认。

2）拔下电极，用除盐水冲洗。

3）活化电极 30s 后用除盐水冲洗。

4）将电极装回流通池并等待 2~3min。

5）将标准液 1 旋到校准支架上并推到垂直位置；等到过程结束。

6）按 <Enter> 保存，旋下校准瓶。

7）按 <Enter> 继续第二点校准，如只需做单点校准则按<Exit>退出。

165

（2）2 点校准法：修正电极斜率。

1）进入菜单，仪表会提示校准步骤，按提示进行操作，完毕后按<Enter>确认。

2）拔下电极，用除盐水冲洗。

3）活化电极 30s 后用除盐水冲洗。

4）将电极装回流通池并等待 2～3min。

5）将标准液 1 旋到校准支架上并推到垂直位置；等到过程结束。

6）按 <Enter> 保存，旋下校准瓶。

7）将标准液 2 旋到校准支架上并推到垂直位置；等到过程结束。

8）按 <Enter> 保存，再按<Exit>退出校准。

9）校准成功，旋下校准瓶，按<Exit>则会终止正在进行的校准。

（3）在线钠表中的 pH 过程校准。

1）需要一个高精度的便携 pH 计对 pH 电极进行过程校准，便携 pH 计必须经过正确校准。

2）进入 pH 过程校准菜单，将钠电极拔出流通池，将便携 pH 计的电极插入流通池。等到便携 pH 计测量值稳定。修改钠表的 pH 测量值。

3）将便携 pH 计的电极从流通池中拔出，将钠电极装回流通池。

（四）在线溶氧表（以 swan 在线溶氧表为例）

1. 仪表安装和热工接线

垂直安装仪表。连接水样管路、安全通道、废水线路。检查工作电压是否符合仪表额定值；交流电源出口接地；仪表与微机的接线正确。

2. 氧传感器安装

传感器出厂时已安装好压力补偿膜。填充电解液方法如下：

（1）拧开注液孔螺丝，打开电极端盖。

（2）将一个新的膜放置在电极端盖内，膜的一侧（白色边缘）向下，对着水样；膜的一侧（棕色或有黑点标记）向上对着金电极。

（3）垂直握着电极，使金阴极向上，金阴极应无灰尘或污物。在金阴极表面滴一至两滴电解液。

（4）旋转电极使金阴极向下，金电极上的电解液旋而未滴，将端盖拧上。

（5）稍微拧松一下端盖后再拧紧，重复此步骤两遍，使膜和金阴极之间形成电解液的虹吸层，这会使电极测量时响应更快。

（6）将电解液瓶尖端处插入注液孔，但不要完全堵住，挤压电解液瓶使溶液慢慢注入并溢流。倾斜并轻拍电极，并用拇指按住注液孔，像甩温度计一样甩电极。

（7）再次向孔内缓慢注入电解液，直至溢出，用这种方法可排出所有气泡。

（8）缓慢拧上注液孔螺丝，让过量的电解液溢出，但不要拧得过紧，致使电解液压力过大。

（9）彻底清洁探头并用软纸巾擦干渗氧膜。

（10）按顺序将安装件套入电极。首先是白色固定套，塑料圈，最后是密封圈，并使密封圈置于注液孔和压力补偿孔中间。

3. 在线溶氧表校准

为将电极从流通池中取出，先逆时针旋开电极外的白色固定套，并完全拧松。然后打开水样阀，流入少量水样，使密封环松动，电极很容易从流通池中取出。注意不要用力拉拔电极。在校准前，将电极体和透氧膜擦干，并将电极斜靠在流通池放置密封圈的边缘处。在流通池底部保留一部分水，使流通池内的空气含有饱和的水蒸气。在这种环境中能得到最佳的校准效果。注意电极头不要接触到水面。

校准过程自动进行。一旦显示值稳定，微处理器将自动储存校准数据。

校准时间取决于水样温度、环境温度和空气中含氧量，使校准值产生微小的差异。新电极的校准时间为 15～20min。校准完成后数值闪烁停止，并自动返回测量状态。

在重新安装电极前，应使密封圈处于注液孔和压力补偿孔之间。将电极插入流通池底，并旋紧白色固定套。

打开水样，使水中的气泡随着水流冲走。将水样流量调整约为 8L/h。

（五）在线二氧化硅表（以 swan 在线二氧化硅表为例）

1. 仪表安装和热工接线

垂直安装仪表。连接水样管路、安全通道、废水线路。检查工作电压是否符合仪表额定值；交流电源出口接地；仪表与微机的接线正确。

2. 溶液配制

（1）试剂 1：用一个带有 2L 刻度的烧瓶或长颈瓶，加入除盐水至 2/3 刻度处（含硅量尽可能小）；在常规搅拌下，加入 15g 氢氧化钠颗粒，完全溶解；再加入 56 可四水钼酸铵颗粒，完全溶解；加入除盐水至 2L 刻度处，充分混合。置入试剂 1 桶中。

（2）试剂 2：用一个带有 2L 刻度的烧瓶或长颈瓶，加入除盐水至 2/3 刻度处（含硅量尽可能小）；在常规搅拌下，加入 200mL25％硫酸，充分混合；加入除盐水至 2L 刻度处，充分混合。置入试剂 2 桶中。

（3）试剂 3：用一个带有 2L 刻度的烧瓶或长颈瓶，加入除盐水至 2/3 刻度处（含硅量尽可能小）；在常规搅拌下，加入 40g 草酸，直到它完全溶解；加入除盐水至 2L 刻度处，充分混合。置入试剂 3 桶中。

六、取样系统调试注意事项

（1）高压针形阀不宜频繁操作。

（2）冷却器中冷却水不得中断，以防水样温度过高损坏设备及危害人身安全。

（3）在运行中发现取样点的水样流量下降，主要原因是螺旋减压阀结垢，通知保养人员处理。可关闭一次阀门，拆下减压阀的螺杆部分进行冲洗。若高温管道阻塞，则小心开启排污门进行冲洗。

（4）取样装置在停运及检修过程中，各种化学分析仪表的测量系统应保持有水流或电极部分要保持一定的水位，防止电极干枯。

第四节　常见问题与处理

取样系统及化学仪表调试及运行中存在的主要问题有以下方面。

（1）取样管路减压阀易于堵塞。取样初期，由于系统水质的原因，取样管路减压阀间隙

容易聚集水样中的铁颗粒等杂物，造成取样流量小或断流，需经常进行拆卸、清理。

（2）样水温度高。当样水流量大、冷却水量小、冷却器结垢时，易引起冷却效果差，取样水温度高，影响测量结果，此时应检查取样排污门、减压阀、冷却水水源、取样冷却器等，并消除缺陷。

（3）样品前后测量差异大。造成样品测量前后差异大的主要原因包括：取样管内存在污染物聚积效应，冷却器冷却水泄漏，样品水本身存在异常恶化。机组启动初期，当污染物聚积影响水质测定时，应对取样管加强排污。

（4）化学仪表显示不准：

1）影响仪表正常工作的条件或参数不满足。影响仪表测定准确性的条件如水样流速、试剂添加量、温度补偿系数等参数的选择或设定不合适，影响仪表的工作性能。这些参数一方面应参考厂家提供的设定范围，另一方面要通过试验进行优选，只有在最优测量条件下，仪表的测定准确性才能保证。

2）在线化学仪表水样恒温效果不理想。一般认为，仪表具备自动温度补偿功能，温度超标对测定值影响不大。但实际上仪表的温度补偿不能完全准确地实现补偿，因超温导致电导率表、pH 表、溶氧表测量误差超标是仪表测量准确度差的主要原因之一。有些厂的精处理系统在线仪表水样没有设置恒温系统，水样温度甚至超过了 40℃，在线 pH 值表和电导率表的测量误差严重超标。

3）在线化学仪表传感器的维护保养工作开展的不到位。如在线钠表钠电极的定期活化处理、定期标定；电导率电极和溶氧电极的定期检验、定期清洗，流通池和流路的定期清洗等，只有这些细节工作定期开展，才能减少因电极斜率漂移、电导率电极的电极常数发生变化、溶氧电极老化等导致的仪表测量灵敏度下降、测量误差超标等问题。

4）氢交换柱树脂再生效果差是氢电导率测量误差超标的主要和普遍存在的问题。目前现场对氢交换柱树脂的处理仍采用静态浸泡再生、从树脂再生罐体中掏取或失效树脂废弃更换等比较粗放的处理方式，这种处理方法从长期看，必然导致树脂再生效果不理想，再生度不够，从而导致测量值偏低或偏高，这对于高参数大容量机组水汽品质的严格监控是非常不利的，也不利于运行设备状态的正确诊断。所以建议应对氢交换柱采用动态再生方式，以提高树脂的再生效果。

第九章

循 环 冷 却 水 系 统

水因其具有热容量大、蒸发潜能最高、传热效果好、化学稳定性好、使用方便、来源广泛等一系列特点，成为工业生产中最常用的冷却介质。作为冷却介质的水称为冷却水。在火力发电厂中，许多设备都需要用水冷却，而其中以凝汽器冷却水用量最大。一般来说，凝汽器冷却水用量占工业用水量的 70%～90%。用水作冷却介质的系统称为冷却水系统。冷却水系统可分为直流冷却水系统、开式循环冷却水系统、闭式循环冷却水系统三种，后两种冷却水都是循环使用的，故又称为循环冷却水系统。

第一节　概　　述

一、冷却水系统的分类

（一）直流冷却水系统

直流冷却水系统的冷却水直接从江、河、湖、海洋中抽取，仅通过一次换热设备，作冷却介质的水在工作后直接排回天然水体，不循环使用。该系统的特点：①用水量大；②水中各种矿物质和离子含量没有明显的变化；③不需要冷却塔等冷却设备；④投资少；⑤操作简单；⑥占用大量水资源。由于该系统必须具备充足的水源，因此在我国长江以南地区及海滨电厂采用较多。

直流冷却水的操作费用大，不符合节约使用水资源的要求，且长期使用直流冷却水，会造成其水源水温升高，对环境保护造成不利影响。所以，在火力发电厂中，应限制使用直流冷却水系统，尽可能推广使用循环冷却水系统。

（二）开式循环冷却水系统

在开式循环冷却水系统中，冷却水经循环水泵送入凝汽器，进行热量交换，被加热的冷却水经冷却塔冷却后，流入冷却塔底部水池，再由循环水泵送入凝汽器循环使用。此循环过程中利用的冷却水称为循环冷却水，如图 9-1 所示。

该系统的有如下特点：①因热交换后，水温升高，存在 CO_2 散失和盐类浓缩现象，易造成系统结垢或腐蚀；②水中有充足的溶解氧，由于光照，再加上温度适宜，因此有利于微生物的滋生；③由于冷却水在冷却塔内洗涤空气，因此会增加黏泥的

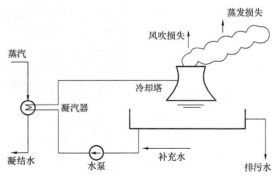

图 9-1　开式循环水冷却系统示意图

生成。

循环冷却水系统中，水循环利用率高，比直流冷却水系统节水。因此，该系统在我国水资源短缺的北方地区被广泛采用。随着今后水资源短缺现象越来越严重，且河流因热污染引起的水生物种的退化和灭绝得到重视，从资源保护角度出发，我国将有更多的火电厂采用开式循环冷却水系统。

（三）闭式循环冷却水系统

闭式循环冷却水系统在火电厂主要应用在以下方面：①冷却汽轮机的乏汽，如在严重缺水地区建设的空冷机组多采用此系统；②有些电厂将轴瓦冷却水等组成一个专门的闭式循环冷却水系统；③装有内冷水发电机的电厂，将内冷水组成一个闭式循环冷却水系统。该系统的特点是没有蒸发引起的浓缩，补充水量少，一般使用除盐水作为补充水。

二、冷却设备

冷却设备有喷淋冷却水池、机械通风冷却塔、自然通风冷却塔三种。其中，喷淋冷却水池多用于小容量的火电机组中，机械通风冷却塔多在占地面积小的火电厂中使用。目前应用最多的是自然通风冷却塔。

（一）喷淋冷却水池

喷淋冷却水池由水池和在冷却水池上方加装的喷水设备组成，增加喷水设备的目的是增加水与空气的接触面积，便于散热。喷淋冷却水池的缺点是占地面积大，冷却效果差，水损失大，且增加了水中悬浮物的含量。此外，由于良好的日照，采用喷淋冷却水池会促进菌类、藻类的繁殖。

（二）机械通风冷却塔

机械通风冷却塔由于在塔内加装了风扇，可以进行强力通风，因此可以降低冷却塔的面积和高度；但由于要另外消耗动力，且风扇的维护工作量较大，因此限制了其使用。冷却塔由风机、塔体、填料装置、收水器等组成，如图 9-2 所示。机械通风冷却塔又可分为横流冷却塔和逆流冷却塔。

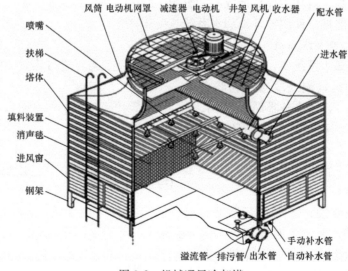

图 9-2　机械通风冷却塔

（三）自然通风冷却塔

自然通风冷却塔一般为双曲线形，主要由通风筒、配水系统、填料层、集水池等组成，如图9-3所示。自然通风冷却塔是依靠塔内外的空气温度差所形成的压差来抽风的，因此通风筒的外形和高度对气流的影响很大，风筒高度可达100m以上，直径可达60~80m。热的循环水送至冷却塔腰部，通过配水系统将水均匀地分部在塔的横截面上，然后进入填料层，以增加水与空气的接触面积和延长接触时间，从而增加水与空气的热交换。以往的填料层多为水泥网格板，目前多为PVC制造的点波、斜波等膜式填料层。被冷却的水收集在冷却水池中，经沟道，重新返至循环水泵吸水井。

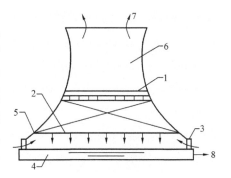

图9-3 自然通风冷却塔
1—配水系统；2—填料层；3—百叶窗；
4—集水池；5—空气分配区；6—通风
筒；7—热空气和水蒸气；
8—冷却水

为了降低吹散损失，目前多数冷却塔都装有捕水器，捕水器设置在配水系统上面，由弧形除水片组成。当塔内气流夹带细小水滴上升时，撞击到捕水器的弧形片上，在惯性力和重力的作用下，水滴从气流中分离出来而被回收。

在冷却塔中，循环水的冷却是通过水和空气接触，由蒸发散热、接触散热和辐射散热三个过程共同作用的结果。借传导和对流散热，称为接触散热，较高温度的水与较低温度的空气接触，由于温差使热水中的热量传到空气中去，水温得到降低。因水的蒸发而消耗的热量，称为蒸发散热，进入冷却塔的空气，湿分含量一般均低于饱和状态，而在汽、水界面上的空气已达饱和状态，这种含湿量的差别使汽、水不断扩散到空气中去，随着汽、水的扩散，界面上的水分就不断蒸发，把热量传给空气。因此，水的蒸发冷却，可使水温低于空气的温度。除冷却池外，辐射散热对其他各种类型的冷却构筑物影响不大，一般可忽略不计。

上述三种散热过程在水冷却中所起的作用，随空气的物理性质不同而异。春、夏、秋三季，室外气温较高，表面蒸发起主要作用，以蒸发散热为主。冬季由于气温低，则以接触散热为主。

三、循环冷却水的运行操作参数及平衡

（一）循环冷却水系统的运行操作参数

循环冷却水系统的运行操作参数包括循环水量、系统水体积、水的滞留时间、凝汽器出口最高水温、冷却塔进出口水温差、蒸发损失、吹散及泄露损失、排污损失、补充水量及凝汽器铜管中水的流速等。

1. 循环水量

一般用50~80kg水冷却1kg蒸汽是经济的。通常用50kg水冷却1kg蒸汽来估算循环水量。如果年平均气温偏低，则循环水量的设计值还可以再降低。

2. 系统水体积

火电厂冷却水系统的水体积比其他工业的大。GB 50050—2007《工业循环冷却水处理设计规范》规定，循环冷却水系统的水体积（V）与循环水量（q）的比为1/5~1/3，而我国火电厂因为多数采用大直径的自然通风冷却塔，塔底集水池的容积较大，所以多数电厂的该比值在1/1.5~1之间。V/q值越小，系统浓缩得越快，则说明达到某一浓缩倍率的时间

就越短。此外，冷却水系统的水体积对冷却水系统中水的滞留时间及药剂在冷却系统中的停留时间有影响。

3. 水的滞留时间

水的滞留时间表示水在冷却水系统中的停留时间，也可表示冷却水系统中水的轮换程度，滞留时间可用以下公式计算，即

$$t_R = V/(P_F + P_P)$$

式中　t_R——滞留时间，h；

　　　V——系统水体积，m^3；

　　P_F——吹散及泄露损失率，m^3/h；

　　P_P——排污损失率，m^3/h。

显然，系统水容积越大，排污量越少，水的滞留时间就越长。

4. 凝汽器出口最高水温

当冷却塔和凝汽器正常工作时，凝汽器出口最高水温一般均小于45℃。以往只有一些采用机械通风冷却塔的电厂，凝汽器出口最高水温曾达到51℃。

5. 冷却塔进出口水温差

此温差一般为6~12℃，多数为8~10℃。

6. 蒸发损失

蒸发损失是指因蒸发而损失的水量。蒸发损失量以每小时损失的水量表示。蒸发损失率用蒸发损失量占循环水量的百分数表示。此值一般为1.0%~1.5%。

蒸发损失率P_Z可根据以下公式估算，即

$$P_Z = k\Delta t$$

式中　k——系数，夏季采用0.16，春、秋季采用0.12，冬季采用0.08；

　　Δt——冷却塔进出口水温差，℃。

7. 吹散及泄漏损失

吹散及泄漏损失是指由冷却塔吹散出去和系统泄漏而损失的水量。吹散及泄漏损失率因冷却设备的不同而异。

8. 排污损失

排污损失是指从防止结垢和腐蚀的角度出发，控制系统的浓缩倍率强制排污的水量。浓缩倍率是指循环冷却水中的含盐量（或某种离子的浓度）与补充水中的含盐量（或某种离子的浓度）的比值，因为水中的氯离子不会与阳离子生成难溶性化合物，所以经常用以下公式表示，即

$$\varphi = \lambda_{Cl^-,X}/\lambda_{Cl^-,B}$$

式中　　φ——冷却水系统的浓缩倍率；

　　$\lambda_{Cl^-,X}$——循环水中氯离子的质量浓度，mg/L；

　　$\lambda_{Cl^-,B}$——补充水中氯离子的质量浓度，mg/L。

9. 补充水量

补充水量是指补入循环冷却水系统中的水量。当冷却水系统中的总水量保持一定时，补充水量相当于单位时间内因蒸发、吹散、排污损失的总和。对于一定的冷却水系统，蒸发、吹散损失是一定的，即排污损失的大小决定了补充水量的多少。

10. 凝汽器铜管中水的流速

凝汽器铜管中水的流速一般为 $1\sim2m/s$，但有些电厂为了节省厂用电，在冬季降低循环水泵的出力，此时铜管中实际水流速可小于 $1m/s$，应注意黏泥的沉积。

（二）开式循环冷却水系统中的水量平衡和盐量平衡

1. 水量平衡

在开式循环冷却水系统中，水的损失包括蒸发损失、吹散及泄漏损失、排污损失。要使冷却水系统维持正常运行，对这些损失量必须进行补充。补充水量是补入循环冷却水系统中的水量，以维持系统水量平衡。水量平衡的方程式为

$$P_B = P_Z + P_F + P_P$$
$$P_B = 补充水量/循环水量 \times 100$$

式中　P_B——补充水率，%；

　　　P_Z——蒸发损失率，%；

　　　P_F——吹散及泄漏损失率，%；

　　　P_P——排污损失率，%。

2. 盐量平衡

由于蒸发损失不会带走水中的盐分，而吹散、泄漏、排污损失会带走水中的盐分，假如补充水中的盐分在循环冷却水系统中不析出，则循环冷却水系将建立如下的盐量平衡

$$(P_Z + P_F + P_P)\lambda_B = (P_F + P_P)\lambda_X$$

式中　λ_B——补充水中的含盐量，mg/L；

　　　λ_X——循环水中的含盐量，mg/L。

$$\varphi = \lambda_X/\lambda_B$$
$$P_P = (P_Z + P_F - \varphi P_F)/(\varphi - 1)$$

式中　φ——开式循环冷却水系统的浓缩倍率。

如果冷却水系统的运行条件一定，那么蒸发损失量和吹散损失量就是定值，通过调整排污量就可以控制循环冷却水系统的浓缩倍率。提高循环冷却水的浓缩倍率，可大幅度减少排污量和补充水量。由于补充水率 P_B 与浓缩倍率 φ 的关系为 $P_B = \varphi P_Z/(\varphi-1)$，药剂耗量 $D = P_Z d/(\varphi-1)$（d 为循环水中药剂浓度，mg/L），又因为 $P_F + P_P = P_Z/(\varphi-1)$，因此，随着浓缩倍率的提高，药剂的耗量也显著降低。

但当浓缩倍率超过 5 时，补充水量已不再显著减少。过高的浓缩倍率，会严重恶化循环水质，容易发生各种类型的腐蚀故障。各种水质稳定药剂的效果与持续时间有关，过高的浓缩倍率，使药剂在循环冷却水系统中的停留时间过长而超过药龄，将降低处理效果。

因此，需选定合适的浓缩倍率。一般火电厂开式循环冷却水系统的浓缩倍率应控制在 5 左右，多数采用 4～6。

四、循环冷却水的稳定处理

循环冷却水的稳定处理主要应对的是结垢以及腐蚀两种危害。

（一）结垢的危害

在热力设备中，受热面水侧金属表面上生成的固态附着物叫做水垢。水垢是一种牢固附着在金属表面上的沉积物，它对热力设备的安全、经济运行有很大危害。结垢的现象是热力设备水质不良所引起的故障。水垢的导热性一般都很差，不同水垢的导热性也各不相同。一

般水垢的导热系数仅为钢材导热系数的 $1/10\sim1/100$。水垢导热系数很低是水垢危害性大的主要原因。水垢会降低热交换设备的传热效率，增加热损失；结垢增加了水的流动阻力，迫使热力设备降负荷运行；水垢还能导致金属发生沉积物下腐蚀。如果水垢生成得太快、太多，则迫使热力设备不得不提前检修，增加了设备检修工作量和检修费用，延长了停运检修时间，造成了巨大的经济损失。

循环冷却水中主要水垢成分如下。

1. 碳酸钙

在开式循环冷却水系统中，水中的重碳酸钙由于受热分解及二氧化碳在冷却塔中的散失，使下列平衡破坏而析出碳酸钙。

$$Ca(HCO_3)_2 \Longrightarrow CaCO_3 \downarrow + CO_2 \uparrow + H_2O$$

循环水在冷却塔中冷却时，由于水是以水滴及水膜的形式与大量空气接触的，因此水中的二氧化碳会散失，从而造成碳酸钙析出。水中残留的二氧化碳含量取决于水温。

随着水在开式循环冷却水系统中的浓缩，各种离子的浓度不断升高，碳酸钙因达到其溶度积而成为过饱和溶液。

2. 硫酸钙

当温度升高、pH 降低时，硫酸钙的溶解度将降低。硫酸钙的溶解度约为碳酸钙的 40 倍以上。因此，凝汽器很少产生硫酸钙水垢。只有在高浓缩倍率下运行的换热设备中，硫酸钙才可能在水温较高的部位析出。

3. 磷酸钙和磷酸锌

为了缓蚀、阻垢，往往向冷却水系统中加入聚磷酸盐和有机磷，随着温度的升高及药剂在冷却系统中停留时间的增长，它们会部分水解为正磷酸盐，正磷酸盐与钙离子反应，生成非晶体的磷酸钙。目前在很多复合配方中，为了缓蚀，都添加了锌，而一般复合配方中都含有有机磷，因此有可能形成磷酸锌的沉积。

4. 二氧化硅

水中所含硅酸盐浓度与地质环境有关，例如，在火山地区，水中硅酸浓度就高。

硅酸的第一电离常数 $K_1 = 7.9 \times 10^{-10}$，硅酸的第二电离常数 $K_2 = 1.7 \times 10^{-2}$。

当 pH 小于 8.0 时，此时几乎无 $HSiO_3^-$ 存在。当 pH 大于 9.0 时，由于 $HSiO_3^-$ 量明显增加，因而硅酸的溶解度也明显上升。当硅酸的含量超过其溶解度时，硅酸缩聚，以聚合体形式存在，随着聚合体分子质量的增加，就会析出而成为坚硬的硅垢。当循环冷却水中二氧化硅含量小于 150mg/L 时，一般不会析出沉淀。

5. 硅酸镁

硅酸镁如橄榄石（Mg_2SiO_4）、蛇纹石 $[Mg_3Si_2O_5(OH)_4]$ 和滑石 $[Mg_3Si_4O_{10}(OH)_2]$ 等存在于循环冷却水系统中，一般常见的硅酸镁垢是滑石。温度对硅酸镁沉淀的影响很大，温度越高，越容易形成沉淀。

硅酸镁的形成可分为两步，镁应先以氢氧化镁沉淀，而后氢氧化镁与溶硅和硅胶反应形成硅酸镁。

（二）腐蚀的危害

凝汽器管的腐蚀，会造成大量贵金属的损耗，发电机组每 10 000kW 的容量需用凝汽器铜管 $4\sim5t$，一台 300MW 机组的凝汽器需用 130t 左右的黄铜管。若发生了腐蚀，损失是很大的，这 130t 的黄铜管，共两万多根，更换这些管子的工作量也是很大的。另外，这么多的管子大大增加了凝汽器发生泄漏的可能性。根据国外资料，要确定一支泄漏管子的位置并排除其泄漏，大约需要 5h，对于 300MW 以上的机组，其经济损失为 5 万～10 万美元。对于一个使用寿命为 40 年的机组来说，如果每年有两根管子泄漏，这一损失总计约 800 万美元。如果凝汽器铜管的使用寿命为 10 年，则在机组的有效期（40 年）间，由于腐蚀，凝汽器铜管至少需要更换 3 次，每次换管需停机一个多月，换管时电费收入减少的费用加上工程费用和铜管购置费，对于大机组，一次换管的总损失约 200 万美元。

更为重要的是，凝汽器因腐蚀而泄漏所造成的损失，往往比上述损失还要大，因为热力设备的许多腐蚀、结垢问题是由凝汽器管的泄漏引起的，因此，防止凝汽器管的腐蚀是十分重要的。

（三）处理方法

腐蚀型冷却水不易发生结垢，结垢型冷却水不会发生直接的腐蚀。防止凝汽器管材结垢和腐蚀的主要处理措施是对循环冷却水加水质稳定剂、加酸和排污，调节水的性能，使循环冷却水处于不结垢、不腐蚀的平衡点。

1. 循环冷却水加酸处理

循环冷却水加酸处理的目的是中和水中的碳酸盐，这是一种改变水中碳酸化合物组成的阻垢方法，经常采用硫酸，很少用盐酸，因为硫酸的价格便宜，便于储存和运输，而且盐酸中的氯离子对系统有腐蚀性。酸与水中碳酸盐的反应将水中的碳酸盐硬度转变为非碳酸盐硬度，而非碳酸盐硬度一般难以在循环水系统中转化为沉淀，所以能防止碳酸盐水垢和提高浓缩倍率，节约补充水量。另外，反应中生成的游离二氧化碳，有利于抑制析出碳酸盐水垢。

加酸后循环水 pH 下降，如果加酸量太大，则可能引起设备的腐蚀和硫酸钙垢的生成，因此加酸处理时一般控制 pH 在 7.4～7.8 之间。

2. 循环冷却水加石灰处理

石灰石沉淀处理法不仅能有效地去除水中的游离二氧化碳、碳酸盐和碱，而且能去除一部分有机物、硅化合物及微生物，大大减小了结垢趋势，改善了水质。该法虽然不能去除水中的非碳酸盐和钠盐，但并不会造成这些盐类在循环冷却水系统内析出，更不易在铜管内结垢。因为这些盐类都有较大的溶解度，所以如将石灰沉淀法用于处理循环冷却水的补充水，会使浓缩倍率明显提高。

3. 循环冷却水加阻垢剂处理

在循环冷却水中投加少量化学药剂，就可以起到防垢作用，所以把这种药剂称为阻垢剂。目前常用的阻垢剂有以下几种。

（1）聚合磷酸盐。聚合磷酸盐是一种在分子内由两个以上的磷原子、碱金属或碱土金属原子和氧原子结合物质的总称，根据共享氧原子的方式不同，可以形成环状的、链状的和分枝状的聚合物。运行中聚合磷酸盐的加药量一般为 2～4mg/L。

聚合磷酸盐虽然具有剂量低、费用便宜、使用方便、阻垢性能较好等优点，但在水中易发生水解，水解结果变成短链的聚磷酸盐及一部分正磷酸盐，从而降低了其阻垢能力；而且正磷酸盐会与钙离子反应，形成磷酸钙垢。此外，正磷酸根是微生物的营养物质，会促使冷却水中的微生物滋长。

在常温条件下，中性水溶液中的聚磷酸盐的水解速度很慢，水温升高时速度加快，特别是在水中有催化物质，如有 $Fe(OH)_3$ 胶体和微生物分泌的磷酸酶存在时，水解速度变得非常快。在数小时甚至几分钟内就会发生显著的水解变化。

（2）有机磷酸盐。有机磷酸盐可以看做磷酸分子中一个羟基被烷基取代的产物。其中常用的有氨基三甲叉磷酸盐、乙二胺四甲叉磷酸盐、1-羟基亚乙基-1、1-二磷酸等。它们的分子结构中都有稳定的碳-磷键，这种化学键比聚合磷酸盐中的碳-氧-磷键牢固稳定。因此，有机磷酸盐具有良好的化学稳定性，不易水解和降解，在高温下不失效。有机磷酸盐在低浓度下使用，就能阻止几百倍的钙成垢，在高剂量下还具有良好的缓蚀性能，属于无毒或极低毒的药剂，并且有良好的协同效应，实际应用中常选择其有最佳协同效应的复合配方使用。常用的有氨基三甲叉膦酸（ATMP）。阻垢效果最好的药剂如乙二胺四甲叉膦酸钠（EDTMPS）对抑制、水合氧化铁和硫酸钙等水垢有效。对稳定硫酸钙的过饱和溶液最为有效的是羟基乙叉二膦酸（HEDP），其抗氧化性强，对阻止、水合氧化铁的析出或沉淀效果很好，并且无毒，但对硫酸钙阻垢效果较差的二亚乙基三胺五亚甲基膦酸不但有较好的阻垢效果，对碳钢和铜合金有较好的缓蚀能力，而且不在环境法规限制范围之内。

运行中有机磷酸盐加药量一般为 $2 \sim 4mg/L$。

（3）有机低分子聚合物。这类阻垢剂的性质主要取决于分子质量的大小和官能团的性质，目前应用较多的阻垢剂是阴离子型有机低分子聚合物，主要有聚丙烯酸、聚马来酸、聚甲基丙烯酸等。

有机低分子聚合物的用药量一般可低至 $0.25 \sim 20mg/L$，阻垢剂所需的浓度取决于温度、结垢盐类的组分及过饱和度。过饱和度和温度越高，防止结垢所需的阻垢剂浓度就越大。

五、对微生物的控制方法

循环冷却水中的微生物来自两个方面：①冷却塔在水的蒸发过程中需要引入大量的空气，微生物也随空气带入冷却水中；②冷却水系统的补充水或多或少都会有微生物，这些微生物也随补充水进入冷却水系统中。

循环水系统中的微生物种类繁多，其中对冷却水系统有危害的微生物有四类：藻类、细菌、真菌和原生动物。

藻类在日光的照射下，会与水中的二氧化碳、碳酸氢根等碳源起光合作用，吸收碳素制造营养而放出氧，因此，当藻类大量繁殖时，会增加水中溶解氧含量，有利于氧的去极化作用，腐蚀过程因此而加速。微生物在循环水系统中的大量繁殖，会使循环水颜色变黑，发生恶臭，污染环境，同时会形成大量黏泥，使冷却塔的冷却效率降低，木材变质腐烂。黏泥沉积在换热器内，使传热效率降低和水头损失增加，沉积在金属表面的黏泥会引起严重的垢下腐蚀，同时它还隔绝了缓蚀阻垢剂对金属的作用，使药剂不能发挥应有的缓蚀阻垢效能。微生物黏泥除了会加速垢下腐蚀外，有些细菌在代谢过程中，生物分泌物还会直接腐蚀金属。

（一）机械处理

设置多种过滤设施，如拦污栅、活动滤网等，防止污染物进入冷却水系统。设置旁流处理设施，如旁流过滤装置，可以减少水中的悬浮物、黏泥和细菌。为了防止黏泥在凝汽器管内附着，可采用胶球清洗、刷子清洗等方法。

（二）物理处理

物理处理包括热处理、提高水流速、涂刷抗污涂料等。

可用含有杀生剂 $CuCl_2$ 和 ZnO 的涂料涂刷在冷却塔和水池的内壁上，这样可以控制藻类的滋生。使用这一方法时，应注意防止涂料的脱落。

在条件允许的情况下，设计时可优先选择耐微生物腐蚀的金属材料。常用金属材料耐微生物腐蚀的优劣顺序大致如下：钛＞不锈钢＞黄铜＞纯铜＞碳钢。

（三）恶化微生物生长的条件

可以从以下几个方面着手：①断绝微生物生长的养料，如防止油和氨等漏入冷却水中，尽量降低水中的无机磷含量等；②控制水质，如采用混凝处理出去约 80% 的微生物；③减少光照，藻类繁殖需要阳光，故应该避免阳光直接照射冷却水，如水池加盖、冷却塔进风口加装百叶窗等。

（四）噬菌体法

噬菌体是一种能够吃掉细菌的微生物。噬菌体靠寄生在叫作"宿主"的细菌里进行繁殖。繁殖的结果是将"宿主"吃掉，这个过程叫做溶菌作用。利用噬菌体防止和消除循环冷却水系统中的生物黏泥是一种颇有前途的生物学方法。

（五）药剂处理

添加杀生剂是目前控制循环冷却水系统中微生物生长最有效和常用的方法之一。优良的杀生剂应具备以下一些条件：①广谱，即它能有效地杀灭细菌、真菌和藻类，对生物黏泥有穿透性和分散性；②相容性好，与阻垢缓蚀剂互不干扰；③污染小，在冷却水中完成杀生任务并排入环境后，应该容易降级而尽快消失；④低毒，对人畜应为低毒或无毒，且不会产生毒性积累；⑤价格便宜；⑥使用方便；⑦对水质适应性好。

1. 氧化性杀菌剂

氧化性杀菌剂一般都是较强的氧化剂，能使微生物体内一些与代谢密切关系的酶发生氧化而杀灭微生物。常用的氧化性杀菌剂有氯、臭氧和二氧化氯。

（1）氯。用于杀菌的氯剂有液氯、漂白粉、次氯酸钠等。它们的作用机理相同，即在水中产生次氯酸。关于次氯酸的杀菌机理存在以下两种观点：

1）次氯酸是一种不稳定的化合物，易分解而放出氧，反应如下

$$HClO \Longrightarrow HCl + [O]$$

刚分解出来的氧称为新生态氧（又叫原子氧），是一种很强的氧化剂，可以杀死微生物。

2）HClO 是一种很小的中性分子，容易扩散到带负电的细菌表面，并穿过细菌的细胞壁进入细菌内部，氧化细菌细胞质的酶系统，导致细菌死亡。

HClO 的杀菌能力比次氯酸根要强 20 多倍。降低水的 pH，平衡向左移动，即 HClO 相对含量增加，所以氯杀菌效果随水的 pH 下降而上升。但是，pH 太低易引起循环冷却水系统的酸性腐蚀，所以一般认为 pH 在 $6.5\sim7.5$ 内杀菌最合适。水中 NH_3、H_2S 等还原性物质将氯还原成无杀菌能力的 Cl^-，此时，氯的杀菌效率降低。此外，氯还能与水中许多有机物作用生成有毒的氯化有机物，使水的危害性增加。

（2）臭氧。臭氧（O_3）是氧气（O_2）的同素异形体，是一种具有特殊气味的淡蓝色气体。分子结构呈三角形，键角为 116°，其密度是氧气的 1.5 倍，在水中的溶解度是氧气的 10 倍。臭氧是一种强氧化剂，它在水中的氧化还原电位为 2.07V，仅次于氟（2.5V），其氧

化能力高于氯（1.36V）和二氧化氯（1.5V），能破坏分解细菌的细胞壁，很快地扩散透进细胞内，氧化分解细菌内部氧化葡萄糖所必需的葡萄糖氧化酶等，也可以直接与细菌、病毒发生作用，破坏细胞、核糖核酸（RNA），分解脱氧核糖核酸（DNA）、RNA、蛋白质、脂质类和多糖等大分子聚合物，使细菌的代谢和繁殖过程遭到破坏。细菌被臭氧杀死由细胞膜的断裂所致，这一过程称为细胞消散，是由于细胞质在水中被粉碎引起的。在消散的条件下，细胞不可能再生。应当指出，与次氯酸类消毒剂不同，臭氧的杀菌能力不受 pH 变化和氨的影响，其杀菌能力比氯大 600~3000 倍，它的灭菌、消毒作用几乎是瞬时发生的，在水中臭氧浓度为 0.3~2mg/L 时，0.5~1min 内就可以杀死细菌。达到相同灭菌效果（如使大肠杆菌杀灭率达 99%）所需臭氧水药剂量仅是氯的 0.004 8%。

（3）二氧化氯。二氧化氯是一种黄绿色到橙黄色的气体，有类似于氯气的刺激性气味。二氧化氯具有杀菌能力强、适用 pH 范围广、不与冷却水中的氨或大多数有机胺起反应的特点。

2. 非氧化性杀菌剂

在循环冷却水的处理中，常常将氧化性杀菌剂和非氧化杀菌剂联合起来使用。

（1）季铵盐。季铵盐不仅是一种很好的杀菌剂，同时又是一种能降低溶液表面张力的阳离子表面活性剂，因此它还是一种很好的黏泥剥离剂。

季铵盐杀菌的原理：①微生物在中性或碱性水中带负电荷，而季铵盐在水中电离出带正电荷的季铵离子，此阳离子通过静电吸附在细菌表面，并与微生物细胞壁中的负电荷形成静电键，这样就破坏了微生物中的磷脂类物质，引起细胞质溶解，从而导致细菌死亡；②它还可以透过细胞壁进入微生物体内，使蛋白质变性，导致微生物代谢异常，致使细胞死亡；③溶解损伤微生物表面的脂肪壁，使微生物死亡。

季铵盐杀灭水中硫酸盐还原菌、铁细菌和藻类效果较好。用量较高时，具有具有一定的杀真菌的能力。季铵盐用量通常为 20~50mg/L，适宜 pH 为 7~9。

季铵盐的缺点：①投药量大；②在被尘埃、油类和碎屑严重污染的系统中，往往失效；③泡沫多，因此常要与消泡剂一起使用。

（2）异噻唑啉酮。异噻唑啉酮主要由 5-氯-2-甲基-4-异噻唑啉-3-酮（CMI）和 2-甲基-4-异噻唑啉-3-酮（MI）组成。异噻唑啉酮是通过断开细菌和藻类蛋白质的键而起杀生作用的。异噻唑啉酮与微生物接触后，能迅速地不可逆地抑制其生长，从而导致微生物细胞死亡，故对常见细菌、真菌、藻类等具有很强的抑制和杀灭作用。杀生效率高，降解性好，具有不产生残留、操作安全、配伍性好、稳定性强、使用成本低等特点。能与氯及大多数阴、阳离子及非离子表面活性剂相混溶。高剂量时，异噻唑啉酮对生物粘泥剥离有显著效果。

3. 杀生剂投加方法

杀生剂有连续与间歇两种投加方法。连续投加可经常保持循环冷却水中一定的杀生剂浓度，将微生物总量控制在一个较低的水平之下，但费用大。间歇式投加与连续投加不一样，在停止加药期间允许微生物总量有所升高，在微生物总量还未达到危害程度时，一次冲击式大剂量投药，有利于迅速将其集中杀灭。视微生物繁殖情况，一般是每天或每隔数日投药一次，每次持续加药时间一般为 1~3h。这种方法比较经济，也是目前普遍采用的一种杀生处理方法。

循环冷却水的杀菌问题是比较复杂的，因为生长在循环冷却水中的微生物种类很多，同一种药剂对不同微生物的杀菌效果可能不相同。而且，专用某种杀菌剂往往会使微生物渐渐产生抗药性。不同杀菌剂的混合使用有时会产生不同作用，这些都会使杀菌效果不易预先估计。因此，如果要获得杀菌效果好且经济的方法，则只有通过实验和实际运行经验来确定。

杀生剂一般投于冷却水池或循环水泵的吸水井中，并要求在远离水泵吸水口一边的水面下。

第二节　主要设备及系统流程

循环冷却水处理系统存在的意义是针对直流冷却水系统和开式循环冷却水系统的微生物滋生问题，以及开式循环冷却水系统中的腐蚀和结垢的问题进行处理。下面介绍几种在火电厂中常见的循环冷却水处理系统及其主要的设备。

一、循环冷却水加药系统

循环冷却水加药系统主要用于向循环冷却水系统中加入稳定剂，有时也用于添加液态的杀菌剂，通常由储存罐、计量箱、计量泵、连接的管道、阀门以及电气、控制系统组成。由于稳定剂和杀菌剂具有腐蚀性，因此储存罐、计量箱需内存衬防腐层，管道也通常采用衬塑管或选用 PVC 材质。

循环冷却水加药系统流程如下：

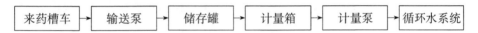

来药槽车 → 输送泵 → 储存罐 → 计量箱 → 计量泵 → 循环水系统

其中计量箱和计量泵为整个系统的核心。图 9-4 为某电厂循环冷却水的加药设备与系统。

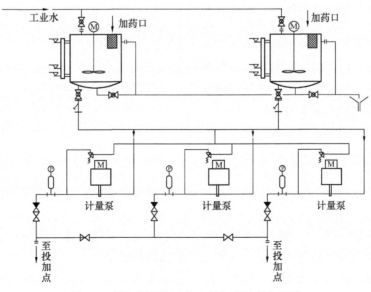

图 9-4　某电厂循环冷却水的加药设备与系统

二、二氧化氯制备系统

（一）二氧化氯在循环冷却水处理系统中的应用

二氧化氯在水中的溶解度相当于氯的 5 倍，氧化能力是次氯酸的 9 倍多，是氯的 2.6 倍。因此，它是一种效率极高的杀菌剂。但因其同时具有不稳定性（在室温下每天有 2%～10% 的离解率）、不易储存的特性，限制了它的应用。在火电厂的循环冷却水处理工艺中，越来越多的电厂采用了二氧化氯发生器现场制备二氧化氯的方法，避开了其不易存储的弱点，使其在杀菌上的应用越来越广泛。

二氧化氯发生器制备二氧化氯的方法主要有电解法和化学法。电解法使用广泛的是隔膜电解法，以食盐为原料，在电场的作用下生成含有二氧化氯、次氯酸钠、双氧水、臭氧的混合溶液，二氧化氯的浓度一般仅为 10%～30%，大多为氯气。化学法主要有以氯酸钠和亚氯酸钠为原料的两类产生二氧化氯的方法。在氯酸钠法生产二氧化氯过程中，若用氯离子作为还原剂，则制得的二氧化氯存在纯度低的缺点，而用亚氯酸钠法制得的二氧化氯比例高，一般在 90% 以上。

目前在火电厂的循环冷却水处理工艺中应用最多的是氯酸钠与浓盐酸反应法（Kestiog 法）。化学反应方程式为

$$2NaClO_3 + 4HCl(浓) \longrightarrow 2NaCl + Cl_2 \uparrow + 2ClO_2 \uparrow + 2H_2O$$

（二）二氧化氯发生器

1. 结构及工作原理

结构：发生器由供料系统、反应系统、吸收系统、控制系统和安全系统构成，发生器外壳为 PVC 材料。

工作原理：由计量泵将氯酸钠水溶液与盐酸溶液按一定比例输入到反应器中，在一定温度和负压条件下进行充分反应，产出以二氧化氯为主、氯气为辅的消毒气体，经水射器吸收与水充分混合形成消毒液后，通入被消毒水中。

2. 主要部件功能及工作原理

（1）水射器：水射器是根据射流原理而设计的一种抽气元件，当动力水经过水射器时，其内部产生负压，外部气体在压差作用下被吸入水射器，从而实现吸气。被吸入的二氧化氯气体在此与水混合，形成消毒液。另外，水射器还用于原料罐吸料。

（2）计量泵：用于输送原料及调节加药流量。

（3）进气口：设备运行时的空气通道安装时，应将连接管道通到室外，并保持与大气相通。注意防止异物进入堵塞进气口。

（4）安全阀：安全阀为设备操作运行不当时特定泄压途径。安全阀打开后，将防护盖打开，把安全塞重新塞紧即可。

（5）电接点压力表：电接点压力表是保护设备安全运行的部件之一，其工作原理是，当水射器前端水压低于设定值，水射器不能正常工作时，该表控制计量泵停止进料，以确保设备安全运行。

（6）余氯在线检测仪：随时在线检测水中的余氯值，并输出脉冲或毫安信号以控制二氧化氯发生器计量泵的运行频率，自动调节二氧化氯的投加量。

3. 二氧化氯发生器示意图

二氧化氯发生器平面示意图如图 9-5 所示。

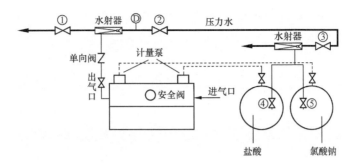

图 9-5 二氧化氯发生器平面示意图

三、循环冷却水补充水弱酸处理系统

弱酸性离子交换树脂是一种具有中等酸度的阳离子交换树脂，可除去水中的碳酸盐硬度，从而达到防垢的效果，是目前循环水处理采用较多和较完善的处理技术。循环水弱酸处理主要分为补充水弱酸处理和循环水旁流弱酸处理。补充水弱酸处理的主要目的是除去补充水中的碳酸盐硬度，同时降低水中的碱度。循环水旁流弱酸处理的目的是去除循环水中的暂时硬度，降低 $CaCO_3$ 的过饱和度，处理量大约为循环水量的 0.5% 左右。补充水弱酸处理和循环水旁流弱酸处理均可以提高循环水浓缩倍率。但两种处理方式对循环水中各种离子浓度的影响不一样。当浓缩倍率提高后，水中的各种离子浓度也会增大，使得循环水腐蚀的可能性增加，同时更容易使微生物繁殖，促使循环水系统的腐蚀和结垢趋势增加。

目前采用的弱酸性阳离子交换器有单流式和双流式两种。由于双流式更适合于循环冷却水处理，所以应用较多。双流式离子交换器如图 9-6 所示。

双流式离子交换器在运行时，由顶部和底部同时进水，上下水流分别流经树脂层进行离子交换后，由设置在树脂层中间的出水集水装置引出。运行流速一般为 15～20m/h，最高可达到 40m/h，出水平均残留碱度控制在 0.3～0.5mmol/L。

设备失效后再生时，再生液由位于树脂层上部的再生液分配装置进入，自上而下流经上半部和下半部树脂进行再生后，由底部配水装置排出。再生剂可采用硫酸或盐酸，采用硫酸再生时，硫酸用量 150～170g/L 树脂，硫酸浓度 0.5%～1%，流速 15m/h；采用盐酸再生时，盐酸用量 50～70g/L 树脂，浓度 1%～2%，流速 5m/h。

弱酸处理系统的设备一般包含以下设备（单元）：自清洗过滤器、双流式弱酸阳离子交换器、酸储存单元、压缩空气储罐单元。

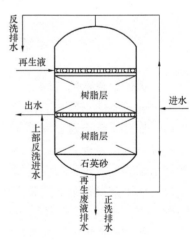

图 9-6 双流式离子交换器

循环水弱酸处理工艺流程为：原水系统（或循环冷却塔）来水→弱酸处理系统进水泵→自清洗过滤器→双流式弱酸阳离子交换器→除盐水箱（或循环水冷却塔）。

四、循环冷却水旁流过滤系统

旁流过滤是指从循环水系统中分流出一定量的旁流水进行过滤处理，以维持循环水中的悬浮杂质在允许范围之内。这种工艺有时比处理补充水或增加投药量更为经济、可靠。其工艺流程图如图 9-7 所示。

过滤是最常用的旁流处理方式（通称旁滤），其处理量通常为循环水量的 2%～5%，可以去除水中大部分悬浮固体、黏泥和微生物等，但不能降低水的硬度和含盐量，反冲洗时杂质将随反洗水排出系统。由于反洗水中杂质浓度比排污水高得多，因此系统排出的杂质多而消耗的水量少，即通过旁滤可使排污量显著降低。

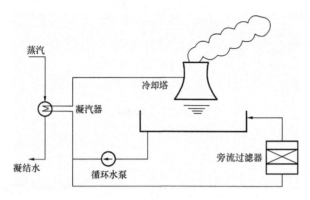

图 9-7 旁流过滤工艺流程示意图

大型循环冷却水系统一般采用以石英砂或无烟煤为滤料的重力无阀旁滤池，其滤速只能控制在 10m/h 以下，而冷却水的悬浮物浓度只能控制在 10mg/L 以下，过滤及占地面积的增大导致基础投资较大。

与石英砂相比，纤维滤料具有孔隙率高、孔隙分布合理和比表面积大等特点，采用纤维滤料时，滤速可高达 20～85m/h。由于纤维具有柔软性和可压缩性，故随着水流阻力的增大而逐渐被压缩，使滤料上层受力小、孔隙大，下层受力大、孔隙小，充分体现出纤维滤料纳污量大、过滤周期长的特点。纤维滤料过滤器通常需采用气水反冲，借助气体的搅动使截留的悬浮物与滤料分离，再随反洗水排出。纤维过滤器对悬浮物、铁、锰、微生物黏泥都具有良好的截留作用，其过滤精度高，通常出水浊度小于 1NTU。

第三节 调 试 工 作 程 序

一、调试前具备的条件

调试前具备的条件如下：

（1）加药系统土建、安装工作完成，与系统图对照无误，防腐施工完毕，排水沟道畅通；栏杆、沟道盖板齐全、平整，道路通畅；各溶液箱进行泡水试验，要求无渗漏现象，各水箱泡水试验后应进行人工清扫。调试现场有冲洗水源。

（2）调试前设备全部安装完毕，有关的单体试转完毕。与系统有关的阀门开关准确，挂牌完毕。

（3）各加药系统管路经水冲洗合格，水压试验完毕，气体管道吹扫及严密性试验完毕。加药计量泵经试运其出力、出口压力达到设计要求，各安全阀整定校验完毕。

（4）与系统有关的电气设备（配电盘、操作按钮、指示表计、热工仪表）均应安装校验完毕，指示正确、操作灵敏，并能投入使用。

（5）现场通信、照明应齐全，如不具备，要有临时通信和照明设备；室内外工作通道及排水沟畅通。场地整洁，所有施工安装期间的临时设施均应拆除。

（6）运行及化验人员应熟悉本系统设备及厂方制定的运行规程，并经培训考核合格。

（7）调试用的药品（阻垢缓蚀剂等）储备数量充足，经检验合格。

（8）安装、运行、厂家等单位的相关人员配合到位。

（9）调试现场通风良好，有防毒面具，有关工作人员熟悉药品性能。

二、阀门、仪表及测点的确认试验

该部分工作虽然属于单体试运的范畴，但为了系统试运能顺利进行，调试单位一般应进行检查性验收试验。主要对系统内电动门阀门、启动阀门、调节门进行传动，确保阀门开关灵活到位；热工测点通道正确、量程设置合理；化学仪表检验正确，通道正确。

三、程控联锁静态试验

将动力设备电源置试验位，根据设计进行热控保护校时，对联锁、顺控进行模拟试验，以便后期能够正确、顺利投入运行。

四、加药处理系统调试

（1）确认试运应具备的条件已满足。

（2）开启储存罐底部排污门、工业水进口门，冲洗至排水澄清后，关闭储存罐底部排污门。利用冲洗水的压力检查系统设备、管道、阀门等有无泄漏情况发生。如有渗、泄漏，应立即消除。检查完毕后，将进水门关闭。

（3）加药泵的检查：①检查油位是否适量，油位应在油位计中心线2mm左右；②将计量泵柱塞冲程调至30%左右，检查泵电动机旋转方向是否与指示一致；③检查泵的吸入、输出管道上的阀门是否打开。

（4）打开计量泵进出口门，启动计量泵，正常出液后，慢慢关闭加药泵的出口门，升压至系统相应的设计运行压力，如有泄漏及时处理。

（5）通过输送泵向储存罐输送药剂，储存罐液位到达中液位时，检查加药门开启状态，可以启动加药泵进行加药。

（6）杀菌剂按额定的加药量连续投加，控制凝汽器出口浓度，根据微生物的滋生情况，可同时采用冲击式投加方法，冲击投加量为3倍额定加药量，冲击投加时间为1h，每天1次。调整加药泵的出力，使杀菌剂的加入量能满足循环水处理的要求。

五、二氧化氯系统调试

（一）系统投运前的准备

（1）打开动力水阀门，将喷射器进水水压调至0.3～0.4MPa稳定状态。

（2）检查设备各部件正常，无泄漏。

（3）检查各阀门开关位置准确。

（4）检查安全阀，将安全塞塞紧。

（5）从发生器加水口给加热水套加满水。

（6）初次使用时，先给反应器加水至液位管1/3处。

（7）检查计量泵的频率与行程符合要求，氯酸钠溶液与盐酸的投加体积比为1：1。

（8）打开控制器开关，观察计量泵和温度显示是否正常。

（二）原料的配制

氯酸钠溶液的配制：将氯酸钠与水按1：2（量比）比例混合，例如，1kg氯酸钠加2kg水，搅拌至氯酸钠完全溶解抽入原料罐即可。

将盐酸抽入盐酸储罐中。

（三）启动

开启温控器电源，使温度升至设定温度（56℃）。

检查动力水阀门开启，水射器正常工作。

启动计量泵，如果计量泵管道中有空气，应先排出空气，然后调节计量泵运行频率，使之达到所需流量，设备即可正常运行。

（四）设备产量的调节

调节设备的产量，主要通过调节设备进料量来实现，即通过对计量泵的调节来实现，设备进料量越大，产量就越大；反之，产量就越小。

设备产量是否调节，一般根据水中余氯量来决定。如果设备运行一段时间后，水中余氯量较高，可以将产量调低；如果余氯不够，可以加大产量。

计量泵流量可通过调节行程和运行频率来实现。

行程的调节（手动调节）：计量泵运行时，调节泵后行程调节旋钮即可。

频率的调节：在设备控制器上调节频率，具体内容见控制器说明书。一般情况下，应固定行程，调节运行频率。

六、弱酸离子交换处理系统调试

（1）检查设备内部进水装置、中间排水装置、进酸装置、石英砂垫层，符合要求。

（2）弱酸离子交换树脂的检测、装填和处理。

1）树脂的检测：水处理用离子交换树脂应取样进行检测，确认其粒度、强度、含水量等符合水处理要求。

2）树脂的装填：采用水力抽射或人工装填树脂。

3）树脂的预处理：树脂预处理的目的是去除树脂在生产过程中夹杂的可能影响出水品质的有机物及无机物，并初步完成树脂转型。循环水弱酸处理系统对出水水质要求较宽，可不进行处理。

（3）树脂反洗和交换器的再生。

1）树脂的反洗：对容器内弱阳离子交换树脂进行反洗，除去树脂中的细碎颗粒。反洗流量由小到大，控制流量使树脂膨胀到上部窥视镜。待水中无细碎颗粒为止。

2）交换器的再生：双流弱酸氢离子交换器再生时，先开启交换器正洗排水阀门，开启进酸门，按1%～2%的盐酸浓度对交换器进行顺流再生。进酸结束后，继续由进酸管进水以同样流速进行正洗。

（4）交换器的运行。双流弱酸氢离子交换器在运行中，由上、下部同时进水，水量分别由流量表计控制，由中间集水管出水。启动时，先开启交换器上部进水阀门，待顶部空气阀门溢水，关闭空气阀门，缓慢开启中间出水管排水阀门，上部流量稳定后，缓慢开启交换器下部进水阀门，按流量表计分别调节好上、下进水流量后，交换器顺洗至排水水质合格，开启出水阀门，同时关闭排水阀门，开启运行制水。

（5）交换器的停运与反洗。双流弱酸氢离子交换器停运时，为防止树脂乱层，应先关闭下部进水阀，然后再关闭上部进水阀门和出水阀门。

双流弱酸氢离子交换器运行时，上、下部同时进水，进水水质不良时，上部树脂和下部垫层均会截流悬浮物，造成上部树脂表面板结和底部石英砂黏泥污染。反洗时，先缓慢开启反洗进水阀门和反洗排水阀门，待上部树脂松动后再加大对交换器上层树脂进行反洗，然后对下部树脂进行正洗，以冲洗底部石英砂内部截流的黏泥。关闭反洗进水阀门，开启交换器下部进水阀门，对交换器树脂进行大反洗，反洗中密切监视树脂展开后的上层界面应不超过交换器上部窥视孔，防止树脂逃逸，直到排水清澈。

（6）交换器的运行监测。在弱酸氢离子交换器运行中应监测出水碱度、运行床层压差、树脂捕捉器压差、制水流量和周期制水量。为了提高双流弱酸氢离子交换器的树脂利用效率，可以通过改变运行流速和出水碱度控制指标，提高其周期制水量和降低酸耗。

第四节　常见问题与处理

火电厂循环冷却水处理系统如果出现问题，极容易在循环冷却水系统中造成结垢、腐蚀、微生物过度滋生的结果。这些都将对整个电厂的安全、经济地运行产生极大的破坏。

一、循环冷却水加药系统常见故障及处理方法

循环冷却水加药系统常见故障及处理方法如表 9-1 所示。

表 9-1　　　　　　　　　循环冷却水加药系统常见故障及处理方法

序号	故障情况	产生原因	处理方法
1	加药泵不出药或额定流量不足	进口管路堵塞或阻力太大	疏通进口管路及采取相应措施减少阻力
		进口管路连接处有空气进入	拧紧连接丝扣或密封接口
		填料漏损严重	拧紧或更换填料
		泵体内管路内有空气	排除空气
		液压室内有空气	排除空气
		进/出口单向阀关闭不严	检查阀座，清洗或更换阀球
		进/出口单向阀处密封垫泄漏	检查密封面或更换密封圈
		补油阀不补油，补油不足，补油频繁或补油阀泄漏油	调节补油阀弹簧松紧或整修补油阀密封面，清洗及更换钢球
		放气阀密封不严	关紧放气阀
		安全阀起跳频繁	调节弹簧松紧，找出原因并采取相应措施消除
		输送介质不清净	用过滤等方法除净
		隔膜腔内限制板处密封不严	拧紧泵头端部螺钉或找出原因进行消除
		闷头螺钉密封不严	拧紧闷头螺钉
		液压油不干净，引起三阀工作不正常	更换干净液压油
2	计量精度降低	同上述各条原因	按上述相应方法消除
		电动机转速不稳	稳定电阀频率及电压
		流量调节机构的调节螺钉磨损或窜动	更换磨损件或找出原因进行消除
3	传动减速机振动及噪声	泵超负荷运转	降低负荷量
		液压室内过压，安全阀不起跳	调节或更换安全阀弹簧
		填料过紧，发热摩擦力过大	放松或更换填料
		蜗杆窜动	找出原因进行消除
		传动零件间隙增大	找出原因，调整间隙或更换磨损件

二、二氧化氯制备系统常见故障及处理方法

（一）发生器不进料

（1）原料桶中无料：向原料桶中加入相应的药液。

（2）原料软管未插到原料液面以下：将原料软管插到原料液面以下。

（3）无盐酸和亚氯酸供应时，说明二氧化氯发生器形成的真空度不够或原料供应管路中所有原料软管与快速接头连接处未连接好，造成真空泄露、吸不进料：检查增压水的流量及压力是否满足要求（流量为 20L/min、压力 0.5～0.6MPa，分别通过流量计、压力表读数）；重新连接好所有接头。

（4）检查是否真空泄漏的方法：用手指按住原料进口管的一段，如感觉手指部位有吸力，则说明真空度足够，管路不漏气，反之说明管路漏气，然后按照距发生器反应柱由远及近的规律逐个检查各个连接件及管路是否漏气。如接头处漏气，则用胶带缠住接头，使其密封；如连接软管破裂，则应重新更换原料软管。

（5）有亚氯酸钠吸入而无盐酸吸入：打开冲洗水的阀门，用冲洗水冲洗发生器装置 10～20min。

（6）原料过滤器滤芯堵塞：重新更换新的滤芯。

（7）二氧化氯的反应柱堵塞：打开冲洗水的阀门，用冲洗水冲洗发生器装置 5～10min。

（二）加药泵（计量泵）打不出溶液

（1）检查计量泵的电动机是否工作，如不工作说明电动机或电器控制线路有问题。一般情况下，因二氧化氯发生器的电路设有过载保护装置而使电动机不工作且电动机并没有损坏，此时需打开在二氧化氯发生器里面的方形控制箱的面板，将下面一排右边的一只热继电器上的蓝色按钮（复位按钮）按下，计量泵即可正常工作；如计量泵仍不正常工作，则需按照厂家提供的二氧化氯发生器电路图检查相关电路。

（2）检查进药管或加药管中是否有杂质堵塞管路，如有杂质应及时清理掉。

（3）松开进药管或出药管的接头，将各自管路中的空气排掉。

（三）二氧化氯溶液溢出

二氧化氯溶液溢出，应是液位计产生了故障，检查液位计浮子上是否有杂质或电器的连接导线是否松动，如存在此现象应及时排除。二氧化氯溶液溢出时，应将二氧化氯储罐与计量泵之间的连接阀门松开，将溶液排掉少许，使二氧化氯溶液的液位降低，重新打开增压泵及计量泵的开关，使计量泵正常工作。

（四）加药泵（计量泵）漏油

参考计量泵的说明书将相关部位拆开，更换油封即可。更换油封时一定要将油封安放平整，切勿使用硬物损坏油封，否则即使更换油封后仍会漏油。油封易于损坏，应常备一些油封，一旦漏油即可及时更换上新的油封。

三、弱酸离子交换器常见故障及处理方法

（一）出水碱度泄漏比规定值为高

这是由于再生不合适，再生剂应为理论交换容量的 110%，如串联再生，则须检查再生树脂后的酸量是否足够再生弱酸树脂。

（二）出水硬度高于规定值

如用硫酸再生，可能会有硫酸钙沉淀，这时硫酸钙渐渐水解，将产生钙，因此，当用硫

酸再生时，须采用分步再生方法，并实行先低浓度、高流速，后高浓度、低流速的方法再生。如串联再生，则应检查强酸阳树脂的再生废液是否已稀释。

（三）石英砂垫层内部悬浮物较多

石英砂孔隙间的悬浮物积累增多，形成生物黏泥沉积在石英砂垫层内部。反洗时，悬浮物必须通过树脂层才能反洗干净，因此很难使其反洗干净，易形成树脂和石英砂黏结抱团现象。

每年定期倒树脂，对罐内的石英砂和树脂进行一次彻底清洗，并按石英砂粒度级配回填。然后先用小流量的反洗水自下而上反洗，利用水力筛分的作用使石英砂垫层形成合适级配。按照床体设计要求调整石英砂高度，刮去表面不合格石英砂。

控制过滤器出口浊度不大于 3mg/L，防止悬浮物进入弱酸床石英砂配水，造成污染。

（四）石英砂垫层乱层

反洗时，水流集中局部喷出会造成石英砂垫层乱层，因此反洗时，应缓慢开启反洗进水阀门，并时刻观察树脂层反洗情况，严禁反洗水对石英砂配水层产生瞬时冲击。

必要时可考虑改变底部配水装置。

（五）中间出水装置变形

设备运行时，底部进水流量突然增大或反洗水突然进入交换器，易将树脂层突然托起，造成树脂层乱层和中间排水装置因受力太大变形。

除反洗时缓慢开启反洗进水门外，设备投运时应上部先进水，手动缓慢开启上部进水阀门，待交换器满水后，再缓慢开启底部进水阀门，调整好上下进水流量，防止树脂层上托引起中排破损和变形。

第十章

废 水 处 理 系 统

第一节 概 述

水作为发电厂中仅次于燃料的重要物质，作为工质和载体进入电厂，经过一系列的用水过程最后损失一部分并被排放掉。不同用途的水有不同的水质和水量要求，经过不同的途径使用后，常会混入各种杂质使水质发生变化，形成不同种类的废水。超临界机组采用的是直流锅炉和干除灰方式，所以没有锅炉排污水和除灰水。

一、火电厂废水分类

火电厂废水中的污染物主要来源于用水过程中水的污染或浓缩。水污染有以下几种形式：

（1）混入型污染。输煤系统用水喷淋煤堆、皮带，或冲洗输煤栈桥地面时，煤粉、煤粒、油等混入水中，形成含煤废水。

（2）设备油泄漏造成水的污染。设备冷却水中最常见的污染物是油。

（3）运行中水质发生浓缩，造成水中杂质浓度增高，如循环冷却水、反渗透排水等。

（4）在水处理或水质调整过程中，向水中加入了化学物质，使水中杂质的含量增加。例如，循环水系统加酸、加水质稳定剂处理，水处理系统增加混凝剂、助凝剂、阻垢剂、杀菌剂、还原剂等，离子交换器、软化器失效后用酸、碱、盐再生，酸碱废液中和处理时加入碱、酸等。

（5）设备清洗对水质的污染。例如，锅炉的化学清洗及空气预热器、省煤器烟气侧的水冲洗等都会有大量悬浮物、有机物、化学品进入水中。

火电厂废水按污染物性质可分为酸碱废水、含悬浮物废水、重金属废水、含油废水和生活污水等；按其来源可分为经常性废水和非经常性废水。经常性废水包括预处理装置排水、各种离子交换装置再生排水、凝结水精处理装置排水、实验室排水等。非经常性废水包括锅炉化学清洗废水、机组启动废水、空气预热器碱冲洗废水、锅炉烟气侧冲洗排水、机组杂排水等。

二、火电厂废水的水质特性

（一）烟气脱硫废水

目前国内外有很多脱硫工艺，但湿式烟气脱硫（WFGD）法应用最多，因此，本部分讨论的对象是湿式烟气脱硫废水。湿式烟气脱硫装置排放的脱硫废水大多呈酸性，并含有较多的悬浮物、重金属、COD和氟化物。脱硫废水中的杂质主要来源于烟气、补充水和脱硫剂，因煤中含有如 F、Cl、Cd、Hg、Pb、Ni、As、Se、Cr 等多种元素，这些元素在燃烧中生成了多种不同的化合物，一部分化合物随炉渣排出炉膛，另一部分随烟气进入脱硫吸收塔，溶解于吸收浆液中经浓缩后，最终随脱硫废水排出。

不同的电厂，脱硫废水成分可能存在很大的不同，但总体来说，燃煤电厂烟气脱硫废水水质主要有以下特点：水质不稳定，易沉淀；悬浮物和 COD 很高；含有过饱和的亚硫酸盐、磷酸盐及重金属；排水呈酸性，pH 低；氟浓度很高并含有氯。

（二）脱硝废水

随着国家环保政策的贯彻，许多超临界机组已建设了脱硝装置。SCR 技术的脱硝效率高，是目前最为成熟的脱硝技术，也是国内外应用最广泛的技术。脱硝废水主要来源于紧急情况下腐蚀性气体吸收废水，如氨气系统紧急排放的氨气排入氨气稀释槽中经水的吸收后形成的废水。除此之外，尿素系统或设备长时间停用后必须水冲洗，这也会产生部分废水。脱硝废水呈碱性，其主要的特点是尿素、氨水等含氮很高。

（三）酸碱性废水

酸碱性废水包括澄清设备的泥浆废水、过滤设备反洗排出的废水、离子交换设备的再生和冲洗废水及凝结水精处理设备的排放废水。

澄清设备排放的泥浆废水是原水在混凝、澄清过程中产生的，废水量为处理水量的 0.1%～0.5%，其化学成分与原水水质和加入的混凝剂等因素有关，废水中主要有 $CaCO_3$、$CaSO_4$、$Fe(OH)_3$、$Al(OH)_3$、$Ca(OH)_2$、$Mg(OH)_2$、$MgCO_3$、各种硅酸化合物和有机杂质等，其中泥浆废水中的固体杂质含量为 1%～2%。

过滤设备反洗排出的废水水量是处理水量的 3%～5%，其中悬浮物含量为 300～1000mg/L。

离子交换设备在再生和冲洗时排放的废水量在整个周期内变化很大，但排放总量约为处理水量的 10%。阳床进行再生、冲洗产生的酸性废水 pH 变化范围为 1～5，阴床进行再生、冲洗产生的碱性废水 pH 变化范围为 8～13，除此之外，酸碱性废水还含有大量的溶解固形物，平均含盐量为 700～1000mg/L。

凝结水精处理设备排放的废水比较少，同时污染物质的含量也比较低，主要是热力设备的一些金属腐蚀产物、离子交换系统再生时的再生产物及氨、酸、碱、盐类等。

（四）锅炉向火侧和空气预热器的冲洗废水

锅炉向火侧的冲洗废水含氧化铁较多，有的以悬浮颗粒存在，有的溶解于水中。如在冲洗过程中采用有机冲洗剂，则废水中的 COD 较高，超过了排放标准。空气预热器的冲洗废水水质成分与燃料有关。当燃料中硫的含量高时，冲洗废水的 pH 可降至 1.6 以下。当燃料中砷的含量较高时，废水中的砷含量增加，有时高达 50mg/L 以上。锅炉向火侧冲洗废水的pH、悬浮物、重金属等均有可能超过排放标准。

（五）锅炉化学清洗、停炉保护废水

锅炉清洗废液是火力发电厂新建锅炉启动前清洗和运行锅炉周期性清洗时排放废液的总称。锅炉化学清洗的每一步操作都会产生一定量的废水，其废水排放时间短、污染物浓度高、污染物浓度变化大，产生的废水总量一般为清洗系统水容积的 15～20 倍。废水水质与采用的药剂成分、锅炉受热面上被清除脏物的化学成分和数量有关。目前国内常用的化学清洗剂有酸洗剂、缓蚀剂、各种助剂、钝化剂及表面活性剂。因此，酸洗废液中主要含有游离酸（如盐酸、氢氟酸、EDTA 和柠檬酸等）、缓蚀剂、钝化剂（如磷酸三钠、联氨、丙酮肟和亚硝酸钠等）及大量溶解物质（如 Fe、Ca 和 Mg 等）、有机物及重金属与清洗剂之间形成的各种复杂的络合物及螯合物等。简而言之，锅炉化学清洗废水的水质特点为 pH 低、COD 值高、金属离子含量高。

利用停炉保护剂在锅炉设备停炉、备用期间，保护金属表面不发生锈蚀，是缩短机组的启动并网时间、提高机组的效率、延长锅炉化学清洗的周期和设备使用寿命的必要措施，对锅炉的安全运行有重要意义，这部分废水的排放量与锅炉的水容积相当。停炉保护废水含有的化学药剂大多是碱性物质，如 NH_3、N_2H_4、二甲基酮肟等，所以锅炉停炉保护废水中大多是碱性污染物，另外还有部分铁化合物。

（六）凝汽器、冷却塔冲洗废水

火力发电厂的凝汽器冷却水系统分为直流式冷却水系统和循环式冷却水系统。

直流式冷却水系统中，水一次性地通过凝汽器就排放掉，所以除水温有所上升外，其他水质指标变化不大。

所谓排污水是指循环式冷却水系统中除蒸发、泄漏、风吹损失一部分水量外，为使系统中的水质不易结垢、不易腐蚀、抑制微生物生长过快而需排放的一部分水。排污水的水质，除与原水的水质有关外，还与循环冷却水的处理方式有关。循环水系统排污废水主要特点有：①循环水系统的排污水含量是原水含盐量 N 倍（N 等于循环水的浓缩倍率）；②循环水系统排污废水水温一般都在 $33\sim40℃$；③为保持水质稳定，保证凝汽器热交换效果，需要向循环水中加入药剂以阻止凝汽器结垢，因此循环水系统的排污水中存在部分阻垢剂；④在循环水中常投加氯来杀菌灭藻，所以循环水系统排污水也含有一定量的余氯；⑤循环水系统排污废水的浊度高。

循环冷却水系统的排水量一般为冷却水系统补充水量的 $25\%\sim70\%$。凝汽器冲洗废水的 pH、悬浮物、重金属、COD 等指标往往不合格。

（七）含油废水

含油废水主要来自点火油缸脱水、卸油栈台的冲洗和燃油泵房的排水，燃油储槽和油罐区的冲洗水，汽轮机油冷却器、给水泵油冷却器、变压器等不定期排放的含油废水，主要污染指标为油量和含酚量。

火力发电厂虽然以燃煤为主，但是燃煤电厂的重油设施、主厂房、电气设备、辅助设备等都可能排出含油废水。废水中有重油、润滑油、绝缘油、煤油和汽油等。重油设施排出的含油废水是指水泵的冷却水、重油设施的凝结水、被重油污染的地下水及事故排放和检修所造成的废水。主厂房排出的含油废水是指因汽轮机和转动机械轴承的油系统泄漏油而产生的含油废水。电气设备（包括变压器、高压断路器等）排出的含油废水是由于法兰连接处泄漏产生的。

（八）含煤废水

含煤废水包括煤场废水和输煤系统冲洗废水，这种废水中的污染物主要是煤的碎末及其污染物，外观呈黑色或暗褐色，悬浮固体和 COD 的含量都较大，而且含有一定数量的焦油组分及少量重金属。煤场废水通常呈酸性，所以煤中的一些金属元素（如铁、砷、锰及氟化物等）也会在水中溶解。含煤废水取决于煤的化学组成，含硫高的含煤废水呈酸性，pH 一般为 $1\sim3$；含硫量低的含煤废水呈中性，pH 一般为 $6.0\sim8.5$，全固形物含量较高，有时重金属浓度也很高。

（九）生活污水

火力发电厂厂区职工与居民在日常生活中所产生的生活污水占电厂总废水量的 10% 左右，包括厨房污水、冲厕废水、洗涤和盥洗污水、空调冷却废水等。

厨房污水包括住宅中的厨房、食堂、餐厅进行炊事活动后排放的污水。此类污水有机物含量多，浊度高，油脂含量也多。冲厕污水中的有机物和细菌浓度较高，如果粪便水与其他盥洗水合流，应根据建筑物性质具体化验、分析其有机物含量和细菌浓度。洗涤、盥洗污水中的有机物含量较少，但洗涤剂及皂液的含量较高。空调冷却废水主要是空调机房冷却循环水中排放的部分废水，水温较高，污染程度较低。

三、火电厂废水处理技术

废水通常有两种处理方式：一种是集中处理；另一种是分类处理。集中处理是将各种来源的废水收集在一起进行处理，这种方式的特点是处理工艺及处理后的水质相同，一般适用于废水的达标排放处理。分类处理则只将水质类型相似的废水收集在一起进行处理。不同类型的废水采用不同的工艺处理，处理后的水质可按照不同的标准控制。分类处理方式一般适用于废水的回收利用。火力发电厂废水的种类多，水质差异大，有些废水需要回收利用，有些则直接排放，一般采用分类处理的方案。

（一）循环冷却水排污水的处理技术

循环水处理技术是火电厂综合节水中的关键一环，目的为回收利用循环冷却排污水，以达到污水零排放。目前循环冷却水排污水的处理有以下两种做法：

（1）经软化后再回用循环水系统。循环冷却水排污水可经软化处理后再返回到冷却塔循环使用，一般尽量取排污水中温度最高的水，通过软化处理去除钙、镁离子和二氧化硅。

（2）经脱盐处理后用做锅炉补充水。目前火电厂主要采用反渗透处理、纳滤处理、弱酸阳离子交换树脂处理、电除盐等几种工艺。

（二）酸碱性废水的处理技术

酸碱性废水不能与其他废水混合进行同样的处理，因为它有较强的腐蚀性，并含有悬浮物、有机杂质、无机杂质。目前对酸碱性废水进行处理的技术主要是中和法，如果酸碱性废水排放量较少也可采用稀释法。除此之外，也可采用弱酸树脂工艺，但这种处理技术投资大，应用比较少。

中和法包括相互中和法、投药中和法和过滤中和法。相互中和法又称自身中和法，利用废酸液和废碱液发生中和反应，达到使 pH 达标的目的。投药中和法是通过将碱性药剂投入到酸性废水或者将酸性药剂投入到碱性废水中以达到中和目的的方法。过滤中和法是将酸性废水通过具有中和能力的滤料层发生中和反应的方法。

稀释法是将需处理的酸碱性废水排至蓄水池，利用回收水或污水将酸碱性废水稀释至排放浓度的处理技术，这种方法仅用于小容量的酸碱性废液处理。

弱酸阳离子树脂交换处理法是将这两种废液交替地通过弱酸树脂，当废酸液通过弱酸树脂时，弱酸树脂就转换成 H 型，除去废液中的酸；当废碱液通过弱酸树脂时，弱酸树脂就释放出氢离子，中和废液中的碱性物质，树脂本身转化为盐型。

（三）含油废水的处理技术

含油废水的处理方式按原理来划分，有重力分离法、气浮法、吸附法、膜过滤法、电磁吸附法和生物氧化法。其中，膜过滤法、电磁吸附法和生物氧化法在火电厂不常用。

废水中的污油常以浮油、乳化油、溶解油三种状态存在，但一般以浮油为主。目前，比较完善的含油废水处理工艺是隔油（平流隔油池或斜板隔油池）+浮选（溶气罐浮选或喷嘴浮选）+生化（生物转盘）或吸附过滤（活性炭）。经过这样的处理一般可达环保排放标准。

（四）锅炉化学清洗废液的处理技术

锅炉化学清洗废液是火力发电厂新建锅炉清洗和运行锅炉周期性清洗时排放的酸洗废液和钝化废液的总称。目前锅炉清洗废液处理方法主要有炉内焚烧法、化学氧化分解法、吸附法、化学处理法及活性污泥法。

炉内焚烧法是在炉内高温条件下，将有机物分解成二氧化碳和水蒸气，废水中的重金属被氧化成不溶于水的金属氧化物微粒的处理技术。化学氧化分解法是在酸洗废液中，添加一定过量的氧化剂，使 COD 氧化降解，同时也有利于金属离子的沉淀。吸附法采用活性炭或粉煤灰吸附废水中的 COD。粉煤灰是燃煤电厂的废弃物，粒度小，比表面积大，具有很强的吸附作用，同时兼有中和、沉淀和混凝等特性，另外以废治废，处理费用也低，有很好的应用前景。化学处理法的基本流程为凝聚、化学沉淀及 pH 调节过程。活性污泥法利用微生物对有机物进行降解，将一部分有机物分解为二氧化碳和水等无机物，另一部分有机物作为微生物自身代谢的营养物质，从而使废水的有机物被除去。

（五）含煤废水的处理技术

火电厂含煤废水的来源包括煤场的雨水排水、灰尘抑制水和输煤设备的冲洗水等，其悬浮物 SS、pH 和重金属的含量超标。火力发电厂输煤系统冲洗水比较污浊，带有大量煤粉。含煤废水处理的工艺流程一般为：从煤场及输煤系统汇集来的水，先用石灰进行中和处理，然后加入高分子凝聚剂进行混凝沉淀处理，澄清水排入受纳水体或再利用。经中和、沉淀处理后，若水质合格，处理后的出水可送到循环冷却水系统补充水的软化处理设备中，处理后作为冷却水系统的补充水。

（六）生活污水的处理技术

火电厂生活污水的处理与一般城市生活污水的处理方法相同，目前广泛采用的是活性污泥法。它是需氧生物处理中的一种重要方法，主要分吸附阶段和生物氧化阶段。该法处理污水效率较高，在设计和运行方面，经验较丰富，比较稳妥、可靠。传统的活性污泥法适用于污染物质浓度高、水质稳定的污水。

对于火电厂的生活污水，采用生物接触氧化法是一种比较有效的途径。生物接触氧化法是一种基于活性污泥法的生物膜法，处理生活污水的原理是：在处理池中设置填料，填料上长满生物膜，污水以一定流速流入其中，在充氧条件下，与填料接触的过程中，污水中的有机物被生物膜上附着的微生物所降解，从而使污水得以净化。由于它兼有活性污泥法和生物滤池两者的特点，所以它具有生物量高、有机物去除率高的优点。

生物接触氧化法的基本流程如图 10-1 所示。

该流程在生物接触氧化池前设初沉池，目的是去除悬浮物，以减轻生物接触氧化池的负荷；在生物接触氧化池后设沉淀池，目的是去除水中夹带的生物膜，以保证系统的出水水质。

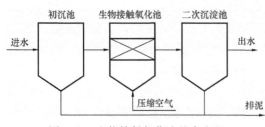

图 10-1　生物接触氧化法基本流程

除此之外，生活污水的生物处理法还有厌氧—缺氧—好氧生物脱氮除磷工艺、生物过滤法、生物转盘法、生物塘和污水灌溉等，非生物处理法有纳滤处理法、氧化絮凝复合床处理法、超微滤和反渗透处理法等。

（七）烟气脱硫、脱硝废水的处理技术

脱硫废水含有的污染物种类多，是火电厂各项排水中处理项目最多的特殊废水。目前采取的处理方法主要是中和、化学沉淀、混凝澄清。

1. 中和

中和处理的主要作用包括两个方面：①发生酸碱中和反应，调整 pH 至中性范围 6～9；②沉淀部分重金属。中和药剂主要采用石灰石乳，石灰石来源广、价格低、效果好，因此是目前应用最广泛的碱性中和药剂。

2. 化学沉淀

采用氢氧化物和硫化物沉淀法去除废水中的重金属，常用的药剂分别为石灰和硫化钠。化学沉淀法处理脱硫废水可同时去除以下污染物质：重金属离子，钙、镁等碱金属，某些非金属（如砷、氟）。实际操作时选用的废水处理 pH 为 8～9，金属硫化物是比氢氧化物有更小溶度积的难溶沉淀物，且随着 pH 的升高，溶解度呈下降趋势。氢氧化物和硫化物沉淀法对重金属的去除范围广，对脱硫废水所含重金属均适用，且去除效率高。

3. 混凝澄清

为去除废水中细小而分散的颗粒和胶体物质，必须使它们凝聚成大颗粒沉积下来。常用的混凝剂有硫酸铝、聚合氯化铝、三氯化铁、硫酸亚铁等，常用的助凝剂有石灰、高分子絮凝剂等。其处理流程一般为：在凝聚箱中加入凝聚剂和助凝剂，使氟化物和悬浮物凝聚、沉淀后进入澄清池浓缩分离，浓缩后的污泥一部分进入后续的板框压滤机脱水（一部分可以回流至中和池或絮凝池，提高中和池或絮凝池中的固体物含量，加速絮凝过程），达标后排放废水。

对于脱硝废水中氮的处理，有生物处理法、氨汽提法、离子交换法等。其中，生物处理法在废水处理的稳定性、经济性、去除效率、实际效果等方面都优于其他方法。

第二节　系统流程及主要设备

电厂产生的废水种类较多，水中主要污染物的成分十分复杂。经常性废水的超标项目通常是悬浮物、有机物、油和 pH。电厂废水一般经过 pH 调整、混凝、絮凝、澄清处理后，即可满足排放标准。大多数火力发电厂的废水集中处理站都建有一套混凝澄清处理系统，主要用于经常性废水的处理，也可处理经预处理后的非经常性废水。非经常性废水的水质、水量差异很大，需要先在废液池进行预处理，除去特殊的污染组分后，再送入废水集中处理站处理。

一、经常性废水处理的典型流程

（一）工业废水的处理

火电厂工业废水主要通过混凝、澄清、过滤、中和（pH 不合格时）等处理后，回收利用或直接排放。其典型流程如图 10-2 所示。

不同水质的工业废水排放至不同的废水储存池分质储存，当废水储存池水位达到一定高

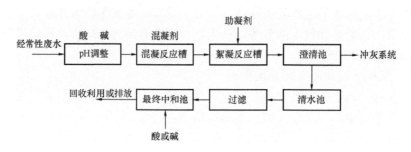

图 10-2　经常性废水处理的典型流程

度时，停止送水，储存池依次切换，根据其 pH 进行加酸（碱）预调 pH。同时启动罗茨风机进行搅拌，pH 合格后停止搅拌及加酸（碱）。

当废水储存池水位高于设定值时，废水输送泵启动，将废水输送到 pH 调整槽，根据其pH 加酸（碱）调节至合格范围，pH 合格后，废水自流到絮凝反应槽。

废水进入絮凝反应槽后，启动加混凝剂、助凝剂计量泵投加药液，同时启动反应槽搅拌机进行搅拌，使废水与药剂充分混合，产生混凝反应，形成矾花。

混凝反应后的废水进入斜板（管）澄清池（图 10-3）或机械搅拌澄清池（图 10-4），进行水与污染物的分离，相对密度较大的污染物形成矾花沉淀到澄清池底部，澄清后的水从上部流出。

斜板（机械）澄清池上部出水进入最终中和池，对废水的 pH 进行最后调整。当废水的pH 超出设定范围时，投加酸（碱）调节至合格范围后，废水流入清水池。

废水进入清水池后，已经达到相应的回用水质要求，启动回用水泵，将处理合格后的废水送至回用地点。

澄清池中污染物形成矾花沉淀到澄清池底部后，形成泥水，定期排泥至污泥浓缩池，再经脱水干化处理后，形成干污泥外运。

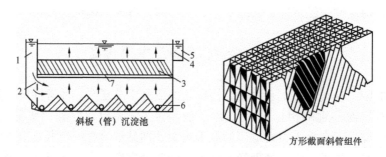

图 10-3　斜板（管）澄清池

1—配水槽；2—穿孔墙；3—斜板或斜管；4—淹没孔口；5—水槽；6—排泥管；7—支架

常见的污泥脱水设备有以下几种。

1. 板框式污泥脱水机（图 10-5）

工作原理：在密闭的状态下，经过高压泵打入的污泥经过板框的挤压，使污泥内的水通过滤布排出，达到脱水目的。

优势：价格低廉，擅长无机污泥的脱水，泥饼含水率低。

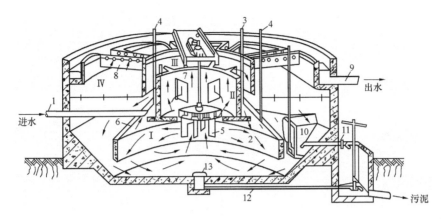

图 10-4 机械搅拌澄清池

Ⅰ—混合区；Ⅱ—反应区；Ⅲ—导流区；Ⅳ—分离区

1—进水管；2—三角配水槽；3—排气管；4—加药管；5—搅拌叶轮；6—伞形罩；7—导流板；
8—集水槽；9—出水管；10—泥渣浓缩斗；11—排泥管；12—排空管；13—排空阀

劣势：易堵塞，需要使用高压泵，不适用于油性污泥的脱水，难以实现连续自动运行。

2. 带式污泥脱水机（图 10-6）

工作原理：由上、下两条张紧的滤带夹带着污泥层，从一连串有规律排列的辊压筒中，呈 S 形经过，依靠滤带本身的张力，形成对污泥层的压榨和剪切力，把污泥层中的毛细水挤压出来，从而实现污泥脱水。

优势：价格较低，使用普遍，技术相对成熟。

劣势：易堵塞，需要大量的水清洗，造成二次污染。

图 10-5 板框式污泥脱水机

3. 离心式污泥脱水机（图 10-7）

工作原理：离心式污泥脱水机由转载和带空心转轴的螺旋输送器组成，污泥由空心转轴送入转筒，在高速旋转产生的离心力下，水即被甩入转鼓腔内。由于相对密度不一样，形成固液分离。污泥在螺旋输送器的推动下，被输送到转鼓的锥端由出口连续排出；液环层的液体则由堰口连续"溢流"排至转鼓外，靠重力排出。

优势：处理能力大。

劣势：耗电量大，噪声大，振动剧烈；维修比较困难，不适于相对密度接近的固液分离。

4. 叠螺式污泥脱水机（图 10-8）

工作原理：固定环、游动环相互层叠，螺旋轴贯穿其中形成过滤主体。通过重力浓缩以及污泥在推进过程中受到背压板形成的内压作用实现充分脱水，滤液从固定环和活动环所形成的滤缝排出，泥饼从脱水部的末端排出。

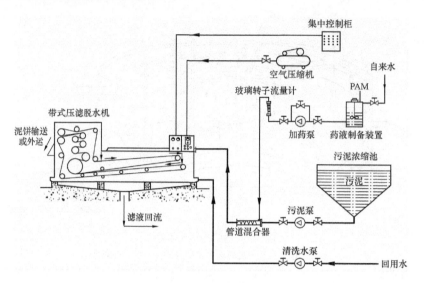

图 10-6 带式污泥脱水机

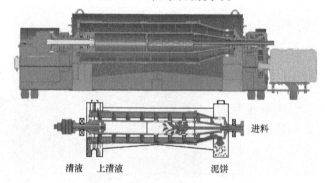

图 10-7 离心式污泥脱水机

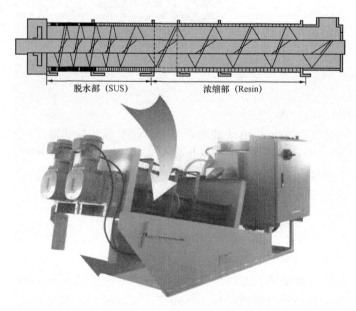

图 10-8 叠螺式污泥脱水机

优势：能自我清洗，不堵塞，低浓度污泥可以直接脱水；转速慢，省电，无噪声和振动；可以实现全自动控制，24h 无人运行。

劣势：不擅长颗粒大、硬度大的污泥的脱水；处理量较小。

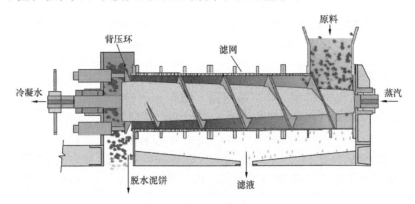

图 10-9　螺旋压榨脱水机

5. 螺旋压榨脱水机（图 10-9）

螺旋压榨脱水机的螺杆安装在由滤网组成的圆筒中，从脱水原料的入口至出口方向螺杆本体直径逐渐变粗，随着螺杆叶片之间的容积逐渐变小，脱水原料也逐渐被压缩。通过压缩使脱水原料中的固体和液体分离，滤液通过滤网的网孔被排出，流向脱水机下方的滤液收集槽后排至机器外部。

根据脱水原料的不同，也可以通过加热提高脱水效率。对脱水原料进行加热时，脱水机螺杆的内部为空洞结构，通过接入外部蒸汽对脱水机内部的脱水原料进行间接加热。

螺旋压榨脱水机的特征：

（1）能够实现连续脱水处理，因此前后的配套设备也能够进行连续处理，从而省去了复杂的操作控制。

（2）结构简单，低转速，被驱动旋转的部件少，因此需更换的易损件少且维护费用低廉。

（3）低转速，低噪声，无振动，可使用结构简单的机器安装台架。

（4）低转速，所需运行动力小，因此日常运行费用低廉。

（5）易实现密闭构造，能够简单地解决臭气问题并回收脱水处理时产生的气体。

（6）结构简单，调节、检修部位少，日常管理作业简单。

（7）结构简单，与其他种类的脱水机相比，综合费用低廉。

（二）含煤废水的处理

含煤废水的外观呈黑色，悬浮物浓度变化比较大。悬浮物主要由煤粉组成。其中一部分粒径较大的煤粒可以直接沉淀，而大量粒径很小的煤粉基本不能直接沉淀，而是稳定地悬浮于水中。煤中含有很多的矿物质，含煤废水的电导率并不高，悬浮物、SiO_2 的浓度和 COD 值比较大。在收集废水的过程中，有时会漏入一些废油，使含油量较高。

含煤废水的处理流程如图 10-10 所示。在混凝澄清处理部分，因为煤粉的密度大于水的密度，在重力的作用下，煤粉沉淀下来从而与水分离。水中较大的颗粒直接沉入澄清器底部定期排出。细小煤粉颗粒纯粹利用重力很难全部与水分离，因此可加药进行混凝，利用药剂的吸附、架桥作用，废水中的细小煤粉颗粒形成较大的颗粒，再通过沉淀实现与水分离。

图 10-10　含煤废水的处理流程

（三）生活污水的处理

电厂生活污水水质化学成分主要有蛋白质、脂肪和各种洗涤剂，COD 的含量很高。根据其水质特点，生活污水的处理一般先进行一级处理，如通过沉降澄清、机械过滤等工艺和消毒处理除去可沉降悬浮固体和病毒微生物。更主要的是进行二级处理，即有机物的处理。生活污水中有机物的成分比较复杂，其降解的难易程度相差也比较悬殊。一般当 BOD_5/COD 大于 0.3 时，易于用生物转化处理方法降解，可除去生活污水中 90% 的 BOD 和悬浮固体。实践表明，生活污水通过二级生物转化处理之后，其 BOD_5 和悬浮固体均可达到国家和地方的水质排放标准。目前有些火力发电厂的生活污水采用了生物转化处理。处理后的水用做冲灰水绿化用水或排放。生活污水的主要监控项目为悬浮物、COD 及 BOD_5。

典型的接触氧化处理工艺的处理流程如图 10-11 所示。

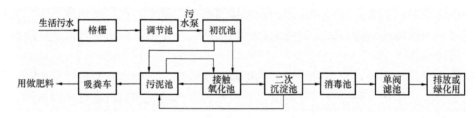

图 10-11　接触氧化处理工艺的处理流程

格栅和调节池的作用是调节水量；初沉池利用颗粒与水之间的密度差，去除污水中的较大颗粒的悬浮物；接触氧化池中的曝气系统用来供给氧化池中的生活污水所需的氧气并起搅拌作用，保证微生物有充足的氧气维持新陈代谢，从而分解有机污染物；二次沉淀池用来分离曝气池出水中的活性污泥；污泥回流系统把二次沉淀池中的一部分沉淀污泥再回流到曝气池，以维持曝气池中的微生物具有足够的浓度；剩余污泥排放系统用于排放曝气池内由于污泥不断增殖而构成的剩余污泥；消毒池用于杀灭二次沉淀池出水中的细菌，以满足排放的要求。

二、非经常性废水处理的典型流程

（一）锅炉冲洗水及停炉保护废水的处理

锅炉冲洗水及停炉保护废水首先汇于机组排水槽，然后再用废水泵送入废水集中处理站的非经常性废水槽，在此进行氧化处理。锅炉冲洗水、停炉保护废水中的氨、联氨含量较高，只需加入一定量的 NaClO，使之氧化成无害的 N_2 逸出，必要时加入酸（碱）调整 pH，使水质符合排放标准。图 10-12 所示为该部分的处理流程。

联氨废水的处理过程是，首先将废水的 pH 调整至 7.5～8.5，再加入氧化剂（通常是NaClO）并使其充分混合，维持一定的浓度和反应时间，使联氨充分氧化。反应式如下：

$$N_2H_4 + 2NaClO = N_2\uparrow + 2NaCl + 2H_2O$$

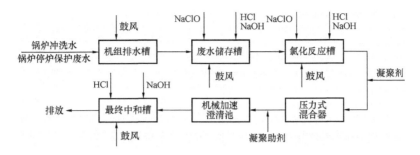

图 10-12　锅炉冲洗水及停炉保护废水的处理流程

使用 NaClO 作为氧化剂，其剂量通常高达数百毫克每升。在废液处理前，一般需要通过小型试验来确定氧化剂的剂量和反应时间。氧化处理后的水还要被送往混凝澄清、中和处理系统，进一步除去水中的悬浮物并进行中和，使水质达到排放标准后外排。

（二）锅炉化学清洗废水的处理

锅炉启动前化学清洗和定期清洗废水的特点是排放量大，排放时间短，排放废水中有害物质浓度高。因此，对这类排放废水一般需设置专门的储存池，针对不同的清洗工艺，采用不同的废水处理方法，也有的与其他废水（除含油废水及生活污水外）合并成化学废水进行处理。火力发电厂常用的化学清洗介质有盐酸、氢氟酸、柠檬酸、EDTA 等，不同的清洗介质产生的废水成分差异很大，需要采取不同的处理方法。但是，无论采用何种清洗介质，产生的废水都具有高悬浮物、高 COD、高含铁量、高色度的共同特征。

下面以无机酸清洗锅炉为例介绍清洗废水的处理方法。废水主要包括碱洗液、酸洗液、漂洗液、钝化液以及每步骤的冲洗水，可集中储存进行统一处理，使排水达标。图 10-13 所示为锅炉化学清洗废水的处理流程图。

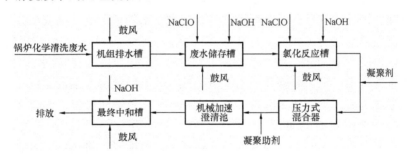

图 10-13　锅炉化学清洗废水的处理流程

（三）含油废水的处理

1. 含油废水的处理流程

含油废水的量比较小，一般通过分散收集后送入含油废水处理装置处理。油库区一般与主厂房相隔较远，排出的水含油量很高，所以需要单独收集。水中所含的油，尤其是重油，对输送沟道或管道污染比较严重，一般油库附近设有隔油池，在除去大部分浮油后，再将水送入下一级处理系统，处理后的水排入排水沟道，回收的废油混在煤中送往锅炉燃烧。火电厂中通常采用浮力浮上法，即借助水的浮力，使废水中密度小于或接近于 1kg/L 的固态或液态污染物浮出水面，再加以分离的处理技术。

　　根据污染物的性质和处理原理不同，浮力浮上法又分为自然浮上法、气浮法和药剂浮选法三种。利用污染物与水之间的密度差，让其浮升到水面并加以去除，称为自然浮上法。废水中直径较大的粗分散性可浮油粒即可用此法去除，采用的主要设备是隔油池。对于乳化油和溶解油，隔油池没有去除能力。在火力发电厂中，隔油池主要用于油罐区、燃油加热区等高含油量废水的第一级处理。气浮法利用高度分散的微小气泡作为载体去黏附废水中的污染物，使其随气泡浮升到水面而加以去除。气浮的处理对象是乳化油及疏水性细微固体颗粒。药剂浮选法简称浮选法，是向废水中投加浮选药剂，选择性地将亲水性油粒转变为疏水性油粒，然后再附着于小气泡，并上浮到水面加以去除的方法。它分离的主要对象是颗粒较小的亲水性油粒。

　　火力发电厂的含油废水经隔油池和气浮处理之后，有时仍达不到排放标准，这时还应采用生物转化处理或活性炭吸附处理，从而进一步降低油污染物的含量，使出水水质提高，达到排放要求。图 10-14 是含油废水的处理流程。

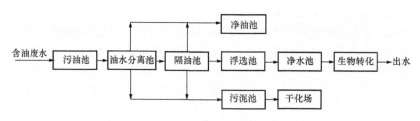

图 10-14　含油废水的处理流程

　　2. 隔油池

　　隔油池的类型主要有平流式、立式、波纹斜板式。在火力发电厂中应用较多的是平流式隔油池。平流式隔油池的构造与沉淀池很相似，但工作原理完全不同。图 10-15 为平流式隔油池结构示意图。污水由进水管流入配水槽后，通过布水隔板上的孔洞或窄缝从挡油板下边进入池内。在流经隔油池的过程中，由于流速降低，密度小于 1kg/L 而粒径较大的可浮油珠便浮到水面，密度大于 1kg/L 的重质油和悬浮固体则沉于池底。澄清水从挡油板下流过，经出水槽由出水管排出。为了剔除浮油与沉渣，池内装有回转链式刮油泥机，以低速做回转运动时，就把池底沉渣刮集到池子前端的泥斗中，经排渣管适时排出；同时将水面上的浮油推向设在池尾挡油板内侧的集油管，它是用钢管沿纵向开 60° 的切口制成的，可以绕轴转动。平时，切口向上位于水面上，当水面浮油达到一定厚度时，将切口转向油层，浮油即溢入管内，并由此排出池外。最终的结果是上浮的油层由隔板拦截，然后由排油管排出。大部分浮油都被刮除，少量的残油随水流进入出水区排出。底部的沉渣则由泥斗中设置的排污管排出。隔油池的表面要求带有盖板，用以起到放火、防雨、保温的作用。

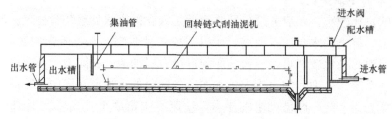

图 10-15　平流式隔油池结构示意图

第三节　调试工作程序

一、调试前具备的条件

调试前具备的条件如下：

（1）按 DL/T 5190.6—2012《电力建设施工及验收技术规范　第 6 部分：水处理及制氢设备和系统》规定，对废水处理设备进行验收合格。

（2）各废水处理系统土建工程已按设计要求完成，应有的防腐设备施工完毕，排水沟畅通，所有地沟盖板应铺盖完毕并齐全、平整。

（3）厂内道路畅通，能满足各类污水处理填料及药品运输的要求。

（4）门窗已经封闭，室内换气风机已试运完毕，正式照明已经投运。

（5）各废水处理系统的设备、管道、阀门等已按设计安装完毕；系统检查、冲洗、水压试验均合格；各类阀门操作灵活，严密性合格。

（6）系统的在线各类仪表校验合格，安装调试完毕，可以投入在线监测。

（7）动力电源、控制电源、照明及化学分析用电源均已施工结束，可安全投入使用。

（8）热控系统设备、缆线应安装完毕，程控控制具备投运条件。

（9）各类药剂储存罐体、水池的液位计应设有标尺且指示正确。

（10）压缩空气系统吹扫完毕，能够维持调试阶段所用的空气量。

（11）废水系统内的各转动机械单机试运结束，可投入系统运行。

（12）设备安装结束后，应将容器内清扫干净，检验合格后进行水冲洗。冲洗水本身应无色、透明，无沉淀物，无油。

（13）废水处理的酸、碱系统设备水冲洗、水压试验合格后，应放尽容器与管道内的水，并将酸、碱储罐内的积水清理干净。

（14）调试现场应具备化学分析条件，并配有操作、分析人员。

（15）参加试运的值班人员需经过上岗培训，考试合格，并服从调试人员的安排。

（16）化学分析仪器、分析药品、运行规程准备齐全，化验分析记录报表齐全。

（17）各废水处理系统各种设备、阀门应悬挂标志牌。

（18）整体系统应具备稳定可靠的水源，现场、试验室的消防器材齐全。

（19）废水处理所用的各种药剂及药品应满足设计要求，质量应符合相应的标准。

二、调试步骤

（一）工业废水处理系统的调试

1. 系统的检查确认

（1）储存池、沟道、溶解池、酸碱储罐的内部检查、清理。

（2）工业废水处理系统设备、管道的严密性或水压试验及系统冲洗合格。

（3）按照设备名称编制转动机械确认单，会同电厂有关人员及安装人员进行转动机械分部试运结果确认，合格后在确认单签字。

（4）按照设备名称编号编制远操、就地阀门及反馈信号确认单，会同电厂有关人员及安装人员进行远操、就地阀门及反馈信号确认，合格后在确认单签字。

2. 加药系统的调试

此部分可参照原水预处理加药系统及除盐辅助酸碱系统调试内容。

3. 药剂的配置

将进水阀打开，向溶液箱中加入一定量的水，然后关闭进水阀，再向溶液箱中加入一定量的药品，打开进水阀，加水到指定的水位，关闭进水阀，然后搅拌，使药品充分溶解，备用。

（二）经常性酸碱废水的处理

启动废水泵将储水池废水送入最终中和池，根据 pH 计算中和处理所需的对应酸碱量，启动中和池搅拌机、酸碱计量泵，对废水进行酸碱中和处理，pH 合格后经清净水池排水泵送至回用水池。

（三）含煤废水处理系统的调试

1. 煤水一体化处理装置充水查漏

将一体化装置出水阀、排泥阀关闭，打开进水阀，启动进水泵，向一体化装置内进水，同时冲洗管道，并对配药箱、计量箱和附属管道等分别进行冲洗并查漏，系统高水位后保持 60min，检查其严密性，并消除缺陷。

2. 药品的配制

（1）混凝剂的配置。向混凝剂加药箱内进水，配置约 10% 含量的混凝剂，开启计量箱搅拌机，搅拌 10~15min，使混凝剂溶解均匀。

（2）助凝剂的配置。向助凝剂加药箱内进水，配置约 0.2% 含量的助凝剂，开启计量箱搅拌机，搅拌 10~15min，使助凝剂溶解均匀。

3. 混凝沉淀池投运

开启煤水提升泵，根据煤水情况，控制系统进水量，进水流量初始可调整为正常出力 50%~60%。

打开加药阀门，开启加药泵，向煤水一体化处理装置混合加药管中加药，混凝剂初始加药量为 15~20mg/L，助凝剂药量约为 2mg/L。

当浮渣厚度积聚到 10~15cm 时，开启排泥门排泥。

运行相对稳定后对进水和出水进行取样分析，测定浊度、色度。若出水的浊度大于 20mg/L，则应调整加药量或者调整进水量。每次调整后均应在运行稳定后取样分析，若系统出水达到设计标准，可连续运行 7~15 天，运行期间应测定进出水的浊度、色度并进行记录。

（四）生活污水处理系统的调试

1. 生活污水处理系统设备检查

（1）调节池、缺氧池、接触池、沉淀池的内部检查、清理。

（2）按照设备名称编制转动机械确认单，会同电厂有关人员及安装人员进行转动机械分部试运结果确认，认可后在确认单签字。

（3）按照设备名称编号编制远操、就地阀门及反馈信号确认单，会同电厂有关人员及安装人员进行远操、就地阀门及反馈信号确认，认可后在确认单签字。

2. 系统调试

在确认单体试转完毕的基础上，整个系统联合试运，并调整系统的手动门，使生活污水流量满足各个设备的要求。

（1）细菌的封闭式培养。封闭式培养法就是在封闭的条件下进行细菌快速培养。首先向系统进生活废水，至正常运行水位，然后加入曝气池（缺氧池 37.5m³）有效体积 10％的活性污泥 3.75t，使其 10min 沉降比达到 10％～20％，同时按照曝气池有效体积的 2％加入微生物菌种 750kg，同时加入曝气池容积 4％的细菌复合营养剂 1.5t，进行封闭培养。这个过程要维持曝气，使水中溶解氧维持在 1～2mg/L。一周时间，菌群培养、驯化过程即告成功（菌数达到 0.2 亿个/mL 以上，活性污泥的菌胶团密实）。

（2）投运。细菌培养结束后可按设计流量进水，维持正常的污泥回流比，使曝气池的活性污泥 10min 沉降比维持在 10％～20％，溶解氧维持在 1～2mg/L，并按照工艺要求监测进、出水 BOD_5、SS、COD、氨氮等，经过快速培养，出水指标一般可达到设计要求。

在日常的运行中，可以通过镜检来判断系统运行是否正常，并且可根据出现的原生动物的形态结合运行参数来判断导致问题的原因，并采取相应的措施。

（3）水质测试项目。

1）水温。水温是影响生物生长活动的一个重要因素，一般建议水温为 20～30℃时最好，高于 35℃或低于 10℃时净化效果均会降低。

2）pH。pH 与微生物的细胞物质、有机物的氧化或同化有关的氧活动在异常 pH 环境中受阻。微生物的大部分氧活性在 pH 3.0～4.0 以下或 pH 9.5 以上开始失去。所以 pH 在 6.0～8.5 适合，7.2～7.4 最适合，并且槽内的生物代谢结果使 pH 有稍微降低的倾向。

3）混合液的溶解氧（MLDO）。为了测定槽内有无充分的活性污泥净化中需要的氧，混合液的溶解氧为 0.8mg/L 以上时对活性污泥的处理能力无影响，但因流入水的水量、水质发生变化，所以在流出口适合保持 0.5～1.0mg/L 以上（夏季）。

4）污泥体积（SV）。测定污泥体积是为了估算槽内有无 BOD-SS 负荷或使污泥龄保持适当范围而所需的活性污泥。

5）活性污泥生物。活性污泥的生物试验除特殊情况外，对原生动物进行试验。正常的活性污泥中一般栖息着原生动物，偶尔出现霉类、水虫类、寡毛纲等。

原生动物中的纤维虫类依活性污泥的净化能力程度、流入水质、操作管理条件等出现不同种类。所以先掌握并理解它们之间的关系，则可在短时间内判断活性污泥的净化程度或水质管理是否得当。活性污泥中出现的原生动物中有摄取溶解性或固体有机物来增殖的细菌或捕食微小的原生质体等各种各样的生物。

（4）单阀滤池的启动调试。打开进水阀，启动提升泵，打开排污阀进行正洗，水清后进行过滤。

随着过滤时间的推移，滤层过滤压差不断增大，滤层上部水位抬高，当水位上升至上部反洗水管时，水位快速下落，反洗排水阀自动打开，形成虹吸对滤层进行反洗，根据反洗水量对反洗挡板进行调节，以满足滤料反洗膨胀要求。

（五）非经常性废水的处理

测定非经常性废水的 pH、磷酸根、CODcr 等离子含量，根据超标的组分采用不同的反应添加物进行处理。

启动废液泵，将其打入 pH 调整槽中，根据在线 pH 表计的显示结果，启动酸碱加药泵对槽内废液进行 pH 调整，调整后的废水溢流进入混合槽反应，反应结束后经过凝聚澄清池澄清除去悬浮物，清水进入最终中和槽进行中和，溢流进入清净水槽，回用或排放。

凝聚澄清池底部泥渣通过排泥泵打入脱硫废水脱水机（或泥浆至煤场沉淀池）。

第四节 常见问题与处理

废水处理系统是火电厂达标排放的关键一环，其正常、可靠的运行对环境保护有着重要的意义，其调试过程中存在的主要问题及处理方法如表 10-1 所示。

表 10-1 调试过程中存在的问题及处理方法

序号	故障情况	产生原因	处理方法
1	低位碱槽冬天结晶，堵塞管路	系统温度过低	增加伴热以提高碱液温度，但要注意防止温度过高导致对管道的碱腐蚀裂纹，金属温度不能高于60℃
		碱浓度过高	适当降低碱液浓度
2	酸、碱槽中的酸、碱自流至中和池	中和池酸、碱加液口产生虹吸现象	加长酸、碱计量泵出口管上的Ⅱ形管，并在Ⅱ形管的顶部加装排气口
3	管路冬季时被冻结	管路内水未排干净，低温导致管路内存水结冰	停运时将管路中的水放空
4	长时间停运后重新启动，仪表测量数据不准	长时间停运导致测量仪表不准	(1) 投运前用 pH 表进行校验；(2) 停运时，池内保留一定水位使电极浸入水中；(3) 中和池停运前，关闭电极进样管阀门，电极杯内保持一定量的液体。如电极干枯时间较长，使用前应加以浸泡，恢复其活性
5	混凝沉淀效果差	凝聚剂、助凝剂加药量出现偏差	做加药量试验，调整加药量，找出最佳工况
		废水流量过大	调整废水流经沉淀池的流速
6	氧化池挂膜困难	废水中有机物含量低	开罗茨风机提高氧化池氧量，向氧化池中加粪便和葡萄糖
		水温低	向废水调节池中注入一定量的高温蒸汽以提高水温

第十一章

制 (供) 氢 系 统

在所有气体中，纯氢气是发电机最理想的冷却介质。氢气的导热能力是空气的 6.69 倍，氢气的表面散热系数是空气的 1.5 倍，因此超超临界发电机组由于电容量大，铜线绕组电流密度大，大多采用氢气冷却。超超临界机组火电厂也大多配置制氢系统或供氢系统。

第一节 概 述

一、氢气的性质和作用

氢气是一种无色、无嗅、无味、无毒的气体，氢气不助燃，在大型火电厂用做发电机的冷却介质，其质量仅为空气的 1/14，流动性强可使效率提高 0.7%～1%，大大提高换热和散热能力，可连续不断地将发电机运行时产生的热量散发出去。氢气较纯净，不易氧化，发生电晕时不产生臭氧，绝缘材料不易受氧化和电晕的损坏，可保证发电机内部的清洁。

其缺点是与空气（或氧气）混合达到 4%～74.2% 的比例时，形成爆炸性气体，遇火将发生爆炸，威胁发电机组的安全运行。尽管如此，由于氢气冷却的效率高且与空气、水冷却相比所呈现出来的优势，大功率发电机多数采用氢气冷却的方式。

二、氢气的来源

工业上制取大量氢气的方法有以下几种：①由煤和水生产氢气（生产设备有煤气发生设备、变压吸附设备）；②由裂化石油气生产（生产设备有裂化设备、变压吸附设备、脱碳设备）；③电解水生产（生产设备有电解槽设备）。由于电解水获取的氢气纯度相对高且经济，一般火电厂采用电解除盐水制氢。在交通运输方便、氢气来源可靠的地区，电厂大多外购氢气。

（一）电解水制氢

1. 电解水制氢原理

在氢氧化钠或氢氧化钾溶液中，各种离子的运动是无序的，但通以直流电流后，离子的运动则按一定的方向进行，即阳离子向阴极方向移动，阴离子向阳极方向移动。同时在金属离子活泼性顺序中，钾、钠是活泼金属，容易失去电子，从而也难得到电子，因此在阴极得到电子的是氢离子，所以在通电后的氢氧化钠或氢氧化钾溶液中，总发生以下电极反应：

阴极反应：$\qquad 4H_3O^+ + 4e^- \longrightarrow 2H_2 \uparrow + 4H_2O$

阳极反应：$\qquad 4OH^- - 4e^- \longrightarrow O_2 \uparrow + 2H_2O$

总反应：$\qquad 2H_2O \xlongequal{\quad} 2H_2 \uparrow + O_2 \uparrow$

可以看出，在氢氧化钠和氢氧化钾电解质溶液中通入直流电后，实际参与电解的只有水分子，电解质的作用只是增加水的电导率，实际并不消耗。

2. 电解电压

电解电压即施加在电解槽的电压（又称槽压），必须大于水的理论分解电压，以便能克服电解槽中各种电阻电压降和电极极化电动势。因为水的理论分解电压是在可逆的条件下进行计算的，但电解槽不可能在电流密度接近于零的情况下电解水。电解电压是水的理论分解电压与电解槽中各种电阻电压降及电极极化电动势之和，即

$$E = E_0 + IR + \varphi_{H_2} + \varphi_{O_2}$$

式中　E——水的实际分解电压，V；

E_0——水的理论分解电压，V；

I——电解电流，A；

R——电解槽的总电阻，Ω；

φ_{H_2}——阴极上氢的超电位，V；

φ_{O_2}——阳极上氧的超电位。

（1）水的理论分解电压。依据热力学原理和库仑定律，可以计算出在 0.1MPa 和 25℃时，水的理论分解电压是 1.23V。它是电解制氢时必须提供的最小电压，随温度升高而降低，随压力升高而增大，压力每升高 10 倍，电压大约增大 43mV。

（2）电解槽电压降。电解槽的电压降包括电解液的电压降、电极电阻电压降、隔膜电压降和接触点电压降等，其中以前两项为主。隔膜电压降与材料的厚度和性质有关，当采用石棉隔膜及电流密度为 2400A/m² 时，隔膜电压降为 0.3～0.5V。电解液的导电率越高，电解液的电压降就越小。同时也要求电解液在电解电压下不分解，不因挥发而与氢氧一并逸出；对电极槽材料无腐蚀；所以工业上一般选用氢氧化钾或氢氧化钠水溶液作为电解质。此外，在电解水的过程中，电解液中会连续析出氢、氧气泡，使电解液电阻增大。电解液中的气泡容积与含气泡的电解液容积的百分比称为电解液的含气度。当含气度达到 35% 时，电解液的电阻可以达到无气泡时的 2 倍。电解槽在高工作压力下，电解液含气度会降低，但工作压力过高，又会增大氢气和氧气在电解液中的溶解度，使它们通过隔膜重新生成水，从而降低电流效率。提高工作温度同样可以降低电解液的电阻，但电解液温度大于 90℃ 时，电解液会对隔膜造成严重损坏。要降低电解液的电阻，可以采取降低电解槽的电流密度，加快电解液的循环速度，适当减少电极间距离等方法。

（3）氢氧超电位 φ_{H_2} 和 φ_{O_2}。氢氧超电位的影响因素很多，与电极材料、电极的表面状态、电解液与电极的接触面积、电解时的电流密度、温度有关。电极与电解液接触面积越大、表面越粗糙，其超电位越小；电流密度越大，超电位越大；温度升高，超电位也增大。另外，超电位还与电解质的性质、浓度与溶液中的杂质因素有关。

3. 制氢电量消耗和水量消耗

任何物质在电解过程中，在数量上的变化服从法拉第定律。法拉第定律指出：电解时，在电极上析出物质的数量，与通过溶液的电流强度和通电时间成正比；用相同的电量通过不同的电解质溶液时，各种溶液在两极上析出物质量与它的电化当量成正比，而析出 1 摩尔质量的任何物质都需要 1 法拉第单位 96 500 库仑（26.8A·h）的电量。水电解制氢符合法拉第电解定律，即在标准状态下，阴极析出 1 摩尔的氢气，所需电量为 53.6W。经过换算，生产 1m³ 氢气（副产品 0.5m³ 氧气）所需电量约 2.39kW，在电解槽的实际运行中，其工作

电压为理论分解电压的 1.5～2 倍，而且电流效率也达不到 100%，所以造成的实际电能消耗要远大于理论值。目前通过电解水装置制得 $1m^3$ 氢气的实际电能消耗为 4.5～5.5kW·h。

生产 $1m^3$ 氢气消耗原料水 804g，在实际工作过程中，由于氢气和氧气都要携带走一定的水分，因此实际耗水量稍高于理论耗水量。目前生产 $1m^3$ 氢气的实际耗水量为 845～880g。

（二）外购氢气

随着规模化工业的发展，在交通便利、氢气品质可控、来源可靠地区，大多电厂也采用外购氢气，相应设置供氢站。采用外购氢气可以减少电厂运行人员配置和运行、维护工作量。外购氢气不设氢储罐，而配制氢瓶组，以备平时系统补氢用。

第二节　主要设备及工艺流程

目前火电厂制氢大多采用压力型水电解制氢设备，压力型水电解制出的氢气具有压力高（1.6 或 3.2MPa）、便于输送、纯度高（99.8%以上）等优点，可直接用于一般场合。

一、制氢系统主要设备

（一）主要设备

1. 电解槽

压力型水电解槽采用左右槽并联型结构，中间极板接直流电源正极，两端极板接直流电源负极，并采用双极性极板和隔膜垫片组成多个电解池，并在槽内下部形成共用的进液口和排污口，上部形成各自的氢碱和氧碱的气液体通道。

2. 氢分离洗涤器

来自电解槽阴极板的氢气随碱液进入氢分离器，在其内部与碱液分离，然后从氢分离器的氢气管道进入氢气洗涤器。在洗涤器中，洗涤氢气中含有微量碱，并将氢气由 75～90℃冷却至 40℃左右，再进入捕滴器，捕捉氢气中的水滴，使含湿量初次降低，经气动薄膜调节阀调节压力后流向后续设备。

3. 氧分离洗涤器

来自电解槽阳极侧分解出来的氧气随碱液一起，从主极板的出气孔进入氧气管道，再从右端极板流出，进入氧分离器，在其内与碱液分离，然后经气动薄膜调节阀排空。

4. 碱液循环泵和碱液过滤器

碱液循环泵的作用是使系统内的碱液按一定的速度和方向进行循环，随时带走电解过程中产生的氢气、氧气和热量，并向电解槽补充电解消耗的除盐水。此外，碱液的循环还可增加电解区域电解液的搅拌，以减少浓差极化电压，降低碱液中的含气度，从而降低小室电压，减少能耗。

碱液经过氢、氧分离洗涤器在自身重力作用下从管道进入碱液过滤器，过滤除去机械杂质。

5. 氢吸附干燥器

吸附干燥是气体制取工艺中应用最广泛、成本最低的方法，它具有干燥程度高、易于实现自动化控制、能耗小等特点。氢吸附干燥器同样采用吸附干燥工艺，常用的干燥剂为分子筛，一般配备两套干燥系统，其中一套运行，另一套再生备用；再生方式选用原料气加热再

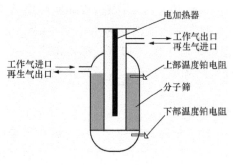

图 11-1　干燥内部示意图

生，且再生过程中无氢气放空。氢吸附干燥器的工作压力与制氢装置的压力匹配，再生温度为 180～250℃，再生时间为 8～10h。干燥器内部示意图如图 11-1 所示。

6. 储氢罐

电解产生的氢气，经过一系列净化和冷却处理，最后存入储氢罐备用。储氢罐的数量由发电机氢冷却容积确定，通常 3～5 个储氢罐。储氢罐安装防雷接地装置、阻火器和弹簧安全阀。当罐内压力超过规定时，气体自动排出。储氢罐底部有疏水阀，进行定期排水。

（二）技术参数和工作条件

1. 制氢装置的技术参数

制氢装置的技术参数如下：

氢气产量：10m³/h；

氢气纯度：99.8％；

额定工作压力：3.2MPa；

电解槽总电压：52V；

电解槽总电流：900A；

电解槽工作温度：85～90℃；

电解槽直流电耗：<5.0kW·h/m³H₂。

2. 工作条件

（1）电解液：30％KOH 水溶液。

（2）除盐水：流量 10kg/h，电阻率不小于 $1.0×10^5Ω·cm$，氯离子含量小于 2mg/L，铁离子含量小于 1mg/L

（3）冷却水：水源为自来水，温度不大于 30℃，流量 2t/h，压力为 0.4～0.6MPa。

（4）电源：

1）控制柜电源：三相四线制 AC 380V，50Hz，功率 80kW。

2）可控硅整流柜控制电源：三相四线制 AC 380V，50Hz。

（5）控制气源：压力为 0.5～0.7MPa，流量 8m³/h，露点低于环境温度 10℃以下，无尘，含油量不大于 5mg/m³。

二、制氢设备工艺流程

电解液在强制循环、电解槽通以直流电的条件下，氢气和氧气在电解槽产生，经过分离器气液分离后，产出的氢气和氧气源源不断地送出系统。系统自动控制设定的系统压力、槽温、分离器液位平衡、及时补充电解所消耗的原料水。各项运行参数实现自动监测和控制。系统包括气动仪表控制、电动仪表控制、PLC 可编程控制、上位机控制、远程通信等控制手段以及各类分析仪表。

制氢框架集成了制氢系统运行的主要设备（如分离器、洗涤器、冷却器、过滤器、碱液泵等，以及控制和调节阀门，工况测量的在线和远传仪表）。每套制氢系统通常配备控制柜、整流柜、整流变压器以及氧中氢、氢中氧等分析仪表。系统工艺及控制简图如图 11-2 所示。

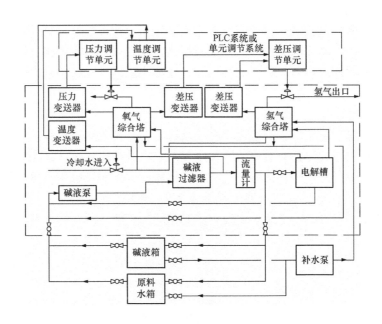

图 11-2 制氢系统工艺及控制简图

该制氢装置可分为十个子系统。

（一）电解液循环系统

电解液循环系统的作用包括：从电解槽带走电解过程中产生的氢气、氧气和热量；将补充的原料水送给电解槽；对电解槽内电解反应区域进行"搅拌"，以减少浓差极化，降低电耗。该系统路线为碱液泵→碱液过滤器→电解槽→氢气综合塔/氧气综合塔→碱液泵，如图11-3 所示。

（二）氢气系统

氢气从电解小室的阴极一侧分解出来，借助于电解液的循环和气液相对密度差，在氢分离洗涤器中与电解液分离形成产品气。其路线为电解槽→氢气综合塔→调节阀→阻火器排空或氢气出口。

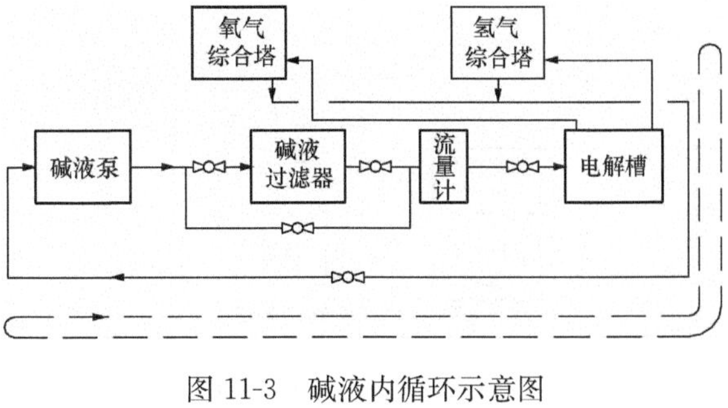

氢气的排空主要用于开停机期间，不正常操作或纯度不达标以及故障排空。

图 11-3 碱液内循环示意图

（三）氧气系统

氧气作为水电解制氢装置的副产品具有综合利用价值，一般电厂氧气直接排空，不回收，有用户时也可储存利用。氧气系统与氢气系统有很强的对称性，装置的工作压力和槽温也都以氧侧为测试点，它包括电解槽→氧气综合塔→用户或储存或排空。

氧气的排空除与氢气排空做同样考虑外，对于不利用氧气的用户，排空是常开状态。

（四）原料水系统

水电解制氢（氧）过程唯一的"原材料"是高纯水，此外氢气和氧气在离开系统时要带走少量的水分。因此，必须给系统不断补充原料水，同时通过补水还维持了电解液液位和浓度的稳定性。补充水同时从氢、氧两侧补入。其路线为原料水箱→补水泵→氢分离洗涤器→电解槽。

（五）冷却水系统

水的电解过程是吸热反应，制氢过程必须供以电能，但水电解过程消耗的电能超过了水电解反应理论吸热量，超出部分主要由冷却水带走，以维持电解反应区正常的温度。电解反应区温度高，可降低能源消耗，但温度过高，石棉质的电解小室隔膜将被破坏，同时对设备长期运行产生不利。装置要求工作温度保持在不超过 90℃ 为最佳。此外，所生成的氢气、氧气也须冷却除湿。可控硅整流装置也设有必要的冷却管路。冷却水分五路流入系统：

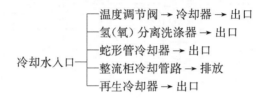

（六）充氮和氮气吹扫系统

装置在调试运行前，要对系统充氮做气密性试验。在正常开机前也要求对系统的气相充氮吹扫，以保证氢氧两侧气相空间的气体远离可燃可爆范围。充氮口设在氢、氧分离洗涤器连通管的一侧。

（七）氢气干燥系统

氢气干燥系统主要有两台干燥器、两只列管再生冷却器、一个过滤器和自动切换阀、附属管道等构成。另外，还有附件阻火器、水封罐和分析仪等。控制系统与制氢设备集成于 PLC 控制柜内。氢气干燥系统工作流程如图 11-4 所示。

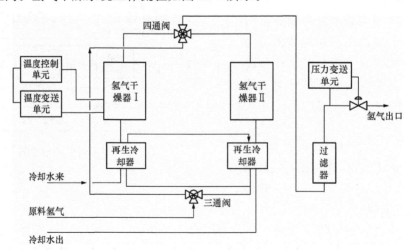

图 11-4　氢气干燥系统工作流程

水电解来的原料氢气，经原料氢入口阀进入，在 0～8h 氢气由三通阀进入干燥器Ⅱ

中。在干燥器Ⅱ中，氢气被自动加热并温控于220～280℃下吹水再生Ⅱ塔的干燥剂，带有水气的热气流又经列管冷却器Ⅱ、列管冷却器Ⅰ二次冷却分离水后进入干燥器Ⅰ被吸附去湿，再经四通阀，进入过滤器除尘。在此自动运行期间，当取样分析合格时，氢气产品进入后续设备；如果不合格，二位三通气动球阀自动切换至放空状态，氢气经阻火器自动放空。

干燥器Ⅱ被加热再生8h，自动停电加热，变再生为吹冷，当吹冷到塔顶温度80℃，自动小切换，经四通阀切换直接进入干燥器Ⅰ内，原料氢气进入列管冷却器后进入干燥器Ⅰ被去湿，最后经四通阀和过滤器获得产品氢气。

当到达24h，阀门自动大切换，此时三通阀切换至直接进四通阀状态，经四通阀至原料氢进入干燥器Ⅰ的状态，这样变干燥器Ⅱ吸附去湿，变干燥器Ⅰ自动加热并温控于220～280℃下再生8h，然后停电加热吹冷到塔顶温度80℃时，又一次自动小切换，氢气直接进入列管换热器Ⅱ和干燥器Ⅱ被去湿，经四通阀和过滤器获得产品氢气。

装置的压力将被自动控制在1.6～3.2MPa中的一个设定值上，直到48h后阀门再一次自动大切换。前面再生的干燥器将变成工作的干燥器，自动地周期性往复操作，连续获得纯氢气，并送往氢气分配盘进入储存系统。在此运行期间，超温将会报警，加热器会自动地开关。

（八）装置排污系统

根据制氢工艺过程，装置排污系统包括电解槽排污管、碱液过滤器排污管、原料水箱排污管、碱箱排污管、氢（氧）管路排污管、氢（氧）分离器液位计排污管、再生冷却器排污管（蛇形管冷却分离器排污管）。

（九）控制系统

自动控制系统是制氢装置能够实行无人值班、实现自动化的主要手段，制氢装置的自动控制包括槽压控制、氢氧差压调节控制和液位调节控制。

（十）整流柜系统

可控硅整流柜系统将交流电转换为直流电，给电解槽供电。

三、供氢装置

在具备品质合格、可靠氢源供给的条件下，目前很多发电厂都采用购置氢瓶通过气体汇流排供氢的方式。

气体汇流排是一种集中充气或供气的装置，它是将多只钢瓶的气体通过阀门、导管连接到汇流总管，以便同时对这些钢瓶充气，或者经减压、稳压后由管道输送到使用场所的专用设备，以保证用气设备的气源压力稳定、可调，并达到不间断供气的目的。当采用外购氢瓶储存、供氢时，储氢单元为一定数量的氢瓶组合而成的集装装置，瓶中氢气通过连接管进入汇流排中。氢气汇流排应设两组，一组供气，一组倒换钢瓶。

汇流排一般由左、右两根汇流主管道组成，中间有四只高压阀门，分别控制左、右两组汇流管，每组有相当数量的分阀、软管及卡具连接气瓶、中间装有高压表，用来检测汇流管内的压力，高压阀门上方分别有两组减压器，以便控制、调节气体使用压力及流量。减压器上方分别有两只低压阀门，用来控制两组汇流排切换时的低压气体，汇流低压主管道装有一只低压总阀门，用来控制低压管道的气体。

第三节　调试工作程序

一、调试前具备的条件

（1）制（供）氢站是发电厂的重点防火部位，制（供）氢设备调试前土建工程的管道沟、设备基础施工完毕；排水沟畅通，地沟盖板应铺盖完毕并齐全、平整；制（供）氢站内道路平整、畅通，照明、通风良好，门窗完善。

（2）制氢站制氢区域界限明显，隔离栅施工完毕并有警示标志；制氢站达到防火防爆要求，设备接地良好，制氢站10m以内无电火焊作业，无名火；现场、试验室的消防器材齐全，制（供）氢站消防设施和环境通过消防部门组织的验收。

（3）动力电源、控制电源及照明用电源均已施工结束，可安全投入使用。

（4）系统的设备、管道、阀门、罐体等设备已安装完毕；各类阀门操作灵活，所有监测仪表和分析仪表已校验完毕；碱液循环系统、冷却水系统反复冲洗直至水质清澈、无杂物。

（5）制（供）氢系统各种设备、阀门等设备应悬挂标志牌；整体系统应具备稳定、可靠的水源；参加试运的值班人员需经过上岗培训，考试合格，熟悉系统并能熟练操作，发生异常时能准确判断和立即处理事故，并服从调试人员的安排。

（6）调试前调试措施编制完成并批准出版，调试前对参加调试人员进行技术交底，并已签证。

（7）调试前对该系统进行条件确认，确保满足分系统试运条件。

二、调试步骤

（一）制氢系统的检查

（1）制氢系统设备、管道按《施工验收技术规范》有关要求验收合格，安装记录及技术资料以文件包形式完成。制（供）氢系统强制性条文执行符合规范。

（2）制氢系统通风设备可正常使用。

（3）电解槽、系统法兰连接电阻、系统区域内接地经检查合格。

（4）直流供电系统调整及试验结束，并能随时投入；检查事故按钮，试验是否能立即切断电解槽直流电源。

（5）运行控制气源管路吹扫结束，无漏气。

（6）设备名称、名牌均符合要求，系统阀门编号、挂牌正确无误。

（7）制氢用的药品、材料、准备齐全，化验合格。

（8）调试用的仪器、玻璃器皿、试剂符合要求，并能正确使用。

（二）热控信号联锁检查

系统报警联锁主要有氢氧液位（上、下限报警联锁）、系统压力（上限联锁）、气源压力（下限联锁、电接点压力表）、氢氧槽温（上限报警、氧侧联锁）、碱液温度（上限报警联锁）、碱液流量（下限报警联锁）。

（1）检查各报警联锁点的设置是否正确，是否工作正常。

（2）检查压力、液位、流量、温度联锁是否正常。

（3）检查氢气纯度仪表联锁正常。

（三）系统的冲洗及吹扫

1. 冷却系统管路冲洗查漏

在冷却水管进热交换器之前，拆开冷却器进口的法兰，开冷却水阀门进行冲洗，直到排出的液体目测干净、无杂物为止。恢复法兰，缓慢升压 0.3～0.5MPa，检查管路严密不漏。同时，在冷却水进入整流柜之前，拆开管道接口，用水管引出冲洗水，防止冲洗出来的水弄湿整流柜，开冷却水阀门进行冲洗，直到排出的液体目测干净、无杂物为止。恢复法兰，缓慢升压 0.1～0.2MPa，检查管路严密不漏。

2. 制氢设备冲洗

（1）碱箱、除盐水箱的清理。首先人工将箱内可见的污染物和杂质（如铁锈、焊渣、油污及泥沙等）清理干净，然后用除盐水清洗箱内表面 2～3 次，并打开排污口。

（2）电解槽及框架的清洗。打开碱液箱的进水阀向碱液箱进水，打开碱液箱的出水阀、框架进碱阀，启动碱液循环泵，缓慢调节电解槽进碱阀，把流量控制在碱液流量计全量程的 80% 左右，并切换系统的相关阀门将除盐水注到电解槽及框架中，直到液位达到分离器液位计的中部时，打开系统内循环阀，随即关闭框架进碱阀，并缓慢调节电解槽进碱阀、使循环流量达到 95%，开始对系统进行循环清洗，冲洗 2～3h 后停泵，打开电解槽排污阀、过滤器排污阀，将清洗污水排放干净。重复上述操作 2～3 次，直到排出的液体目测干净、无杂物为止。关闭排污阀，完成清洗工作。

3. 氢气输送管路吹扫

氢气输送管路采用压缩空气或氮气吹扫，选择管路末端合理排放口进行吹扫，吹扫至系统干净，无油污、无杂物，吹扫结束前可在排放口设置白布或白纸进行检验。

（四）气密性试验

1. 制氢系统气密性试验

制氢装置进除盐水至氢氧分离器液位中部。关闭制氢系统与外界的阀门：氢气不合格排放门、碱液过滤器排污门、碱液循环泵进碱门、碱液循环泵回碱门、电解漕排污门、氧分离器补水门、氢洗涤器补水门、氧气正常排放手动门、氢气至分配架旁路门、干燥装置出口手动门、氧事故排放门、氢事故排放门、干燥装置氢不合格排放门、氧纯度表取样门、氧气排污门、氢气排污门、氢纯度表取样门、扑滴器排污门、排污器排污门、干燥装置出口湿度表取样门。

打开系统内的阀门：碱液循环泵旁路门、碱液过滤器进碱门、碱液循环泵进口门、电解槽进碱门、氧分离器压力表取样门、干燥装置进口压力表取样门、氧压力表取样门、冷凝分离器排污门、干燥装置出口压力表取样门、氢气至干燥装置气动薄膜调节阀以及氢发生处理器上氢氧分离器液位计上、下阀门。

由碱液箱内进除盐水，通过碱液循环泵向电解槽内注入除盐水，液位到分离器中部，然后关闭电解槽及框架所有的阀门，打开系统内部所有的阀门。通过系统充氮阀向系统充入工业纯度以上的氮气，压力达到 0.5MPa 时，关闭充氮阀，检查管路、阀门及仪表等连接部位有无泄露，如有，应予以消除。然后继续向系统充入氮气，按 1.0MPa、1.5MPa、2.0MPa、2.5MPa、3.0MPa、3.5MPa 的顺序依次检查，并消除漏点。最后系统保持压力 24h，计算泄漏量，以每小时不超过 5‰ 为合格。

2. 干燥器气密性试验

关闭干燥装置旁路门、干燥装置进气气动薄膜调节阀、氢不合格排放门、干燥装置出口手动门、干燥装置不合格排放门、干燥装置出口湿度表取样门。

打开干燥装置进口压力表进气门、干燥装置出口压力表进气门、冷凝分离器排污门。

将氮气从排污器排污门冲入设备，待压力升至待检测压力后，用肥皂水检查系统内所有阀门、焊接口有无泄漏现象，如有，排出后继续检查，直至不漏为止。

在检测压力下保压 12h，泄漏量应不超过平均每小时 0.5%，则可视为气密试验合格。

3. 储气系统气密性试验

储气系统完全采用气体进行气密性试验时，耗气量大，一般采用先充水再进气加压进行试验，这样可以减少用气量，也有采用直接水压试验的方法进行检漏。

关闭储氢罐进口/出口门、储氢罐顶排门、储氢罐安全门隔离门、储氢罐压力表取样门，打开储氢罐排污门、储氢罐顶部取样门，从储氢罐排污门往里注水，储氢罐顶部取样门处有水流出时，表示该罐内已灌满，关闭储氢罐排污门、储氢罐顶部取样门，打开储氢罐进口/出口门，将所试储罐的压力升至待检测压力，查漏，系统保压 12h，泄漏量不超过平均每小时 0.5%、总压降不大于 18kPa 为合格。

（五）电解液的配置

制氢系统首次开机时，应采用稀碱液试机。稀碱液浓度为正常运行浓度的 50%。在碱液罐配制稀碱液，并按 5‰配制五氧化二矾。配制体积按制氢系统正常运行体积稍有余量计算即可。

（六）制氢系统内充氮

为了开机安全，制氢机首次开启或停机时间较长后再开机时，要求先充氮，冲氮压力为 0.3～0.4MPa，一般采用 3～4 次循环充氮—排放—充氮排除系统内的空气。

（七）制氢设备稀碱液试运

1. 稀碱溶液的配置

根据电解槽的型号及分离器的规格，计算需要配制稀碱溶液的体积量和需要分析纯固体的质量。打开碱液箱除盐水进水阀，向碱液箱中注入除盐水 3/4，关闭进水阀，打开与碱液循环泵连接的阀门，启动碱液循环泵，向碱液箱中缓慢加入固体的 NaOH，并用密度计检测稀碱的密度，当密度达到 1.181g/mL（30℃）时，稀碱溶液配制好，停碱液循环泵。切换好向电解槽进碱的回路后，启动碱液循环泵，向电解槽及框架进碱，直到液位达到分离器液位计中部时，切换到系统碱液循环的回路，停止向框架进碱。维持碱液在系统内部循环 1h，停碱液循环泵，用密度计再次测量碱液的密度 1.181g/mL（30℃）。如果密度没有达到要求，则需要将碱液退回到碱液箱中，补加 NaOH；反之，加水稀释。

打开冷却水系统阀门，投用冷却水。将 10%浓度的 NaOH 溶液打进电解槽至氢、氧分离器液位计的最低液位。

检查阀门状态。应处于关闭的阀门：氧气正常排放气动薄膜调节门、氢气至干燥装置薄膜调节门、氢气不合格排放门、氢洗涤器补水门、碱液过滤器进口门、氧气正常排放手动门、碱液循环泵进口门、碱液循环泵出口门、冷却水进口总门、冷却水进水气动薄膜调节门、冷凝分离器冷却水进口门、氧侧压力表取样门、除盐水箱至补水泵出口门、框架冷却水压力表进口门、干燥装置进口压力表取样门、干燥装置出口压力表取样门、干燥装置出口湿度表取样门、冷凝分离器排污门、干燥装置出氢门、除盐水箱进水手动门、除盐水箱补水门、可控硅管整流器冷却水进水门、可控硅整流器冷却水出水门、氢分离洗涤器液位计上下阀门、氧分离器液位计上下阀门。

应处于开启的阀门：氧气事故排放门、氢气事故排空门、氢分离器补水门、碱液过滤器排污门、碱液过滤器充氮/排空门、碱液循环泵旁路门、电解槽排污门、碱液循环泵回碱门、碱液循环泵进碱门、干燥器装置不合格排气门、干燥装置旁路门、干燥装置排污器排污门、氧侧纯度表取样门、氢侧纯度表取样门、扑滴器排污门、氧侧门、氢侧排污门、碱液箱至补水泵出碱门、碱液箱进水门、除盐水箱至碱液循环泵出水门、除盐水回水门、除盐水箱补水旁路门、除盐水箱排污门、碱液箱排污门、碱液箱回碱门、碱液箱至碱液循环泵出碱门、氢气排水水封进水门、碱液循环泵排空门，无空气后关闭。

2. 系统启动

（1）启动前氮气置换。关闭电解槽及氢气分配框架上的所有阀门，打开制氢装置系统内部的所有阀门，打开放空阀。通过系统充氮阀向系统充入氮气至 0.3MPa，然后排出，放空过程中需保证氢氧分离器液位相平。等到压力降为零后再向系统充氮至 0.3MPa。重复 3～5 次，将系统内部的空气彻底置换出去。确保安全的情况下，用便携式仪表测量氮气中氧的含量。

（2）启动循环泵，调节出口门开度，使其流量达 700L/h，循环 0.5h。

（3）打开整流柜冷却水阀门，调节其压力到 0.1MPa 左右，启动整流柜。将选择开关置于"稳压"位，然后按"触发启动"按钮。调节"电压给定"值，测量小室电压，若小室电压较均匀，则把输出电压调到 50V，维持运行压力 0.4～0.6MPa，此时要注意氢氧分离器的液位变化。

（4）槽温上升到 80℃ 以后，观察电解槽温度的变化趋势，重新整定循环碱液温度的给定值，使氧槽温稳定在 82℃ 左右的范围内。将电解槽压力给定值调到 1.0MPa、1.5MPa、2.0MPa、2.5MPa、3.0MPa 各压力下运行，并记录氧槽温度、氢槽温度、电解槽电压、电解槽电流、氢气露点、氢气纯度、碱泵循环流量。碱泵循环流量下降时要考虑清洗过滤器。

稀碱运行时待氧槽温升 80℃ 后，观察氧槽温的变化趋势，重新整定循环碱液温的给定值，使氧槽温稳定在 70～75℃ 范围内。

（5）电解槽工作温度在 65℃ 以上运行 1～2h 后，可逐步增大工作压力给定值到 3.2MPa。稀碱试运行在 24h 以上。

（6）运行参数的调整。氧压力调节阀依据电解槽的压力设定值 PID 回路调节。当电解槽压力小于设定值时，氧压力调节阀关趋势；当电解槽压力大于设定值时，氧压力调节阀开趋势。

氢压力调节阀依据氢氧分离器液位差值 PID 回路调节。当氢分离器液位高于氧分离器液位时，氢压力调节阀关趋势；当氢分离器液位低于氧分离器液位时，氢压力调节阀开趋势。

系统自动补水依据氢氧分离器的液位平均值与设定液位来控制。当氢氧分离器的液位平均值低于 280mm 时，启动补水计量泵；当氢氧分离器的液位平均值高于 290mm 时，停止补水计量泵。

电解槽的温度依据碱液的温度 PID 回路调节。当碱液温度低于 60℃ 时，冷却水调节阀关；当碱液温度高于60℃时，冷却水调节阀开。

3. 系统停机

补水泵启动开关置于停止位。切断分析仪电源，分析气样流量调到0。将整流柜总电流给定值缓缓调到0。分步逐渐调低系统压力设定值，并注意观察氢氧分离器液位，必要时手动调节液位。手动调节碱液循环量最大，以冷却碱液。碱液泵继续运行1～2h后停泵。切断电源、气源、冷却水之后，可关各阀，装置停机完毕。

将碱液从电解槽底部排出。制氢机注入除盐水，循环清洗2～3遍，然后排掉。清洗碱液过滤器。

（八）制氢装置浓碱液额定出力运行

1. 浓碱碱溶液的配置

配制浓碱溶液的方法与配制稀碱溶液的方法相同，控制碱液的密度为1.281g/mL（30℃），并在配制浓碱溶液的同时加入分析纯级的五氧化二钒，浓度为2‰～3‰。

2. 启动运行

操作步骤同稀碱运行步骤，但注意电流的变化，浓碱启动电流比稀碱启动电流升得快。当碱液温度达到60℃时，电解槽的电流能够达到额定电流920A。

（九）干燥装置试运

干燥系统在稀碱运行正常后运行，根据工艺需要，将干燥器加热器温控值设定在220～280℃，将报警联锁温度设定在300℃（加热控制温度），将干燥器塔底温度设定在80℃（再生小切换控制温度），再生加热时间和大切换时间分别设定在8h、24h（具体可根据用户实际处理气体的量以及气体的露点来确定加热再生和工作时间以及温度）。

当稀碱运行氢气合格后就可以切换至充氢状态向干燥系统供氢。让设备进入自控运行状态。运行正常后打开仪表取样分析。

干燥器顶部温控220～280℃再生时间8h，塔底吹冷温度80℃，可根据实际使用情况做适当调整。装置的工作压力可以通过压力调节阀调节控制在1.6～3.2MPa任意值，但不能过低。

干燥器的吸附除湿必须在温度不太高的条件下进行，所以干燥器在再生时严禁切换塔的工作状态。设备最好在再生加热结束后停机，这样不会影响再生的效果。

（十）紧急停机

在紧急停电但无其他故障情况下，应快速关闭氢、氧两侧保压阀以及干燥出口保压阀，关闭氢氧两侧分析仪取样阀。如果短时间供电正常，可打开氢、氧两侧保压阀和干燥出口保压阀，通过自控系统按正常开机步骤开机，如果长时间停机待电，需手动开启氢、氧侧旁路卸压阀，在维持两侧液位基本平衡情况下卸压，其他操作同上。

设备故障紧急停机时，立即停止整流柜，迅速关闭氢、氧两侧保压阀和干燥出口保压阀，快速用切换补水泵至停止挡，密切注意使液位均衡，严防氢氧混合，紧急停机后要做好停机记录以供事后分析和处理。设备故障，则须对故障进行认真分析和排除，正常后方可投入运行。

第四节　常见问题与处理

制（供）氢系统是电厂重要的辅助设施，其为发电机的安全、可靠运行提供重要的冷源，其性能可靠性直接关系着发电机组运行的安全，其存在的问题有如下方面。

一、供（制）氢系统调压阀失灵

供（制）氢系统在投入使用后，调压阀调节失灵或无调压功能，随着时间延长，减压后的压力不稳并逐渐升高。经解体后，发现调压阀阀芯内小颗粒异物积聚，经清理后正常。产生原因是管道安装时内部不清洁，吹扫不彻底，在系统投运后，气流携带杂物进入调压阀内部阀芯，影响调压阀的调节功能。为保证供氢系统母管安装后的洁净度，在安装前应逐根用压缩空气吹扫，以减少管道内部的杂物。

二、制氢系统主要的常见故障与处理方法

制氢系统主要的常见故障及处理方法如表 11-1 所示。

表 11-1 制氢系统主要的常见故障及处理方法

序号	故障情况	产生原因	排除方法
1	槽压过高，或达不到额定压力	压力调节不良	重新校准调节仪和变送器或修正参数
		调节阀阀位不正确或有堵塞	校准阀位，清除堵塞
		气体系统有阻塞	检查和排除阻塞
		系统有泄漏	消除漏点
2	槽温过高	冷却水压力低或流量小，冷却水系统结垢或堵塞，冷却水本身温度高	调整冷却水量，清理冷却水系统管道，增加热交换面积
		温度调节仪调节不良，阀位不正确	校准调节阀、调节仪，修正参数和给定值，检修变送器
		碱液循环量偏小	增大循环量
3	氢氧侧液位差过大	液位调节仪调节不良	检查调校调节仪和变送器，检查引讯管
		氢氧侧调节阀阀位不正确，阀芯阻滞或调节阀泄漏	校准调节阀，消除泄漏或更换调节阀
		筛板阻塞	清洗筛板
4	碱液循环量下降	碱液泵故障	检修碱液泵
		过滤器阻力大	清洗过滤器
		碱液循环系统有节流	检查并消除节流影响
		泵吸入口有气体吸入	检查相关管路排出的气体
		流量指示不准	检查流量计
5	产品气纯度指示低	分析仪不正常	校准分析仪
		原料水或碱液有杂质	更换碱液或净化补水品质
		碱液循环量不合适	调整循环量
		液位不合适	调整液位
		碱液浓度不当	配制碱液
		电解槽密封不良	适当压紧电解槽
		电解槽内部有阻塞	清洗电解槽内部
		隔膜石棉布破损	大修电解槽

续表

序号	故障情况	产生原因	排除方法
6	电解槽总电压高、电耗高	电解液浓度有偏差	配制合适浓度的碱液
		工作温度偏低	适当提高工作温度
		碱液循环量不合适	调整循环量
7	电解槽左右电流偏差大	电解小室内阻力大	清洗电解槽
		输电铜排系统接触不良	对铜排进行清理或更换
		仪表指示误差	修复仪表
8	产品气体含湿量大（露点偏高）	运行压力低	提高系统压力
		气体冷却效果差	加大冷却水压力和流量
		筛板阻塞	清除筛板污物
		运行压力、温度等波动太大	改善运行状态
		干燥器再生不彻底	增加再生时间，提高再生温度
		吸附温度过高	降低吹冷控制温度，增加小切换时间
		仪表误差	检查校验仪表的准确性

第十二章

1000MW 超超临界机组的化学清洗

第一节 概 述

一、化学清洗的目的

热力设备的化学清洗是指采用一定的清洗工艺，通过化学药剂的水溶液与热力设备系统中受热面的腐蚀产物、沉积物和污染物发生化学反应而使设备受热面内表面清洁，并在金属表面形成良好钝化膜的方法。

热力设备化学清洗，是保持热力设备内表面清洁，防止受热面发生结垢、腐蚀引起事故，提高热力设备热效率，改善热力设备水汽品质的必要措施之一。超超临界机组全是直流机组，因直流机组特殊的结构流程，要求进入热力系统的水汽品质必须控制在严格的标准范围内，因此，新建超超临界机组在投运前必须进行全面的化学清洗。

新建超超临界锅炉的化学清洗应依据 DL/T 794—2012《火力发电厂锅炉化学清洗导则》的规定进行。

新建机组通过化学清洗，可清除热力设备在制造过程中形成的氧化皮和在储运、安装过程中形成的腐蚀产物、焊渣以及设备出厂时涂覆的防护剂（如油脂类物质）等各种附着物，同时还可以除去热力设备在制造、储运、安装过程中残留在设备内部的外界杂质，如砂子、泥土、灰尘、保温材料的碎渣等。

新建超超临界机组的化学清洗一般包括碱洗和酸洗两个部分。碱洗的目的是除去热力设备在制造、安装过程中的保护涂层和油脂类物质，清除设备及管道内的杂质，如砂子、泥土、灰尘、保温材料的碎渣等。酸洗可以清除热力设备在制造过程中形成的氧化皮和在储运、安装过程中形成的腐蚀产物（如铁的氧化物），并在金属表面生成一层致密钝化保护膜，防止热力设备在清洗后到启动期间不发生二次锈蚀，并保障和改善启动时的水汽品质。

超超临界机组运行锅炉化学清洗的目的是去除金属受热面上沉积的氧化铁、钙镁垢、硅酸盐垢等。锅炉投入运行以后，即使有完善的补给水处理工艺和凝结水精处理系统，并采用了合理的给水处理工况，仍然不可避免外部的杂质（如凝汽器渗漏等）进入热力系统，热力系统仍然会发生腐蚀与腐蚀产物的沉积。长期运行的锅炉如不定期进行化学清洗，这些在受热面上沉积的水垢及腐蚀产物将会影响炉管的传热和增加汽水流动的阻力，增加直流机组运行的压差，降低机组出力，并加速介质的浓缩腐蚀和炉管的损坏，恶化蒸汽品质，危害机组的正常运行。因此，超超临界机组锅炉运行一段时间以后，也需要定期进行化学清洗。

二、化学清洗范围的确定

(一)化学清洗有关规定

依据 DL/T 794—2012《火力发电厂锅炉化学清洗导则》的规定，新建 1000MW 超超临界直流机组的清洗范围确定如下：

（1）直流炉在投产前必须进行化学清洗。

（2）再热器一般不进行化学清洗。出口压力为 17.4MPa 及以上机组的锅炉，再热器可依据情况进行化学清洗，但必须有消除立式管内的气塞和防止腐蚀产物在管内沉积的措施，应保持管内清洗流速在 0.2m/s 以上。

（3）过热器垢量和腐蚀产物量大于 $100g/m^2$ 时，可选用化学清洗，但应有防止立式管内的气塞和腐蚀产物在管内沉积的措施，并应进行应力腐蚀试验，清洗液不应产生应力腐蚀。

（4）机组容量为 600MW 及以上机组的凝结水及给水管道系统至少应进行碱洗，凝汽器、低压加热器和高压加热器的汽侧及其疏水系统也应进行碱洗或水冲洗。

(二)化学清洗范围的确定

1000MW 超超临界机组一般分炉前系统碱洗和炉前及锅炉本体系统酸洗两个部分进行。

炉前系统碱洗的范围一般包括：凝汽器汽侧、轴封加热器、凝水管道、低压加热器及其旁路、低压加热器汽侧及其疏水、除氧器、低压给水管道、高压加热器及其旁路、高压加热器汽侧及其疏水等。

炉前及锅炉本体酸洗的范围一般包括：凝结水系统及低加本体、除氧器水箱、给水管道、给水再循环管道、高压加热器水侧及旁路、省煤器、水冷壁、启动分离器、过热器等。

依据 DL/T 794—2012《火力发电厂锅炉化学清洗导则》规定，可根据 1000MW 超超临界机组热力设备腐蚀的情况增减清洗范围，当金属表面垢量和腐蚀产物量大于 $150g/m^2$ 时，应增加酸洗步骤。

1000MW 超超临界机组炉前系统的清洁度是保证锅炉给水品质的重要前提。在工程实际中，通过对多个基建现场炉前系统管道安装前检查发现，炉前管道内部的锈蚀一般都比较严重，且有氧化皮脱落的情况。即使管道经过喷砂处理后安装，由于施工现场安装环境受雨雪等恶劣天气因素的影响，管道内部仍然存有大量锈蚀和泥垢，这些锈蚀和泥垢必然成为后期运行影响锅炉给水品质的重要因素。因此扩大新建机组清洗范围，特别是对炉前的水汽系统、疏水系统的水冲洗和碱洗，对保证机组运行的水汽品质是完全必要的，由此对凝结水和给水管道仅做碱洗不进行酸洗的工艺不予推荐。实践经验表明，增加了凝结水系统的酸洗过程，机组启动时，给水泵入口滤网的清理次数大大减少，为机组启动争取了宝贵的时间；同时，增加对凝结水和给水系统的酸洗过程，对于提高炉前管道的清洁度大有帮助，机组启动时，水汽品质合格较快，也为后期加氧处理（OT）工况的转换提供了有利条件。

对于过热器是否参加化学清洗，关键要参照锅炉的炉型结构。对于塔式布置的锅炉，因过热器管道水平布置，清洗期间通过过热器排气管适当排气，过热器管束内无气塞的可能性，且清洗期间产生的沉积物容易排出，有条件时过热器适宜参加化学清洗。对于 II 式布置的锅炉，因过热器受热屏管道垂直布置，管道内部有气塞的问题，且管内弯头处沉积物不容易被冲出，进行过热器化学清洗的弊大于利，一般通过锅炉蒸汽吹管，过热器内的氧化皮及杂物基本能够被扰动的热蒸汽带走，过热器管屏内部的清洁度能够满足锅炉启动的需要。

DL/T 794—2012《火力发电厂锅炉化学清洗导则》规定，再热器一般不进行化学清洗。第一，再热器管的材质一般为 P91 或 P92 材质，属于基本不会生锈的材质，对于再热器联箱及大口径连接管道内表面的氧化皮和锈蚀，可以通过安装前的喷砂、机械方法或单独酸洗的方式去除。第二，由于再热器的管道通流面积相对较大，且水容积较大，再热器内表面积与其水容积的比值偏小，U 形再热器冲通流量要控制在 3000t/h 以上，管屏内的流速约为 0.72m/s，一般的临时清洗泵难以满足再热器清洗的最低流速的要求，清洗时再热器完全处于浸泡或偏流状态。第三，再热器水容积较大，增加了化学清洗药品成本。因此，进行再热器化学清洗的必要性不大。通常，依靠锅炉蒸汽吹管方式能够将再热器吹扫干净，即可满足锅炉启动的需要。

第二节　化 学 清 洗 工 艺 控 制

一、化学清洗介质的确定

（一）碱洗介质的确定

1. 酸洗前碱洗的作用

新建机组在酸洗前通常需要进行碱洗除油，但当锅炉油污较重时，应在酸洗前进行碱煮除油，其目的是除去机组设备在制造、安装过程中涂覆在金属表面的防锈剂和安装时沾染的油污和硅化物等附着物，为机组进行下一步酸洗创造有利条件。另一方面，新建机组的凝汽器隔板、除氧器内部一般防腐油脂也较重，这些油脂运行时会污染凝结水精处理系统的前置过滤器和污染树脂，同时油脂也会在锅炉内部受热分解成为酸性腐蚀物质，为机组安全运行带来隐患，因此基建机组的碱洗除油步骤不宜省略。运行锅炉酸洗前一般不进行碱洗或碱煮。

2. 碱洗工艺

碱洗常用的药剂有 Na_2CO_3、Na_3PO_4、Na_2HPO_4 和表面活性剂等，这些药剂很少单独使用，一般混合使用。由于游离 NaOH 对奥氏体钢有腐蚀破坏作用，因此超超临界机组碱洗不适用 NaOH 碱洗。一般常用碱洗的工艺如下：

碱洗药剂：Na_3PO_4 0.2%～0.5%、Na_2HPO_4 0.1%～0.2%、湿润剂 0.01%～0.05%、消泡剂适量。

碱洗温度：90～95℃。

碱洗时间：8～24h。

单纯的除油清洗也可以采用一定浓度的双氧水或 A5 清洗介质，作用机理是，双氧水对油脂有分解裂化作用，利用有机清洗介质 A5 对油脂的溶解作用。

双氧水除油清洗的工艺如下：

H_2O_2 浓度：0.1%～0.3%；

清洗温度：40～50℃；

清洗时间：12～24h。

（二）酸洗介质的确定

由于超（超）临界机组锅炉受热面主要部件选用的材质（见表 12-1）呈多样化、复杂化，受热面清洗用的清洗介质必须具有很好的溶垢性能，并不对清洗设备造成损伤。当清洗设备范围内含有奥氏体不锈钢（如高压加热器、过热器和再热器）时，清洗介质中不应含有易产生晶间腐蚀的敏感离子 Cl^-、F^- 和 S 元素，同时还应进行应力腐蚀和晶间腐蚀试验，确定该清洗介质对钢材的腐蚀程度满足清洗要求。

表 12-1　　　　　　　　　　　　典型超临界和超超临界锅炉主要部件用材质

部件名称	566℃/566℃级超临界机组材质	600℃/600℃级超超临界机组材质
主蒸汽管道	P91	P92
末级过热器	12Cr1MoVG、T23、T91、T92、TP347H	T23、T91、T92、S30432（Super304H）、TP310HNbN、TP347H、HR3C
末级过热器集箱	12Cr1MoVG、P12、P91	P91、P92
末级再热器	12Cr1MoVG、T23、T91、T92、TP347H	T23、T91、T92、S31042（HR3C）、TP310HNbN、Super304H
末级再热器集箱	P11、P12、P91	12Cr1MoVG、P91、P92
水冷壁上部	T2、15CrMoG、T23	T2、15CrMoG、T23
水冷壁下部	T2、15CrMoG	T2、15CrMoG、T23
水冷壁集箱	106C、P12	106C、P12、12Cr1MoVG
省煤器	SA210-C	SA210-C

超超临界机组锅炉酸洗的清洗介质一般采用有机酸，主要有柠檬酸、乙二胺四乙酸（EDTA）、羟基乙酸、甲酸、羟基乙叉二膦酸（HEDP）、乙二氨四甲叉膦酸（EDTMP）等。有机酸化学清洗的原理，除了利用有机酸的酸性溶解外，更主要的是利用它们较强的络合能力及表面活性和渗透等作用，将垢层溶解、剥离、润湿、分散、络合至清洗液中。

在具体工程实践中，国内新建 1000MW 超超临界机组的化学清洗主要采用 EDTA、柠檬酸、羟基乙酸和甲酸（称复合酸）等有机酸介质，它们的分子结构中都没有诱发金属材料应力腐蚀的敏感离子（如卤素离子），它们都能够适合超超临界机组包括奥氏体钢等多种锅炉材质的化学清洗，包括过热器和再热器化学清洗。

三种清洗介质除垢类型及适用材质比较如表 12-2 所示。

表 12-2　　　　　　　　　　　　清洗介质的除垢类型及适用材质

清洗介质	除垢类型	适用材质
羟基乙酸＋甲酸	除硅垢以外，对其他垢溶解都很快，无再沉积现象	碳钢、铜、不锈钢、合金钢
柠檬酸	以清除铁垢为主，对硅垢、钙垢、镁垢无效。氨化后可以除铜垢	碳钢、不锈钢、合金钢
EDTA	络合清除铁垢及垢中的金属离子，价格较高。对钙垢、镁垢去除能力较弱	碳钢、铜、不锈钢、合金钢

三种清洗介质在清洗温度、清洗效果、清洗成本、废液处理等方面的对比如表 12-3 所示。

表 12-3　　　　　　　　　　　　　　清洗介质的对比

比较内容	柠檬酸	EDTA	羟基乙酸＋甲酸
清洗温度	85～95℃	120～140℃，基建炉可考虑90～95℃的低温清洗	85～95℃
清洗效果	对常规铁垢具有较强的清除效果，但对加氧机组垢的清除效果不是很理想，当受热面存在腐蚀坑时，不能完全清洗干净坑内的垢。当清洗液中的铁离子浓度太大且 pH 大于 4 时，可能生成柠檬酸铁的沉淀，影响清洗的效果	对常规铁垢具有较强的清除效果，但对加氧机组的垢的清除速度较慢，当受热面存在腐蚀坑时，不能完全清洗干净坑内的垢	对各种铁垢均有较强的清除效果，尤其是受热面存在缺陷时，可起到有效清洗缺陷表面的垢和不促进缺陷发展的作用
临时系统要求	可采用开放循环式，安装要求一般	当高温清洗时，只能采用密闭式，安装要求高，但临时系统简单	可采用开放循环式，安装要求一般
清洗成本	较低	较高	适中
废液处理	处理较难，处理成本高	处理较难，处理成本高	氧化分解性强，较容易处理
清洗后残留物对系统的影响	分子量较大，影响较大	分子量大，影响大	分子量小，影响较小
清洗工艺步骤	清洗、钝化分步进行	清洗、钝化同步进行	清洗、钝化分步进行
清洗耗用除盐水量	多	少	多
清洗时间	8～12h	12～24h	6～10h

在工程实践中，具体采用何种清洗介质进行化学清洗，应根据现场具体情况而定。如清洗工程现场除盐水备用量不足，可采用 EDTA 清洗钝化一步法清洗。如果化学清洗现场不具备高温加热（如锅炉点火加热）的条件，可以考虑采用柠檬酸或复合酸进行化学清洗。对于长期采用给水加氧处理后运行锅炉的化学清洗，因受热面的氧化垢层致密且坚硬，适合采用洗垢能力强的羟基乙酸＋甲酸或羟基乙酸＋柠檬酸的复合酸进行清洗。

二、化学清洗腐蚀的控制

金属由于受到外部介质的化学或电化学作用而遭到破坏的现象称为金属的腐蚀。在超超临界机组的化学清洗中，因清洗药剂选用不当或清洗工艺控制不当，也极易引起金属的腐蚀。在 1000MW 超超临界机组化学清洗中，影响金属腐蚀的因素很多，主要应控制好以下几个方面。

（一）合理选用清洗介质

在超超临界机组的化学清洗中，要依据热力系统各部位的金属材质合理选择清洗介质。当清洗设备范围内含有奥氏体不锈钢（如高压加热器、过热器和再热器）时，清洗介质中不应含有易产生晶间腐蚀的敏感离子 Cl^-、F^- 和 S 元素，同时还应进行应力腐蚀和晶间腐蚀试验，确保清洗介质对钢材的腐蚀程度满足清洗要求。同时，在化学清洗过程中添加的缓蚀剂、清洗助剂、钝化剂等也要严格控制敏感离子 Cl^-、F^- 等，避免出现腐蚀事故。

（二）提高缓蚀剂的缓蚀效率

缓蚀剂的缓蚀效率是指在相同的条件下，金属在不加缓蚀剂和加有缓蚀剂的酸洗液中腐蚀速度差的相对值。缓蚀剂的缓蚀效率是防止酸液对金属腐蚀的关键因素。一般来说，缓蚀效率越高，金属的腐蚀速度就越低。因此，筛选或复配适合清洗介质的缓蚀剂，提高缓蚀剂的缓蚀效率，是保证清洗质量的关键。

（三）控制酸洗液中高价氧化性离子的浓度

高价氧化性离子，特别是 Fe^{3+} 浓度过高，由于它的去极化作用，会加快金属的腐蚀速度。一般的缓蚀剂不能有效抑制 Fe^{3+} 的腐蚀作用，因此当酸洗液中 Fe^{3+} 浓度过高时，应当及时加入还原剂（如 EVC 钠、联氨等），使 Fe^{3+} 还原成 Fe^{2+}。选用还原剂时，应注意还原剂在不同介质中的适用性。例如，亚硫酸钠和联氨在碱性介质中是较强的还原剂，但是在酸性介质中，当没有氧化性物质存在时，反而会成为氧化剂，加速金属的腐蚀，因此酸洗时应当慎重选择还原剂。

（四）控制合适的清洗流速

清洗流速的提高，会显著提高清洗效果，但是由于增加了化学反应中金属离子的迁移速度，同时也会加速金属的腐蚀。当清洗液流速提高到一定程度（＞1m/s）时，与其接触的金属表面甚至会产生粗晶析出的过洗现象。因此，酸洗液的清洗流速应当控制在合适的范围之内，一般控制在 0.2～0.5m/s 范围内。

（五）控制适宜的清洗温度

清洗温度的提高，能够加快清洗过程的化学反应速度，提高清洗效果。但是如果清洗温度过高，清洗液本身会因分解加速金属的腐蚀和降低清洗介质的有效浓度，同时有可能会破坏缓蚀剂的稳定性，降低甚至丧失缓蚀性能。超超临界机组化学清洗中，常用清洗液温度：EDTA 的化学清洗时，宜应将清洗温度控制在（120±5）℃；柠檬酸、羟基乙酸＋甲酸清洗时，宜应将清洗温度控制在（90±5）℃。

（六）防止镀铜现象的发生

在运行锅炉的化学清洗中，由于凝汽器或低压加热器采用铜管制作，锅炉的垢样中有时会含有铜垢。在含有铜垢的锅炉进行酸洗时，会发生镀铜的现象。当锅炉发生局部镀铜时，容易形成以铜为阴极、铁为阳极的腐蚀电池，从而使锅炉受热面金属不断受到电化学腐蚀，给锅炉安全运行带来危害。因此，当垢样中含有铜时，必须采取措施防止镀铜现象的发生，锅炉酸洗后不允许在金属表面发生镀铜现象。当含铜量较低（＜5％）时，一般通过在酸洗液中添加硫脲掩蔽剂除铜；当含铜量较高时，酸洗后应采用一定浓度的氨水和过硫酸铵进行漂洗除铜。

（七）控制好酸洗后水冲洗、漂洗、钝化工艺的衔接

超超临界机组化学清洗的质量与酸洗后水冲洗、漂洗、钝化工艺的衔接配合密切相关。经过酸洗后的金属表面处于极度活化状态，非常容易被空气中的氧气氧化而发生腐蚀，产生二次锈蚀。因此，一般不采用直接排空酸洗液的方法来排酸，应采用水顶酸或充氮气顶排酸来尽量避免金属与空气接触。同时，尽可能缩短排酸至漂洗钝化的时间，一般应将水冲洗时间控制在 1～2h，否则金属在排酸和水冲洗阶段的腐蚀甚至会超过酸洗阶段的腐蚀，若出现二次浮锈，也会影响钝化效果。因此，在设计酸洗系统时，应充分考虑进水、回水管径，保证有足够的冲洗水的流量。

三、化学清洗缓蚀剂的选用

在化学清洗中，清洗液在清除污垢的同时，也会对设备本体金属产生腐蚀。为了保护设备不被腐蚀或减少腐蚀，必须在清洗液中加入适当的缓蚀剂。只要在酸性介质中加入很少的量就能够阻止或减缓对金属腐蚀的物质称为缓蚀剂。

（一）缓蚀剂的缓蚀机理

目前，缓蚀剂的缓蚀机理的理论归纳起来有以下两种。

1. 缓蚀剂的电化学理论

缓蚀剂的电化学理论以电化学理论为依据，认为缓蚀剂的缓蚀作用实质上是电极极化的作用。其中阴极极化能够提高氢的过电位，使析氢过程（即氢离子在阴极得到电子成为氢分子）变得困难，从而抑制了酸对金属的腐蚀；阳极极化则使金属表面钝化而不易失去电子，使金属腐蚀得到抑制。另外，有的缓蚀剂能够使阴极极化与阳极极化同时发生作用，这时虽然腐蚀电位变化不大，但腐蚀电流能大幅下降，从而大大降低金属腐蚀速度。这类缓蚀剂称为混合抑制型缓蚀剂，目前常用的酸洗缓蚀剂大多属于这种缓蚀剂。

2. 缓蚀剂的成膜理论

缓蚀剂的成膜理论认为：缓蚀剂通过化学或物理化学作用，在金属表面形成了连续性致密的保护膜，从而抑制了腐蚀过程。根据成膜的性质，缓蚀剂又有吸附膜型、沉淀膜型、氧化膜型之分。

（1）吸附膜型缓蚀剂。这类缓蚀剂能在金属表面上发生化学型吸附或物理型吸附，形成连续的、具有隔离作用的吸附膜，从而抑制金属与酸的反应。有机类缓蚀剂（如胺类、醛酮类、硫醇类、硫脲类、吡啶类、杂环类等有机化合物）分子中，氮、氧、硫、磷等原子往往是构成吸附的活性原子团，在酸洗中常用这类缓蚀剂。

（2）沉淀膜型缓蚀剂。这类缓蚀剂能与金属表面或溶液中的一些离子反应，均匀地生成致密的沉淀膜覆盖在金属表面上，从而抑制了腐蚀过程。这类缓蚀剂以无机类为多见，形成的沉淀膜厚度随着沉淀反应的发生而增厚，一般酸洗中较少使用这类缓蚀剂。

（3）氧化膜型缓蚀剂。这类缓蚀剂能使金属表面发生氧化反应，形成薄而均匀、致密、附着力较强的氧化膜，从而抑制金属的继续腐蚀。这类缓蚀剂作用实质上是使金属表面钝化，因此这类缓蚀剂往往被称为钝化剂。

（二）影响酸洗缓蚀剂缓蚀效果的因素

缓蚀剂的缓蚀效果与腐蚀介质的性质、温度、流动状态、被保护金属的种类及缓蚀剂本身的种类、用量等多种因素有关。在酸洗中影响缓蚀剂缓蚀效果的因素主要有以下几点。

1. 缓蚀剂浓度的影响

缓蚀剂在酸洗液中的浓度对金属腐蚀速度的影响，大致有三种情况：

（1）缓蚀效率随着缓蚀剂浓度的增加而提高。但这类缓蚀剂的缓蚀效果也并非随着浓度的增加而无限增大，当浓度增加到一定值以后，缓蚀效率就不会有明显变化。因此，应在最佳缓蚀效果的前提下，选择较低的浓度。

（2）缓蚀效率与缓蚀剂浓度有一定极限值。这类缓蚀剂浓度过高或过低都会降低缓蚀效率，浓度过高甚至还会变成腐蚀激发剂，使金属腐蚀速度比未加缓蚀剂时还快。因此，对于这类缓蚀剂，应选择合适的浓度，不宜过量加入。

（3）缓蚀剂剂量不足引起腐蚀加剧。这类缓蚀剂往往属于阳极抑制型，如果加入量不足，不能充分覆盖整个阳极表面，不但起不到缓蚀作用，反而会加速金属的腐蚀或引起孔蚀。因此，这类缓蚀剂也称为"危险缓蚀剂"，酸洗中较少使用。

2. 温度的影响

介质温度对缓蚀剂缓蚀效果的影响也有三种情况：

（1）在较低温度范围内缓蚀效果很好，当温度升高时，缓蚀效果会显著下降。不少酸洗缓蚀剂属于这种情况，在较低温度（如低于 50℃）时，缓蚀效率可达到 98％以上，当温度继续升高时，缓蚀效果便会明显降低。

（2）在一定温度范围内，温度对缓蚀效果影响不大，但超过某温度时，缓蚀效果显著降低。例如，苯甲酸在 20～80℃的水溶液中对碳钢腐蚀的抑制能力变化不大，但在沸水中则会失去抑制腐蚀的能力。这可能是因为蒸汽的气泡破坏了苯甲酸在金属表面形成的保护膜。

（3）缓蚀效果随着温度的升高而增大。这可能是由于缓蚀剂在较高的温度下，在金属表面发生反应，生成一层类似钝化膜的薄膜，但是，当温度超过某温度上限，缓蚀效果明显或急剧下降。

3. 介质流动速度的影响

腐蚀介质的流动速度对缓蚀剂的应用效果有相当大的影响，大致有以下三种情况：

（1）流速加快时，缓蚀效率降低。有的缓蚀剂甚至会在流速增加到一定程度后变成腐蚀的激发剂。

（2）在一定范围内流速增加时，能提高缓蚀效率。这主要是因为当缓蚀剂因扩散不良而影响效果时，增加介质的流度可以使缓蚀剂均匀地扩散至金属表面，从而有助于缓蚀效率的提高。

（3）介质流速在不同缓蚀剂浓度时对缓蚀效果会产生不同的影响。

4. 协同效应与拮抗效应

在化学清洗时，有时单独采用一种缓蚀剂性能不够理想，而采用不同类型的缓蚀剂配合使用，就能够增加缓蚀效率，得到理想的缓蚀效果，这种互相配合提高效果的作用称为协同作用。例如，有不少商品缓蚀剂就是利用了协同效应，用两种或多种缓蚀剂配置成缓蚀性能理想的缓蚀剂。但是有时不同类型的缓蚀剂共同使用时，反而会降低各自的缓蚀性能，这种互相抵触降低效果的作用称为拮抗作用。有的清洗助剂或添加剂对某些缓蚀剂有一定的拮抗作用，清洗中应加以注意。例如，当水垢中有铜垢时，常采用在清洗液中添加硫脲来防止镀铜现象。实际上硫脲也是一种缓蚀剂，但它对某些缓蚀剂（如 ZB-2、TSX-05 等缓蚀剂）有一定的拮抗作用，当硫脲浓度过高时，会明显降低缓蚀剂的缓蚀效果。

（三）对酸洗缓蚀剂的技术要求

选用合适、安全、有效的缓蚀剂可以促使清洗液对金属的腐蚀速度大大降低，同时不影响清洗液对水垢或沉积物的清洗能力，因此缓蚀剂也是锅炉化学清洗技术的关键。缓蚀剂的主要技术要求如下。

1. 缓蚀效率高

在投用量很少的情况下，达到较高的缓蚀效率。

2. 抑制氢脆能力好

抑制氢脆能力好就是要能够防止金属由于渗氢所引起的力学性能降低和对金相组织的影响，这也是缓蚀剂的一项重要性能。如果发生氢脆，随着金属中含氢量的增加，金属的韧性变差，断面收缩率、延伸率显著降低。

3. 抑制氧化性离子性能好

化学清洗中随着垢的溶解，清洗液中 Fe^{3+} 和 Cu^{2+} 等氧化性离子的浓度增大，会大大加速金属的腐蚀。如果缓蚀剂能够较好地抑制氧化性离子，就能很好地抑制腐蚀，并可防止金属表面产生点蚀。

4. 化学稳定性好

保质期长，不易分解变质，易存放。使用时不会与腐蚀介质发生化学反应而被消耗，而且缓蚀效果不受加入还原剂、铜离子掩蔽剂、助溶剂等添加剂的影响。

5. 使用操作和安全性能好

使用操作方便、可靠，易于溶解，不易爆易燃，清洗后不会在金属表面残留有害薄膜，影响后续工艺过程。

6. 对环境污染少

毒性小，无恶臭，COD 含量低，不明显加深清洗液颜色，废液排放对环境无污染公害。

（四）酸洗缓蚀剂的选择和使用

在锅炉化学清洗中，正确选择和使用缓蚀剂是一个很重要的环节，它不仅直接影响化学清洗效果，而且会影响设备的安全、使用寿命以及清洗工程的成本。

1. 正确选择缓蚀剂

缓蚀剂的种类很多，选用良好、合适的缓蚀剂是保证清洗腐蚀速度合格的关键。事实上，不少缓蚀剂的缓蚀效果有很强的针对性。例如，对于某种清洗介质和金属具有良好缓蚀作用的缓蚀剂，对于另一种介质和金属就不一定有同样的缓蚀效果。因此，酸洗时应当根据被清洗金属的材质、所选用的清洗介质、清洗工艺条件等选择性能能够达到要求的缓蚀剂。缓蚀剂的很多性能是具有一定的适应范围和使用条件的，但是有些商品缓蚀剂只是笼统地给出一个缓蚀效率，或者简单地说有防止氢脆和抑制 Fe^{3+} 腐蚀的能力，却没有明确具体的工艺条件。例如，有的缓蚀剂在较低温度下，缓蚀效率才达到 98% 以上，温度稍高些，缓蚀效率就会大幅下降。有的缓蚀剂抑制氧化性离子的能力较差，在 Fe^{3+} 离子浓度较高的情况下，容易造成点蚀。因此，在选用缓蚀剂时，必须根据已经确定的清洗工艺条件（浓度、温度、流速等），用与被清洗金属相同的材质制成腐蚀指示片，必要时添加 1000mg/L Fe^{3+} 进行性能试验，以确认所选用的缓蚀剂各项指标满足清洗工艺的需要。

2. 正确使用缓蚀剂

在选定了合适的缓蚀剂后，还必须能够正确使用缓蚀剂才能达到理想的缓蚀效果。正确使用缓蚀剂主要体现在缓蚀剂的浓度和酸洗条件的控制上。

（1）控制缓蚀剂浓度的均匀性及加入方法。缓蚀剂浓度的控制不仅要求加入量要适当，而且要求保证缓蚀剂在整个清洗系统中分布均匀，避免局部出现浓度偏高或过低的不均匀现象。由于缓蚀剂浓度一般不能用化学方法测定，其浓度的均匀性主要靠加入方法得到保证。水溶性较好的缓蚀剂，一般按照一个清洗循环时间先加入计算好的缓蚀剂，循环均匀后再加入酸液。有些水溶性不好而在酸中能很好地溶解的缓蚀剂，可以在耐酸的清洗箱内先加入适量酸液，加入缓蚀剂充分溶解后，再进入清洗系统循环均匀。

（2）控制酸洗条件。通常在化学清洗前根据清洗工艺要求来选择合适的缓蚀剂，在缓蚀剂选定后，应按照缓蚀剂的限定条件来控制清洗工艺的控制范围。例如，某缓蚀剂在 60℃

以下、流速不超过 1m/s 的条件下，在 4%～8% HCl 中对碳钢的缓蚀效率是 98%～99%。为了保证达到这个缓蚀效率，在清洗时必须控制温度、流速、浓度不得超过这个限定范围。但是在配酸、进酸、加热过程中严格控制好就不太容易，需要采取必要的措施来加以保证。例如，在蒸汽加热时，尽量避免表面温度过高的蒸汽直接接触到缓蚀剂，在水溶液升温时可采用蒸汽混合式加热，在加入缓蚀剂及酸液以后，更换为蒸汽表面式加热，确保缓蚀剂性能稳定。

（3）其他条件影响。由于缓蚀剂的缓蚀效率和稳定性是有一定条件的，有的缓蚀剂会因添加某些助剂或因温度、空气、光照、时间等影响而发生化学变化，从而降低缓蚀性能。因此，在化学清洗前，必须对现场的缓蚀剂按照清洗工艺进行验证试验，并定期对库存的缓蚀剂进行复测，确保缓蚀剂的缓蚀效率合格有效。

四、化学清洗系统的设计及药品用量的计算

（一）化学清洗系统的设计

化学清洗方案优劣的关键在于化学清洗系统的设计，化学清洗系统设计时力求达到清洗范围全面、清洗流速适当、清洗排放彻底、清洗施工及操作方便、清洗工艺参数易控的目标，化学清洗系统设计水平是决定化学清洗质量的重要因素之一。清洗系统应根据锅炉结垢、清洗范围、清洗介质、清洗方式、水垢的成分及分布状况、锅炉所处位置、废液处理条件及环境情况进行设计。

1. 循环清洗系统的设计要求

（1）清洗箱应耐高温，并具有足够的容积和强度，并保证清洗液畅通，并能顺利地排出沉渣。

（2）清洗泵应耐腐蚀，泵的出力能保证清洗所需的清洗液流速和扬程，并保证清洗泵电源可靠，可连续运行。清洗泵扬程根据泵出口的静压头和被清洗系统中最大阻力损失进行计算，并考虑 1.2 倍的安全系数。清洗泵流量根据清洗设备最大流通截面积进行计算，流量应使循环回路内流速在 0.2～0.5m/s 之间。

（3）清洗泵和清洗箱之间应安装滤网，滤网孔径应小于 3mm，且有足够的流通面积。

（4）清洗液的进液管和回液管应有足够的截面积以保证清洗液的流量，且回路的流速力求均匀。

（5）临时清洗管道和阀门、弯头、法兰、三通等数量和质量都能满足清洗系统的设计需要。

（6）应避免将炉前系统的杂质及颗粒带入锅炉本体和过热器，一般将炉前系统和锅炉本体系统化学清洗分开进行。

（7）当过热器不参加化学清洗时，过热器应充保护液进行隔离。

（8）当锅炉需要进行点火清洗时，油枪附近的水冷壁应安装足够的临时温度测点，并能够连续记录，防止超温，造成清洗介质分解或缓蚀剂失效。

（9）监视管宜安装在水冷壁及省煤器便于操作的位置，且监视管也应进行保温。

（10）化学清洗系统内应设计温度、压力测点，进回水管道设置取样管。

（11）不参加化学清洗的设备和支路应与化学清洗系统进行有效的隔离。

（12）对于高温化学清洗，临时系统要充分考虑管系轴向的热膨胀空间，尤其是注意管道弯头支架的位置远离弯头并应可调节。

（13）清洗液的配置及加热装置应操作方便、安全可靠，建议安装水力喷射器式加药装置。

（14）用于蒸汽加热的管道和阀门应比蒸汽参数高一个压力等级，并进行保温。

（15）省煤器、启动分离器、过热器顶部应设有排气管道。

2. 化学清洗循环动力的选择

化学清洗循环泵的选择应根据设备结构、热力系统、清洗介质、清洗方式及现场的实际条件来确定。对于超超临界直流机组的化学清洗，应充分考虑到热力系统的流通截面积、锅炉标高及锅炉阻力，一般应尽量选用现场合适的固定水泵（如给水前置泵、凝结水泵）进行清洗，一方面可以充分清洗固定泵的进出口管道，减少清洗后泵进出口临时接口恢复时的二次污染；另一方面便于清洗过程中流量和压力的控制，更利于实现清洗工艺参数要求。当受现场条件限制时，也可采用临时清洗泵，但必须满足清洗工艺要求。清洗泵的压力、流量、汽蚀余量等参数必须能够满足实际清洗的要求。清洗泵需设置备用泵。

（1）清洗各组件流通截面积的计算。清洗各组件流通截面积 F 的计算公式如下

$$F = \frac{\pi}{4} \sum d^2$$

式中　F——清洗各组件流通面积，m^2；

　　$\sum d^2$——各组件管子内径平方之和，m^2。

（2）清洗泵最大流量的计算。清洗泵最大流量的核算公式为

$$Q = 3600 F_{max} \omega$$

式中　Q——最大循环流量，m^3/h；

　　F_{max}——各循环组件中最大的流通截面积，m^2；

　　ω——循环流速，m/s。

（3）回液总管管径的计算。回液总管要有足够的截面积，其管径计算公式如下

$$D = \sqrt{\frac{4g}{3600 \pi \omega}}$$

$$\omega = \sqrt{2H_1 g}$$

式中　D——回液总管管径，m；

　　G——系统中最大流量，m^3/h；

　　ω——回液总管流速，m/s；

　　g——重力加速度，取 $9.8 m/s^2$；

　　H_1——分离器（或汽包）液面和溶药箱液面的液位差，m。

（4）清洗泵扬程的核算。清洗泵扬程的核算必须根据具体的系统布置进行。每台泵的扬程至少应满足以下条件

$$H = \Delta P_{max} + \Delta H + \Delta P'$$

式中　H——满足循环要求时的最低扬程，Pa；

　　ΔP_{max}——系统循环阻力最大值，Pa；

　　ΔH——分离器（或汽包）液位与清洗箱液位差，Pa；

　　$\Delta P'$——进液管上流量孔板阻力损失，Pa。

$$\Delta P_{max} = \sum \left(1 + \zeta + \frac{\lambda}{d}L\right)\frac{\gamma \omega^2}{2g}$$

式中　ζ——系统局部阻力系数;

λ——单位摩擦阻力系数;

L——管长, m;

d——管内径, m;

ω——管内流速, m/s;

g——重力加速度, 取 9.8m/s^2;

γ——管内流体密度, 1000kg/m^3。

$\Delta P'$ 可按下式计算:

当采用标准孔板时

$$\Delta P' = 0.6(\gamma - 1)H_M$$

当采用标准喷嘴时

$$\Delta P' = 0.5(\gamma - 1)H_M$$

式中　γ——流量表内溶液的密度, 1000kg/m^3;

H_M——流量表最大压差值, m。

3. 化学清洗水箱的选用

化学清洗水箱应根据热力系统、清洗介质、现场条件和实际清洗的需要来选择。一般应尽可能选取现场的疏水箱、除氧器水箱等正式容器,也可以选择临时容器作为清洗水箱。清洗水箱至少应满足清洗泵 5min 供水的要求,清洗箱的标高和液位能满足清洗泵的吸入高度,以防清洗泵抽空。清洗水箱作为化学清洗系统的一部分,应能耐清洗所需的实际温度,清洗箱应装设便于观察的液位计,采用除盐器水箱作清洗水箱时有条件可投用一侧热工液位计。

4. 清洗用热源的选用

一般的化学清洗都有一定的温度要求,因此必须为清洗提供可靠的加热热源。清洗用热源应根据清洗介质、清洗工艺、清洗方式及现场的实际条件来确定。如果清洗工艺(如 EDTA 清洗)要求温度在 100℃以上,且清洗现场又具备锅炉点火的条件,则可以采用锅炉点火的加热方式进行化学清洗,锅炉点火时,需要注意油枪定时切换进行加热,防止局部清洗药液发生化学分解或造成缓蚀剂失效。如果清洗工艺要求的温度不高,一般可以采用厂用蒸汽作为清洗热源。采用厂用蒸汽作为清洗热源时,需要注意临时蒸汽管道阀门的压力等级选型,并有防止出现蒸汽水击的措施。

(二)清洗药品用量的计算

准确计算并备足化学清洗药品的用量是保证超超临界机组化学清洗质量的条件之一。清洗药品不足会造成化学清洗除垢率降低,清洗效果难以保证;清洗药品过量则会增加化学清洗成本,造成浪费。因此,应根据锅炉具有代表性的管样垢量准确计算化学清洗用的药品用量,并考虑一定的富余系数,备足清洗药品。以超超临界机组化学清洗常用药品为例,计算如下。

1. EDTA 络合清洗的用药量

$$G_{EDTA} = \left(\frac{1.5}{100}Q + 3.8G\right) \times 1.1$$

式中　G_{EDTA}——清洗所需 EDTA 总量, t;

　　1.5——清洗结束时维持 EDTA 残余浓度；

　　Q——锅炉正常运行水位的溶液从 140℃的体积冷却到 20℃时的体积，m^3；

　　3.8——Fe_3O_4 与 EDTA 以 1：1 络合换算系数；

　　G——垢的质量，t；

　　1.1——药剂富余系数。

2. 柠檬酸 $H_3C_6H_5O_7$ 清洗用药量

$$G_{H_3C_6H_5O_7} = k(1+\alpha)Fe_t$$

式中　$G_{H_3C_6H_5O_7}$——柠檬酸清洗用药量，t；

　　　　k——柠檬酸与铁离子络合的比值，取 3.5；

　　　　α——为柠檬酸过剩系数，一般取 0.01；

　　　　Fe_t——由割管检查估算整台锅炉应清洗出的总垢量，以铁离子计，t。

3. 缓蚀剂用量

$$G_{缓蚀剂} = V\alpha$$

式中　V——化学清洗稀酸液体积，m^3；

　　　　α——采用缓蚀剂的浓度，kg/m^3；

　　$G_{缓蚀剂}$——缓蚀剂用量，kg。

第三节　典型化学清洗工艺

一、化学清洗工艺确定的原则

　　化学清洗工艺包括清洗剂的选择和清洗工艺条件的确定。清洗剂应根据清洗设备的材质及性能、被清洗设备的结垢类型、垢的组成及垢量的大小进行综合考虑选择，然后根据选定的清洗剂结合现场的条件确定合理的清洗工艺条件。清洗剂的品种和清洗方法多种多样，被清洗设备和被清洗物也千差万别，在选择和确定具体的清洗剂和清洗工艺条件时，有一些共同的原则可以遵守。只有遵守这些原则，才能选择出最有效、最安全、最经济的清洗方案。

　　清洗剂对被清洗设备的损伤应限制在相关标准允许的范围之内。应根据设备的材质选用合适的清洗药剂，避免药剂对材质的伤害；通过控制工艺条件，对金属可能造成的腐蚀应有相应的抑制措施，使腐蚀速率和腐蚀总量控制在规定的范围之内。例如，1000MW 超超临界机组由不锈钢换热管组成的高压加热器、低压加热器及由不锈钢或合金钢组成锅炉的过热器、再热器等不能选用含有卤素元素的清洗剂、缓蚀剂及清洗助剂。

　　根据被清洗垢量的大小选择清洗工艺。不同的清洗剂和清洗工艺条件，其除垢能力和对金属的腐蚀性各不相同。一般情况下，除垢能力强的清洗剂对金属的腐蚀性往往也比较大，因此垢量大或垢质坚硬时需要选择清洗能力强的清洗剂，垢量较小或垢质疏松时可以选用清洗能力稍弱的、浓度低的清洗剂，以提高清洗的安全性。

　　根据洗净程度和清洗时间的要求确定清洗剂和清洗工艺。洗净程度要求越高，清洗工期越紧，在清洗中就越需要采用强化手段，如提高清洗温度、加大清洗流速、提高清洗剂浓度等，这样对清洗剂尤其是缓蚀剂的要求就越高。工艺参数的控制应以保证良好的除垢效果，又保证金属的腐蚀速率和腐蚀总量不超过规定为原则。

　　清洗工艺的选择应遵循清洗质量和安全与经济性统一的原则。在保证清洗质量和设备安

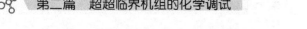

全的条件下，尽量选择对人体和环境低毒或无毒，清洗废液能够处理达到符合国家相关规定的要求，原材料经济易得，使用方便，工期短，工艺和设备简单的方案。

二、化学清洗工艺

1000MW超超临界机组化学清洗工艺主要以EDTA、柠檬酸、复合酸（羟基乙酸＋甲酸）为主，典型清洗工艺介绍如下。

（一）EDTA清洗工艺

EDTA清洗是高温络合清洗（120℃±5℃），可实现清洗钝化一步进行，清洗临时系统相对简单。EDTA清洗分为锅炉点火式清洗和采用高加表面加热进行清洗两种加热方式。EDTA的配药工艺主要有两种，其中一种是采用液体氢氧化钠（10%左右）溶解EDTA固体粉末，形成EDTA钠盐，一般控制清洗液的初始pH以5.5~6.0为宜，清洗后期依靠pH上升到9.0以上进行自然钝化；另外一种是采用液氨的稀释溶液来溶解EDTA固体粉末，形成EDTA铵盐，一般控制清洗液的初始pH以9.0~9.2为宜，清洗终点待温度降到60~70℃后，采用外部充氧的工艺进行钝化，该钝化膜致密光洁，特别适合清洗后停炉时间略长的机组。

典型EDTA清洗工艺控制见表12-4。

表 12-4　　　　　　　　　　　　　　EDTA清洗工艺控制

阶段	介质	控制参数	操作方式
过热器反充保护液	保护液	pH：10~10.5 N_2H_4：100~200mg/L	清洗箱配置 启动清洗泵
核算水容积与点火升温	加氨除盐水	系统隔离情况检查	投油枪
配制清洗液	EDTA、NH_3、还原剂 缓蚀剂	EDTA：4%~7%， pH：9.0~9.2 缓蚀剂：0.3%~0.5%（小型 试验确定）	在溶解箱完全溶解
向锅炉注药	EDTA溶液	储水箱见到液位	启动清洗泵
点火升温	EDTA溶液	升温到110~130℃	分层投油枪
强制通风冷却	EDTA溶液	冷却到110℃	停油枪，投送引风机
升温—冷却，循环操作	EDTA溶液	110~130℃ 总铁稳定	油枪、风机运行
钝化	氧化性EDTA溶液	60~70℃，清洗液变色	风机运行，注入氧气
钝化液排放	氧化性EDTA溶液	注意排放彻底	自然排放

（二）柠檬酸清洗工艺

柠檬酸可与氧化铁和氧化铜垢发生反应，生成柠檬酸铁、柠檬酸铜络合物，不过柠檬酸本身与Fe_3O_4反应很慢，而且生成的柠檬酸铁溶解度较小，易沉淀。但是如果在柠檬酸溶液中加入氨，将pH调整到3.5~4.0，清洗液的主要成分变成柠檬酸单铵，则能够生成溶解度很大的柠檬酸亚铁铵和柠檬酸高铁铵络合物，清洗效果会很好。柠檬酸清洗液浓度一般控制在3%~4%，清洗温度为（90±5）℃，pH在3.5~4.0范围之内。

典型柠檬酸清洗工艺控制见表12-5。

表 12-5　　　　　　　　　　　　　　　　柠檬酸清洗工艺控制

阶段	介质	控制参数	操作方式	时间/h
锅炉本体系统水冲洗	除盐水	水清	启凝结水泵、汽泵前置泵冲洗	4～6
过热器充保护液	保护液	启动分离器排水见保护液	启动清洗泵	2～4
循环试升温查漏	除盐水	升温到 85～95℃	除氧器投加热，前置泵循环	4～6
配制清洗液	柠檬酸 助剂 除油缓蚀剂	3%～5% 0.1% 0.3%～0.5%	前置泵循环，清洗泵配药、注药	4
循环清洗	清洗液	柠檬酸、总铁稳定	除氧器投加热，前置泵循环	6～10
水顶酸	加氨除盐水	总铁小于 50μg/L	前置泵冲洗	2～4
漂洗	漂洗剂氨水	0.1%～0.3% pH=3.5～4.0 50～70℃	除氧器投加热，前置泵循环	1.5～2
钝化	二甲基酮肟、氨水	0.05%～0.08% pH=9.5～10.5 80～95℃	除氧器投加热，前置泵循环	10～12
钝化液热态排放	钝化液	放空	—	2～4

（三）复合酸（羟基乙酸＋甲酸）清洗工艺

羟基乙酸也称为乙醇酸或羟基醋酸，分子式 $CH_2(OH)COOH$，是最简单的醇酸。羟基乙酸比乙酸多了一个羟基，因此水溶性比乙酸好，酸性比乙酸强，是有机强酸。羟基乙酸具有腐蚀性低、不易燃、无臭、毒性低、生物分解性好、不挥发等优点，采用羟基乙酸清洗不会产生有机酸铁沉淀，因无卤素离子，可用于过热器、再热器等含奥氏体钢的化学清洗。单纯用羟基乙酸对钙镁水垢有较好的溶解能力，但是对氧化铁皮的清洗效果不够显著。采用添加甲酸进行复配后，对铁氧化物的清洗具有理想的清洗效果。一般控制羟基乙酸与甲酸的比例为 2：1，在 85～95℃ 的温度下，进行动态循环清洗。

典型复合酸清洗工艺控制见表 12-6。

表 12-6　　　　　　　　　　　　　　　　复合酸清洗工艺控制

阶段	介质	控制参数	操作方式	时间/h
锅炉本体系统水冲洗	除盐水	水清	启凝结水泵、汽泵前置泵冲洗	4～6
循环试升温查漏	除盐水	升温到 85～95℃	除氧器投加热，前置泵循环	4～6
配制清洗液	羟基乙酸 甲酸 缓蚀剂	2%～3% 0.5%～1% 0.3%～0.4%	前置泵循环，清洗泵配药、注药	4～5
循环清洗	清洗液	复合酸酸度、总铁稳定	除氧器投加热，前置泵循环	6～10
水顶酸	加氨除盐水	总铁小于 50ppm	前置泵冲洗	2～4
漂洗	柠檬酸 缓蚀剂 氨水	0.1%～0.3% 0.05% pH=3.5～4.0 50～70℃	除氧器投加热，前置泵循环	1.5～2

续表

阶段	介质	控制参数	操作方式	时间/h
钝化	二甲基酮肟氨水	0.1% pH＝9.5～10.5 80～95℃	除氧器投加热，前置泵循环	10～12
钝化液热态排放	钝化液	放空	—	2～4

三、化学清洗系统设计

化学清洗工艺确定后，应根据清洗范围绘制相应的清洗系统图，便于清洗临时系统的施工安装，并用来作为指挥清洗操作的参照。清洗系统图力求简洁、标示清楚，典型清洗系统示意图如下。

（一）采用清洗泵循环的清洗系统（过热器、除氧器不参加化学清洗）

该循环方式常见于超超临界π式炉清洗，或运行超超临界直流机组锅炉大修时的化学清洗，省煤器和水冷壁的垢量较大，除氧器和过热器不参加化学清洗，采用高压加热器表面加热的方式，临时清洗泵作为循环动力，如图12-1所示。

清洗流程为清洗箱→清洗泵→高压加热器→省煤器→水冷壁→启动分离器→清洗箱。

（二）采用给水前置泵循环且过热器参加化学清洗系统

该清洗方式常见于超超临界塔式炉化学清洗，采用给水前置泵作为循环动力，加热方式可采用除氧器加热、锅炉点火或采用高加加热的方式，除氧器、过热器参加化学清洗。临时清洗泵组只作为配药系统，适合EDTA、柠檬酸、复合酸的化学清洗工艺，如图12-2所示。

清洗流程为除氧器→给水前置泵→高压加热器→省煤器→水冷壁→启动分离器→过热器→主蒸汽管道→除氧器。

（三）采用给水前置泵循环且炉前系统、过热器参加化学清洗系统

该清洗方式常见于超超临界塔式炉化学清洗，采用给水前置泵作为循环动力，加热方式可采用除氧器加热、高加表面加热的方式，炉前系统、除氧器、过热器参加化学清洗。临时清洗泵组只作为配药系统，如图12-3所示。

清洗流程如下：

回路一：除氧器→给水前置泵→高压加热器→省煤器→水冷壁→启动分离器→过热器→主蒸汽管道→除氧器；

回路二：除氧器→给水前置泵→凝结水泵出口临时管→低压加热器→除氧器。

四、化学清洗的质量要求及影响因素分析

（一）化学清洗的质量指标

依据DL/T 794—2012《火力发电厂锅炉化学清洗导则》规定，化学清洗后的质量指标如下：

（1）清洗后的金属表面应清洁，基本无残留氧化物和焊渣，不应出现二次锈蚀和点蚀，不应有镀铜现象，清洗后的设备内表面应形成良好的钝化保护膜。

（2）用腐蚀指示片测量的金属平均腐蚀速度应小于$8g/(m^2 \cdot h)$，腐蚀总量小于$80g/m^2$。指示片表面无点蚀，为均匀腐蚀。

（3）运行炉的除垢率不小于90%为合格，除垢率不小于95%为优良。

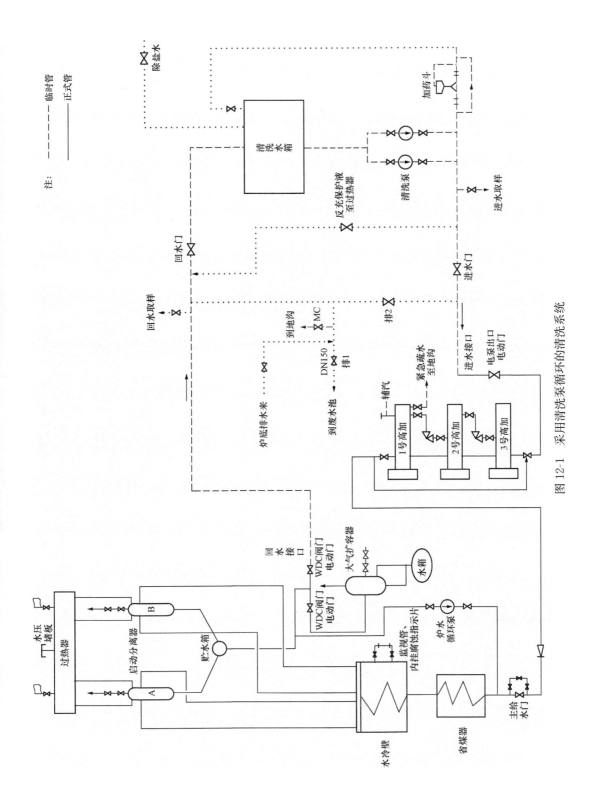

图 12-1　采用清洗泵循环的清洗系统

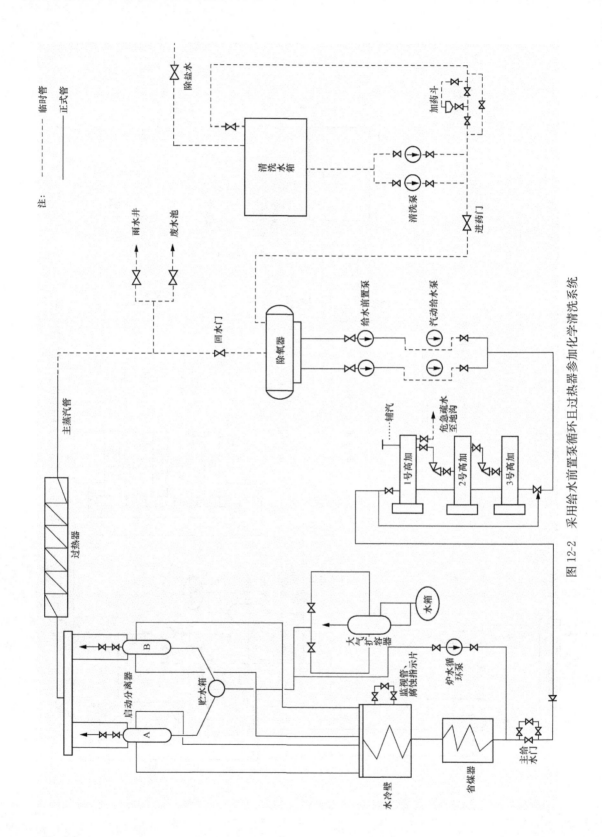

图 12-2　采用给水前置泵循环且过热器参加化学清洗系统

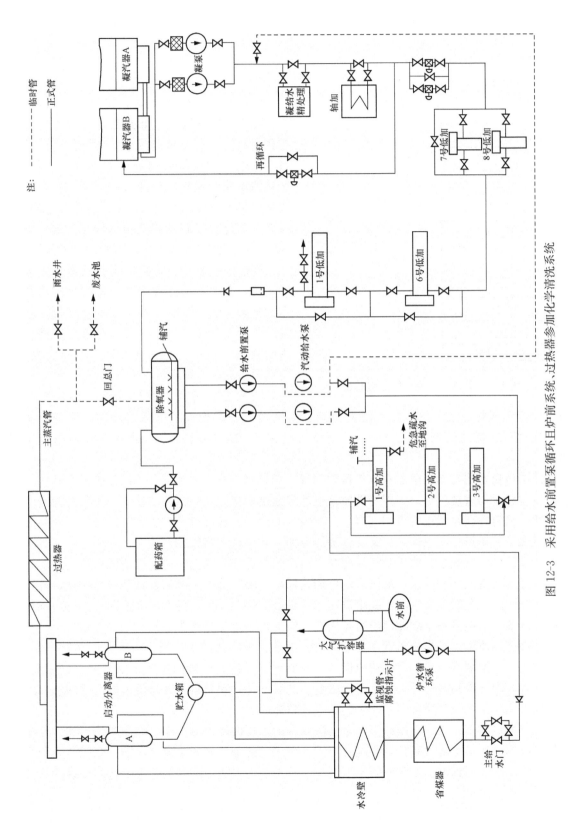

图 12-3 采用给水前置泵循环目炉前系统、过热器参加化学清洗系统

（4）基建炉的残余垢量小于 $30g/m^2$ 为合格，残余垢量小于 $15g/m^2$ 为优良。

（5）固定设备上的阀门、仪表等不应受到腐蚀损伤。

（二）影响化学清洗质量的因素分析

1. 影响化学清洗质量的因素

影响化学清洗质量的因素很多，归纳起来主要存在以下几方面的因素，如图 12-4 所示。

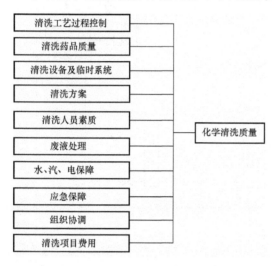

图 12-4　影响化学清洗质量的因素

图 12-4 列举的 10 个方面是影响热力设备化学清洗质量的风险因素。不同的清洗项目，发电厂和清洗公司关注的侧重点不同，影响清洗质量风险因素的权重也不同。影响清洗质量前三位的因素通常是清洗人员素质、清洗工艺过程控制和清洗项目费用控制，因为它们会直接影响其他风险因素的管理控制。

清洗人员素质，特别是项目技术负责人的素质，会关系到对被清洗设备腐蚀结垢状态的掌握程度、清洗方案制定的合理性、清洗准备的充分性、技术交底的深度、清洗进程的判断和控制、清洗废液处理的符合性、清洗项目的验收和质量评定等。

清洗工艺过程控制的质量，会关系到清洗设备的操作、加药/排放/冲洗的控制、清洗过程中各种技术指标的监测、清洗介质的温度/浓度/流速的调节控制、前后清洗工艺之间的转换衔接等，最终直接影响清洗质量。

清洗项目费用控制，甲乙双方都极为重视。如果当委托方和清洗公司用几乎没有利润的价格发包和承担清洗项目，确保清洗质量也就只是纸面文章，貌似控制费用，实际是把资产当儿戏。只有在项目费用合理的前提下，对投入的用工、清洗设备和管道阀门材料、药品质量、清洗工艺质量、应急保障、废液处理等方面，才可以严格管控。

清洗设备（清洗泵、浓酸泵、加药泵、清洗箱、管道、阀门）是实施清洗项目的基本装备。良好的清洗循环和冲洗，清洗泵的性能是保障。临时清洗系统的设计和安装质量，也是顺利实施清洗工艺的基本保障，如果进回水不流畅，清洗中产生泄漏，阀门不能正常开启/关闭或调节，清洗泵发生故障而没有备用泵，清洗现场肯定是焦头烂额。

清洗药品质量，是影响清洗质量的关键。在各种清洗药品中，最应当关注的是缓蚀剂。清洗中由于缓蚀剂不合格，有的造成设备严重腐蚀，超过允许腐蚀速度十倍乃至百倍以上；有的在表面附着酸不溶性污染物，直接影响清洗后的钝化膜质量，并对机组投运后的汽水品质造成影响；由缓蚀剂质量问题产生的后果是致命的。

稳定充足的水、汽、电供给，也是清洗质量的重要保障。应当充分考虑并认识到会存在水量供应不上，水冲洗时间长，冲洗效果差、酸洗后的金属表面生成二次锈；介质加热升温缓慢，温度加热不到方案设定的既定温度，清洗泵动力电源中断等给清洗工艺的连续性和清洗质量带来的风险。

组织协调，是在管理上给予清洗质量的一种保障。热力设备化学清洗涉及甲方及乙方。

电厂内涉及锅炉、汽机、电气、化学、热工控制、环保、检修、质量监督、安全监察等专业或部门。清洗公司内涉及材料采购及运输、清洗系统安装及拆除、清洗工艺实施等。发生事故时涉及应急处理等。如果组织协调不当，则会对清洗质量带来风险。

化学清洗产生的废水量为清洗设备水容积的 7～10 倍，废液总量大。柠檬酸清洗废水中 COD 质量浓度 20～35g/L，超过允许值 100～350 倍；EDTA 清洗废水中 COD 质量浓度 5～25g/L，超过允许值 25～125 倍；pH、悬浮物含量等指标也在超标范围，如果泄漏到水体和土壤中，是环境保护法规不能允许的。

2. 影响清洗质量控制部分的因素分析

（1）清洗人员素质。在多因素分析中，清洗人员因素是首位的。他们会按照自己的思维或决定去进行工作。同一件事，不同的人员做，会得到有差异的结果。选择具有热力设备化学清洗资质的公司承担化学清洗项目是控制清洗质量的重要环节。在实施清洗过程中，项目技术负责人是核心，应重点关注其能力和经验。清洗单位应推行质量管理体系，并有效运行，把质量落实到每个细节。如图 12-5 所示。

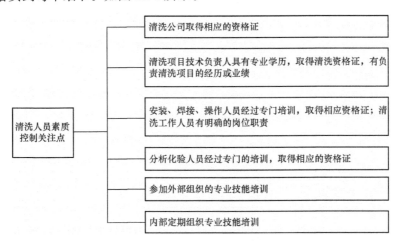

图 12-5　人员素质控制关注点

（2）清洗方案。制定清洗方案重要的是确定选用清洗介质、清洗工艺、清洗方式、清洗系统的划分和接入点、清洗质量保证措施以及清洗废液处理方法。制定方案应是建立在对热力设备系统、材质、腐蚀结垢状态充分了解、小型清洗试验取得良好结果的基础上进行的，如图 12-6 所示。

（3）清洗设备及临时系统。对于不参加化学清洗的系统、设备隔离的可靠性，电厂和化学清洗单位要列出表单，共同逐项检查确认，如图 12-7 所示。

对临时系统安装的分包要认真管理，要把酸洗过程系统发生泄漏的概率杜绝到零，漏酸造成的损失是事先不能预料的。

（4）清洗药品质量。选用清洗介质要充分考虑对热力设备金属材料的适应性，不能发生因酸介质选用不当致使金属发生应力腐蚀、选择性腐蚀现象；也要充分考虑清洗介质对被清洗物质的溶解能力、络合能力、再沉淀性等。药品到货检验也是质量控制的重要环节，是技术和商务共同要求的控制点，如图 12-8 所示。

（5）清洗工艺过程控制。完整的化学清洗要经历多个工艺步骤过程，不同的工艺，冲

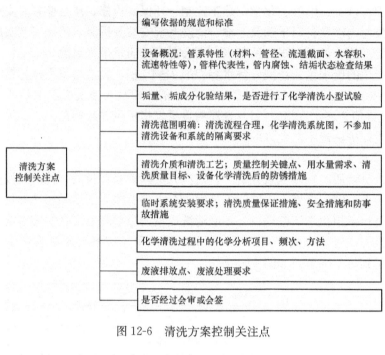

图 12-6　清洗方案控制关注点

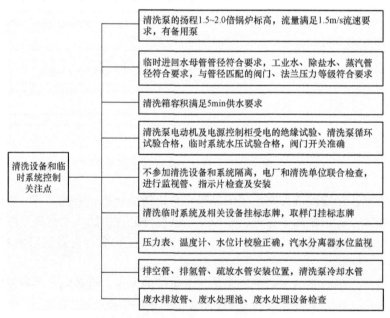

图 12-7　清洗设备及临时系统控制关注点

洗、加药、浓度、温度等控制也各不相同；恰当地确认结束当前的清洗步骤，紧凑连接后一个清洗步骤，每个环节都会影响到清洗质量。

　　对分析使用的仪器设备、器皿、试剂做好充分准备也是不容忽视的关注点，有正确的数据，才能做出正确的判断。在清洗过程中，若某个工艺技术指标达不到方案既定的要求，如清洗温度、清洗介质浓度等，致使清洗工艺与既定方案要求发生偏离，清洗单位应对造成的

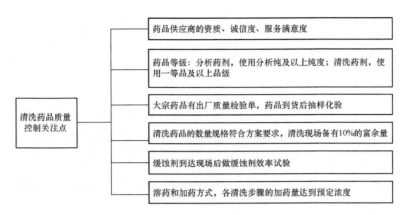

图 12-8　清洗药品质量控制关注点

原因、可能产生的清洗质量后果进行分析，提出可以采取的改善建议并报告业主单位，共同商定后续清洗进程、采取的措施和工艺控制要求，最大程度地保证清洗质量，如图 12-9 所示。

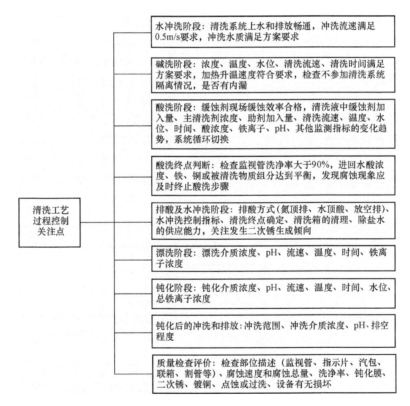

图 12-9　清洗工艺过程控制关注点

凝结水和给水系统清洗时，还要注意检查不参加清洗的系统隔离点是否存在内漏，要杜绝潜在事故的发生。对热力设备酸洗过程中的清洗流速、清洗温度、盐酸和硫酸的清洗时间、Fe^{3+} 离子以及缓蚀剂添加量的极限允许值应当严格控制。为确保清洗顺利实施，预先编制详细的项目作业指导书是一个好方法。

（6）应急保障。化学清洗项目的应急保障不仅仅是设备清洗质量本身，还包括人身被酸碱灼伤、酸液泄漏、清洗泵损坏等方面的处理，对综合评价化学清洗工程质量产生影响。应急保障即在事发前做好充分准备，遇到事情后才能正确面对。应急保障控制关注点如图12-10所示。

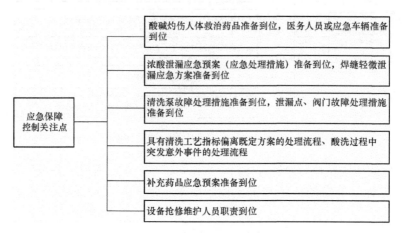

图 12-10　应急保障控制关注点

（7）组织协调。由于热力设备化学清洗涉及多单位、多部门，面临多种问题联合处理，项目总包不能解决电厂的生产指挥、资源配用、应急处理等重要决策，因此组成一定形式的化学清洗项目领导协调小组是必要的。因此，应由业主单位牵头，组成由安装、清洗、监理等单位参加的化学清洗领导协调小组，明确各自职责，多方协同配合，平稳、有序地实施化学清洗。特别是有相邻机组在运行时，设备清洗和机组运行两者的统筹兼顾更显出组织协调的重要作用。

（8）清洗项目费用。清洗项目费用控制是甲乙双方在经济活动中应当关注的事情，如图12-11所示。

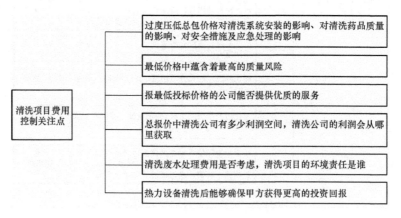

图 12-11　清洗项目费用控制关注点

甲乙双方在化学清洗项目中获取的利益落脚点是不同的。电厂通过热力设备化学清洗的优质服务，在降低了发电能源消耗、降低了设备腐蚀损坏倾向、提高了机组安全经济运行水平中获取投资回报，不应在过分挤压项目费用上获取利益，后果是以牺牲清洗质量为代价的。清洗公司通过为甲方提供优质服务，实现项目预期目标，获取服务回报，也不应通过降低清洗质量谋取利益，其后果是以牺牲公司的信誉为代价的。

热力设备化学清洗的风险来自发电厂本身，风险程度随着业主风险意识的强弱而减增。在上述列举的质量风险影响方面，至少半数以上是电厂能够控制的。如果风险管控的起点高，从资金到资源避险措施到位，严格监管清洗质量控制的关注点，清洗质量是有足够保障的。热力设备化学清洗质量控制是一个综合的质量风险管控，它不是承担化学清洗的公司一家所能控制的。即使是一个优秀的专业公司，在实施清洗时也会受到外部所能提供条件的限制，在处理意外故障时会受到所能调配资源的限制。因此，化学清洗项目合同双方应当共同进行化学清洗的质量控制，实现清洗的质量目标。

第四节　化学清洗存在的问题与处理

超超临界机组的化学清洗是改善机组启动初期汽水品质的重要措施之一，超超临界机组投产后的腐蚀、结垢等问题，与基建阶段化学清洗质量有关。

一、化学清洗存在的问题及处理方法

（一）清洗流速不足的问题

进行化学清洗必须维持合适的清洗流速，清洗流速太高则会加速腐蚀，清洗流速太低则会影响化学清洗的效果，这是因为：一方面，化学清洗流速过低不利于清洗液对水垢的剥离作用及反应速度；另一方面，流速过低也会影响加热效果和延长清洗时间。

问题实例：在某电厂 1000MW 超超临界直流机组的化学清洗过程中，锅炉的酸洗范围为除氧器、高压加热器、省煤器、水冷壁、启动分离器等，因炉水泵来不及安装，没有参加酸洗，过热器采用反充保护液保护。清洗流程为除氧器→给水前置泵（1700t/h）→高压加热器→省煤器→水冷壁→启动分离器→临时管道→除氧器。在实际清洗时，因启动分离器回除氧器临时管太细，限制了启动分离器到除氧器的回水流量，为了维持启动分离器的适当水位，必须减小给水前置泵到锅炉的清洗流量，因此，造成了整体化学清洗流速不足，清洗时间延长，清洗效果难以保证。

防止措施：在进行化学清洗方案设计时，应详细计算锅炉各部位的清洗流速，以清洗最大流速和清洗回水的净标高计算回水管的内径，使化学清洗临时系统满足整个化学清洗的要求。

（二）清洗范围不全的问题

超超临界机组化学清洗范围的确定，应遵照 DL/T 794—2012《火力发电厂锅炉化学清洗导则》的规定进行。对于超超临界机组的炉前系统，若炉前管道在安装前进行过喷砂处理且垢量较小，至少应进行碱洗。超超临界机组一般都是直流机组，炉前系统的清洁程度将直接影响进入锅炉的给水水质，考虑到机组运行稳定以后将进行给水加氧处理化学工况转化，因此，建议超超临界机组的炉前系统也应增加酸洗步骤。实践证明，与只进行了碱洗步骤的炉前系统清洗的机组相比，增加了酸洗步骤的炉前系统清洗的机组大大缩短了机组启动阶段的水冲洗时间，且减少了清理给水泵滤网的频率。

问题实例：在某电厂超临界机组的化学清洗中，某调试单位认为炉前系统只进行水冲洗即可，没有进行任何化学清洗，只进行了炉本体酸洗。机组启动以后，给水指标长时间不合

格，浪费了大量除盐水进行换水冲洗工作。该台机组运行一年以后，省煤器、水冷壁受热面的垢量很大，很快达到了化学清洗垢量的要求。

防止措施：在制定超超临界机组化学清洗措施时，应全面普查机组热力系统的洁净程度，并依据 DL/T 794—2012《火力发电厂锅炉化学清洗导则》相关规定确定化学清洗范围，其中炉前系统及过热器否酸洗是关注重点。

（三）清洗剂残余浓度不足的问题

为了确保清洗设备的垢层被清洗彻底，必须保证清洗液具有一定的残余浓度。残余浓度过高，造成药品的浪费；残余浓度过低，会造成除垢率下降，影响清洗效果。

问题实例：在某超临界基建直流机组的化学清洗中，某清洗单位低价中标，为了减少成本，化学清洗药品数量维持在最低限，没有备用药品。在实际的化学清洗过程中，出现了柠檬酸浓度很快降低到零的现象。清洗现场因没有备用药品，清洗单位不得不在没有达到清洗终点时结束了酸洗过程，后续仓促进行了钝化过程。清洗结束后，割管检查发现水冷壁仍有残余垢未能洗净，影响了机组后期运行水汽品质，也为发生垢下腐蚀埋下了隐患。

防止措施：在制定化学清洗措施时，应按最大垢量计算药品用量，并考虑一定的清洗液残余浓度，防止出现洗垢不彻底的现象。

（四）缺少大流量水冲洗的问题

针对超超临界直流机组的化学清洗，进行大流量水冲洗显得尤为重要。因直流机组热力系统的特殊结构，炉前系统的氧化产物及颗粒杂质会随给水进入省煤器及水冷壁并发生沉积，特别是容易沉积在水冷壁下联箱节流圈附近，造成锅炉水阻及运行压差增大，降低超超临界机组的运行效率。

问题实例：在某电厂超临界直流机组的化学清洗中，清洗过程非常顺利，清洗后割管检查水冷壁管光洁且钝化膜完整，清洗后检查评定的各项质量指标也达到了优良水平。但是，在整个清洗过程中缺少大流量水冲洗步骤，清洗前残留在系统中的细小焊渣以及管道安装过程中坡口打磨的铁屑仍然存在系统中的各个死角，机组启动运行一段时间以后，大修检查发现省煤器和水冷壁垢量很大，基本为管材金属颗粒及腐蚀沉积产物，随后不得不对锅炉进行了一次化学清洗，耗费了大量时间和财力。

防止措施：新建超超临界机组在化学清洗期间或锅炉首次点火之前，应利用凝结水泵的大流量和高压头对整个热力系统进行充分的水冲洗，如需冲洗过热器，应保证过热器出口端保持足够的背压，确保颗粒物能够被冲走。

（五）钝化工艺不适宜的问题

超超临界机组化学清洗钝化工艺应与化学清洗过程相匹配，钝化结束后机组启动运行时不应出现水质异常的情况。

问题实例：在某超临界电厂的化学清洗中，某清洗单位采用了以氨基磺酸为主的复合酸进行了酸洗，酸洗后进行磷酸漂洗并进行了多聚磷酸盐钝化工艺。该台机组点火启动以后，炉水的 pH 急剧下降，运行人员采用给水加入氢氧化钠的方法进行了调整，经过长时间的换水后才基本合格，有局部发生腐蚀的危险。

防止措施：对于超超临界机组化学清洗钝化工艺，应尽可能选择能够生成氧化性钝化膜类的钝化工艺，如双氧水钝化、EDTA 充氧钝化等。多聚磷酸盐钝化、高浓度磷酸清洗一步钝化工艺等不适合超超临界直流机组化学清洗，在 DL/T 794—2012《火力发电厂锅炉化学清洗导则》中已不予推荐。

二、对超超临界机组化学清洗的建议

对超超临界机组化学清洗的建议有以下几点：

（1）炉水泵参加化学清洗。炉水泵是否参加化学清洗，是一个争论不休的话题。清洗实践证明，炉水泵具备试转条件时，建议炉水泵参加化学清洗，原因如下：第一，可以增加水冷壁清洗流速，加强清洗效果；第二，通过对炉水泵进出口管道进行彻底的清洗，可避免清洗死角的存在，为炉水泵后期的安全稳定运行消除了隐患。当然，保证炉水泵注水的清洁度和压力等级是炉水泵参加酸洗过程的必要前提。

（2）有必要加强对炉本体进行大流量冲洗。只有进行了大流量冲洗，才能避免安装过程中的杂质（如焊渣）和管道口焊接打磨处理的铁屑在死角沉积，尤其要避免在水冷壁底部的节流圈附近沉积。可考虑采用凝结水泵对锅炉进行大流量冲洗，尤其要对过热器进行大流量冲洗，以保证启动阶段的给水清洁度。

（3）增加酸洗后联箱手孔的检查数量。酸洗后，应先抽查省煤器入口集箱、省煤器到水冷壁分配集箱、水冷壁入口集箱、水冷壁中间集箱、水冷壁出口集箱等，发现有沉积物或垃圾后，应全面检查并清理所有联箱。化学清洗后检查相关联箱的意义非常重要，有些安装单位为了减少工作量省去了这个步骤，为后期的锅炉爆管埋下了隐患。

（4）清洗过程中酸液对热工仪表测量装置的影响。1000MW 机组酸洗所采用的有机酸介质适合多种材质，且酸液中添加了缓蚀剂，因此有机酸液不会对表计内部金属构件形成腐蚀性损伤。经过回访调查发现，以往酸洗过程中出现的热控表计变送器（如压力变送器、压差变送器）的损伤问题，一般是由于在酸洗前、酸洗后的水冲洗阶段，对表计变送器冲洗不彻底，变送器内部有脏污或颗粒堵塞引起的。因此，热控专业在化学清洗期间投用表计时对变送器的彻底冲洗步骤不容忽视，化学清洗有机酸酸洗介质不会对热控表计造成腐蚀性损伤。

（5）化学清洗过程中清洗液对给水前置泵的影响。在实际清洗工程实践中，对于化学清洗是否对给水前置泵密封造成损伤的问题争论不休，建设单位针对这个问题向泵的厂家咨询，厂家为了减少维护风险，得到的答复当然是不建议参加化学清洗。化学清洗介质是否对给水前置泵的机械密封造成损伤？关键是参照清洗介质的适用材质及缓蚀剂的性能，超超临界机组的化学清洗使用的清洗介质一般都是有机酸络合物，该络合酸只与金属的氧化物发生化学反应，在有效缓蚀剂存在的情况下与金属的基体不发生化学反应，因此化学清洗不会对给水前置泵造成腐蚀性损伤。如果给水前置泵参加了化学清洗，要求给水前置泵的密封冷却水必须正常投用，以免发生因密封件温度过高损伤机械密封的事件。

（6）EDTA 点火式清洗控制温度不宜过高。EDTA 点火式清洗时，常出现 EDTA 残余浓度不足或腐蚀速率偏大的问题，究其原因系锅炉点火工艺没有控制适当。当采用锅炉点火的方式进行 EDTA 化学清洗时，常采用锅炉点油枪的方式进行加热，常用的理论温度是 130~140℃。但是实际进行温度控制操作时，往往忽略水冷壁向火侧的实际温度，当监视温度达到 135℃时，向火侧的水冷壁内壁温度远远超过 135℃，有时甚至超过了 150℃。当清洗液流经此部位时，就造成了清洗液中 EDTA 的热分解。此过程往往出现总铁迅速增加，EDTA 残余浓度急剧下降，同时伴随 EDTA 的热分解造成局部的酸性腐蚀。但是由于监视管内的指示片有时设置在远离 EDTA 热分解集中的腐蚀区域，往往出现试片检测不到热分解造成腐蚀的假象。较理想的加热方式是采用蒸汽式表面加热，例如，可采用辅助蒸汽接到一台高压加热器汽侧，可以较准确地控制清洗液的温度，达到预期的清洗效果，避免了 EDTA 的热分解损耗。

第三篇 超超临界机组的化学监督

化学监督工作以"预防为主",其主要任务是保证热力设备的安全、经济、稳定运行。从目前投运的超临界及其以上机组来看,化学监督工作尤其重要,并应从基建开始且贯穿于全过程,对热力设备在基建调试阶段、运行阶段的内部可能发生隐性的、潜在的故障进行检测,达到预防并及早消除隐患,保持设备健康和安全、经济运行的目的。

第十三章 超超临界机组水汽质量监督

为使超超临界机组达到安全、高效的经济运行,机组水汽质量监督显得尤为重要,通过全面的水汽监督,根据汽水品质的优劣情况可以判断机组正在发生的、隐性或潜在的故障,以便及时获得调整机会,采取措施规避风险,提高机组安全、经济运行水平。

第一节 水汽质量监督要求和意义

一、水汽质量监督原则

(1) 按照 GB/T 12145—2016《火力发电机组及蒸汽动力设备水汽质量》、DL/T246—2015《化学监督导则》、DL/T561—2013《火力发电厂水汽化学监督导则》、DL/T 805.1~5及其他相关规定,根据超临界机组参数等级、控制方式、水处理系统及化学仪表配置情况,确定机组水汽监督项目与指标,对关键的水汽监督指标应设定期望值,必要时通过热化学试验和调整试验来确定。

(2) 按 DL/T665、DL/T677 的规定配置化学仪表并开展检验工作,确保在线化学仪表的配备率、投入率、合格率,依靠在线化学仪表监督水汽质量。配置计算机进行在线化学仪表的数据采集,即时显示、自动记录、报警、储存,自动生成日报、月报。

(3) 正常情况下,人工分析项目应每班测定 1~2 次。每周至少对机组所有分析项目进行查定一次。当机组运行中发现异常、机组启动或原水水质变化时,应根据具体情况,增加测定次数和项目。

1) 新投入运行的锅炉宜进行热力化学试验或调整试验,以确定合理的运行方式和水质监控指标。

2) 当发生下列情况之一时,宜开展热力化学试验或调整试验:①提高额定蒸发量;②改变锅炉热力循环系统或改变燃烧方式;③发生不明原因的蒸汽质量恶化现象或汽轮机通

流部分积盐加重现象。

3）新建或扩建的水处理设备投产后，或运行的水处理设备进行工艺改造后，应对水处理设备进行调整试验。

二、水汽取样要求及仪表配置

（一）超超临界机组取样要求

超超临界机组取样要求如下：

（1）每台机组设置相应的水汽集中取样分析装置，对于压力无法满足送至集中取样分析装置上的样品，应就地设置取样设施，并配备冷却系统及有关仪表等。

（2）取样点的设置一般为凝结水（凝结水泵出口）、精处理混床出口、除氧器进口、除氧器出口、省煤器进口、分离器排水、主蒸汽、再热蒸汽、闭式循环冷却水、高压加热器疏水、低压加热器疏水、发电机冷却水及凝补水。

（3）凝汽器热井检漏取样装置的真空泵应从凝汽器具有代表性的几个区域内抽取样品，取样装置及分析仪表等设施应就近布置，真空泵应具备良好的性能。

（4）取样装置投运前应进行逐根吹扫和冲洗，并核对样品名称，防止中途错位，保证水汽样品具有代表性。取样装置在机组启动阶段的冷态冲洗、热态冲洗时应具备取样条件，并按规定调节样品流量。

（5）水汽取样系统应有可靠、连续、稳定的冷却水源，其流量、温度、压力满足要求。一般采用除盐水独立冷却装置或利用闭式循环冷却系统水源冷却样品。

（6）凝结水、精处理出口、除氧器进口、除氧器出口、闭冷水低加疏水水样通常采用一次冷却，而省煤器进口、分离器排水、主蒸汽和再热蒸汽、高加疏水水样采用二次冷却，以保持冷却后样品在30℃以下。经冷却后的水样设立温控电磁阀，一旦温度超过设定值，电磁阀自动切断水样，以保护后续分析仪表。经过恒温装置冷却后的水样温度控制在（25±1）℃。

（二）水汽质量监督仪表配置要求

超超临界机组的水汽质量监督在线仪表通常配置如表13-1所示。

表 13-1　　　　　　　　超超临界机组的水汽质量监督在线仪表配置

序号	取样点	分析表计
1	凝汽器热井	氢电导表
2	凝结水泵出口	氢电导表、pH 表、溶解氧表、钠表
3	凝结水精处理	电导表、pH 表
4	除氧器进口	溶解氧表、pH 表、电导表、氢电导表
5	除氧器水箱出口	溶解氧表
6	省煤器进口	电导表、氢电导表、pH 表、二氧化硅表、溶解氧表
7	主蒸汽	氢电导表、钠表、二氧化硅表、氢表、溶解氧表
8	再热蒸汽	氢电导表、二氧化硅表
9	闭式循环冷却水	电导表、pH 表
10	发电机内冷水	电导表、pH 表
11	分离器出口	氢电导表

序号	取样点	分析表计
12	高压加热器疏水	氢电导表
13	凝补水	电导表

注 二氧化硅表为多通道共用表。

三、水汽质量监督的指标及意义

（一）给水质量监督的指标及意义

给水取样通常设在省煤器入口的高压给水管道上。通常监测的项目有氢电导率、pH、电导率、二氧化硅、钠、溶解氧含量等。

电导率是监督水汽循环系统中水、汽纯度的最重要参数，因为电导率电极在水中有很高的灵敏度，通过它能进行实时、精确地连续监测，能及时反映水质的变化趋势。

氢电导率的大小能准确反应给水的纯度。超超临界机组的给水经过严格处理后含盐量极低，同时给水调节时加入的氨对电导率的影响很大，电导率不能真正反映给水中杂质的含量。为了解决上述问题，通常采用氢电导率测定法，即先将待测水样流经装有氢型树脂的交换柱，将水中的阳离子转换为氢离子，可使电导率测试值的灵敏度提高 $3\sim4$ 倍。

pH 是水汽系统的重要监控指标。无论采用哪种水处理工况，都应将给水 pH 调至合适范围的最低值，以热力系统腐蚀产物最少为原则。pH 有时还作为加氨的控制指标来控制氨的加入量。然而，超纯水系统中在线 pH 仪表会因受液接电位、温度补偿、接地回路、静电荷等在线特有干扰因素的影响而产生误差。为了解决精确测定低离子浓度水中 pH 困难的问题，在运行中可通过直接测得的电导率值来核定 pH。

当给水采用加氧处理时，应通过在线溶氧表连续测定来监督氧的含量，使给水中的含铁量保持在尽可能低的水平。但如果给水品质恶化、氢电导率超过规定值，就必须保持氧的浓度小于 $10\mu g/L$，以免系统发生腐蚀。

根据超超临界机组蒸汽携带杂质的特点，必须控制给水中钠、硅的含量以满足蒸汽质量的要求。电导率表征的是含盐量的值，不能表示出具体物质的量，故应分别设置钠表和硅表来确定其含量。

给水中金属铁和铜的含量表明了系统中存在金属的腐蚀和溶解，它可以反映锅炉及汽轮机中可能存在的沉积物的量。铁含量和铜含量的大小反映了凝结水、给水校正处理的效果，其含量是通过人工取样在实验室用仪器测定的。

低压给水通常在除氧器出口设置取样点，除氧器的出口主要监测溶解氧含量，可反映除氧器的工作状况。

（二）凝结水质量监督的指标及意义

凝结水是给水的最大来源，往往占到给水的 70% 以上，为了保证给水的质量，应严格监督凝结水的质量。凝结水取样点包括凝结水泵出口、凝结水精处理出口和除氧器入口。

凝结水泵出口取样通常设有 pH 表、氢电导表、溶氧表和钠表，其目的是监视凝结水的综合性能和为凝汽器泄漏提供参考指标。凝汽器泄漏是造成水质污染，水汽系统腐蚀、积盐、结垢的主要原因。为了及时发现凝汽器的泄漏，通常设有钠表和氢电导表，当其测量值比正常值大得多时，表明凝汽器存在泄漏。另外，通过比较凝结水的氢电导与过热蒸汽的氢电导，也可以说明凝汽器是否有渗漏。此外，由于凝汽器及凝结水泵的不严密而导致空气漏入量较多时，还会引起凝结水系统的腐蚀，造成进入给水的腐蚀产物增多，影响给水水质。因此凝结水水泵出口设置了溶氧表。

精处理出口通常设置 pH 表和电导表。凝结水经过混床处理后，凝结水中的大部分氨被除去。混床采用氢型运行时，出水 pH 呈中性；当混床树脂混合不均匀导致混床底部阳树脂较多时，出水还会呈弱酸性，因此混床出口需加氨液进行校正，通过 pH 表和电导表可以及时检测凝结水的加氨量。

除氧器入口取样常设的仪表有 pH 表和溶氧表。pH 信号用以控制凝结水的加氨量，而溶解氧表的信号用以控制凝结水的加氧量，从而将凝结水系统的腐蚀程度降到最低。在不加氧时对溶解氧的监测也可了解凝结水系统氧的侵入，有助于判别凝结水设备的运行状况，也可为低压给水段氧的加入量提供对比数据。

随凝汽器泄漏带入的杂质有硬度离子、钠、硅、碳酸化合物、有机物等，对 pH、钠、硅、硬度、TOC 的监测都有助于判别给水中杂质的来源，有助于采取必要的措施。同时对这些离子量的监测也可对比凝结水精处理装置的处理能力，电导率值也是决定凝结水精处理装置运行方式的指标。

（三）主蒸汽质量监督的指标及意义

主蒸汽通常设置钠表、二氧化硅表和氢电导表，超超临界机组往往还配备有氢表、溶氧表。

尽管超超临界机组的给水品质非常纯净，但在混床运行时，不可避免有钠离子泄漏情况。特别是采用 AVT 工况时，凝结水 pH 较高，混床平衡泄漏钠离子含量较大。因此，蒸汽中的盐类主要是钠盐，蒸汽钠离子代表了引起过热器和汽轮机积盐的盐类的水平，对汽轮机积盐影响很大，必须加以控制。给水中所含的硅酸化合物几乎能全部被蒸汽带到汽轮机中，并在汽轮机中沉积而影响汽轮机的出力，故钠、二氧化硅作为蒸汽质量的主要指标应进行监测。

蒸汽中的阴离子对过热器、汽轮机积盐和腐蚀均有直接影响，蒸汽的氢电导率代表了蒸汽中阴离子的水平，也是测定蒸汽中含盐量最直接、最便利的方法。超超临界机组采用给水加氧处理时，不当加氧会造成过热器高温氧化皮的脱落，还需对主蒸汽中的溶氧进行检测。在过热器的水蒸气高温氧化反应中，金属失去电子被氧化，通过化学吸附先后脱去两个氢质子的水分子变为氧离子，氧离子与金属离子反应生成氧化铁，氢质子获得电子还原为氢气。因此，可以通过检测蒸汽中的氢气含量，了解和监控过热器管材的氧化变化和发展。

检测主蒸汽氢电导率时，当发现未加热的给水与蒸汽之间的氢电导率存在差值时，应注意给水中有机物的存在。随给水进入炉内的有机物会分解形成小分子酸性物质，使蒸汽的氢电导率升高，有机物的分解产物随蒸汽被带入汽轮机，造成汽轮机的酸性腐蚀，因此应控制给水中总有机碳 TOC 的量。

为保证蒸汽中硅的含量符合标准，应比较给水和蒸汽中硅的浓度，如果二者浓度不一样，说明有胶体硅随给水进入锅炉内，并在锅炉中水解生成了可溶性硅，造成蒸汽的污染。此时可通过给水全硅的测定加以验证。由于凝结水混床流速高，水中含有的胶体硅在混床中不能被除去，在找出胶体硅的来源后采取措施加以消除。

此外，由于蒸汽携带溶解的金属氧化物，还应对蒸汽中铁、铜的含量进行监测。

（四）再热蒸汽监督指标及意义

正常运行时，再热蒸汽品质会受减温水质量的影响。减温水来源于给水，一般仅设置氢电导表，用氢电导率即可监测其品质的变化。

（五）疏水质量监督的指标及意义

疏水是给水的组成部分，其水质的恶化通常受到了腐蚀产物及外来污染物的影响。为保证给水质量，各路疏水在送入给水系统前应分别监督其质量，以发现不合格疏水的来源。疏水的取样点通常设在高压加热器和低压加热器的疏水管道上，通过氢电导率来进行监测。其监督指标如铁、铜、溶解氧等，往往通过人工取样定期分析。

（六）凝汽器热井检漏的指标及意义

凝汽器冷却水泄漏是引起水汽系统污染的主要原因之一，加强对凝汽器热井水质监督可以及时找出泄漏点并采取一定措施，避免重大事故的发生。通常将凝汽器热井分区（如将凝汽器分为八区），通过设置的真空泵将不同分区的样水取出，用氢电导表巡检各区的水质，当某区的氢电导率异常时，表明该区凝汽器管出现泄漏，从而采取措施进行查漏堵漏，及时消除影响。

第二节　水化学工况

超超临界水的特性决定了超超临界锅炉只能采用直流锅炉，在直流锅炉中，水一次流经锅炉受热面完成水到蒸汽的汽化过程。不能通过排污来去除给水带入的杂质，水中含有的各种盐类物质及腐蚀产物均会对锅炉受热面金属产生危害，任何一种水工况的化学添加剂，必须满足在超超临界压力下和对应的过热器温度下应能完全挥发和不发生热分解的要求。在火力发电厂中，锅炉给水由汽轮机凝结水、锅炉补给水及疏水组成。在超超临界发电机组中，补给水和凝结水均经深度净化处理，这里不再赘述。超超临界机组的水化学工况调整主要体现在如何降低水的腐蚀性和降低系统中腐蚀产物含量。当前，国内外用于给水处理方式主要有三种：

（1）还原性全挥发处理 AVT(R)：通常向给水中加入氨和联氨的处理方式。

（2）弱氧化性全挥发处理 AVT(O)：指只加氨的给水调节处理。

（3）加氧处理(OT)：在给水加氨的调节的基础上，通过加入不等数量的氧气的处理方式，达到降低和减缓系统腐蚀产物的目的。

一、还原性水化学工况

还原性水化学工况通过凝结水及给水加入氨，使水质 pH 提高到 9.0～9.4，同时加入联氨，以热力除氧和化学除氧相结合的方法将给水中的溶解氧尽可能地除去，而保持水的还原性，从而以较高的 pH 和低微的溶解氧预防系统中的钢铁和铜合金的腐蚀。在 20 世纪 90 年代前，超临界直流机组锅炉大多采用这种工艺。

（一）AVT(R) 原理

机组炉前给水系统金属的腐蚀，不仅会造成炉前金属管道及相关设备的损坏，而且由于腐蚀产物随给水带入锅炉，导致在锅炉受热面上发生金属腐蚀产物的沉积，造成对锅炉炉管的损害。给水系统腐蚀的主要类型有溶解氧腐蚀和二氧化碳酸性腐蚀。在非高纯水中，水中溶解氧可造成锅炉给水系统金属材料的电化学腐蚀，氧在腐蚀过程中起的作用有：当金属遭受腐蚀形成金属离子时，氧起去极化作用。在水 pH 较低时，金属表面为均匀腐蚀；在碱性溶液中，氧可使金属表面钝化，在电解质溶液中，这种钝化是不完全的，形成的钝化膜与金属表面结合不牢固、不致密，因此很容易造成局部腐蚀，氧不断侵蚀钝化膜的薄弱部位，直到金属穿孔；当水中溶解氧浓度高时，可使溶液中的 Fe^{2+} 转化为 Fe^{3+}，而 Fe^{2+} 浓度的降低将促进铁的析氢腐蚀，同时氧浓度的增加，会促使金属的氧化反应更容易进行。

在非高纯水中，铜发生的电化学腐蚀生成 Cu_2O 和 CuO。

此外，水中溶解氧、氨和二氧化碳的存在对于铜管的腐蚀都有促进作用。

1. pH 调节

二氧化碳在水中与水结合产生二元弱酸，即碳酸（H_2CO_3），是造成炉前给水 pH 降低的原因。实践证明，碳钢在水的 pH 为 10～11 的范围内，腐蚀速度较低；而黄铜在 pH 为 5.6～8.0 的范围内，腐蚀速度最低。为了使两种材料都处在合适的 pH 溶液中，通过加入氨水来调节给水的 pH。

氨常温下为气体，无色，有刺激性恶臭的气味，易溶于水。氨溶于水时，氨分子跟水分子通过氢键结合成一水合氨（$NH_3 \cdot H_2O$），一水合氨能小部分电离成铵离子和氢氧根离子，所以氨水显弱碱性。市售商品氨有液氨和氨水，一般商品浓氨水浓度为 26%～28%，液氨浓度可达到 99.9% 以上。由于浓氨水质量不易控制且现场使用量大，绝大多数机组均采用钢瓶装液氨现场配制成 3%～5% 的氨水。随着机组脱硝系统的投用，加药系统的氨也可来自脱销系统的气化氨。采用脱硝系统的气化氨配置氨水的优点包括：气化氨压力稳定，约 0.3MPa；配氨时间易于控制，配置的氨水浓度相对稳定；可减少氨钢瓶泄漏、卸装困扰，减轻劳动强度。

通过加氨，使给水 pH 调节到 8.5～9.5，可以防止游离 CO_2 的腐蚀，即氨可在水中与碳酸产生如下中和反应

$$NH_3 \cdot H_2O + H_2CO_3 \longrightarrow NH_4 \cdot HCO_3 + H_2O$$

$$NH_3 \cdot H_2O + NH_4 \cdot HCO_3 \longrightarrow (NH_4)_2CO_3 + H_2O$$

氨是挥发性化学品，所以无论在热力系统的哪一部位加药，整个汽水系统中都会有 NH_3，但经过凝汽器和除氧器后，凝结水和给水中的氨量会通过凝汽器抽气系统和除氧器排气部分排出而降低，通过凝结水精处理混床后，凝结水中的氨会被氢型混床全部去除。因此，为抑制凝结水-给水系统设备和管道，以及锅炉水冷壁系统的酸性腐蚀，通常设置两级加氨装置，将氨加在凝结水精处理出水母管及除氧器出水管上，提高给水的 pH 到 9.0～9.5。

2. 给水除氧

给水中的氧来源于凝汽器负压系统的泄漏和除盐后的补给水，热力系统的除氧方式有真空除氧、热力除氧和化学除氧。

（1）真空除氧。真空除氧常在汽轮机凝汽器中进行。平衡状态下，气体在气相中的分压与它在液相中的浓度成正比，在正常大气压下，机组除盐补给水中饱和溶解氧的浓度在 7000～8000$\mu g/L$。在凝汽器真空条件下，以雾状进入凝汽器的补给水中的溶解氧与水体解析，并随凝汽器抽气系统被抽出，从而降低了凝结水中的溶解氧。

（2）热力除氧。热力喷雾式除氧器是去除锅炉给水中所含的溶解氧的主要设备，其利用

气体亨利定律原理，用蒸汽来加热给水，提高水的温度，使水面上蒸汽的分压力逐步增加，而溶解气体的分压力则渐渐降低，溶解于水中的气体就不断地逸出。当水被加热至相应的压力下的沸腾温度时，水面上全部是水蒸气，溶解气体的分压力接近零，水不再具有溶解气体的能力，亦即溶解于水中的气体就可被除去。热力除氧时，水必须加热到除氧器工作压力下的饱和温度。

（3）化学除氧。热力除氧和真空除氧均依据亨利定律，即平衡状态下，气体在气相中的分压与它在液相中的浓度成正比，因此并不是彻底的除氧。在热力系统中要达到彻底的除氧，还要辅以化学手段除氧，使水中的氧含量进一步减少。为减少系统的加药量，化学除氧通常在真空除氧和热力除氧后进行，依靠加入过量的联氨、亚硫酸钠、丙酮肟等还原剂与氧产生化学反应而除氧。

锅炉给水化学除氧所使用的药品一般为联氨。联氨市售产品为水合联氨或水合肼，浓度通常为40%或80%，常温下为无色液体，易挥发，易溶于水，有独特的臭味，中等毒性；密封保存于阴凉干燥通风处，储运中要避免日光直射，注意防火；操作时，车间应通风良好，加药设备应密闭，操作人员应穿戴防护用具，防止药品直接与人体接触，溅及人体或皮肤时要用硼酸冲洗并涂以硼酸软膏。

联氨在碱性溶液中的还原性很强，因此能与氧反应，并且能将金属的高价氧化物还原为低价氧化物。联氨既可在给水系统中起到有利的防腐作用，又可以防止铁垢和铜垢的生成，其在给水中的除氧作用可用下式表示

$$N_2H_4 + O_2 = N_2 + 2H_2O$$

在高温水中可与铁的氧化物发生如下反应

$$6Fe_2O_3 + N_2H_4 = 4Fe_3O_4 + N_2 + 2H_2O$$

$$2Fe_3O_4 + N_2H_4 = 6FeO + N_2 + 2H_2O$$

$$2FeO + N_2H_4 = 2Fe + N_2 + 2H_2O$$

联氨与铜的氧化物发生如下反应

$$4CuO + N_2H_4 = 2Cu_2O + N_2 + 2H_2O$$

$$2Cu_2O + N_2H_4 = 4Cu + N_2 + 2H_2O$$

联氨与氧的反应速度和程度受溶液的温度、pH和联氨过剩量的影响。为了保证联氨和溶解氧反应迅速且完全，应维持下列条件：

1）溶液需要足够的反应温度。当水温超过150℃时，联氨与氧的反应速度快。在低温时要想提高除氧反应速度，可以加入催化联氨。

2）溶液pH适当。联氨在水溶液pH为9～11的范围内，反应速度最快。

3）联氨浓度要有足够的过剩量。在温度和pH相同条件下，联氨过剩量越多，反应速度越快，除氧越彻底。联氨过剩量太多，不仅会加大药品的使用量，而且分解不完全的联氨容易带入蒸汽中，影响蒸汽的品质。GB/T 12145—2008《火力发电机组及蒸汽动力设备水汽质量》规定联氨浓度取10～50μg/L，根据运行经验，联氨过剩量一般控制在20～30μg/L即可。

联氨通常加在除氧器的出水管上，但也有机组在凝结水母管出口和除氧器出口同时添加。在低压加热器采用铜材质时，联氨加在凝结水精处理出水母管上，有利于降低低压给水系统中的铜、铁含量。

在机组冲管和初始启动阶段，联氨的加入量可以提高至 $100\sim200\mu g/L$，以增加给水的还原性，达到尽快降低给水系统中的铁含量、缩短机组的冲洗和启动时间的目的。

3. 氧化-还原电位的控制

在铁-铜体系中，AVT（R）是适宜的给水处理方式。研究表明，氧化亚铜是对给水系统的保护最好，在还原性条件下，给水氧化-还原电位保持在 $-350\sim-300\text{mV}$ 的范围内，该氧化膜就会形成。而在氧化性条件下（氧化-还原电位在 100mV），金属表面氧化层的氧化铜就会溶解，铜释放到水中的速率与还原性条件相比能增大到 30 倍以上，这样铜就发生了转移。这对所有的铜合金材料都是一样的结果。

为了达到最佳的氧化-还原电位，在进行水质调整的同时，控制空气的泄漏量是最重要的。在含氧量大于 $20\mu g/L$ 时，即使加入还原剂，在低压给水系统也不会产生还原性环境，因此应控制凝汽器负压系统的泄漏空气量，同时改善化学补水方式来减少凝结水泵出口的氧含量。

（二）AVT(R) 的水质控制

1. 给水水质控制

国际上不同国家，直流锅炉采用 AVT（R）时的给水质量控制稍有差异，如表 13-2 所示。

表 13-2　　　　　　不同国家，直流锅炉 AVT(R) 时的给水质量控制标准

项目	氢电导率，25℃ （$\mu S/cm$）	pH，25℃	N_2H_4 （$\mu g/L$）	溶解氧 （$\mu g/L$）	铁 （$\mu g/L$）	Cu （$\mu g/L$）
美国	≤0.2	有铜系统 8.8～9.3 无铜系统 9.0～9.6	10～20	≤5	≤10	≤2
日本	≤0.85	8.5～9.5	10	≤7	≤10	≤2
德国	<0.2	9.0～9.5	/	≤20	≤20	≤3
俄罗斯	<0.3	9.1±0.1	20～60	≤10	≤10	≤5

我国 GB/T 12145《火力发电机组及蒸汽动力设备水汽质量》中超临界机组火力发电机组水汽质量标准规定采用全挥发的直流锅炉机组的给水水质标准符合表 13-3 规定。

表 13-3　　　　　　我国超临界直流锅炉机组 AVT(R) 时给水水质标准

项目	氢电导率，25℃ （$\mu S/cm$）	pH，25℃	N_2H_4 （$\mu g/L$）	溶解氧 （$\mu g/L$）	铁 （$\mu g/L$）	Cu （$\mu g/L$）	SiO_2 （$\mu g/L$）	Na （$\mu g/L$）	TOC （$\mu g/L$）	氯离子 （$\mu g/L$）
标准	≤0.1	9.2～9.6	10～50	≤7	≤5	≤2	≤10	≤2	≤200	≤1

2. 凝结水水质控制

凝结水泵出口水质的控制指标如表 13-4 所示。

表 13-4　　　　　　　　　凝结水泵出口水质的控制指标

项目	氢电导率，25℃ （$\mu S/cm$）	Na （$\mu g/L$）	TOC （$\mu g/L$）	溶解氧 （$\mu g/L$）
标准	≤0.2	≤5	≤200	≤20

超临界以上机组，经过凝结水精处理混床后出水的控制标准如表 13-5 所示。

表 13-5 凝结水精处理混床后出水水质的控制标准

项目	氢电导率，25℃ (μS/cm)	Na (μg/L)	铁 (μg/L)	SiO$_2$ (μg/L)	氯离子 (μg/L)
标准	≤0.1	≤2	≤7	≤10	≤1

3. 蒸汽品质控制

蒸汽品质的控制标准如表 13-6 所示。

表 13-6 超临界机组 AVT(R) 时蒸汽品质的控制标准

项目	氢电导率，25℃ (μS/cm)	Na (μg/L)	铁 (μg/L)	Cu (μg/L)	SiO$_2$ (μg/L)	Na (μg/L)	TOC (μg/L)
标准	≤0.1	≤2	≤5	≤2	≤10	≤2	≤200

（三）AVT(R) 氧化膜的形成及其特点

铁/水(汽)/O$_2$反应界面形成的氧化层（膜）的结构特点与反应温度、材质、化学工况密切相关。图 13-1 是低温段（50～350℃）区间氧化膜的端面特性，分为外延层和内生层，外延层和内生层的基体是金属的初始表面，外延层为多空疏松 Fe$_3$O$_4$ 层，内生层为致密 Fe$_3$O$_4$ 层。其中外延层的结构特性与化学工况密切相关，也决定了材质的基本耐蚀能力。结合图 13-1 可以建立评价氧化膜外延层的耐蚀特性的具体方面：①与温度、pH、介质等有密切关系，溶解度越小，耐蚀能力越强；②与孔隙扩散有关，外延层氧化膜晶粒粒径越粗大，孔隙越大，腐蚀产物通过孔隙扩散的速度快，耐蚀能力下降；③与流体迁移有关，即与流速和流态（紊流）有关，对于流体微观形态而言，晶粒形貌粗大，对流体的阻力更大，流体的紊流和冲刷程度更加剧烈，间接提高了流体对腐蚀产物的迁移速度。总之，适宜的化学工况，就是为了形成一个致密、稳定、具有耐蚀能力的金属外延层。

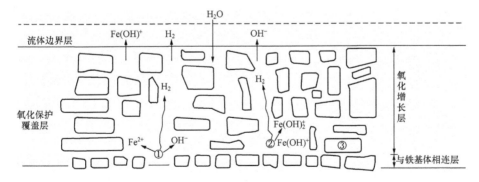

图 13-1 低温段（50～350℃）区间氧化膜的端面特性

在 AVT(R) 水工况下，热力系统氧化膜的形成分为以下三个步骤，即

$$Fe + 2H_2O \longrightarrow Fe^{2+} + 2OH^- + H_2 \uparrow$$

$$Fe^{2+} + 2OH^- \longrightarrow Fe(OH)_2 \downarrow$$

$$3Fe(OH)_2 \downarrow \longrightarrow Fe_3O_4 + 2H_2O + H_2 \uparrow$$

在200℃以下低温条件下，水作为氧化剂没有足够能量使Fe^{2+}氧化为Fe^{3+}并随后转化为具有保护作用的氧化膜覆盖层，此时的氧化膜由致密的Fe_3O_4内生层和多孔、疏松的Fe_3O_4外延层构成。在200～300℃温度条件下，$Fe(OH)_2$发生缩合反应，使钢铁表面形成保护性Fe_3O_4，如在末级高压加热器、省煤器进口段表面自发地生成Fe_3O_4保护膜，如图13-2所示。

在低温段，Fe_3O_4氧化膜的溶解度较高，致使给水中的铁含量高，此时加入的联氨能促进Fe_3O_4的生成。

在300～400℃高温区，使Fe^{2+}氧化为Fe^{3+}，因此在省煤器出口段到水冷壁的金属表面形成内层薄而致密，外层也为较致密的Fe_3O_4保护膜。

在400℃及更高温度下，铁和水蒸气直接反应，蒸汽分解提供氧离子并放出H_2。由于铁离子向外扩散，氧离子向内扩散，整个氧化层同时向钢铁原始表面两侧生长，此时形成等厚度致密的双层Fe_3O_4氧化膜（见图13-3），其中内层为尖晶形细颗粒结构，外层为棒状形粗颗粒结构。

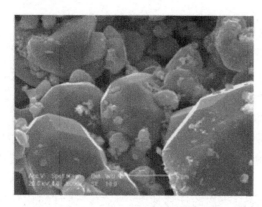

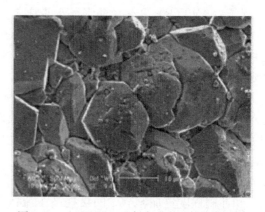

图13-2　AVT(R) 下省煤器表面氧化膜形貌　　　图13-3　AVT(R) 下水冷壁表面氧化膜形貌

综上，在AVT(R) 工况下，热力系统金属表面在不同温度条件下生成质量不等的氧化膜，其主要成分是Fe_3O_4，除在高温段外，中低温段的Fe_3O_4氧化膜都不够致密，且溶出率高，而且在给水系统当局部流动条件恶化产生冲刷、喘流工况时，铁的溶解会产生侵蚀性腐蚀，即流动加速腐蚀（FAC）。同时，氧化膜释放出的铁离子会造成后续设备发生氧化铁沉积和污堵。

（四）还原性水工况的缺点

直流机组给水采用AVT(R) 工况能完全适应于铁-铜体系混合金属的给水循环，其优点如下：不增加机组循环系统中的溶解固形物；控制简单；在给水品质得到保证的同时，可获得高品质的蒸汽；加入的氨在直流锅炉中挥发随蒸汽带走，不会在高热负荷区域沉积物下浓缩造成碱性腐蚀。存在的不足主要表现在：

（1）锅炉水缓冲性差。采用AVT(R) 工况下的锅炉水缓冲性较差，尤其是抵抗酸性物质污染的缓冲能力几乎为零，只要有少量的无机或有机酸性物质漏入，就会引起锅炉水pH降低，甚至引起酸性腐蚀或氢脆。

（2）凝结水精处理设备运行周期短。在精处理混床H-OH型状态下，相当一部分树脂用来吸收氨，由于AVT(R) 工况下加氨量相对较大，因此缩短了混床的运行周期，再生频率高。混床氨化运行时，混床运行周期才不受影响，但运行期间，由于凝结水 pH 高，混床平衡杂质离子的泄漏量增大，影响机组的汽水品质。

（3）受热面形成的垢表面结构粗糙，锅炉压差升高。采用 AVT(R) 工况下的锅炉水冷壁管形成的铁垢表面粗糙，多为波纹状，阻力大，可引起锅炉压差升高。

（4）无法抑制给水系统的流动加速腐蚀，水冷壁沉积速率高。采用 AVT(R) 工况时，钢铁表面形成的 Fe_3O_4 氧化膜溶解度高，耐冲刷能力低，造成热力系统中铁离子浓度高，锅炉受热面沉积速率高，锅炉化学清洗周期短。通常采用 AVT(R) 工况运行的直流机组每隔 2～3 年就需清洗。

二、OT 水工况

AVT 的运行基础是提高给水的 pH，彻底除掉认为引起金属腐蚀的有害物质氧。而加氧处理突破了传统理论。在一定条件下，在流动的高纯水中注入一定量的氧气可以达到减少和防止腐蚀的目的。

（一）加氧处理原理

图 13-4 为不同温度下铁-水体系电位-pH 平衡图，从图中可以清楚地了解到铁在水中的腐蚀状态。铁的状态区约分为三种：①腐蚀区，铁处于活性的腐蚀状态，即铁发生氧化，有转变成离子态的倾向；②铁的钝化区，存在铁的氧化物或氢氧化物是稳定物质状态的范围；③铁的免腐蚀区或稳定区，即金属状态的铁能稳定存在。保护铁在水溶液中不受腐蚀，就要将水溶液中铁的形态由腐蚀区移动到稳定区和钝化区。加氧处理正是通过加氧气的方法提高水的氧化-还原电位，使铁的电极电位处于钝化区。

在水质较差的 $Fe-H_2O$ 体系中，氧作为去极化剂，起着加速金属腐蚀的作用。去极化的阴极反应分两个基本过程，即氧向金属表面的扩散过程和氧的离子化反应过程，影响氧去极化的因素有氧浓度、溶液流速、含盐量和温度等。在水汽系统中，含盐量对氧的作用起决定性影响。一般用氢电导率来衡量含盐量水平，当氢电导率大于 $0.2\mu S/cm$ 时，阴离子可加速阳极过程，氧作为去极化剂在阴极还原，加速金属的腐蚀过程；当氢电导率小于 $0.2\mu S/cm$ 时，氧仍然是阴极去极化剂，但阳极溶解过程因没有阴离子去极化作用而受阻，腐蚀过程减

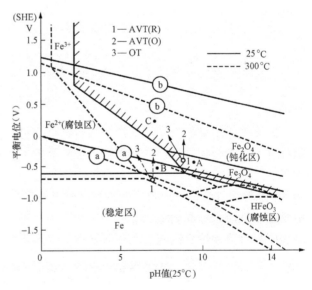

图 13-4 不同温度下铁-水体系电位-pH 平衡图

缓。因此在高纯度的给水中加适量氧以后，它的氧化还原电位从原来加联氨时的 $-300\sim-400mV$ 上升到 $+100\sim+150mV$，根据 $Fe-H_2O$ 体系的电位-pH 图，当给水的 pH 达到 8.0 ～8.5 之间时，金属表面发生极化或使金属的腐蚀电位超过其钝化电位，达到抑制腐蚀的目的。这种作用在低温区特别明显。

由加氧工艺形成的保护层可用下面的反应式描述：

$$5Fe+3O_2+4NH_4^+ \Longrightarrow Fe_3O_4+2Fe^{2+}+4NH_3+2H_2O$$

$$2Fe^{2+}+\frac{1}{2}O_2+4NH_3+2H_2O \Longrightarrow Fe_2O_3+4NH_4^+$$

（二）加氧处理的水质控制

给水加氧处理工艺的本质是，氧气在水质纯度很高的条件下对金属有钝化作用，其控制条件包括给水的流速、溶解氧浓度、氢电导及给水的pH。只有当机组确实达到稳定运行状态，且带有60％以上负荷时才具备加氧处理的基础。给水加氧处理必须具备的条件包括以下几点：

（1）机组达到连续稳定运行状态。一般要求机组带60％负荷以上稳定运行才可进行加氧转换。氧腐蚀发生的一般原理是，在不流动或流动性较低的水中，溶解氧在局部发生了浓度差，浓度差引起金属氧化膜局部破坏，从而形成点状腐蚀。

（2）凝结水100％处理。机组给水加氧处理条件的前提是必须配备全流量凝结水精处理设备，且保证凝结水精处理混床出水氢电导率小于0.1μS/cm。

（3）金属受热面清洁，受热面附着物小于200g/m^2。对于已经投入运行的机组，受热面垢量达到200g/m^{2}以上时，在给水加氧前，必须进行化学清洗，除去系统金属表面附着的腐蚀产物。一方面，加氧工艺没有除垢作用，只是在原来的Fe$_3$O$_4$氧化膜的基础上，将表层Fe$_3$O$_4$转化为Fe$_2$O$_3$，形成双层保护膜，水冷壁管垢层厚度不会减薄；另一方面，加氧处理后，垢样中的含铜腐蚀产物会在氧气的作用下转移至汽轮机高压缸中沉积。因此，热力系统进行化学清洗后除去系统表面的铜铁腐蚀产物，在此基础上实施给水加氧处理工艺，可在热力系统金属表面上获得最薄的保护性氧化膜，也能在水冷壁金属表面保持较低的氧化铁沉积速率。

（4）给水的氢电导率小于0.2μS/cm。给水氢电导率表征给水中阴离子含量，只有在纯净的给水条件下，溶解氧才能在金属表面产生钝化作用。给水中存在腐蚀性阴离子会造成氧化膜的破坏。

（5）水汽系统最好为全铁系统。当有铜合金材质设备时，应通过试验确定是否进行给水加氧处理及氧含量控制方式。采用给水加氧处理工艺时，应以不增加热力系统中铜离子含量为前提。

我国GB/T 12145—2008《火力发电机组及蒸汽动力设备水汽质量》中超临界机组火力发电机组水汽质量标准规定如下：

超临界直流锅炉机组的给水加氧处理的水质指标应符合表13-7的规定。

表 13-7　超临界直流锅炉机组给水加氧处理的水质指标

项目	氢电导率，25℃ （μS/cm）	pH，25℃	溶解氧 （μg/L）	铁 （μg/L）	Cu （μg/L）	SiO$_2$ （μg/L）	Na （μg/L）	TOC （μg/L）	氯离子 （μg/L）
标准	≤0.15	3.5～9.3	≤30～300	≤5	≤2	≤10	≤1	≤200	≤1
期望值	≤0.1	—	—	≤3	≤1	≤5	≤1	—	—

给水加氧处理的超临界机组蒸汽品质的控制标准应符合表13-8的规定。

表 13-8　　　　　　　　　给水加氧处理的超临界机组蒸汽品质的控制标准

项目	氢电导率，25℃ （μS/cm）	铁 （μg/L）	Cu （μg/L）	SiO₂ （μg/L）	Na （μg/L）	氯离子 （μg/L）
标准	≤0.10	≤5	≤2	≤10	≤2	≤1
期望值	≤0.08	≤3	≤1	≤5	≤1	

给水加氧处理的超临界机组凝结水泵出口水质的控制标准如表 13-9 所示。

表 13-9　　　　　　　给水加氧处理的超临界机组凝结水泵出口水质的控制标准

项目	氢电导率，25℃ （μS/cm）	Na （μg/L）	TOC （μg/L）	溶解氧 （μg/L）
标准	≤0.2	≤5	≤200	≤20

经过凝结水精处理混床后出水水质的控制标准如表 13-10 所示。

表 13-10　　　　　　　　经过凝结水精处理混床后出水水质的控制标准

项目	氢电导率，25℃ （μS/cm）	Na （μg/L）	铁 （μg/L）	SiO₂ （μg/L）	氯离子 （μg/L）
标准	≤0.10	≤2	≤7	≤10	≤1

（三）氧化膜的形成及其特点

在给水加氧方式下，由于不断向金属表面均匀供氧，金属表面仍保持一层稳定、完整的 Fe_3O_4 内生层，Fe_3O_4 层呈微孔状，而通过微孔通道扩散出来的 Fe^{2+} 在孔内或在 Fe_3O_4 氧化膜表层就地氧化，生成 Fe_2O_3 或水合三氧化亚铁，沉积在 Fe_3O_4 层的微孔或颗粒的孔隙内，封闭了 Fe_3O_4 氧化膜的孔口，从而降低了 Fe^{2+} 的扩散和氧化速度，其结果是在钢铁表面形成致密稳定的双层保护膜。膜结构示意如图 13-5 所示。

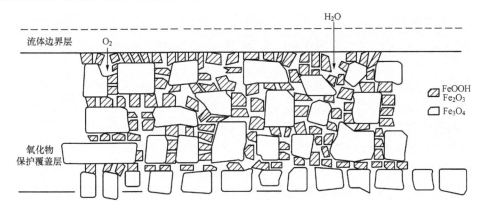

图 13-5　加氧处理金属表面膜结构示意图

在加氧处理工况下，由于水中溶解氧的存在，碳钢表面能够迅速形成致密的双层保护膜，内层为黑色磁性，外层是晶粒表面平整且呈红棕色的层，外层保护膜具有良好的表面特性，阻止了碳钢的进一步腐蚀。图 13-6 和图 13-7 分别为某机组采用 OT 处理后的省煤器和水冷壁表面氧化膜的形貌图。

图 13-6　OT 工况下省煤器表面氧化膜形貌

图 13-7　OT 工况下水冷壁表面氧化膜形貌

（四）OT 水工况的优缺点

1. OT 水工况的优点

OT 的概念源于 1970 年联邦德国，至今已在意大利、荷兰、丹麦、日本、美国等许多国家得到广泛应用，该技术推广应用之所以如此之快，主要是因为该处理方式具有相当的优越性和明显的效益，其超过 AVT 处理方式的五大优点包括：

（1）减少了腐蚀产物的迁移。在 OT 工况下形成的腐蚀产物不同于那些在 AVT 工况下形成的腐蚀产物，这个差别主要是由于 OT 的作用。在炉前系统中的磁性氧化铁层被一层非常薄、非常致密的 γ-FeOOH（或 α-Fe$_2$O$_3$）保护层覆盖，FeOOH 是在氧化工况下形成的。这一铁的三价形式有着非常低的溶解度，它封住了下面溶解度较大的磁性氧化铁层，减少了腐蚀产物的迁移和接着发生的腐蚀产物在蒸汽发生器中的沉积以及氧化铁颗粒在节流阀和节流圈上的沉积。已经实行转化的超临界直流锅炉运行中的给水全铁含量一般小于1μg/L。

（2）减少了蒸汽锅炉的压力损失。采用 OT 工艺以后，薄而密的 FeOOH 填进了原来 Fe$_3$O$_4$ 的小孔，不仅起到了密封的作用，而且使原来呈波纹状的磁性氧化铁表面变得光滑，从而减少了水汽系统的阻力损失。

（3）减少了凝结水精处理的再生次数。OT 处理比 AVT 处理有更好的经济性。由于在 OT 工艺中，pH 降低，使凝结水精处理的再生次数大大减少。AVT 转化为 OT 工艺后，只用原来 10% 的氨和 10% 的化学再生药品，无疑相应的废水排放也减少了。

（4）由于热力系统表面沉积速率降低，延长了锅炉的化学清洗周期。采用加氧处理的超临界机组，锅炉化学清洗由早先的 2～3 年/次，延长至 8～10 年/次，甚至更长。

（5）改善了机组再启动水质。机组停炉再启动时，水汽回路中铁含量明显降低，缩短了机组的启动时间。

2. OT 水工况的缺点

加氧处理虽然存在 AVT(R) 无可比拟的优点，但仍然存在以下几个方面的顾虑：

（1）奥氏体过热器管和再热器管的性能、氧化物的生长、形态及脱落与加氧工况的影响不明；国内多台机组在采用给水加氧处理后均发生了过热器的氧化皮大面积脱落爆管现象，而在未采用给水加氧处理的机组，尽管过热器也存在大量的氧化皮，但没有发生过过热器频繁爆管事件，因此蒸汽中氧的存在是否促进过热器氧化皮的增加或促进氧化皮脱落的影响因素，目前尚不明确。

（2）在蒸汽中，奥氏体不锈钢存在晶间腐蚀的可能。

（3）司太立合金中存在的碳化铬和碳化钨被侵蚀。对阀门密封的侵蚀导致产生沟槽，引起阀门的泄漏。

三、弱氧化性水化学工况

直流机组锅炉采用 AVT（R）处理，水冷壁氧化铁垢生成速率高，锅炉系统压差上升较快、疏水调门卡涩是我国大型火电机组普遍存在的问题，究其原因，与机组水汽系统铁含量高有关。因此，抑制给水系统的腐蚀，降低炉前给水系统的铁含量是关键。同时，简单地采用给水加氧处理，又出现了新的情况，即机组高温氧化皮生成或脱落影响了机组的正常运行。随着超临界加氧机组的投入，多个电厂多台机组在进行给水加氧处理后，出现了锅炉高温氧化皮大面积脱落，产生爆管并持续多次的严重问题。因此超临界机组在给水采用 AVT（R）处理存在受热面积垢速率高，而 OT 处理工况也存在较大风险的情况下，衍生了介于两种工况处理都能兼顾的第三种给水水处理工况，即 AVT（O）处理工况。AVT（O）工况处理的核心是解决炉前系统的流动加速腐蚀，并使加入的氧在省煤器或水冷壁某个部位完全消耗，加入的氧气不进入蒸汽系统参与其高温氧化过程。

（一）弱氧化性水化学工况原理

在汽水循环系统流程中，随着温度上升，还原性或贫氧条件下的 Fe_3O_4 具有不同的结构和溶解度。其溶解度变化趋势如图 13-8 所示。可见，当水温达到省煤器后段或水冷壁对应温度后，在较宽的给水 pH 范围内，Fe_3O_4 的溶解度均降至很低含量，达到可以忽略的程度。对于过热器、再热器，氧化皮的形成基于水蒸气氧化机理，主要稳定物相是磁铁矿，OT 的加氧含量远达不到 Fe_2O_3 的分解氧分压（见图 13-9），不可能也无需进行氧化性防护。

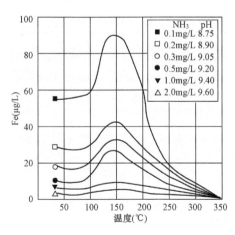

图 13-8 氨性给水中 Fe_3O_4
浓解度-温度曲线

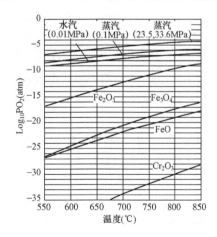

图 13-9 三种蒸汽压力条件下的氯气分压
影响及其对相应氧化物稳定性的影响

基于以上观点，锅炉高温受热面的防护无需通过加氧处理转化成 Fe_2O_3；这是 AVT（O）给水系统局部氧化处理，有效保护水冷壁受热面，防止高沉积率的化学热力学依据。

AVT（O）水工况是介于给水 AVT（R）处理和给水完全 OT 处理之间的一种水处理工

艺，它在给水 AVT(R) 处理工艺上不加任何还原剂的同时保证给水中含有一定的氧量，以适当提高给水的氧化-还原电位，使水由原来的 AVT(R) 时的还原性环境变为弱氧化性环境，同时使铁的电极电位处于 Fe_2O_3 和 Fe_3O_4 的混合区。

AVT(O) 处理工况是，停止化学除氧后，利用给水系统中残留的少量溶解氧，或在凝汽器完全严密条件下人为加入少量溶解氧，使炉前系统管道、设备表面形成耐腐蚀的 Fe_2O_3 保护膜，有效防止炉前给水系统的流动加速腐蚀，从而降低给水中的铁含量，达到降低和减缓锅炉受热面氧化铁沉积速率的目的。因此在大多数超超临界机组中，凝结水系统大多能达到以下工况：①系统严密性优良，无循环冷却水泄漏污染；②无空气漏入污染；③凝汽器真空度良好，正常抽走蒸汽中非凝结性气体。在此情况下，凝结水多为贫氧，按照 AVT(O) 简单取消还原剂后，凝结水根本无溶氧可供给水系统进行氧化性转化，给水氧化还原位长期在氧化性和还原性电位间的突跃区波动，按照 AVT(O) 方式，只能消极、被动等待，使氧化性处理效果受到明显影响。此时应利用加氧系统对凝结水或给水加入少量的氧，以维持水的弱氧化性。

（二）弱氧化性水化学工况的水质控制

1. AVT(O) 处理给水水质控制

AVT(O) 处理和 OT 处理的前提一样，必须以纯净的给水为前提，要达到这个要求，凝汽器应该严密不漏且凝结水进行 100% 处理。超临界直流锅炉 AVT(O) 处理方式时的给水质量控制标准如表 13-11 所示。

表 13-11　　　　　　　　　　　AVT(O) 处理方式时的给水质量控制标准

项目	氢电导率，25℃ ($\mu S/cm$)	pH，25℃	溶解氧 ($\mu g/L$)	铁 ($\mu g/L$)	Cu ($\mu g/L$)	SiO_2 ($\mu g/L$)	TOC ($\mu g/L$)	氯离子 ($\mu g/L$)
标　准	≤0.10	9.2～9.6	≤10	≤5	≤2	≤10	≤200	≤1
期望值	≤0.08	—	—	≤3	≤1	≤5	—

AVT(O) 的给水溶解氧高于 AVT(R) 处理的控制值，低于 OT 处理的控制值，主要为给炉前给水系统提供一个弱氧化性环境，这部分氧足够炉前系统及省煤器入口管道完成磁性氧化铁膜的保护并在省煤器以前系统消耗完，因此氧在省煤器入口的含量应在 $10\mu g/L$ 左右，最高不超过 $25\mu g/L$。

AVT(O) 处理时，钢铁表面生成 Fe_2O_3 和 Fe_3O_4 混合保护膜，靠近铁基体以 Fe_3O_4 保护膜为主，近水侧则以 Fe_3O_4 保护膜为主。由于 Fe_3O_4 保护膜致密且在水中的溶解度小，因此，采用 AVT(O) 处理时，给水中铁的含量要低于 AVT(R) 处理，可以达到 $5\mu g/L$ 以下，但高于 OT 处理。

2. 凝结水水质控制

AVT(O) 处理时，凝结水泵出口水质的控制指标如表 13-12 所示。

表 13-12　　　　　　　　　　　凝结水泵出口水质的控制指标

项目	氢电导率，25℃ ($\mu S/cm$)	Na ($\mu g/L$)	TOC ($\mu g/L$)	溶解氧 ($\mu g/L$)
标准	≤0.20	≤5	≤200	≤20

AVT(O) 处理时，经过凝结水精处理混床后出水的水质标准如表 13-13 所示。

表 13-13　　　　经过凝结水精处理混床后出水的水质标准

项目	氢电导率，25℃ （$\mu S/cm$）	Na （$\mu g/L$）	铁 （$\mu g/L$）	SiO_2 （$\mu g/L$）	氯离子 （$\mu g/L$）
标准	≤0.10	≤2	≤5	≤10	≤1

3. AVT(O) 处理蒸汽品质控制

蒸汽品质应符合表 13-14 的规定。

表 13-14　　　　　　　　　　蒸汽品质要求

项目	氢电导率，25℃ （$\mu S/cm$）	铁 （$\mu g/L$）	Cu （$\mu g/L$）	SiO_2 （$\mu g/L$）	Na （$\mu g/L$）
标准	≤0.10	≤5	≤2	≤10	≤2
期望值	≤0.08	≤3	≤1	≤5	≤1

（三）氧化膜的形成及其特点

AVT(O) 工况是介于给水 AVT(R) 处理和给水完全 OT 处理之间的一种水处理工艺。AVT(O) 工况下形成的金属氧化膜为 Fe_2O_3 和 Fe_3O_4 混合物，其防腐蚀效果介于 AVT(R) 处理与 OT 处理之间。AVT(O) 工艺处理氧化膜形成有三个典型区域：①完全转化区域，此部分钢铁表面由于得到溶氧的连续修补，其表面形成砖红色 Fe_2O_3 保护膜；②在氧逐渐消耗趋于零区域，钢铁表面以混合膜为主，称为过渡区域，此区一般在省煤器某个部位；③未转化区域，即缺氧区域，此区域氧化膜为高温形成的 Fe_3O_4 膜。区域特征如表 13-15 所示。

表 13-15　　　　　　　AVT(O) 工况下，各区域氧化膜的特征

区域名称 特征参数	完全转化区域	过渡区域	未转化区域
表面组成特征		Fe_2O_3/Fe_3O_4	过渡 Fe_3O_4
表面特征颜色	砖红色	砖红/钢灰混合过渡	钢灰色
表面成因	有溶氧连续修补	残余溶氧氧化，热力学 再还原动态消失	贫氧工况、热力学性质稳定
给水溶氧水平	最高，与凝结水溶解氧相当， 消耗很少	溶解氧从有到无转变， 沿程变化明显	在上游基本耗尽，基本为零， 变化可略
水质氧化还原特征	氧化性	在氧化性、贫氧间转化	贫氧
ORP	最高	居中	最低
相对温度	最低	居中	最高

（四）弱氧化性水工况的优缺点

AVT(O) 处理与 AVT(R) 处理相比，混合性氧化膜降低了给水中铁的含量，可降低水冷壁管的结垢速率，提高锅炉效率并适当延长锅炉化学清洗时间间隔；同时，停加了有毒物质联氨，节约了药剂费用，而且消除了联氨对环境和职员健康安全的影响。

AVT(O) 工况改善了炉前给水系统的流动加速腐蚀，但不能彻底消除湍流部位的流动加速腐蚀，因此给水系统的铁含量达不到 OT 处理工况下的铁含量水平。考虑到过渡区域 Fe_3O_4 保护膜溶解度，pH 控制仍然较高，对凝结水混床的运行周期没有明显改善。

AVT(O) 处理适用于采用 AVT(R) 处理给水含铁量大，锅炉受热面沉积速率高，而又不具备条件采用 OT 处理的机组。

第三节　水汽质量标准

我国有关于水汽质量的标准很多，主要包括 GB/T 12145—2016《火力发电机组及蒸汽动力设备水汽质量》、DL/T 561—2013《火力发电厂水汽化学监督导则》、DL/T 805.1～5《火电厂汽水化学导则》、DL/T 889—2015《电力基本建设热力设备化学监督导则》。这些标准大多对超临界机组的水汽质量都有相关的规定，综合各标准，对超超临界机组的运行、启动、维护期间的水汽质量控制如下。

一、正常运行水汽质量控制

（一）蒸汽质量标准

为防止汽轮机的积盐和腐蚀，超超临界机组正常运行时的蒸汽品质应符合表 13-16 的规定。

表 13-16　　　　　　　　　　正常运行时的蒸汽质量标准

项目	氢电导率，25℃(μS/cm)	二氧化硅(μg/kg)	铁(μg/kg)	铜(μg/kg)	钠(μg/kg)
标准值	≤0.10	≤10	≤5	≤2	≤2
期望值	≤0.08	≤5	≤3	≤1	≤1

（二）给水质量标准

超超临界机组正常运行时给水品质应符合表 13-17 的规定。

表 13-17　　　　　　　　　　　　给水质量标准

给水处理方式	全挥发处理				OT 加氧处理	
	AVT(R)		AVT(O)			
项　目	标准值	期望值	标准值	期望值	标准值	期望值
氢电导率，25℃(μS/cm)	≤0.10	≤0.08	≤0.10	≤0.08	≤0.15	≤0.10
pH，25℃	9.2～9.6	—	9.2～9.6	—	8.5～9.3	—
溶解氧(μg/kg)	≤7	—	≤10	—	10～150	—
铁(μg/kg)	≤5	≤3	≤5	≤3	≤5	≤3
铜(μg/kg)	≤2	≤1	≤2	≤1	≤2	≤1
二氧化硅(μg/kg)	≤10	≤5	≤10	≤5	≤10	≤5
钠(μg/kg)	≤2	≤1	≤2	≤1	≤2	≤1
联氨(μg/kg)	≤30	—	—	—	—	—
TOC(μg/kg)	≤200	—	≤200	—	≤200	—

（三）凝结水质量

超超临界机组凝结水和精处理出口的主要控制标准符合表 13-18 和表 13-19 的规定。

表 13-18 凝结水泵出口的水质标准

项目	硬度 (μmol/L)	钠 (μg/L)	溶解氧 (μg/L)	电导率, 25℃ (μS/cm)	
				标准值	期望值
标准	0	≤5	≤20	≤0.2	≤0.15

表 13-19 精处理装置除盐后的水质标准

项目	氢电导率, 25℃ (μS/cm)		Na (μg/L)	铁 (μg/L)	SiO_2 (μg/L)	氯离子 (μg/L)
	挥发处理	加氧处理				
标准值	≤0.10	≤0.10	≤2	≤5	≤10	≤3
期望值	≤0.08	≤0.08	≤1	≤3	≤5	≤1

（四）疏水质量

超超临界机组的疏水质量，应保证不影响给水品质，要求可参考表 13-20 进行控制。

表 13-20 疏水回收质量标准

项目	氢电导率, 25℃ (μS/cm)	Na(μg/L)	SiO_2(μg/L)	铁(μg/L)	备注
疏水	≤0.20	≤2	≤10	≤20	回收到除氧器
	—	—	≤80	≤100	回收到凝汽器

（五）补给水质量

在机组运行过程中，所有损耗的水均由补给水处理系统补给，补给水的品质直接影响给水、炉水和蒸汽的品质，也影响着锅炉的腐蚀和结垢。在超超临界参数条件下，水具有良好的溶剂性能和物理性质，是氧化有机物的理想介质。当有机物和氧共存于超临界水中时，它们在高温的单一相状况下密切接触，在没有内部相转移限制和有效的高温下，其氧化反应快速完成，碳氢化合物氧化形成 CO_2 和 H_2O，因此必须有效监督补给水系统的运行和控制。超超临界机组采用膜法处理可有效控制补给水中的总有机碳。化学补给水及各设备的运行控制质量标准如表 13-21 所示。

表 13-21 化学补给水及各设备的运行控制质量标准

设备	电导率, 25℃ (μS/cm)	二氧化硅(μg/L)	TOC(μg/L)	钠(μg/L)	铁(μg/L)
补给水系统出口	≤0.10	≤10	≤200	≤5	
除盐水箱出口	≤0.4	≤10	≤200		

二、启动时水汽质量控制

（一）给水品质

超超临界机组启动时应严格执行有关化学监督制度，充分对炉前系统、炉本体进行冷热态冲洗。启动时的给水质量应符合表 13-22 的规定，热启动 2h 内，冷启动 8h 内达到正常运行指标。

表 13-22　　　　　　　　　　　　　启动时的给水质量

项目	氢电导率，25℃ （μS/cm）	二氧化硅（μg/kg）	铁（μg/kg）	溶解氧（μg/kg）	硬度（μmol/L）
标准值	$\leqslant 0.50$	$\leqslant 30$	$\leqslant 50$	$\leqslant 30$	0

（二）汽轮机冲转前的蒸汽品质

为防止超超临界机组蒸汽系统的积盐和腐蚀，启动前应对蒸汽系统进行冲洗，蒸汽系统冲洗应符合下列原则：

（1）通过高、低压二级串联旁路，用大流量低压蒸汽对蒸汽系统及高温受热面进行稳压冲洗。对于运行时间较长的机组，应延长启动时的蒸汽系统冲洗时间。在冲洗的过程中应加强对蒸汽取样装置的冲洗。

（2）冲洗至蒸汽质量符合表 13-23 的规定后，蒸汽系统冲洗结束，汽轮机冲转。

（3）汽轮机冲转后，应在 8h 内达到正常运行标准。

表 13-23　　　　　　　　　　　汽轮机冲转前的蒸汽质量标准

项目	氢电导率，25℃（μS/cm）	二氧化硅（μg/kg）	铁（μg/kg）	铜（μg/kg）	钠（μg/kg）
标准值	$\leqslant 0.50$	$\leqslant 30$	$\leqslant 50$	$\leqslant 15$	$\leqslant 20$

三、水汽劣化时的应急处理

超超临界机组带负荷试运行期间，如果水汽质量发生劣化，综合分析系统中水汽质量的变化，确认判断无误后，按表 13-24 三级处理原则执行，使水汽质量在允许的时间内恢复到标准值。

表 13-24　　　　　　　　　　　　水汽质量劣化处理原则

水系统	项目		质量指标	处理值		
				一级	二级	三级
凝结水	氢电导率,25℃（μs/cm）		$\leqslant 0.2$	>0.20		
	钠（μ/L）		$\leqslant 5.0$	>5.0	>10.0	>20.0
给水	pH 值	AVT	$9.2\sim 9.6$	<9.2		
		加氧处理	$8.5\sim 9.3$	<8.5		<7.0
	氢电导率 25℃（μg/cm）	AVT	$\leqslant 0.10$	>0.15	>0.20	>0.30
		加氧处理	$\leqslant 0.15$	>0.15	>0.20	>0.30
	溶解氧（μg/L）（还原性全挥发处理）		$\leqslant 7$	>7	>20	

注　1. 对于凝汽器管为铜管、其他换热器管均为钢管的机组，给水 pH 品质为 9.1～9.4，则一级处理值为小于 9.1 或大于 9.4。

　　2. 一级处理——有因杂质造成腐蚀、结垢、积盐的可能性，应在 72h 内恢复至相应的指标值。

　　　　二级处理——肯定有因杂质造成腐蚀、结垢、积盐的可能性，应在 24h 内恢复至相应的指标值。

　　　　三级处理——正在发生快速腐蚀、结垢、积盐，如果 4h 内水质不好转，应停炉。

　　3. 在异常处理的每一级中，如果在规定的时间内尚不能恢复正常，则应采用更高一级的处理方法。

第十四章

超超临界机组启动期间化学监督

化学监督是保证电力设备安全、经济、稳定、高效运行的一项重要措施。化学监督坚持"安全第一、预防为主"的方针，及时发现问题，消除隐患，防止电力设备在基建、启动、运行和停、备用期间发生由于水、汽、油、燃料等品质不良引起的事故，延长设备的使用寿命，保证机组的安全、可靠运行，本章主要阐述超超临界机组的启动期间的水汽化学监督内容。

第一节 启 动 前 的 化 学 监 督

超超临界机组启动前的化学监督除常规的水、汽、油、煤、药品、水处理材料验收外，要注意热力设备、管道、容器、省煤器、水冷壁、过热器、再热器等在安装过程中发生的腐蚀。机组安装过程中更要重点关注设备、管道内部是否清洁、是否有严重的腐蚀产物，对锅炉受热面的管排和集箱要逐一严格清扫，对所有集箱内部采用内窥镜检查、管排采用通球检查，确认没有异物，同时要加强和完善安装人员的工作交接手续，防止安装人员交接期间发生将小型工具遗留在系统内的情况。

从多台超超临界机组的试运情况来看，基建安装阶段的化学监督工作不容乐观，在多台超超临界机组过热器爆管后的检查过程中，发现过热器联箱内部存在加工后的大量铁绞丝、碎切割片、金属吊扣、胶球、镜片等异物，这些异物在机组带至一定负荷时，会在蒸汽动量惯性作用下堵塞在联箱蒸汽管道进口部位，导致管道内蒸汽流量不足、超温，导致锅炉爆管停机事故。在多台超超临界机组锅炉联箱的验收检查中，也发现多起集箱内部表面腐蚀严重，氧化皮厚度较大，有的甚至达到 3～4mm，集箱内如此厚的氧化皮难以在正常的化学清洗除垢中去除，大多采用地面预先清洗后再安装的方法。

超超临界机组锅炉的整体水压试验用水应加有防止金属腐蚀的药品，水压试验时应对水压试验水质进行监督。锅炉水压试验用水应控制氯离子含量在允许数值内。超超临界机组奥氏体钢管材在运行期间存在发生应力腐蚀开裂的风险，应力腐蚀开裂是奥氏体钢在应力和侵蚀介质作用下发生的腐蚀损坏。在锅炉制造、安装的过程中，过热器、再热器的管子经焊接和弯管工艺后，管材内部可能有些残余应力。如果锅炉水压试验时含有氯化物、硫化物等杂质的水进入过热器和再热器，当锅炉启动后，这些残存的水会很快被蒸发，水中的杂质会浓缩至很高的浓度，在侵蚀性浓溶液和残余应力的双重作用下，奥氏体钢材就会产生应力腐蚀裂纹，威胁锅炉的安全运行。经水压试验合格的锅炉，放置两周以上需落实氨-联氨湿法保护、充氮气保护或其他保护的措施，并做好记录。

超超临界机组的化学清洗范围应科学、合理、全面，通常将高压加热器和低压加热器的汽侧、疏水管路、给水泵及其再循环回路列入碱洗范围，以提高启动阶段的汽水品质。化学清洗药品的选择应最大可能地不带入盐类离子。早年投产的一些超超临界机组陆续进入了检修期，从已检修的汽轮机通流部分的结垢检查来看，化学清洗期间选择合理的清洗介质至关重要，在采用复合磷酸盐碱洗或复合磷酸盐钝化的超临界机组上，在汽轮机通流部分的垢样检测中，均发现了含有磷酸盐的成分，这在亚临界机组上是少见的。因此，在超临界机组的化学清洗中采用磷酸盐时应谨慎，至少在机组冷态冲洗和热态冲洗阶段应对磷酸盐含量进行监督检测。

在超超临界机组蒸汽冲管清洗阶段，要重视凝结水、给水、炉水水质的监督和监测。超超临界机组冲管阶段的清洗是机组炉前系统及锅炉受热面在完成机组化学清洗后的首次进水清洗，水质控制恰当与否，直接关联着机组后期的汽水品质。在此阶段，给水、炉水 pH 过低会加速系统管道内表面的腐蚀，而且超超临界机组不同于常规汽包炉，在炉水 pH 低时可以采用炉内加氢氧化钠提高，直流炉机组没有炉水调节手段，且也不能加入盐类，因此应重视冲管期间凝结水、给水、炉水 pH 的监测。超超临界机组冲管阶段的给水品质可参照如表 14-1 控制。

表 14-1　　　　　　　　　　　超临界机组冲管阶段的给水品质控制标准

项目	二氧化硅($\mu g/L$)	铁($\mu g/L$)	pH	联氨(mg/L)	硬度($\mu mol/L$)
标准	≤20	≤20	9.0～9.3	10～200	≈0

在蒸汽冲管停止间隙，除整炉换水外，仍要保持凝汽器—除氧器—锅炉—启动分离器间的循环，进行凝结水处理，以保持水质正常。蒸汽冲管后期，应对蒸汽品质中的铁、二氧化硅进行监督，并观察水样应清亮透明。

冲管结束后，应加大氨的加入量，进行碱性保护，以带压热炉放水方式排放炉水，并清理凝结水泵、给水泵滤网。排空凝汽器热井和除氧器水箱内的水，清理容器内滞留的铁锈渣和杂物。

第二节　整套启动期间的化学监督

超超临界机组整套启动前，给水、凝结水的加药设备系统应试转结束，能够投入；水汽取样装置及主要在线化学仪表应具备投入条件；机组排水泵试转结束，具备排放条件；循环水加药系统应能投入运行；废水处理系统调试结束，能够满足机组运行需要，废液的排放能够达到国家规定的排放标准；汽水化验站具备分析条件，分析药品、仪器、记录表准备齐全；化学运行岗位人员经过专业培训合格并已上岗；运行人员已经接受上岗前的安全培训，具备基本的事故处理及安全防卫能力。机组整套试运行时，除氧器应投入正常运行，除盐水箱储满除盐水，化学补给水设备能够正常投入；前置过滤器、凝结水精处理混床系统已经调试完毕，并具备投入运行条件。

一、带负荷期间的水汽化学监督

（一）带负荷期间的调试项目

除氧器加热，投入给水和凝结水加药系统，锅炉上水，投入凝结水精处理装置，进行锅炉冷、热态冲洗监督；锅炉点火升压，投入取样装置进行冲洗，锅炉从启动疏水管路排污；

机组带负荷后，精处理系统正常投入运行。机组疏水铁含量大于 $400\mu g/L$ 时排放。机组应连续排污或利用停机期间整炉换水等措施来改善水质。根据汽水品质情况投入化学分析仪表。依据汽水品质化验数据，提出改善汽水品质建议。循环冷却水应正常加药处理，维持合理的浓缩倍率；汽轮机油、变压器油、发电机内冷水和氢气应定期取样监督；化学运行人员应按调试措施要求进行汽水分析；填写空负荷和带负荷试运记录表，进行调试质量验收签证。

（二）调试过程

1. 冷态冲洗

凝汽器上水后对凝结水系统冲洗，凝结水系统冲洗合格后冲洗给水系统，给水系统冲洗合格后才可以给锅炉上水，并对锅炉进行冷、热态冲洗。

（1）凝结水及低压给水系统的冲洗流程如下：

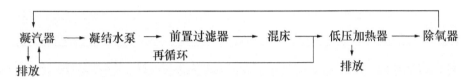

凝汽器上水后，凝汽器热井水质硬度应小于 $2\mu mol/L$，否则应进行排放冲洗。当凝泵出口水铁含量大于 $1000\mu g/L$ 时，进行排放冲洗；当凝泵出口水铁含量小于 $1000\mu g/L$ 时，冲洗凝结水系统。当除氧器出口水铁含量大于 $1000\mu g/L$ 时，将清洗水排放；当除氧器出口水铁含量小于 $1000\mu g/L$ 时，冲洗水返回凝汽器，循环冲洗。当前除氧器进口水铁含量小于 $200\mu g/L$ 时，冲洗结束。循环冲洗过程中投入加氨设备，pH＝9.0～9.4。

（2）高压给水系统及锅炉的冲洗流程如下：

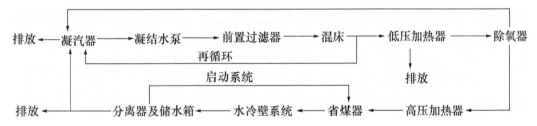

凝结水系统和低压给水系统冲洗合格后，投入除氧器蒸汽加热系统进行加热除氧，并启动给水泵对高压加热器及锅炉本体进行冲。启动分离器出口铁含量大于 $1000\mu g/L$ 时，进行排放冲洗；当分离器出口水铁含量小于 $1000\mu g/L$ 时，冲洗水返回凝汽器，利用精处理设备除去水中的铁氧化物进行循环冲洗，冲洗过程中投入加氨设备。当前分离器出口水铁含量小于 $200\mu g/L$ 时，冷态冲洗结束。

（3）热态冲洗。当给水水质达到表 14-2 的要求时，锅炉点火进行受热面的热态冲洗。

表 14-2　　　　　　　　超临界机组热态冲洗，省煤器进口水质控制标准

项　目	电导率，25℃ （$\mu S/cm$）	pH	硬度 （$\mu mol/L$）	二氧化硅 （$\mu g/L$）	溶解氧 （$\mu g/L$）	铁 （$\mu g/kg$）
标准	＜0.50	9.2～9.6	≈0	≤30	≤100	≤50

在锅炉启动过程中将水温提高到 200℃ 左右（以锅炉本体水汽系统出口水温度为准），

停止升温并维持锅内的水温，并沿高压系统冷态清洗时的循环回路流动，使水汽系统中清洗出来的杂质不断被前置过滤器及除盐混床除掉。

经过一段时间后，再次升高水温使其达到250℃左右并维持温度，继续进行热态清洗。再经过一段时间后，将水温升到290℃进行热态清洗。清洗时，监测启动分离器出口水质，当铁和二氧化硅含量小于$100\mu g/L$，YD≈$0\mu mol/L$，DD≤$1\mu S/cm$时，热态清洗结束。

2. 冲转期间的水汽品质要求

锅炉热态冲洗结束后，通过汽机旁路系统进行蒸汽系统的冲洗。锅炉进行升温升压，蒸汽参数提高后，监测过热蒸汽质量，过热蒸汽达到表14-3的标准时，可以冲转汽轮机。

表14-3　　　　　　　　　　汽轮机冲转时的过热蒸汽品质要求

项　目	二氧化硅($\mu g/L$)	铁($\mu g/L$)	Cu($\mu g/L$)	钠($\mu g/L$)
标准	≤30	≤50	≤15	≤20

汽轮机首次冲转时，蒸汽质量可暂时放宽到二氧化硅含量小于$80\mu g/L$，但应采取措施，在较短时间内使蒸汽达到有关要求。

在冲转期间，应加强凝结水和给水品质的监督，凝结水和给水质量应符合表14-4和表14-5规定，并在数小时内达到正常标准。

表14-4　　　　　　　　　　　　给水质量指标

项目	氢电导率，25℃ ($\mu S/cm$)	二氧化硅 ($\mu g/L$)	铁 ($\mu g/L$)	溶解氧 ($\mu g/L$)	硬度 ($\mu mol/L$)	pH，25℃	联氨 ($\mu g/L$)
标准	≤0.65	≤30	≤50	≤30	～0	9.0～9.5	10～50

表14-5　　　　　　　　　　　　凝结水质量指标

项目	二氧化硅($\mu g/L$)	铁($\mu g/L$)	硬度($\mu mol/L$)	pH
标准	≤80	≤1000	≤2	9.0～9.5

3. 带负荷阶段的水汽品质要求

超超临界机组带负荷试运是超超临界机组投产前考验机组设备的重要步骤，在超超临界条件下，蒸汽已具有与水一样的特性，因此，盐类在蒸汽中的溶解度很高。在机组热力系统设备、容器、金属管道表面的微观可溶物会不断溶解在蒸汽中，在汽轮机和再热器中，由于蒸汽压力降低、温度降低和膨胀作用，溶解在蒸汽中的盐类又会由于溶解度的降低变成晶体或浓缩液，对金属产生危害，从而影响机组的经济、安全运行。

为防止带负荷阶段不良的运行水质给机组设备带来危害，机组化学加药系统、在线取样仪表系统、凝结水精处理设备、凝汽器检漏装置、循环水加药处理、发电机冷却水处理装置等均应投入运行，并根据设备运行情况进行及时调整。

机组带负荷阶段，应尽早地投入热力系统内的设备，并进行冲洗。要加强水质的调节和监督，加强凝结水精处理设备的运行监督，提高水汽品质。此阶段给水、蒸汽、凝结水质量标准分别如表14-6～表14-8所示。

表 14-6　　　　　　　　　　　　　　　给水质量标准

项目	氢电导率，25℃ (μS/cm)	二氧化硅 (μg/L)	铁 (μg/L)	溶解氧 (μg/L)	硬度 (μmol/L)	pH，25℃	联氨 (μg/L)
标准	≤0.65	≤20	≤20	≤10	≈0	9.0～9.5	10～50

表 14-7　　　　　　　　　　　　　　　蒸汽质量标准

项目	氢电导率，25℃ (μS/cm)	二氧化硅 (μg/L)	铁 (μg/L)	铜 (μg/L)	钠 (μg/L)
标准（1/2 额定负荷前）	≤0.5	≤30	≤30	≤15	≤20
标准（1/2 负荷至满负荷）	≤0.3	≤15	≤10	≤5	≤5

表 14-8　　　　　　　　　　　　　　　凝结水质量标准

项目	氢电导率，25℃ (μS/cm)	二氧化硅 (μg/L)	铁 (μg/L)	硬度 (μmol/L)	溶解氧 (μg/L)
标准	≤0.3	≤80	≤100	≈0	≤30

经精处理后的凝结水质量应符合表 14-9 的规定。

表 14-9　　　　　　　　　　　经精处理后的凝结水质量标准

项目	氢电导率，25℃ (μS/cm)	二氧化硅 (μg/L)	铁 (μg/L)	铜 (μg/L)	钠 (μg/L)
标准	≤0.15	≤10	≤5	≤3	≤3

此外，还要加强疏水的质量监督和发电机冷却水的质量监督，其质量标准分别如表 14-10 和表 14-11 所示。

表 14-10　　　　　　　　　　低加热器疏水回收质量标准

项目	二氧化硅（μg/L）	铁（μg/L）
标准	≤80	≤400

表 14-11　　　　　　　　　　发电机冷却水质量标准

项目	电导率，25℃ (μS/cm)	铜（μg/L）	pH，25℃	硬度（μmol/L）
标准	≤2	≤40	7.0～9.0	≈0

二、满负荷期间的水汽化学监督

机组整套启动空负荷、带负荷试运全部试验项目完成后，调试单位按机组进入满负荷试运条件检查确认，并组织调试、施工、监理、建设、生产等单位进行检查确认、签证，报请试运指挥部总指挥批准。生产单位向电网调度部门提出机组进入满负荷试运申请，经同意后，机组进入满负荷试运。

（一）满负荷试运期间的调试项目

在机组带满负荷阶段进一步调整补给水设备，给水、凝结水加药设备，精处理设备等运行参数，处理与调试有关的缺陷及异常情况，配合施工单位消除试运缺陷，进一步调整和控制化学各项指标在合格范围内，使水汽品质达到正常运行标准。统计化学专业试运技术指标，填写试运记录表，对调试质量进行验收、签证。

（二）满负荷期间的水汽品质要求

超超临界机组 AVT(O) 处理满负荷阶段的水汽品质应达到表 14-12 的要求。

表 14-12　　　　超超临界机组 AVT(O) 处理满负荷阶段的水汽品质标准

检验项目		质量	
		标准	期望值
给水	氢电导率，25℃(μS/cm)	≤0.10	≤0.08
	铁(μg/L)	≤5	≤3
	溶解氧(μg/L)	≤10	
	二氧化硅(μg/L)	≤10	≤5
	pH，25℃	9.2～9.6	
	钠(μg/L)	≤2	≤1
	氯(μg/L)	≤1	
	TOC(μg/L)	200	
蒸汽	二氧化硅(μg/L)	≤10	≤5
	钠(μg/L)	≤2	≤1
	铁(μg/L)	≤5	≤3
	铜(μg/L)	≤2	≤1
	氢电导率，25℃(μS/cm)	≤0.10	≤0.08
凝结水泵出口	硬度(μmoL/L)	≤0	
	溶解氧(μg/L)	≤20	
	氢电导率，25℃(μS/cm)	≤0.2	≤0.15
	钠(μg/L)	≤5	
精处理装置后出水	氢电导率，25℃(μS/cm)	≤0.10	≤0.08
	钠(μg/L)	≤3	≤1
	铁(μg/L)	≤5	≤3
	二氧化硅(μg/L)	≤10	≤5

三、整套启动期间其他监督

此外，除机组正常的水汽品质监督外，还要加强汽轮机抗燃油和各辅机设备的润滑油油脂、发电机氢气品质、变压器绝缘油监督。

机组启动期间汽轮机油、抗燃油品质应满足表 14-13 的要求。

表 14-13　　　　　　　　　　汽轮机油、抗燃油品质标准

项　目		质量标准
汽轮机油	破乳化度（min）	≤15
	水分（mg/L）	≤100
	颗粒度	≤8 级
抗燃油	水分（mg/L）	≤1000
	颗粒度	≤6 级

机组启动期间发电机氢气品质满足表 14-14 的要求。

表 14-14　　　　　　　　　　　　氢气品质标准

项目	纯度（%）	露点（℃）
质量标准	≥96	−10～−25

发电机用油质量符合表 14-15 的要求。

表 14-15　　　　　　　　　　　发电机油质量标准

项　目		质量指标	
		投入运行前的油	运行油
外状		全透明，无机械杂质	全透明，无机械杂质
运动黏度（mm²/s）	在温度 20℃下	≤30	≤30
	在温度 40℃下	≤9	≤9
闪点（闭口杯）（℃）		≤135	≤135
酸值（mgKOH/g）		≤0.03	≤0.1
凝点（℃）		≤−45	
灰分（%）		≤0.005	
水分（mg/L）		10	15
腐蚀性硫		非腐蚀性	非腐蚀性
击穿电压（kV）		55	50**
介质损耗因数，90℃时		0.005	0.015
氧化安定性	氧化后沉淀（%）	≤0.05	
	氧化后酸值（mgKOH/g）	≤0.2	
含气量（%）		1	3
油中溶解气体*		参照 DL/T 596—1996	参照 DL/T 596—1996
油泥与沉淀物（%）		<0.02	<0.02

*　油中溶解气体的测定可以参考 DL/T 596—1996《电力设备预防性试验规程》中变压器的要求进行。

**　参考国外标准控制极限值。

第十五章

超超临界机组的加氧处理

对于超超临界及以上机组的来说，采用合适的给水处理方式是控制热力系统腐蚀产物的主要手段。给水加氧处理技术的优越性已得到一致公认，就目前而言，采用给水加氧处理是超超临界机组正常运行工况下唯一合适的水处理工艺。

第一节　加氧处理前的评估

超超临界机组加氧前需事先对机组设备及运行情况进行调查，调查内容包括机组设备材料情况、化学运行情况、受热面的结垢和成分、化学仪表分析能力等，以便根据调查结果做出必要的调整。

一、热力系统材料的调查

热力系统材料包括锅炉水汽系统的"四管"（省煤器管、水冷壁管、过热器管和再热器管）、汽轮机、高低压加热器等设备部件的材料和状态以及有关阀门的阀座、密封环的材料和状态，并建立档案。

在氧化性环境下，铜合金及某些密封件的性能会受到影响。当铜合金处在凝结水精处理系统的下游时，一般不适于采用加氧处理。对于可能受影响的密封件材料，应在加氧前进行检查并记录，在加氧处理后，按照例行维护的时间间隔检查这些材料的性能，并确定是否更换或采用其他可替代性材料更换。

二、水质查定

给水加氧处理前应对整个系统取样点的水质情况进行全面的查定并做好记录，建立基础数据，以便用于日后评定加氧处理效果。

凝结水精处理系统的正常运行和再生是给水加氧处理的一个重要前提，在机组加氧前需对凝结水精处理系统混床的全周期运行水质进行检测和评估，确保凝结水混床运行周期内运行状态良好，不析出或超出系统承受力的有害离子。

三、给水加氨系统的检查

给水加氨系统运行正常，加氨设备能够保证给水 pH 在 $8.0 \sim 9.5$ 的范围内调节。加氨量的控制宜采用自动计量装置（在给水加氧时，一般控制给水的电导率在 $1.5 \sim 2.5 \mu S/cm$ 的范围内）。

四、汽水取样和检测系统的改进

根据原有取样仪表的配置情况增设必要的取样点和检测仪表。超超临界机组加氧后，系统中的氧含量的监测极其重要，通常需要对除氧器入口、省煤器进口、蒸汽及疏水的氧含量进行监督，同时也要检测疏水品质。因此，应根据原有水汽取样架的配置情况加装溶氧表和电导表等。

五、垢量检查及锅炉化学清洗

实施转换前，应利用机组检修机会对锅炉省煤器和水冷壁的沉积物量、沉积物成分进行全面的检查。当系统沉积物量大于 $200g/m^2$ 或沉积物中有铜时，实施加氧转换前应先进行酸洗，除去热力系统中的铜沉积物，确保加氧转换前受热面的垢量和沉积物符合加氧要求。

六、加氧系统与调试

（一）加氧系统

加氧系统由氧气瓶、加氧汇流排、加氧控制柜、加氧管道和阀门等组成。加氧控制柜应备有压力表、流量控制阀、流量表等，以能够精确控制加氧量。加氧点通常包括：①凝结水精处理出口母管，设在凝结水精处理出口母管上，一个加氧点，设就地一次门、逆止门；②给水加氧点设置在除氧器出口至前置泵入口管道上，每台前置泵入口各设一个加氧点，设就地一次门、逆止门。超超临界机组加氧系统配置一般如图 15-1 所示。

（二）加氧系统调试

加氧系统的调试包括热工联锁信号校对、系统密封性检查、加氧流量控制阀调整等内容。由于氧气是助燃气体，加氧系统的管道、阀门及仪表等应进行脱油脱脂处理，可预先用四氯化碳清洗或高温蒸汽进行吹洗。

1. 系统联锁调试

加氧处理系统的联锁主要为给水氢电导率超过 $0.15\mu S/cm$ 时，加氧装置应自动切断加氧，并发出报警，提示操作人员停止加氧，增加加氨量，提高系统的 pH。在投运加氧装置前应确认联锁正常。

2. 系统吹扫和严密性试验

加氧装置管道用氮气吹扫，并进行工作压力下的严密性试验，确保系统严密不漏。

3. 加氧减压阀、稳压阀调整设定

为防止运行过程中加氧量的波动，加氧装置设有稳压阀，根据加氧点机组压力设定稳压阀参数。给水稳压压力可设定为 $1.4\sim1.6MPa$，凝结水加氧压力根据凝结水母管压力设定。氧气瓶组出口的减压阀开度根据加氧压力调整，精处理出口加氧减压阀后的压力控制为 $3.8\sim4.0MPa$。

4. 加氧流量控制调试

加氧装置严密性试验合格后，采用氮气对加药流量计进行调试，加药流量调节指示、反馈信号正确，流量计调节灵敏度符合要求。

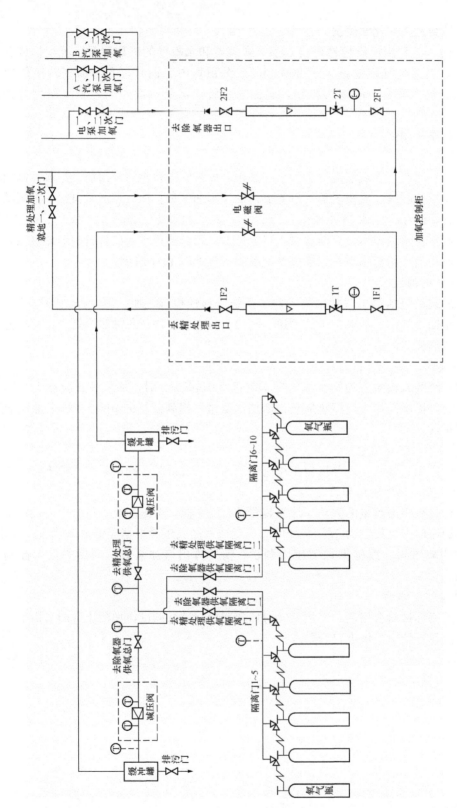

图 15-1 超超临界机组加氧系统配置图

第二节 加氧处理的实施

机组经过化学补给水处理系统、给水凝结水加药系统、凝结水精处理系统、取样仪表系统、机组汽水品质、机组受热面结垢和高温氧化皮、机组运行参数、机组敏感性金属材料使用等全面评估，在系统条件、水汽品质达到加氧处理条件后，可进行给水加氧处理转化的具体实施工作。对于长期采用 AVT（R）处理的机组，在给水加氧前应先停止加入联氨处理，稳定运行一段时间（时间可视加按联氨时间的长短而定，多则一月，少则一周）后，方可进行加氧处理。

一、系统的检查确认

（1）机组负荷在 40% 以上稳定运行，系统给水的氢电导率值小于 $0.15\mu S/cm$，且能继续稳定。

（2）检查除氧器、高低压加热器的排气门的位置和调节性能。排气门开关灵活，在开始转换前除氧器、高压加热器及低压加热器的排气门为微开状态。除氧器排气门开度只要满足排放管出口有微微蒸汽飘出即可。

（3）检查全流量处理时精处理混床的性能（制水量、运行周期、正常运行时的氢电导率、失效时的氢电导率等），精处理出口氢电导率小于 $0.10\mu S/cm$，精处理采用氢型混床运行。

（4）检查化学在线监测仪表的量程、准确度，应满足加氧处理工艺的要求。

（5）运行人员经过培训熟悉和掌握加氧处理知识、指标控制、化验方法和有关的规程操作，能够判断化学仪表的显示数据的关联性和可靠性。

（6）加氧系统的安装、调试结束，压力试验和严密性试验合格。确保运行期间给水氧的浓度达到要求的含量。自动加氧设备已经在冷态时调试完毕。

二、加氧转换

（一）手动投用加氧装置各加氧点

1. 除氧器下降管的加氧点加入氧气

（1）打开加氧控制阀，控制加氧流量，保持给水中初始理论氧浓度 $100\sim300\mu g/L$。

（2）监测水汽系统的氢电导率、阴离子变化情况。此阶段氢电导率的上升与氧化膜中的杂质释放有关，铁含量有升高的趋势，这是转换期间的正常情况。加氧过程中控制给水氢电导率在 $0.2\mu S/cm$ 以下，氢电导率继续升高时可适当调低给水加氧量，稳定给水氢电导率在 $0.2\mu S/cm$ 左右，只要凝结水精处理出口的氢电导率小于 $0.1\mu S/cm$，可继续进行加氧处理。当给水氢电导率仍然升高时，应及时切断加氧恢复 AVT 处理，并迅速查明原因。

（3）省煤器入口氧含量达到 $30\mu g/L$ 以上时，炉前高压给水系统转化完成；监测到蒸汽的氧含量达到 $30\mu g/L$ 以上时，蒸汽系统转化完成；关闭和调整高压加热器的运行连续排气，高压加热器疏水的氧含量达到 $10\mu g/L$ 以上时，疏水系统转化完成。

2. 凝结水加氧

开启凝结水精处理出口加氧点阀门，维持加氧量为 $100\mu g/L$，转化低压给水系统，使整个系统的氧达到平衡。

3. 系统 pH 调节

给水加氧处理转化完成后，逐步降低系统的 pH，调节 pH 在 8.5～9.0 范围，最优 pH 的范围控制视系统铁离子含量最佳为准。

（二）投自动加氧系统

待整个热力系统的氧平衡后，调试自动加氧设备，逐渐由自动控制加氧代替手动控制加氧。

加氧处理工况正常运行时，除氧器排气门微开，以排除系统泄漏的不凝结气体。高压加热器连续排气门采用关闭并定期开启的运行方式，以保证高压加热器疏水溶解氧含量大于 $2\mu g/L$。给水溶解氧含量控制在能保证修复热力系统氧化膜范围内。一般控制省煤器入口给水氧含量在 $30～100\mu g/L$。

三、转换过程中监督及注意事项

在给水加氧处理转换过程中，应重点检测下列指标。

（一）给水氢电导率

在转化过程中，最重要的运行限制是锅炉给水的氢电导率。正常运行工况下，由于凝结水 100% 进行处理，其出水氢电导率可以小于 $0.10\mu S/cm$，甚至达到 $0.06\mu S/cm$。因此给水的氢电导率应该小于 $0.15\mu S/cm$，事实上它也可以小于 $0.10\mu S/cm$，但是在加氧的转化过程中，特别是在转化初期，给水氢电导率往往会超过 $0.15\mu S/cm$ 甚至更高。氢电导率的增加，表示水汽样品中阴离子含量增加，系统的腐蚀风险加大。美国电力研究院 EPRI 认为，在转化过程中，假如酸电导率在 $0.20～0.30\mu S/cm$ 之间，可以通过增加氨的加入量来提高 pH 超过 9.0 运行。试验证明，当酸电导率超过 $0.3\mu S/cm$ 时，给水设备的腐蚀速率会显著增加，此时应该切断加氧，恢复 AVT 的运行工况。

（二）给水氧含量

在加氧初始阶段，为尽快形成加氧条件下的保护膜的过程，可提高开始的加氧量，一般控制凝结水或给水含氧量在 $150～300\mu g/L$。在加氧转化的过程中，系统中氢电导率如果超过某一个限值，则应该降低氧的注入浓度；当氢电导率低于这个限值时，方可以增加氧的注入浓度。在完成系统钝化保护膜后，系统消耗的氧气量就很少，浓度保持在 $30～150\mu g/L$ 范围内，已经证明，即使氧含量在低限值的情况下，也已经满足需要。

（三）pH 的控制

在最初加氧的时候，机组的 pH 保持在 AVT 的范围内，一直到确认机组系统的化学工况稳定并在受控状态（即加氧后氢电导率恢复到小于 $0.15\mu S/cm$），机组给水的 pH 才允许逐步降低。在确定最佳合理 pH 运行期间，应通过系统的含铁量来确定。

第三节　加氧处理运行监督

水汽质量监督的目的是，通过对热力系统的水汽品质化验和水处理设备的运行工况监督，准确反映出水处理设备的运行状况和热力系统水汽质量的变化情况，确保系统水汽品质合格，防止不良的水汽品质在热力系统中产生腐蚀、结垢、积盐现象，确保机组的安全、经济运行。

超超临界机组的热负荷高，对水汽质量的要求也高，给水加氧处理技术是锅炉给水从除氧到加氧的一个跨越，这是锅炉在运行中防腐技术理论的重大突破，因此在采用加氧处理技术时，应加强运行人员的技术培训，重视对水处理设备、汽水品质的监督，要更加重视对锅炉补给水、凝结水、给水、蒸汽和凝汽器系统进行监督。

一、正常运行监督

（1）正常运行时，每 8h 对加氧装置就地检查一次，检查装置内部各部件是否正常，有无泄漏和损坏。

（2）每 4h 记录一次加氧汇流排的压力，及时根据汇流排氧气压力进行更换瓶操作。检查加氧流量是否发生异常变化，并记录加氧流量。

（3）运行过程中，监测除氧器入口溶解氧和省煤器入口溶解氧的含量、除氧器入口电导率、省煤器入口氢电导率、pH、电导率，并每 4h 记录一次。在监测期间应注意在线溶解氧表显示是否符合要求，做出判断并进行相应调整。注意给水 pH 的变化趋势，及时调整给水加药量，保证给水 pH 在设定的控制范围。

（4）采用自动加氧时，省煤器入口给水和除氧器入口给水的溶解氧含量应设定在预期的目标范围内，运行中观察其是否超出设定的范围。

（5）正常加氧过程中，定期对热力系统腐蚀产物进行查定，及时发现系统存在的腐蚀隐患并做出处理。每周测定水汽系统中的铜、铁含量，取样位置应包括凝结水、精处理出口、省煤器入口给水、过热蒸汽、高加疏水、低加疏水。

二、水质恶化和机组停运措施

（一）水质恶化

凝结水氢电导率大于 $0.2\mu S/cm$ 时（如凝汽器发生漏泄、回收的疏水质量劣化时等），应查找原因并采取相应措施。

如果省煤器入口给水的氢电导率大于 $0.15\mu S/cm$，应停止加氧，关闭加氧控制柜精处理和除氧器出口加氧进出口阀门；与此同时，将除氧器入口电导率设定值改为 $7.5\mu S/cm$，提高给水的 pH 至 $9.3\sim9.6$；同时，积极排查原因，待省煤器入口给水的氢电导率合格后，再恢复加氧处理。

（二）非计划停机

机组非计划停机，应该立即关闭加氧控制柜精处理和除氧器出口加氧进出口阀门，停止加氧。同时，将除氧器入口电导率设定值改为 $7.5\mu S/cm$，并手动加大精处理出口的加氨量，尽快将给水 pH 提高到 $9.3\sim9.6$。

机组停运前，打开除氧器向凝汽器排气门和高压加热器连续排气门。

（三）正常停机

正常停机，提前 24h，关闭精处理和除氧器出口加氧进出口阀门，停止加氧。同时，将精处理出口或除氧器入口电导率设定值改为 $7.5\mu S/cm$，提高给水的 pH 至 $9.3\sim9.6$。

机组停运前，打开除氧器向凝汽器排气门和高压加热器连续排气门。

（四）加氧中断后再次启动加氧的运行措施

机组启动时，按规程进行冲洗和投运精处理设备。在机组启动冲洗时，精处理出口只加氨，不加联氨，将除氧器入口电导率设定值定为 $7.5\mu S/cm$，以维持省煤器入口给水 pH 为 $9.3\sim9.6$。

机组启动时，高压加热器向除氧器运行连续排气门打开；当开始加氧后，将高压加热器向除氧器运行连续排气门关闭。

机组启动时，除氧器向凝气器排气电动门打开；当开始加氧后，将除氧器向凝汽器排气电动门微开。

机组带负荷超过40%，汽动给水泵投运后，并且精处理出口氢电导率小于0.10μS/cm，省煤器入口给水氢电导率小于0.15μS/cm时，方可进行加氧处理。

三、加氧过程中存在的问题与处理

（一）凝结水加氧后除氧器入口有氧而除氧器出口无氧

某机组实施凝结水加氧处理，在除氧器入口溶解氧含量很快达到一定含量后，关闭除氧器排氧门。经过很长一段时间，除氧器出口和省煤器进口仍然无氧。经对除氧器排气门后管道进行红外测温仪温度检查，发现除氧器排气门后管道温度高，显示除氧器排气门存在内漏，加入凝结水的溶解氧经过除氧器排除，导致除氧器出口无氧。经过人工隔离检修后，除氧器溶氧正常。

（二）单侧给水泵滤网差压高

某机组在对给水加氧处理调整后，机组运行过程中造成单侧给水泵滤网差压高，经检查滤网堵塞物为氧化铁颗粒。对另一台给水泵滤网检查后发现，内部洁净无氧化物颗粒。滤网清理后，机组恢复加氧运行后尽管检查给水氧含量正常，但对加氧点后管道进行检查发现两侧管道温度存在明显偏差，可以判断两侧给水加氧存在不平衡，有一侧加氧门基本无氧进入。通过对就地两只加氧门的开度调节，平衡两侧加氧量后，测定两侧给水氧量正常。

（三）加氧处理后，给水、蒸汽取样氢电导异常

在给水加氧初期，一方面由于取样管内和高温设备表面杂质的影响，氧在高温环境下的强氧化性，容易与金属内表面的Cr、S、P、C等元素发生氧化反应，使样品中的酸性离子增加，造成样品氢电导异常。在加氧处理时，应根据氢电导率变化适当调整氧气的含量，使系统氢电导率控制在标准范围内。

第十六章

超超临界机组的结垢、积盐与腐蚀

机组的汽水品质是影响热力设备安全、经济运行的重要因素之一，锅炉机组的参数越高，热能利用率越高，发电的经济性越好，但对水处理技术的要求也越严格。近十年来，超临界及超超临界在我国大量投产，伴随着超临界机组运行后的结垢，积盐、腐蚀随之发生。超临界机组的结垢、积盐与腐蚀与亚临界相比发生了比较明显的变化：①省煤器进口腐蚀产物沉积速率明显加快；②水冷壁结垢速率高，结垢量大；③汽轮机积盐现象明显，积盐成分复杂；④高温过热器、再热器高温氧化皮严重。探讨超超临界机组的结垢、积盐与腐蚀机理，加强这方面的控制，对提高超超临界机组的安全、经济运行具有必要的意义。

第一节 水汽系统杂质的来源及危害

在超临界工况下的汽水理化特性决定了超超临界锅炉必须采用直流炉，直流锅炉没有汽包，无法通过锅炉排污去除杂质。给水中的污染物进入系统中，一部分沉积在炉前系统的热力设备或锅炉受热面内，造成高压加热器、省煤器、水冷壁结垢和炉前疏水调阀卡涩等；一部分随蒸汽进入汽轮机，超过汽轮机允许的蒸汽纯度时，会造成汽轮机通流部分的积盐和腐蚀。

一、水汽系统中污染物的来源

（一）补给水中带入的杂质

锅炉补给水虽经多级处理，但仍有微量杂质残留，如 K^+、Na^+、Ca^{2+}、Mg^{2+}、Al^{3+}、Fe^{2+}、SO_4^{2-}、Cl^-、SiO_2 等。由于仪器的检测灵敏度限制，有些杂质含量低于分析方法时会检测不出，但在垢样中积累放大后便能检测。另外，当水源中有机物含量高而处理手段不足以有效去除时，会有有机物及其分解产物进入热力系统；当预处理设备不完备或运行不良时，胶体硅会漏入热力系统而影响水汽品质。

（二）凝汽器管泄漏带入的杂质

凝汽器换热管泄漏及渗漏是一种比较常见的现象。随着冷却水污染的日益严重，凝汽器管的腐蚀与穿孔导致的凝汽器冷却水管泄漏现象经常发生，由此将冷却水中的各种盐类及非活性硅、有机物、微生物和 O_2、CO_2 等气态杂质带入凝结水中，这是影响机组水汽质量、引起炉管结垢与汽轮机结盐的重要原因之一。即使有凝结水精处理装置的机组，由于其运行流速高，树脂交换能力有限，也不能根本消除凝汽器泄漏带来的给水污染问题，同时精处理混床对冷却水中存在的胶体硅也没有去除能力。

（三）水汽系统自身的腐蚀产物

机组在停用、检修、运行期间，因金属管道、设备腐蚀而产生铜、铁及其他金属腐蚀产物。通常而言，机组运行时的腐蚀程度低且稳定。但在机组停用及检修期间，由于执行保养方案的差异，会造成热力设备全方位和大面积的腐蚀。这些腐蚀产物一部分随冲洗水排出，另一部分进入热力系统后续部件，造成热力设备的结垢。

（四）设备检修安装时带入的杂质

热力设备在安装、检修工程中，由于安装工艺、施工程序控制不严，杂物被人为带入水汽系统中。进入系统的杂物在化学清洗、蒸汽冲管及机组的冷态冲洗期间不能及时消除，会随水汽在系统中流动、沉积、分解，造成系统和设备的结垢、积盐和腐蚀。另外，热力设备化学清洗工艺选用不合理、清洗药剂中的杂质或清洗后残留药剂未冲洗干净，都会对水汽系统产生不利影响。

（五）水处理装置带入的杂物

离子交换装置运行过程中，一方面，树脂结构上的一些基团降解脱落后会进入补给水或凝结水中；另一方面，少量的树脂运行中会破碎，树脂粉末会进入给水中，它们随后在高温水下分解，产生低分子有机酸，对炉管与汽轮机产生酸腐蚀。

水处理药剂因不纯含有的杂质或水处理药剂本身也会成为有害物质，对设备造成损害。例如，NH_3 浓缩会对凝汽器空抽区铜管造成腐蚀。

（六）其他因素

凝结水箱、除盐水箱密封不严而带入的 O_2、CO_2 等气态杂质，凝结水泵、疏水泵等不严密带入的气态杂质，疏水回收带入的杂质，特种转动设备密封水的回收有时因设备故障而受到润滑油的污染等影响水汽品质。

二、杂质引起系统的危害

如果进入锅炉的水中有易于沉积的杂质，则在其运行过程中水冷壁管会发生结垢现象。由于垢的导热性仅为金属的 1/100～1/10，且它又极易在热负荷很高的部位生成，故垢对锅炉的危害性极大，如会使炉管金属的壁温过高，引起金属强度下降，造成局部变形、鼓包，甚至爆管；垢还会降低锅炉的传热效率，从而影响机组的经济性。

机组热力系统设备如给水管道、加热器、省煤器、水冷壁、过热器和汽轮机凝汽器等，都会因水质不良而发生不同程度的腐蚀。腐蚀不仅会缩短设备本身的使用寿命，而且会因金属腐蚀产物转入水中，成为水冷壁管上新的腐蚀源，由此导致锅炉给水中杂质增多，促进炉管内的结垢与腐蚀过程，形成恶性循环。当金属腐蚀产物被蒸汽带到汽轮机时，会严重地影响汽轮机的安全性及运行的经济性。

蒸汽中的非气体杂质主要有钠盐、硅酸盐等，含有杂质的蒸汽通过过热器时，一部分杂质可能沉积在过热器管内，影响蒸汽的流动与传热，使管壁温度升高，加速钢材蠕变甚至超温爆管。蒸汽中携带的盐类还可能沉积在管道、阀门、汽轮机叶片上，若沉积发生在蒸汽阀门处，则会使阀门动作失灵；若沉积发生在汽轮机叶片上，则会使叶片表面粗糙、叶形改变和通流截面减小，积盐严重时，还会引起推力轴承负荷增加、隔板弯曲，降低汽轮机的工作效率或造成事故停机。

第二节 锅 炉 受 热 面 结 垢

在超临界工况下，由于凝汽器渗漏或泄漏不可避免，精处理混床除盐能力有限，随凝结水带入的钙、镁离子及部分铁氧化物将沉积在锅炉受热面上，从而影响锅炉的安全、经济运行。

一、超临界机组结垢检查

（一）水冷壁、省煤器结垢速率高

在超临界机组条件下，适宜的水处理工况有全挥发性处理和加氧处理。表 16-1 是部分运行超临界机组割管垢量的检查情况。

表 16-1　超临界机组水冷壁、省煤器垢量检查情况

机　组	600MW							
	A厂1号		A厂3号		B厂2号		C厂2号	
给水处理方式	用 AVT(R) 处理				2005 年 5 月前采用给水 AVT(R) 处理，后采用 AVT(O) 处理		168h 投运后给水采用 OT 处理	
投运时间	2006 年 4 月		2007 年 1 月		2004 年 12 月		2005 年 6 月	
检修时间	2008 年 11 月		2008 年 3 月		2005 年 12 月		2012 年 9 月	
受热面	省煤器	水冷壁	省煤器	水冷壁	省煤器	水冷壁	省煤器	水冷壁
结垢量(g/m^2)	344	230	253	165	173	57	82.51	127.75
结垢速率 [g/(m^2·a)]	105.8	70.7	195.2	120.2	173	57	11.33	17.55
结垢评价	三类	二类	三类	三类	三类	二类	一类	一类

注　DL/T 1115—2009《火力发电厂机组大修化学检查导则》规定，省煤器、水冷壁结垢速率一类小于 40g/(m^2·a)，二类为 40～80g/(m^2·a)，三类大于 80g/(m^2·a)。

从超临界机组受热面结垢情况可以看出，采用全挥发性处理时，受热面表面的沉积速率均为 100g/(m^2·a) 以上，且省煤器沉积速率明显高于水冷壁沉积速率。经过 2～3 年的运行，其结垢量就达到清洗界限，远达不到导则中规定的运行 5～10 年进行化学清洗的年限。而采用给水加氧处理机组的受热面结垢速率显著小于采用全挥发性处理机组的受热面结垢速率，锅炉清洗周期明显延长。另外对其垢成分进行了分析，其中铁含量占 90% 以上。

（二）水冷壁入口节流孔结垢

某 1000MW 超超临界机组在设计时为改善水冷壁管内的水流特性，在水冷壁四侧联箱出口管都装有大小不同的节流孔，孔径最大为 14mm，最小的为 7mm。在机组投运后水冷壁管经常超温爆管，在排查爆管原因时偶然发现水冷壁节流孔结垢情况如图 16-1(a) 所示。后对同类型机组的水冷壁节流孔检查也发现类似问题，如图 16-1(b) 所示。

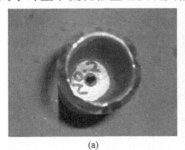
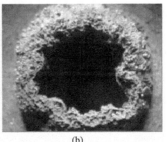

(a)　　　　　　　　　　　(b)

图 16-1　水冷壁节流孔结垢情况图

图 16-1(a) 所示节流孔在进水侧沿小孔径向结垢，并有逐渐填满孔眼趋势；图 16-1(b) 所示节流孔在进水侧呈菜花状，出口方向呈流体冲刷状。结垢物与金属肌体有一定的结合牢固度，属于疏松、脆性、顺磁性物质，采用 X 射线能谱仪分析主要结垢物为铁的氧化物和 Cr 的氧化物，能谱分析如图 16-2 所示。

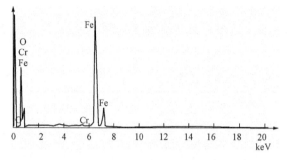

图 16-2　节流孔板进水侧垢样 X 射线能谱谱图

二、结垢原因分析

（一）基建阶段水质不合格

新建机组在基建阶段虽然进行了酸洗和吹管，但由于施工工艺的原因和短期的利益行为，在整套启动到商业化运行期间，水汽品质的某些指标与执行标准之间存在较大差距，导致锅炉运行时的水质不良，引起锅炉水冷壁、省煤器结垢。

（二）给水流动加速腐蚀产物迁移

碳钢在不同温度条件下，氧化膜的形成机制不同，其微观结构也不同。在较低温度条件下形成的磁性铁氧化膜是多孔、疏松的，而在高温条件下生成的磁性铁氧化膜是致密的。

在较低温度下，氧化膜的形成分为两步

$$Fe^{2+} + 2OH \longrightarrow Fe(OH)_2 \tag{16-1}$$

$$3Fe(OH)_2 \longrightarrow Fe_3O_4 + H_2 + 2H_2O \tag{16-2}$$

在高温条件下（大于 450℃），钢和水可直接反应形成磁性铁氧化膜

$$3Fe + 4H_2O \longrightarrow Fe_3O_4 + 4H_2 \tag{16-3}$$

由式（16-1）可见，在较低温度下，氧化膜的形成需要有一定量的铁离子和氢氧根。钢表面上的铁离子是由腐蚀过程扩散至表面的，而氢氧根则与水的 pH 有关。磁性氧化铁的形成通常受形成和溶解两个反应动力学状态控制。任何条件的变化导致此动力学状态改变时，都会影响磁性氧化铁的稳定，扩散系数和介电常数等因素会综合影响碳钢的腐蚀速率。根据温度和压力的不同，碳钢表面可以分 3 个区域：第 1 个区域是磁性氧化铁稳定区，第 2 个区域是磁性氧化铁溶解区，第 3 个区域是磁性氧化铁沉积区。

在相对低温、低压的高密度区域内，由于水的扩散系数很小，水中铁离子在磁性氧化铁的毛细孔道中很难扩散，因此碳钢的实际腐蚀和沉积速率都很慢，此区域属于磁性氧化铁稳定区；在高密度的超临界压力、相对低温有限区域内，水的扩散系数很大，介电常数也较大，碳钢的实际腐蚀速率相应较快，此区域属于磁性氧化铁溶解区；在高密度的超临界压力、较高温区域内，扩散系数和介电常数随温度升高而减小，当水的介电常数小于 15 时，水中铁离子发生大规模缔合，磁性氧化铁的形成占绝对主导地位，此区域属于磁性氧化铁沉积区。通常把超临界水介电常数 DS＝15 时的温度称为磁性氧化铁沉积温度，超过这个温度，超临界水中的铁离子就会发生大规模的缔合，从而导致磁性氧化铁沉积。以上讨论是基于压力为 25MPa 时的试验结果，在更高压力下，磁性氧化铁的沉积区域会有所改变。

在机组投入运行后，在 AVT 工况下，从给水泵出口至省煤器入口这段区域，金属表面

生成的磁性氧铁是多孔、疏松的，给水极易通过毛细孔道扩散，而且磁性氧化铁溶解度较大，因此极易发生流动加速腐蚀（FAC），导致给水中铁离子含量较高。在锅炉省煤器中，给水进一步被加热，扩散系数进一步减小，特别是介电常数下降到 15 以下，铁离子发生大规模缔合，水中大部分铁离子沉积在省煤器内的金属表面上。因此造成省煤器沉积结垢量大，沉积速率高。在水冷壁中，温度上升至临界温度以上，铁离子的溶解度降至很低，但由于大部分铁离子已经沉积在省煤器中，因此水冷壁中的铁离子沉积少于省煤器。

（三）节流孔结垢原因

水冷壁入口联箱有节流孔圈的机组，水冷壁节流圈处压力突然减小，导致离子溶解度跳跃式减小，水中过剩的铁离子将迅速以磁性氧化铁形式析出。虽然节流圈处流速较大，但由于磁性氧化铁具有磁极，类似于磁铁矿，因此仍然会集中沉积在节流圈附近，节流圈孔径越小，压差越大，磁性铁越容易沉积在节流圈上，直至引起水冷壁断水造成超温爆管。

三、防止措施

防止超超临界机组省煤器、水冷壁等受热面的结垢与腐蚀，首要因素是改善锅炉的给水水质，降低给水中腐蚀产物的含量，可从以下几个方面入手。

（一）优化机组的化学清洗工艺，提高系统的清洗效果

化学清洗是机组基建调试阶段的一个重要环节，用不同的清洗介质和清洗工艺，对系统带来的影响也有所不同。有部分超超临界机组在投产前仅对炉前系统进行了碱洗或水冲洗，这给投产后的炉前系统原有的金属腐蚀产物转移并沉积在受热面上留下了隐患。这些机组在投产运行后，在省煤器中都不同程度地产生了大量的沉积物，有的在水冷壁进口节流圈中产生沉积，以致造成爆管。因此超临界以上机组的化学清洗应扩大到整个炉前系统并优化清洗工艺，以去除给水系统管道和设备加工、轧制过程中生成的磁性铁氧化膜，保证炉前系统处于清洁状态，减少系统启动阶段腐蚀产物在汽水中的含量。

（二）严格进行启动前的冲洗质量监督

机组启动时，应加强炉前系统和炉本体的冲洗监督，严格做到冲洗指标不合格不转步，冷态冲洗合格后才对锅炉点火升压，蒸汽品质不合格不并汽，提高启动阶段的水汽品质。防止铁氧化物在省煤器和炉管内沉积。

（三）加强机组停（备）用期间的保护

执行严格的机组停用保护制度，可以减少机组设备在停（备）用期间的大面积腐蚀风险，减少启动期间的腐蚀产物转移，从而降低系统的结垢。

（四）加强凝结水精处理设备的投用管理

有关试验表明，前置过滤器在投运一段时间内，对系统的腐蚀产物有截留作用，但截留容量达到一定程度后，会释放截留的铁离子而污染水质。混床在运行后期也会造成钠离子和氯离子的泄漏。因此，加强凝结水精处理设备的投运管理，也能减少系统腐蚀和结垢风险。

（五）尽快过渡到加氧处理

在给水 AVT 处理工况下，给水产生的流动加速腐蚀，造成腐蚀产物的迁移沉积不可避免，只有采用加氧处理才是解决超超临界机组受热面结垢量大、沉积速率过高的有效办法。在机组汽水品质和其他条件满足加氧工况的条件下，尽快投入凝结水和给水加氧。

第三节　蒸汽系统的积盐与腐蚀

尽管超超临界状态下的水汽对无机盐的溶解量大大减少，但其溶解量仍在毫克每升级左右，有的甚至达几百上千个毫克每升级。由于超超临界机组都是直流锅炉（不排污），水冷壁管中的杂质会随着机组的运行越积越多，这直接导致从锅炉引出的蒸汽中不可避免地会含有钠盐、硅盐及金属腐蚀产物等杂质。蒸汽中的杂质最终沉积在过热器或汽轮机的通流部位，蒸汽中携带的酸性物质也引起中、低压缸的腐蚀。

一、汽轮机通流部分的积盐与腐蚀

（一）汽轮机积盐

某超临界机组 2006 年 12 月投产，2009 年大修开缸时，发现高压缸严重积盐，调速喷嘴积盐速率达到 160mg/（cm² · a），积盐情况如图 16-3 所示。高压缸叶片积盐速率达到 2.5～13mg/（cm² · a），积盐情况如图 16-4 所示。

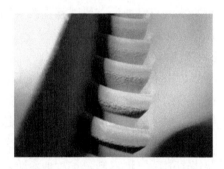

图 16-3　高压缸调速喷嘴积盐图

图 16-4　高压缸叶片积盐图

该机组隔板和叶片积盐成分采用 X 荧光光谱仪分析主要元素含量如表 16-2 所示。

表 16-2　　　　　　　　　　　　　　主要元素含量

元素含量	质量百分数（%）		元素含量	质量百分数（%）	
	隔板	叶片		隔板	叶片
O	45.3	43.5	Cu	0.234	1.53
Ca	23.8	19.8	Ba	0.192	0.187
Al	14.9	14.2	Na	0.145	0.136
Fe	8.56	8.42	Mo	0.111	0.132
Si	6.07	6.83	P	0.087 4	0.095 9
S	0.559	5.14	Mn	0.076 8	0.075 4

（二）汽轮机的腐蚀

给水采用 AVT 处理的超临界机组，普遍存在中、低压通流部件不同程度的积盐和腐蚀，图 16-5 和图 16-6 为低压转子和低压缸隔板出现氯化钠沉积而造成的不同程度的腐蚀现象。

 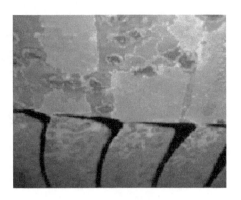

图 16-5　低压转子腐蚀现象　　　　图 16-6　低压缸隔板腐蚀现象

二、蒸汽中杂质的来源

蒸汽携带某物质主要有两种来源：一种是机械携带；另一种是溶解携带。在超临界以上条件下，由于蒸汽参数压力大、温度高，其蒸汽的盐类基本都是溶解携带。

（一）影响蒸汽溶解携带的因素

1. 给水处理方式

对于超临界以上机组而言，无论采用哪种给水处理方式，大部分杂质在给水中的浓度与在蒸汽中的浓度相当，但是对于个别物质，尤其是腐蚀产物，采用不同的给水处理方式会有较大影响。例如，对于有铜系统，如果采用 AVT(R) 方式，蒸汽的含铜量要低些；若采用给水 AVT(O) 方式，蒸汽的含铜量会增高；若采用 OT 方式，蒸汽的含铜量会更高，有时甚至会将已有沉积的铜垢溶出，并向汽轮机转移。无铜系统给水处理方式对蒸汽品质的影响不大，因为各种形态的铁的腐蚀产物都不容易被水汽携带。

2. 超临界以上水汽对各种物质的选择溶解特性

压力一定的情况下，蒸汽对硅酸的溶解能力最强，氢氧化钠和氯化钠次之，硫酸钠和磷酸钠则更小。因此，溶解携带又称选择性携带。

3. 压力对超临界以上水汽溶解携带的影响

在超临界以上压力下，蒸汽对各种物质的溶解携带量随锅炉压力的提高而增大。这种溶解特性是因为随着蒸汽压力的提高，蒸汽的性质越来越接近水的性质。在同一压力下，蒸汽中某种物质的浓度与其在水中的浓度之比，称为该物质的汽水分配系数，通常用 K 表示。汽水系统中常见物质在不同压力下的分配系数如图 16-7 所示。

4. 温度对超临界以上水汽溶解携带的影响

不同于亚临界以下机组的是，绝大部分盐类在超临界以上水汽中的溶解度会随着温度的升高而降低。

（二）蒸汽对各种盐类的溶解携带

在超临界以上机组中，当给水含有微量氯离子并采用加氨处理（ＡＶＴ 工况）时，给水中存在 NH_4Cl、NH_3 和 HCl 的混合物。NH_4Cl 的汽水分配系数取决于锅炉水中氨的分布状态、HCl 和 NH_3 的浓度及水合氨的离子化程度。通常氯离子是以 HCl 和 NH_4Cl 的形式同时被溶解携带到蒸汽中去的，两者的比例取决于回路中给水的 pH 和温度。在氨浓度低时，在高温水中，氯离子溶解携带的主要形式是以与水解离出的氢离子结合为 HCl。在 AVT 工况

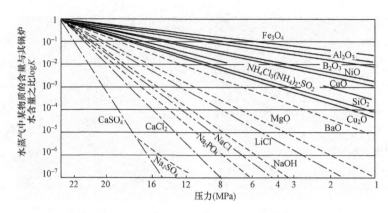

图 16-7　汽水系统中常见物质的分配系数

下，氨的挥发可导致给水 pH 比预测的低很多，例如，在 25℃ 时，测得给水 pH 为 9.3，而在 300℃ 相同含氨量的条件下，给水 pH 仅为 5.9（300℃ 高温水的中性点 pH 为 5.7），这就增加了以 HCl 为主要形式的溶解携带。

对于有凝结水精除盐的机组，给水中的硫酸根离子浓度通常很低。只有在凝汽器泄漏而凝结水又没有配备精除盐设备或其设备运行不正常的情况下，给水中才有 Na_2SO_4、$(NH_4)_2SO_4$、$NaHSO_4$、NH_4HSO_4 等与硫酸根有关的盐类。在 AVT 工况下，硫酸氢铵是硫酸根存在于蒸汽中的一种主要形式；而在含钠量较高的给水中，硫酸氢钠是一种主要存在形式。与 HCl 相同，H_2SO_4 对硫酸根在水汽中的转移起着重要的作用。但在高温水中，H_2SO_4 只发生一级电离，生成 HSO_4 和 H^+，所以 H_2SO_4 是以 HSO_4^- 与 H^+ 按 1:1 的比例溶解携带的。由于高温给水本身的电离，提供了较高浓度的 H^+，使 SO_4^{2-} 转化为 HSO_4^- 成为可能，所以 H_2SO_4 是向蒸汽传送硫酸根的主要途径。另外，在高温、还原条件下（如向给水中加入大量的联氨），硫酸根可被还原成二氧化硫，它的挥发性要比 H_2SO_4 高，这时以携带二氧化硫的方式向蒸汽传送硫酸根为主要途径。通常蒸汽中的硫酸根浓度比氯离子低得多，但如果操作中不慎有破碎树脂进入锅炉，它在高温、高压的给水中，可分解产生大量的硫酸根，不但污染蒸汽，而且还会造成汽轮机的腐蚀。

超超临界锅炉系统中可能存在的钠化合物有 NaCl、Na_2SO_4，两者在锅炉系统中极易沉淀并造成设备腐蚀破裂。实验结果表明，硫酸钠在超临界水汽中的溶解度小，再加上 Na_2SO_4 的汽液分配系数很低，所以蒸汽以 Na_2SO_4 的形式溶解携带钠盐是很困难的。对于 NaCl 而言，在 500℃ 下，压力从 20MPa 增加到 25MPa 时，其在蒸汽中的溶解度从 31.4mg/kg 增加到 101mg/kg；在 550℃ 下，压力从 20MPa 增加到 25MPa 时，蒸汽中的溶解度从 33.8mg/kg 增加到 98mg/kg。由此可看出，温度一定的情况下，NaCl 的溶解度随着压力的增大而增大，且压力对其的影响要远大于温度对其的影响。再加上 NaCl 的挥发性在超临界参数下高出两个数量级，所以饱和蒸汽溶解携带钠往往以 NaCl 为主。蒸汽中 NaCl 会造成奥氏体不锈钢和汽轮机材料的应力腐蚀。

如果补给水水源为地表水或凝汽器发生泄漏，往往会使给水中含有一定量的有机物，一般通过给水水质分析难以发现。随着给水温度的逐渐升高，一部分有机物开始分解，给水表现为氢电导率逐渐升高。在超临界机组的水冷壁管中，水中几乎所有的有机物都会被分解，刚开始分解为碳链较长的有机酸，最终分解为碳链较短的甲酸、乙酸。由于给水的氧化性不足，这些低分子酸进一步被氧化成 CO_2 的可能性较小。在碱性的给水中，甲酸、乙酸都是以钠盐或铵盐的形式存在的，而这些盐类又是不易挥发的物质。所以，甲酸、乙酸以钠盐或铵盐的形式溶解携带的可能性非常小。但是，高温给水本身的电离，可提供较高浓度的 H^+，会使一部分甲酸根和乙酸根转换成甲酸、乙酸分子。它们的挥发性要比相应的盐类高几个数量级，是有机物由水向蒸汽中转移的主要形式。与此相反，低挥发性的甲酸钠、乙酸钠提供了另一个转换路径，使蒸汽中的甲酸、乙酸转换成相应的钠盐，早早进入汽轮机的初凝水中。通过试验发现，实际给水中的有机物大多被分解成乙酸后就不再进一步分解了，给水和蒸汽中只有乙酸，没有甲酸和二氧化碳。当给水只加氨处理并维持水的 pH 为 9.0～9.2 时，乙酸的汽水分配系数在 18MPa 时为 0.25～0.36，在 19MPa 时为 0.7～1.1；当压力进一步升高时，乙酸的汽水分配系数会急剧增加，直到达到超临界时，乙酸几乎可以与超临界水互溶。由此可见，乙酸是非常容易被携带到蒸汽中的。由此，超超临界机组必须严格控制补给水中有机物的含量，防止有机物进入给水系统。

蒸汽中的硅化合物来源于给水，但饱和蒸汽中硅化合物的形态与给水中硅化合物的形态不一致。由于水冷壁管中水的温度很高，而且 pH 也较高，所以给水中的胶态硅进入炉管后都转化为溶解态硅。故超临界锅炉水中有一部分是溶解态的硅酸盐，另一部分是溶解态的硅酸。水汽标准中所提的含硅量是指硅化合物的总含量通常以 SiO_2 表示。蒸汽主要溶解携带溶解态的硅酸，对硅酸盐的溶解携带能力很小。

另外，如果超临界机组采用 OT 工况的给水处理方式，且锅炉系统中有铜合金的部件，则超临界水可能携带铜的氧化物或化合物。超临界状态下，随压力的变化，蒸汽对铜氧化物的溶解携带能力几乎呈指数上升，如图 16-8 所示。

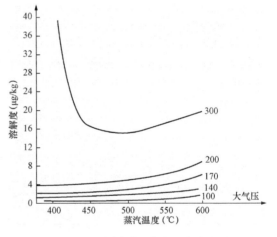

图 16-8　不同参数下，铜的氧化物在蒸汽中的溶解度曲线

研究表明：氧化性水工况对锅炉水中铜的溶解携带能力有较大的影响，因为锅炉水中的氧能将 Cu 和低价 Cu_2O 氧化成 Cu^{2+} 的化合物。$Cu(OH)_2$ 是铜化合物中挥发性最大的，这就加速了铜向蒸汽中的转移。因此，有铜合金材料的机组给水不宜采用 OT 工况处理，否则会使蒸汽中含铜量增高，并使汽轮机发生铜垢的沉积，影响汽轮机的安全运行和出力。

三、蒸汽中溶解的杂质在汽轮机中的沉积

蒸汽中的杂质，一类是蒸汽中的可溶物质，包括盐类、酸或碱；另一类是不可溶物质，主要是以铁氧化物为主的固体颗粒。图 16-9 为蒸汽中主要杂质在汽轮机各部位的溶解度曲线。

在汽轮机的高压缸部分最容易沉积的化合物是氧化铁、氧化铜，只有给水水质非常差（如凝汽器发生泄漏、混床树脂进入锅炉系统等）时，才会在高压缸发生硫酸钠的沉积。中压缸的主要沉积物是二氧化硅和氧化铁，当发生凝汽器泄漏而又没有凝结水精处理设备时，

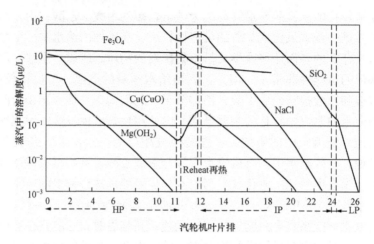

图16-9 蒸汽中主要杂质在汽轮机各部位的溶解度曲线

会发生氯化物的沉积；另外，低压加热器管为铜合金的机组还会发生单质铜及铜的氧化物的沉积。低压缸的主要沉积物是二氧化硅和氧化铁，并且在初凝区几乎聚集了蒸汽中所有还未沉积的杂质，如各种钠盐、无机酸和有机酸等。

目前，在汽轮机叶片上发现的沉积物有上百种，其主要物质在汽轮机内的浓度分布如图16-10所示。

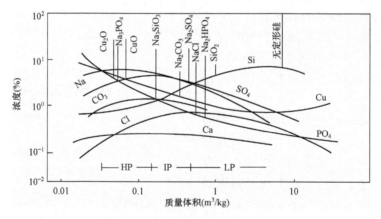

图16-10 蒸汽中的主要物质在汽轮机不同部位的浓度分布

四、汽轮机叶片腐蚀

超超临界机组的汽轮机腐蚀通常发生在中、低压缸内，尤以低压缸腐蚀为常见。蒸汽在汽轮机低压缸做功后，开始凝结成小水滴，最后有$8\%\sim12\%$的蒸汽在汽轮机低压缸中凝结，其余的蒸汽排到凝汽器中凝结。蒸汽中常含有氨$200\sim2000\mu g/kg$，这种蒸汽全部凝结成水后的pH为$9.0\sim9.6$。这样的水一般不会产生腐蚀问题。但由于蒸汽中的各种盐类和无机酸等的汽水分配系数都非常低，通常都在10^{-4}数量级以下，这些盐类和无机酸更倾向溶解于液相中。而氨在气相中的分布大于液相。这样，初凝水中浓缩的盐类和酸性物质会呈酸性，甚至产生较高浓度的酸液，只有在初凝水被带到温度更低的区域才被稀释。从机组实际检测证实，汽轮机初凝水的pH可能降到中性或酸性，并含有Cl^-、SO_4^{2-}、CO_3^{2-}、HCO_3^-、

CH_3COO^- 等，从而发生点腐蚀或酸性腐蚀。

（一）点腐蚀

汽轮机的点腐蚀最容易发生在低压缸的初凝区。点腐蚀可在汽轮机的运行过程中产生，也会在停运过程中发生。初凝水中含有的盐类，特别是含有 Cl^- 和 SO_4^{2-} 的盐是产生点腐蚀的腐蚀介质。在汽轮机的运行过程，由于负荷的变化，初凝水区域会发生变化，部分初凝水可能被蒸干，形成含盐量很高的盐水。如果该区域有黏附性的垢附着，点腐蚀就会加剧。在停运期间，由于真空破坏，空气中的氧和二氧化碳进入，加之汽轮机在潮湿的气氛中，点腐蚀也会加剧。

（二）酸性腐蚀

酸性腐蚀主要以盐酸腐蚀为代表。Cl^- 进入水汽循环系统主要有两个途径，一是凝结水精处理混床泄漏进入水汽循环系统；二是凝汽器泄漏。另外，在运行操作失误的情况下，补给水采用离子交换再生时也会造成酸漏入除盐水中。无论是向给水里漏入何种氯化物，在初凝水中都表现为 HCl。超超临界机组蒸汽中的氯离子的极限含量规定为 $3\mu g/kg$，其目的之一就是要防止初凝区发生酸性腐蚀和点腐蚀等。汽轮机的酸性腐蚀，主要以盐酸腐蚀为主。研究表明，有机酸一般不会使汽轮机发生酸性腐蚀。腐蚀部位主要发生在低压缸初凝区的动叶片、静叶片、隔板及排气室缸壁等部位。受腐蚀部件的保护膜被全面地或局部地破坏，金属晶粒裸露，表现为银灰色，类似酸洗后的表面。如果这些部位已经有垢附着，则会使垢表面呈酸性。在机组停运后，由于有空气进入而这些垢类大多吸潮性很强，通常仍然会发生酸性腐蚀，并使金属表面的颜色由银灰色变为铁锈红色。图 16-11 为某厂 350MW 机组因补给水不慎漏酸后汽轮机低压缸发生的酸性腐蚀。

图 16-11　汽轮机低压缸发生的酸性腐蚀

五、蒸汽系统积盐与腐蚀的防止

要减少蒸汽系统的积盐与腐蚀，必须减少蒸汽的溶解携带能力，关键的方法是提高给水的品质。

（一）加强凝汽器泄漏监督

由于凝汽器泄漏，易造成给水品质恶化。凝汽器泄漏时，由于混床处理能力有限，不能完全去除进入凝结水中的杂质，造成给水中的腐蚀性离子增加，进入给水中的杂质随蒸汽溶解进入汽轮机，由于在中、低压缸中蒸汽的凝结，造成液相酸性增强，进而造成低压缸、中压缸叶片隔板腐蚀。因此，在正确判断凝汽器存在泄漏，并影响给水品质时，应及时采取措施，降负荷或停机处理。

（二）加强混床运行调整

在 AVT（R）工况下，因凝结水 pH 控制较高，精处理混床平衡泄漏的钠离子和氯离子含量高，在混床运行全周期阴离子检测中，即使混床出水氢电导率符合要求，氯离子析出量也能达到 $5\mu g/L$ 以上。因此，应加强凝结水混床的再生运行管理，减少再生过程中的交叉污染，在 AVT（R）工况下，应采用氢型混床运行，减少混床运行后期杂质离子的泄漏。

（三）优化化学清洗工艺

在多台超临界机组汽轮机积盐检测中，均发现元素磷。磷酸盐在蒸汽中的溶解度极低，且超临界机组采用全挥发处理，系统中磷的含量更是极其低。因此，磷的来源主要由清洗工艺中采用的药剂带入。一方面，炉前系统的碱洗（包括凝汽器水侧和高低加汽侧碱洗），可能采用磷酸盐碱洗；另一方面，锅炉清洗的漂洗或钝化也有采用了含磷成分的药剂。采用含磷工艺清洗和钝化后，造成含磷物质在系统中残留和沉积，微量地残留在水汽系统中并在汽轮机内部沉积聚集。因此，在超临界机组清洗工艺中，应避免采用含磷试剂。

（四）尽快过渡到给水加氧处理

超临界机组在 AVT 工况下，系统维持的 pH 较高，一般在 9.3～9.6。给水系统中尽管没有铜设备，但给水系统管道采用的 WB36 的材质中含有少量的铜，铜含量在 $0.5\%\sim0.8\%$。给水系统的高 pH 和给水流动都促使铜的溶解和腐蚀，超临界机组蒸汽对铜杂质溶解携带，最终使铜迁移并沉积在汽轮机中。而采用给水加氧处理是解决流动加速腐蚀最有效的办法，可减缓或降低铜在汽轮机中的沉积。

第四节　受热面金属氧化皮的形成与防治

超临界机组锅炉蒸汽系统的高温氧化，大多发生在对流受热面的末级过热器和高温再热器，氧化腐蚀产生的后果是造成的氧化皮剥落进而引起爆管，这也是困扰超临界及以上机组安全、经济运行的突出问题。国内外多项研究表明，蒸汽系统的高温氧化腐蚀，造成氧化皮的生成与剥离主要是由运行工况的变化、金属材质等方面因素决定，与采用不同水工况条件并没有区别。

一、不同金属材料在高温水汽中的氧化

（一）纯铁在水汽中的氧化

金属表面氧化膜是金属在高温高压水蒸气中发生氧化的产物。纯铁与 570℃ 以下的水蒸气发生氧化反应，生成的氧化膜组分为 Fe_2O_3、Fe_3O_4。由于 Fe_2O_3 和 Fe_3O_4 的结晶构造较为复杂，可以阻碍金属粒子在这两种氧化物构成的氧化层内扩散速度，保护或减缓钢材的进一步氧化，使得金属总的氧化速度较慢。在受热面金属温度继续升高后，其氧化速度会加快，在温度达到 580℃ 并超过时，受热面金属氧化规律由原先的抛物线规律转化为直线规律，形成的金属氧化膜由三层铁的氧化物组成，分别是 Fe_2O_3、Fe_3O_4、FeO，其厚度大致比例为 $1:10:100$，和金属基体相接触的一层为 FeO，最外层与介质直接接触的为高价氧化物 Fe_2O_3。由于 FeO 的晶格是可置换和不致密的，体积很小的金属离子很容易通过它向外扩散，破坏整个氧化膜的稳定性，所以其在高温下的抗氧化性能减弱，致使其形成的氧化膜易于脱落。因此，金属在水蒸气中的工作温度高于 570℃ 时，铁的氧化速率会大大增加。对于抗氧化性能良好的合金钢，由于铬、硅、铝等合金元素的离子更容易氧化，会在管道表面形成结构致密的合金氧化膜并阻碍原子或离子的扩散，从而大大减缓氧化速率。不过，随着时间的推移，氧化层仍会逐渐增厚。但其氧化过程将按对数规律而逐步趋于收敛。对于同一种合金钢材，工质温度越高，相对应的管道温度越高，蒸汽氧化作用就越强。另外，管道的传热强度（热通量）越高，管道的平均温度越高，其蒸汽氧化作用也越强。当蒸汽侧氧化层出

现后，氧化层的传热系数远低于金属的传热系数，这又提高了管壁的平均温度，从而又加速了蒸汽氧化。

（二）铁素体钢的高温氧化

高温水蒸气与铁素体钢氧化形成的氧化膜内层称为原生膜，外层称为延伸膜，是由于铁离子向外扩散、水的氧离子向内扩散而形成的。内层的原生膜是水的氧离子对铁直接氧化的结果。其氧化铁结构由钢表面起向外依次为 Fe_3O_4、Fe_3O_4 或 Fe_2O_3、Fe_2O_3。内层为尖晶形细颗粒结构，氧化层外层为棒状形粗颗粒结构，并含一定量的空穴。随着时间的延长，最外层有少量不连续的三氧化二铁。铁素体与基体金属结合牢靠，一般情况下不容易剥落。

（三）奥氏体钢在水汽中的高温氧化

在低于 570℃ 的水蒸气中，奥氏体钢 Fe-Cr 耐热合金表面形成 Fe_3O_4 和 $(Fe,Cr)_3O_4$ 两层结构。在 600℃ 高温水蒸气中氧化时，反应的初始是氧化膜表面吸附态的水蒸气分子与来自内外层氧化界面的铁离子反应，生成氧化亚铁和吸附态的氢，同时吸附的水蒸气也可分解得到 O^{2-} 和 H^+。铁离子空位、电子空穴及溶入氧化物中的氢穿过外层氧化膜，在内、外氧化膜界面聚集形成孔洞，并发生逆反应，生成的氢气和水蒸气存留在孔洞中。而在 600℃ 高温下，分解得到的 H^+ 以比 O^{2-} 快得多的速度渗入，反应式为

$$(Fe,Cr)_3O_4 + 8H^+ = 2Fe^{3+} + Fe^{2+} + 3Cr^{3+} + 4H_2O$$
$$2Fe^{3+} + Fe^{2+} + 2O_2 = Fe_3O_4$$

与铁离子相比，Cr^{3+} 的扩散速度慢得多，在基体/氧化膜界面富集。另外，水蒸气扩散进入金属基体/氧化膜界面发生分解，氧和氢离子扩散进入基体内部，铁以晶内扩散方式向内、外层氧化膜的界面扩散，并在界面附近发生氧化形成铁铬氧化物。当外层氧化膜生长至一定厚度时便发生剥落，然后重复上述过程。

由此可见，水分解的氢促进了高温水蒸气环境中金属内氧化物的形成。由于孔洞的大小不均匀，因此得到不规则的内氧化物。有研究表明，合金钢的水蒸气氧化，其反应式为

$$2Cr + 3H_2O = Cr_2O_3 + 3H_2\uparrow$$
$$3H_2O + 2Fe = Fe_2O_3 + 3H_2\uparrow$$
$$3H_2 + Cr_2O_3 = 2Cr + 3H_2O$$
$$Fe_2O_3 + 4Cr + 5H_2O = 2FeCr_2O_4 + 5H_2$$

因此，一旦初始氧化形成的 Cr_2O_3 膜出现允许水渗透的微裂纹、微通道等缺陷，钢的氧化反应将是自催化的，形成非常迅速。

（四）超临界机组蒸汽系统金属氧化膜

超临界机组蒸汽系统内金属的氧化膜分两种，一种是在金属制造、加工过程中形成的高温氧化膜，该膜是由空气中的氧和金属的氧化反应形成的，氧化膜分三层，由钢表面起向外依次为 FeO、Fe_3O_4、Fe_2O_3，其结构图如 16-12 所示。

该氧化层通常称为氧化皮，其厚度根据加工情况，可能厚些或薄些。研究表明，在金属制造加工期间形成的与金属基体相连的 FeO 层，其结构疏松，晶格缺陷多，易脱落，在半脱落层部位下易产生腐蚀。因此，在新炉投产前，主要采用蒸汽对过热器进行吹洗或化学清洗的方法，将易

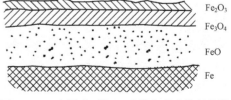

图 16-12　金属表面加工过程中形成的氧化膜

脱落的氧化铁粒冲掉。

另外一种氧化膜是在机组投运后，金属在高温水汽中形成的氧化膜，这层氧化膜为双层膜，与金属基体结合牢固，在开始运行阶段是薄而致密的，只有在有腐蚀介质和应力条件下才会被破坏。但随着时间的推移和不同的运行条件，有些过热管器内壁的氧化膜会迅速增厚，甚至脱落引起过热器爆管、汽轮机主汽门卡涩和叶片受损。

二、末级过热器及高温再热器金属管材及特性

超临界及以上锅炉末级过热器和高温再热器常用金属材料为 T23、T91、TP304H、TP316、Super304H、TP347H 和 12Cr18Ni12Ti。不同厂家制造的锅炉材料往往存在较大区别，有的锅炉全部采用 TP347H 或 12Cr18Ni12Ti 奥氏体不锈钢，有的机组主要采用 T23 和 T91 钢，配备少量的 TP347H 或 TP304H 奥氏体不锈钢。

T23、T91 均为铁素体钢，但两种钢的热处理工艺不同，T23 钢为回火贝氏体钢，T91 钢为回火马氏体钢。T23 钢是一种新型低合金耐热钢管。其理论许用温度 578℃（25MPa）。T91 钢含铬量达到 9%，其中加入的微量元素旨在提高钢材的许用应力和抗热疲劳性能。T91 可以作为温度 593℃以下超临界锅炉高温过热器和再热器管材。

TP304H、TP316、Super304H、TP347H 和 12Cr18Ni12Ti 为 18-8 不锈钢，TP310N 为 25-20 不锈钢，它们同属于奥氏体钢。TP304H、TP316 和 TP347H 和 12Cr18Ni12Ti 这类 18-8 不锈钢的高温力学性能良好，在正常使用工况下运行长达 10 万小时左右，是超临界锅炉高温过热器和再热器在温度 620℃以下首选的管材。但是，这类奥氏体耐热钢的氧化层附着性极差，只要氧化层生成，就极易随温度变化剥落。

Super304H 和 TP347HFG 是 18-8 耐热钢的改进型钢种。应用细化晶粒工艺 HFG 和表面喷丸处理工艺，Super304H、TP347HFG 均获得了更好的高温力学性能、耐水蒸气氧化性能以及抗氧化层剥落的性能。但是其价格也高了许多。Super304H 和 TP310N（高铬、高镍含量，并依靠 Nb、N 和 Cu 的强化作用）是超超临界锅炉高温过热器和再热器用钢，在温度 600~700℃时具有良好的高温强度和绝佳的耐水蒸气氧化能力，但是目前使用运行时间较少，相关报告不多。

三、末级过热器及高温再热器金属管材氧化特点

（一）T23、T91 在水汽中的氧化膜

T23、T91 均为铁素体钢，铁素体钢的氧化产物大体与纯铁相似。T23 钢的铬含量在 2%左右，铬用来增加钢管耐蒸汽氧化和耐烟气腐蚀能力。因此与其他耐热和耐氧化能力的材料比较，T23 钢用做超临界机组高温再热器和高温过热器管材，在运行条件差的情况下，会加速其氧化过程，增加氧化层增厚速度的风险。

T91 与 T23 钢相比，其铬含量增加到 9%，但由于合金中的铬扩散的速度低，Cr_2O_3 不能形成连续的膜，主要形成的是 FeO、Fe_3O_4 和 Fe_2O_3。由 Fe_3O_4 和 Fe_2O_3 组成的外层氧化膜比较厚，氧化膜内氧化层会形成 Cr、Mo、Si、V 和 Ni 的固溶体。因 T91 材料的成分搭配合理，金属基体和氧化膜以及氧化膜内外层的黏附力都比较强，使得 T91 氧化层内层比低 Cr 铁素体内层具有较高的保护能力，氧化层外层抗剥落性能也相对 18 铬系列不锈钢要好。

（二）奥氏体耐热钢材的氧化膜

奥氏体 TP304H、TP321H、TP316H、TP347H 和 12Cr18Ni12Ti 的铬含量为 18%，镍含量为 8%~12%。多元合金氧化的氧化产物主要取决于动力学因素。

铁基合金属于贱金属基合金，组成多元合金的铁、镍和铬这三种成分均可以被氧化，从热力学因素考虑，铬的活性比镍和铁高，氧化应该形成 Cr_2O_3，但实际上由于合金中铬和镍含量相对较低，氧化初始到最后形成的氧化层外层产物主要是氧化铁。除动力学因素外，活性高的元素在合金中的扩散速度，以及高活性元素扩散的渠道或路径，均可以影响复合氧化膜的结构和性质。

如果几种合金元素的氧化物可以完全互溶，氧化膜就可能是一种复合氧化物。当三元合金在高温下开始氧化时，铁、镍和铬同时氧化分别生成 FeO、NiO 和 Cr_2O_3，由于合金中的铁含量最高，铬镍含量比较低，FeO 继而氧化成 Fe_3O_4 和 Fe_2O_3，合金表面主要形成 Fe_3O_4 膜，而铬发生内氧化。随着氧化的进行，MO(FeO、NiO) 层和 Fe_3O_4 膜向外增厚，同时氧化膜/合金界面逐渐向合金内部移动。FeO、NiO 和初始氧化及内氧化形成的 Cr_2O_3 发生固相反应，生成复杂的尖晶石结构，包括（Fe，Cr，Ni）$_2O_3$ 和（Fe，Cr，Ni）$_2O_4$ 等产物的内层氧化层。这一过程还会受到合金其他微量元素氧化、合金晶粒度、温度、温度变化、氧化层剥落等因素的影响。如果形成的尖晶石成为连续结构，这种尖晶石结构会对合金内部的金属离子向表层的扩散，起到阻碍作用，由此对氧化层的氧化行为产生影响。

TP347HFG 耐热钢，其晶粒细，有利于铬元素的扩散，因而在氧化膜及金属界面发生置换反应，即 $2Cr + 3FeO \longrightarrow Cr_2O_3 + 3Fe$，$2Cr + 3NiO \longrightarrow Cr_2O_3 + 3Ni$，使初始氧化形成的 FeO、NiO 还原成 Fe 和 Ni。在这种情况下，有利于形成内层单一的 Cr_2O_3 膜，大大降低金属氧化的速度。同时 Nb 的存在利于高铬钢保护性三氧化二铬的形成。

Super304H 和 TP310N 是超超临界机组锅炉对流受热面采用的耐热钢，这两种耐热钢氧化膜的状态和特点正在研究和评价过程中。

四、高温氧化皮的产生原因和防治

超临界机组高温通流部分，尽管采用了抗氧化的奥氏体不锈钢，仍然会发生过热器和再热器氧化皮的剥落损坏现象。

（一）高温氧化皮的产生原因

运行实践表明，在长期高温运行过程中，高温受热面的奥氏体不锈钢管子内壁，在高温蒸汽的作用下会不断氧化形成连续的氧化皮，这种氧化皮通常附着在管壁上。当氧化皮厚度很薄时，其变形协调能力相对较好，黏附在金属表面的柔弱氧化膜能够随着基体金属的热胀冷缩而协调变形；在运行中氧化皮持续增厚，即使局部产生显微裂纹也不会剥落。但随着金属表面氧化皮厚度的持续增加，奥氏体不锈钢基体金属与其表面氧化皮间及氧化皮各层间的热膨胀系数差值增大，当差值增大到氧化皮趋于剥落时的氧化皮厚度（此厚度也称为氧化皮剥落的临界厚度），此时在外在因素热负荷变动等作用下，就容易产生剥离。一般而言，正常情况下，奥氏体不锈钢氧化皮在运行到 2 万~5 万 h 能达到临界剥离厚度，约为0.10mm。

经过研究发现，蒸汽受热面管在炉内段管壁的真实温度，有时会超过运行中测得的管壁温度，两者可以相差 50~150℃。实际上，许多电厂机组虽然严格按照制造厂家给定的壁温上限（如 590~609℃）控制，但是炉内对流受热面管壁的温度实际已经超过了该炉管管材允许温度的上限，受热面的管子在炉内段的管壁温度，已经达到了使不锈钢高温氧化加速的温度区。在温度超过570℃的条件下，随着温度不断升高，不锈钢氧化的速度逐渐加快，在600~620℃之间，金属的氧化速度有一个突变点，此时不锈钢的氧化迅速增加，造成不锈钢的氧化层迅速增厚。氧化层达到一定的厚度，就会在运行条件变化（如温度）时剥落，成为氧化皮。

（二）防止产生高温氧化皮的方法

减缓和降低锅炉高温受热面的氧化皮生成，主要从以下几个方面着手：

（1）采用耐氧化高温合金材料。研究表明，在现有条件下，Cr_2O_3 是高温条件下唯一稳定的氧化物。奥氏体不锈钢中，Cr 含量越高，其耐高温氧化能力越强。当 Cr 含量高于 20% 时，合金表面才会形成致密的保护性氧化膜 Cr_2O_3。在锅炉过热器和再热器中采用耐高温氧化性能更好一些的材质，是主动防护高温氧化剥皮危害最积极的措施。

（2）要优化锅炉设计，防止锅炉受热不均，产生超温。锅炉设计中应充分考虑防止过热器和再热器立式弯头氧化皮沉积的措施，同时设计中考虑避免受热面的实际温度、热负荷和冷却效果之间的不平衡影响，防止部分过热器、再热器管长期超温。

（3）对金属表面进行特殊处理，阻滞金属的高温氧化。采用金属表面渗铬的方法或用铬酸盐溶液在 305℃ 条件下循环 48h 的方法，能有效地延长金属表面氧化层生长和剥离的时间。内部喷丸处理也可有效提高氧化膜层中铬元素的浓度，抑制铁氧化物在表面生成，降低铬发生选择性氧化的临界浓度，有利于单一 Cr_2O_3 膜的形成。例如，P347H 钢采用喷丸处理后，大大提高了氧化膜铬的含量，形成了富铬氧化层，显著降低了氧化膜的生长速度。

此外，在机组运行过程中，加强运行技术的管理与控制，也能预防和减少超临界机组氧化皮的产生：

（1）运行中，对过热器和再热器出口蒸汽温度进行监测和控制，并适当调低运行温度，防止温度压线运行，降低管壁金属的整体运行温度，从而有效降低蒸汽侧氧化皮的生长速度。

（2）提高锅炉运行水平，通过锅炉燃烧工况的调整、改善炉膛温度场的分布及受热面管子的吸热均匀性等，改善受热面管子的壁温偏差和汽温偏差，并适当增加温度较高区域管排的壁温测点数量，防止局部超温，可有效降低温度偏高部位管子内壁氧化皮的生长速度。

（3）锅炉启动时，及时启动旁路系统，避免过热器、再热器干烧造成的管壁超温。

五、氧化皮的脱落防治

对于高参数机组高温受热面产生的氧化皮的脱落与防治，是 20 世纪 80 年代以来国内外研究的一个重点课题。由于氧化皮脱落带来的机组不稳定、产生过热超温爆管等诸多问题，严重影响了机组的安全、稳定运行，已经造成了很大的经济损失。

（一）氧化皮脱落的原因

氧化皮脱落条件包括两个方面：一方面，氧化皮厚度达到临界厚度，一般情况下，奥氏体不锈钢 0.10mm，铬钼钢 0.2～0.5mm；另一方面，由于热胀系数的差异，当垢层达到一定厚度后，金属基体与氧化膜或氧化膜层间应力达到临界值，氧化皮便很容易从金属本体剥离。

奥氏体不锈钢由于膨胀系数大，导热系数小，因此产生的热应力大。研究表明，当温度从 600℃ 冷却至 20℃，奥氏体钢管的直径收缩明显大于 T91 钢管，而铁素体钢管介于二者之间。这是奥氏体不锈钢氧化层比其他材料氧化层容易剥落的应力条件。在高温蒸汽中，奥氏体不锈钢随着金属表面氧化皮的厚度的持续增加，硬而脆的氧化皮的变形协调能力不断变差，从而导致其间的温差热应力逐渐变大。在温度发生反复或剧烈的变化时，奥氏体不锈钢外层氧化皮厚度达到 0.05mm 即会脱落。

除了应力，氧化层/金属、氧化层内层/氧化层外层和氧化层各层之间的结合强度，也是影响氧化皮剥落的因素。内壁氧化物剥落总是从氧化物的薄弱环节开始，如外层/内层界面的孔洞带、微裂纹和晶界等。

从理论上分析，氧化层的内应力和热应力是运行环境下必然存在的，氧化层的缺陷也是必然会产生的，后者是可以人为干预的。因此，尽量减少金属材料氧化层各界面的缺陷，是提高抗氧化皮剥落能力的最佳途径。

（二）影响氧化皮脱落的主要因素

氧化皮脱落是高温氧化层不断生长的结果，外层氧化层剥落也可能是内层氧化层生长的结果。在氧化层不断形成过程中由于产生缺陷，外层氧化层终将剥落。外层氧化层剥落后，新的内外氧化层会加速生长，周而复始。在正常情况下，氧化层生长到剥落的临界厚度时，在温度变化时就会剥落，或者在非正常情况下（如超温、机组频繁启停等情况下），氧化层还未达到临界剥落厚度，也发生了剥落。氧化层剥落时有可能发生局部剥落或者大面积剥落，也有可能发生在氧化物和合金之间界面、外层的赤铁矿/磁铁矿界面，这由氧化层内部的缺陷形式和缺陷严重程度决定。

1. 空穴缺陷

空穴缺陷指的是在氧化膜内部出现空穴，空穴相连成链。这是氧化层缺陷中影响氧化层剥落的最重要的缺陷。形成氧化膜空穴缺陷的原因如下：

（1）在高温条件下，生成的氧化层有不同结构的内层和外层。由于致密内层的某种程度的阻挡作用，基体金属离子（铁离子、铬离子和镍离子）向外运动受到阻碍，同时这些合金元素、微量元素析出在氧化层局部积聚，加剧了在氧化膜的底部或内外层之间形成空穴的效应，随后空穴联合起来形成空腔。

（2）氧化膜内应力的增长导致氧化膜和金属变形，在膜内产生空洞和其他缺陷。

（3）合金中如果有微量杂质碳和氢，也会在界面造成空位凝聚形成空穴。

实际研究发现，金属超温程度越高，氧化层产生空穴缺陷的时间就越短，形成的空穴就越大。当膜内形成链状的空穴时，主要造成以下方面的影响：①改变了膜内应力分布，使氧化膜产生裂纹；②破坏了氧化层和金属基体、氧化层各层之间的黏附性；③减少了基体铁离子的流通量，加快了外层 Fe_2O_3 氧化膜的生长速度；④内壁氧化皮的内外层之间的空穴或鼓包妨碍热传导。

2. 氧化层脆化缺陷

除了应力因素以外，18 铬系列的氧化层脆化，是奥氏体耐热钢比马氏体和铁素体耐热钢的氧化层更容易剥落的原因之一。

18 铬系列的氧化层生成以后，其氧化层间的黏附力比较弱，在温度变化时沿空穴链分离，剥落的氧化层为 Fe_3O_4 和 Fe_2O_3 的外层。在外力作用（如敲击、剧烈振动）下，氧化层沿氧化物和基体的界面分离，剥落的氧化层为尖晶石结构的内层，剥落的氧化层皮非常酥脆，大片的氧化皮甚至无法用手拿起来。造成氧化层脆化的原因如下：

（1）在高温条件下，材料在发生蠕变的过程中，合金中的元素（铬离子和镍离子）和微量元素析出，改变了合金材料原始的元素比例，特别是在氧化层和金属基体的界面以及氧化层内层区域造成局部贫铬、贫镍，或者富铬、富镍，使得内层氧化层质地不均匀，铬镍比例失调，氧化层材料必然脆化。

（2）碳化物或氮化物在内层氧化层局部偏聚，形成粗大的粒状物或者条状物，改变了氧化层内层结构，形成促进氧化层剥落的缺陷点。

这些变化造成氧化层内层的脆化和内外氧化层结构上的差异，形成各种缺陷。这个过程会随着温度上升而加速，而超温会加剧这一过程的进行。

（3）合金中铬含量在氧化层剥落中起着重要的作用。理论上，Fe-Cr 合金中形成连续 Cr_2O_3 膜时，要求合金/氧化膜界面铬的临界浓度为 20%（质量分数）。实际上，在 600～700℃，该值必须达到 22% 以上，Cr_2O_3 膜才有自愈能力。TP310N 不锈钢中铬含量高达 25%，超过了该临界浓度，另外依靠高铬、高镍含量，并依靠 Nb、N 微量元素的强化作用，在金属表面生成保护性的 Cr_2O_3 膜。在正常使用温度范围，TP310N 钢氧化层生长缓慢，目前在使用的温度范围内还没有产生氧化层剥落的影响。

T23 钢中铬含量最少，只有 2% 左右，T91 钢中铬含量有 9%，二者都依靠 Nb、V、N 或 W 微量元素的强化作用，取得了良好的力学性能和耐水蒸气氧化性能。在正常使用温度范围内，这两种钢的氧化层可以达到很厚而不剥落。这两种钢的氧化膜组成与纯金属相当，除了三层膜相似以外，不同的是内层尖晶石结构中含有 $FeCr_2O_4$ 弥散相。T23 和 T91 钢的内层氧化物的韧性要比奥氏体钢好得多。

18-8 奥氏体不锈钢的铬含量虽然达到 18% 左右，但其铬含量仍然小于临界浓度，这类不锈钢的氧化层反而最容易剥落。其中最主要的原因是，铬含量没有达到形成稳定 Cr_2O_3 保护膜所需要浓度，而与之相配的镍离子由于扩散速度快，或者 NiO 被还原为金属镍后在局部偏聚所造成的含量降低，使得此浓度范围内的不连续 Cr_2O_3 可能反而成为氧化层脆化的原因。

（4）其他因素的影响。18 铬粗晶粒钢的氧化层容易剥落。细的晶粒尺寸有助于形成富铬保护膜，并减少氧化物的剥落。TP347HFG 和 Super304H 具有较细的晶粒。通过晶粒细化后，可以成倍提高铬离子从基体到表面的扩散系数，在铬含量不增加的情况下，在氧化层表面也可以形成 Cr_2O_3 保护性氧化膜。

水蒸气在高温条件下，能促使挥发性氧化物的形成。一些研究表明，当 Cr_2O_3 膜与含水蒸气的气氛接触时，能生成挥发性产物，如 $Cr_2(OH)$ 和 $CrO_2(OH)_2$。挥发性氢氧化物的形成，使得内层 Cr_2O_3 膜的保护性下降或完全消失。因此，如果氧化层产生裂纹或发生局部剥落，水蒸气就会与 Cr_2O_3 反应，破坏 Cr_2O_3 膜的保护性；如果氧化膜表面出现裂纹，这些微裂纹导致水蒸气与金属基体直接反应，氢气在金属/氧化膜界面进行还原。可能在某些条件下，金属/氧化膜界面处会产生很高的氢压，也会引发氧化膜未达到临界剥落厚度时剥落。

（三）防止高温氧化皮脱落的措施

减缓和防止过热器和再热器管的氧化皮生成和脱落，一方面要合理选材和合理设计锅炉；另一方面，在运行控制上，应严格控制过热器和再热器的金属壁温不超过金属的设计温度，同时避免金属壁温短期内产生大幅波动。因此在运行控制方面，必须严格控制过热器和再热器的金属壁温，需做到如下几点：

（1）加强锅炉运行工况的调整，控制锅炉升降负荷速率，减少因机组负荷波动带来的热冲击。机组正常运行中，加强对受热面的热偏差监视和调整，严格控制受热面蒸汽温度和金属温度，适当控制和降低机组运行参数，在任何情况下严禁锅炉超温运行。

（2）停炉过程中，严格控制锅炉降温操作。应尽量采取较低的温降速率，严禁采用强冷措施。

（3）尽量避免机组频繁启停。机组的频繁启动容易造成锅炉运行中温度剧烈变化，会增加或扩大氧化皮与基体间以及氧化皮之间的裂纹，造成或促进氧化皮剥落。

（4）在高温下，运行的奥氏体钢材的氧化皮生成和脱落是不可避免的。锅炉正常运行时，一直存在少量的氧化皮脱落现象，大量的氧化皮剥离主要发生在机组启停过程中，因此可利用机组检修机会，采用科技手段，对高温过热器或再热器垂直管屏底部弯头部位的氧化皮碎片的堆积情况进行测量，并及时割管清理。

（5）在运行条件的影响下，奥氏体钢氧化皮厚度超过 $20\mu m$ 就有可能剥落。在运行中应严格控制过热器、再热器的壁温，并实时监控过热蒸汽、再热蒸汽的含氢量，以防止产生因氧化皮脱落造成通流不畅而产生超温。

（四）氧化皮的清除

锅炉蒸汽系统金属的高温氧化和剥离是不可避免的。关键是要避免和防止氧化皮大面积脱落，造成过热器或再热器管堵塞，进而产生的超温—氧化—脱落—爆管的恶性循环。因此，对锅炉存在的未脱落的氧化皮或脱落高温氧化皮，在未造成影响前的清理显得尤其重要。清理方法大致有以下几点：

（1）对过热器、再热器未脱落氧化皮选用合理清洗剂进行化学清洗，将能清除管内绝大部分氧化皮，减轻氧化皮剥离危害。

（2）在机组停炉后，对高温部分的立式弯头内剥落氧化皮堆积量进行无损探伤检测，对沉积较多的弯头，进行割管清理或采用压缩空气吹扫等机械手段清理。

（3）停炉时锅炉蒸汽系统疏水及时排放，确保管内剥落的氧化皮在停炉期间和启炉过程中始终处于干燥、松散状态，以利于蒸汽吹扫后带出系统。

（4）在过热器和再热器管排检修时，可以考虑增大管排弯头的弯曲半径，以减小剥落氧化皮集中堆积，降低对通流截面积的影响。

（5）锅炉启动时利用旁路进行大流量蒸汽吹扫，也可有效清除大部分管内的氧化皮剥落物。

（6）在金属氧化皮总体厚度较薄时，可加快启停炉速度，促使氧化皮的原生外层尽早以碎屑状脱落下来，以便于启炉时能够顺利被蒸汽带走。

（7）机组运行过程中，在操作规程运行条件下，通过改变减温水投入方式、减温水使用量或利用机组负荷变动等手段，定期或不定期地调整过热器和再热器管内的蒸汽温度，并适当增大蒸汽温度波动的幅度和速度，使一部分较厚的氧化皮在运行中，温度波动时就能够陆续发生剥落并及时被蒸汽带走，可有效消除停炉时发生氧化皮大面积剥落的事故隐患。

参 考 文 献

［1］ 李培元. 火力发电厂水处理及水质控制. 北京：中国电力出版社，2008.

［2］ 冯逸先，杨世纯. 反渗透水处理工程. 北京：中国电力出版社，2000.

［3］ 周柏青. 全膜水处理技术. 北京：中国电力出版社，2006.

［4］ 樊国年. 大型火电机组化学运行技术问答. 北京：中国电力出版社，2008.

［5］ 河南电力公司. 火电工程调试技术手册(化学卷). 北京：中国电力出版社，2004.

［6］ 徐洪. 超超临界火电机组的金属腐蚀和沉积规律，动力工程，2009(3)：210～217.

［7］ 陆国平. 超临界机组的水化学工况和水质控制，华电技术，2008(8)：4～7.

［8］ 俞亚非. 电厂热力设备化学清洗质量控制，清洗世界，2011(11)：39～43.

［9］ 祝郦伟，关玉芳. AVT工况下超临界机组直流炉首年结垢、积盐特征分析. 浙江电力，2009(1)：12-15.

［10］ 郭锦龙. 凝结水精处理氨化运行技术探讨，中国电力，2002(4)：16～20.

［11］ 朱志平，周永言，孔胜杰. 超临界火力发电机组的化学技术. 中国电力出版社，2012.